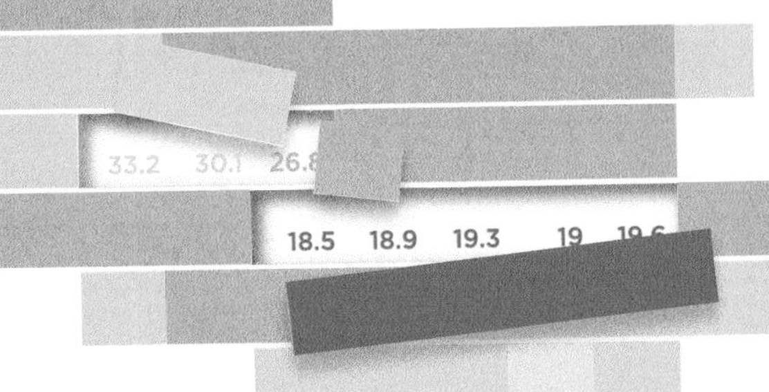

图表会说话：Excel数据可视化之美

DATA AT WORK

Best practices for creating effective charts and information graphics in Microsoft® Excel®

[葡]若热·卡蒙伊斯（Jorge Camões）◎著
朱浩波◎译

人民邮电出版社
北京

图书在版编目（CIP）数据

图表会说话：Excel数据可视化之美 /（葡）若热·卡蒙伊斯著；朱浩波译. -- 北京：人民邮电出版社，2021.4（2023.3重印）
ISBN 978-7-115-54402-5

Ⅰ. ①图… Ⅱ. ①若… ②朱… Ⅲ. ①表处理软件 Ⅳ. ① TP391.13

中国版本图书馆 CIP 数据核字 (2020) 第 116067 号

内 容 提 要

本书是写给办公室白领的Excel数据可视化入门书，旨在帮助他们理解数据可视化的一般规则。本书从办公室白领的实际需求出发，将可视化的基本原理同Excel的技巧和理念有机结合起来，教会他们如何在商业环境中，将有效的信息和复杂的思想通过简单的图表传递出去，用Excel制作出有影响力的数据可视化作品。本书在烦琐的理论和花哨的技巧之间寻求平衡，重新定义了“图表”，打破了以往按照图表形式划分图表的弊端，基于任务划分图表，轻松解决顺序、组成、分布、趋势、关系、概况、异常等问题。摆脱美学天赋的束缚，从图表的功能性着手，让图表说话！

◆ 著　　［葡］若热·卡蒙伊斯（Jorge Camões）
　译　　朱浩波
　责任编辑　傅志红
　责任印制　周昇亮
◆ 人民邮电出版社出版发行　　北京市丰台区成寿寺路 11 号
　邮编　100164　　电子邮件　315@ptpress.com.cn
　网址　https://www.ptpress.com.cn
　北京九州迅驰传媒文化有限公司印刷
◆ 开本：800×1000　1/16
　印张：26　　　2021 年 4 月第 1 版
　字数：396 千字　　　2023 年 3 月北京第 2 次印刷

著作权登记号　图字：01-2016-3767 号

定价：169.00 元

读者服务热线：(010)84084456-6009　印装质量热线：(010)81055316

反盗版热线：(010)81055315

版权声明

To my family

♥

献给我的家人

引言

数据并不是一座座孤岛
在大海中独踞
每个数据点都像一块小小的泥土
连接成整个模型

看到他美妙的诗句“没有谁是一座孤岛”被这样改编，令人尊敬的诗人约翰·唐恩（John Donne）估计会气得从坟墓里跳出来吧，但我真的无法找到更好的方式来表达具有语境和关系网络的数据的本质。求知之路就在于发现这些关系并使其可见。

社会变迁和技术进步使得整个世界更具不确定性。正如另一位诗人 Luís de Camões（不是我的亲戚）所说：“唯一不变的只有变化本身。”在处理不确定性的过程中，我们用技术产生和获取海量的数据。近些年，这种做法曾经有多种不同的称呼，现如今，我们将其称为“大数据”。

获取并存储数据变成了目标，数据越多越好。但我们是不是没有抓住要领？如果没有相应的技能将它们转化成真正有用的数据，那么就不再需要更多的数据了。我们要考虑需要这些数据的人将会如何使用它们，目的是什么。否则，继续搜集无用的数据，将这些数字垃圾存储在硬盘上一个被遗忘的文件夹中，是没有任何意义的。等等，更糟糕的做法是，制成饼图。

数据量激增，是数据可视化的出发点

假设你所使用的数据是每天更新而不是每月更新，将其总的大小乘以 30。正如亚瑟·克拉克（Arthur C. Clark）告诉我们的那样，这个量级上的数量变化将会导致企业文化、对待数据的态度以及数据在决策过程中所起的作用产生质变。想象一下，从每个人如何解释自己的角色和任务开始，如果数据能使你对所发生的事情做出反应（不仅仅是承认几周前发生的事情），那么这一切将对组织中各个层级产生影响。

只有全球性的灾难才能阻止数据量的不断增长。过去，很多人类经验都没有出现在数据监控系统中，但现在所有事情已经开始被量化。过不了几年，人们将会饱含深情地追忆今天我们对于信息过载的抱怨。

这正是数据可视化的出发点。但要注意，数据可视化现在正作为一种打开胜利之门的特效药被推向市场。在最初对于数据可视化应用前景的兴奋劲儿过后以及客观评价之后，我们有足够的经验充分认识到，实际上很难区分真正的有效性和积极的市场推广。关键是，要在还没有失望、成本还不太高时，尽快认识到这一点。本书旨在帮你实现这一目标。

数据可视化是一种多用户语言

数据可视化帮助我们管理信息。为了充分利用这些信息，就不能将“数据可视化”作为单一词汇来对待，而是应该将它看作一个概括性称呼：对不同的用户群，它具有不同的内容。

可视化就像一种语言。套用葡萄牙作家若泽·萨拉马戈（José Saramago）的话：“并没有英语，只有不同的英语语言。”例如，尽管来自美国、威尔士和南非的人都讲英语，但他们在互相交流时也会遇到困难，因为他们所说的英语版本不同。经过了若干年，这些英语版本已经在共同的核心语言基础上因不同的地理和社会背景发生了改变。

数据可视化是一种图形化语言，由于使用者不同，也有不同的应用方式。

图形设计师、统计学家和管理人员都基于同样的数据可视化基础，但他们具有不同的目的、技巧和背景，这些差异都会体现在他们不同的可视化选择中。

错误的模型

假设我们都希望自己会写诗。对大多数没有韵律天赋的人来说，文字处理软件可以提供一些模板，帮助他们完成“打油诗”。这听起来很荒谬是吗？当我们企图通过电子表格模板来解决数据可视化的问题并克服自身的缺点时，就是如此。

平面设计师将可视化发展为当今的一种时尚——他们的“诗歌”注定要被大量的读者看到，并发表在数据新闻杂志、图书、博客和社交网络中。不同之处在于，优秀的可视化作品被发表在诸如《纽约时报》等顶级报纸杂志上，而大多数由市场部门创建的普通信息图只能沦为点击诱饵。

同时，成千上万的由电子表格生成的图表只能隐身于商业组织内部。无名的 Office 工具日常用户不知道将更好的可视化模型应用于自己的工作场景，误以为可以模仿设计师的作品。这样往往会得到灾难性的结果。同行竞争压力、“这就是客户所需要的”误解、卖方销售策略以及培训的缺乏，造成了“很糟糕的诗歌也具有美感”的错觉。

它们并没有美感。商业组织内部数据可视化的目的并不是生成漂亮的图表，而是生成有效的图表。但是，我们也应该看到，如果图表本身很有效，即使是从美学角度评价，一般也很可能不会太差。

正确的模型

由平面设计师制作的可视化作品通常很吸引人，但在商业应用场景中，并不能采用同样的模型。在商业组织内部读图能力还很低时，必须要从 4 个简单的概念开始，评估模型的有效性。

- **过程**。在商业组织和媒体中，信息的直观展示具有不同的目标，以及不同的生产、消费工序，不能混淆。
- **不对称**。信息不对称（即其中一方比另一方掌握更多或更好的信息）在商业组织内部通常并不像在杂志和读者之间那么明显。图形表示法必须适应这一区别，前者要增加更多细节，后者则要找出核心信息。
- **模型**。如果要聘请一位数据可视化专家，一定要确保他与组织的特定利益或专注点是一致的，因为他的数据可视化模型可能会与组织文化、日常工作流程、能够使用的工具以及技能集不符。例如，几乎不可能说服一个 Excel 的使用者去学习编程语言，不要期待会发生这样的事情。
- **技术**。关于数据可视化，需要理解的所有事情几乎可以通过电子表格来学习和实践。这也是大家都很熟悉的一种日常工具。

如今的商业组织都想要变得更高效。提高数据的投资回报率是其首要目标。这可以通过遵循数据可视化的规则和最佳实践，尤其是通过转变观念来实现。不管单纯从金融术语出发还是与过去的实践相比较，这种方式的成本几乎可以忽略不计。

事实上，很多数据可视化最佳实践和社交礼仪没有什么不同。一些常识性的规则很容易理解，但必须进行内化和实践。

总而言之，每个商业组织中的数据可视化都具有其应该被识别和尊重的特质。商务数据的展示不是艺术，也不是报纸上要吸引注意力的图片，更不是重要任务之间的片刻过渡。商务数据可视化是一条发现和交流复杂信息的途径。它充分利用我们最敏锐的感觉和洞察力，实现商业组织自身的任务和目标。

大众化的数据可视化

我有一个关于数据可视化的博客，这些年我多次尝试弃用电子表格，而专注于使用真正的可视化工具。这是通常的进阶路径，但电子表格是大多数普通人在商业环境中能够使用的唯一工具。如果想要向普通用户推广数据可视化，就需要从这样的应用场景开始，来鼓励学习和提高图形应用水平。这样过一段时间，个人和组织就可以评估所使用的工具能否充分满足需求，然后再很自然地决定是否需要转而使用其他工具。

因此，这是一本面向大众的数据可视化的书。也就是说，本书是为那些利用电子表格将数据可视化作为分析和沟通工具的人所写的。这包括从事学术研究工作的学生、进行销售分析的销售人员、制订预算计划的产品经理以及进行绩效评估的管理人员。

学习数据可视化在就业时的优势

考虑到当前的经济环境，投资于统计、数据分析以及数据可视化技能是否符合情理呢？正如我所提到的那样，除非发生全球性大灾难，否则未来出现数据量和数据应用需求的增长是大势所趋。事实上，这些技能正在成为“知识工作者”的核心技能。与其他技能相比，这些技能跨越更多的活动领域，在可以预期的社会、经济和技术发展趋势下，拥有数字可视化技能能够在劳动力市场中取得一定的竞争优势。

麦肯锡咨询公司所做的一项关于“大数据”的研究显示，2018 年，仅美国就缺少 19 万名拥有高分析技能的数据可视化人才，同时还缺少约 150 万名能够在决策过程中使用数据且具有分析技能的经理和分析师。

当然，考虑到我们并不知道麦肯锡的具体研究过程，持有一定的怀疑态度来阅读这些报告是很明智的。但是，这项研究表明了这一领域的人才需求的状况，而数据可视化是其中必不可少的一个部分。

我对于数据可视化的观点

在我的办公桌上有一份报告，其中包含几百个低效、丑陋且毫无作用的图表。这里面没有一张图表是我能为之自豪的。但是，这些图表确实是我在很多年前的第一段职业生涯中亲手创建的。更令我尴尬的是，我仍然记得当时这份报告在商业上所取得的成功。

我当时可能还没有意识到，使用数据对我来说将会变得像呼吸一样正常。那时我对这一点并没有特别上心，直到有一天偶然发现了爱德华·塔夫特（Edward Tufte）所著的一本书：《定量信息的可视化展示》（*The Visual Display of Quantitative Information*）。对我来说，这是具有颠覆意义的一本书。在这本书中，我不但学到了数据可视化这一概念，还将其作为我的研究领域，它让我对数据可视化一见钟情。

近年来，我认识到数据可视化领域没有普遍的规律和目标。主观性、个人审美能力、手头的工作任务、技能和兴趣结构、受众等因素都企图改变那些我们认为理所当然的事，例如在信息传递过程中有效性的重要意义。

在这种相对性中，最简单的答案就是接受任何事情都是可能发生的。在本书中，你会看到有时候这种方法会把我们带入死胡同。但是如果我们了解了没有放之四海而皆准的观念，也没有普遍适用的规律，我们就会为不同的从业者和消费者群体寻求相应的理论。

我将数据可视化看作日常生活中的锻炼：给眼睛提供它们所需要看到的内容，以便用最小的代价来达到可视化目标，就像我们用视觉来判断能否过马路一样。

要想充分利用视觉，就必须理解这一观点：我们周围的真实景象与在屏幕或纸上所创建的图形之间并没有本质区别。

本书的组织形式

本书在过于抽象的不适用于日常任务的理论和过分关注于某个具体任务的实践之间独辟蹊径，旨在帮助你理解数据可视化的一般规则。每一章都通过这种方法，来阐述理论如何应用于每一个实例，每一个特定的任务都有相应的理论框架来对其进行解释、证明和概括。重要的是要理解为什么，而不仅仅是怎么做。

为了理解数据可视化，本书的前一部分讲解了数据可视化的背景知识：人类感官的特性、制图所使用的对象、知觉所扮演的角色、知识是如何获取的以及定义数据可视化的多种方法。

在本书的后一部分，我们将会认识到一张图表就是一个视觉论据，是某个问题的答案，这个答案的质量如何是从你所选择的图表类型开始的，然后对图表进行结构化。最佳的图表格式是为内容服务的，不会凌驾于内容之上，突出其特质而弱化其缺点。

综观全书，我们将在商业组织的背景下研究数据可视化，包括数据管理方面的最佳实践、Excel 图表库、如何避免软件中不恰当的默认设置、如何使用软件灵活度来扩展 Excel 库所能提供的功能等。

本书的局限性

在写本书的过程中，我心目中的读者形象是这样的：他们是不以美学天赋和艺术技能为生的一群人。

你可能会发现这样的说法是有问题的，因为设计图表似乎是需要这些技能的。但我完全不同意这一点。创建高效的图表并不需要艺术天赋。

我相信读者的读图能力会不断提高。如果真是这样，我们就可以编织一张生成高效可视化作品的基本准则的安全网。我相信在专业级水平这是很有用的，也会（略微）有助于你成为更重要的公民。

本书致力于确立商业环境下的数据可视化基本规则。这些规则由具有相应技能的个人，使用特定的工具（电子表格）来执行。所有这些因素决定了本书主要的局限性。

- **主要的可视化类型**。在第 1 章中，你会看到数据可视化可以分为三种主要类型：图表、网络图和地图。尽管具有一些共同的规则，但本书并不论述网络图和地图，因为它们具有特定的、需要在适当的环境中使用的术语。

- **图表**。一张图表仅仅是商业组织中信息交流的一部分，就像是故事中的一个段落。因为这是一本介绍性的书，所以需要在“图形景观”的概念和图表是数据可视化的最小单元的论点之间取得平衡。
- **Excel**。我现在所使用的电子表格软件是 Excel 2016，我使用它制作了本书中的所有图表。当需要涉及应用特性和能力时，我试着尽可能通用化，以便将其他版本的 Excel 甚至其他电子表格软件包含进来。
- **图表类型**。Excel 所具有的灵活性，允许我们使用其图表库之外的内容。在本书中，你会发现多处这样的情况，其中有些是硬性限制（Excel 确实做不了的图表），也有些是软性限制（很难创建且具有极低投入产出比的图表，在实践中不应该使用它们）。对于 Excel 来说，网络图和地图就体现了这种例外情况。
- **不是手册**。尽管是为 Excel 用户所写，但本书并不是一本技术、技巧和诀窍手册。
- **图表未经修饰**。[①] 对我来说很重要的一点是，本书中的所有图表都是直接在 Excel 中制作的，没有经过其他软件的后期编辑，即使是在 Excel 非常具有局限性的文字内容管理方面也是如此。

关于数据也有一定的局限性。我想使用真实的数据，而不是一些虚假的业务指标，但这样会遇到保密性和有限权益的问题。为了避免这一点，我使用官方统计数据取代了商业数据。除了在少数特定环境中，我们可以使用同样的方法和图表类型。它们都非常需要一种更高效的方法。

打破规则

数据可视化不是一门科学。它是某些利用科学知识来证明和促成主观选择的交叉学科。这并不意味着规则毫无意义。当应用于设计规则的情境时，规则是存在且有效的。

① 为更清晰表述图表内容，本书对图表中的内容进行了翻译。——编者注

在本书中有很多规则——规则如此之多，以至于（聪明地）打破规则的诱惑可能势不可当。如果对你来说也是如此，那么祝贺你，这就对了。我本人就不能抗拒这样的诱惑，并且试着去挑战极限、找到可能的替代方案。我邀请你做同样的事情。

辅助资源

如前所述，这本书并不是一本手册。它不会教你怎么在 Excel 中画图表，甚至连一个公式都没有。

在随书资源[②]中，你可以找到所有相关的 Excel 格式原始图表文件，供下载和使用。

我欢迎读者的评论、建议和勘误，并希望你可以慷慨大方地将这些内容放到网上，以便分享。我会尽可能关注社交媒体上的评论和建议以及主要在线图书零售商网站上的读者评价。

你在很多社交媒体上都可以找到我，但我最经常使用的服务还是推特。我将在推特上发布新内容，如果你关注我（@camoesjo），肯定不会错过。

② 请扫封底二维码，关注图灵社区，获取相关资源。——编者注

致谢

我首先要感谢阿尔贝托·卡伊罗（Alberto Cairo）。在非英语国家，数字可视化领域还是一片荒漠，在这一领域出版原创图书可能会带来一丝绿意。在写本书第一版时，我使用了自己的母语——葡萄牙语。之后，我征询卡伊罗是否愿意阅读书稿。

卡伊罗不仅能读懂葡萄牙语，而且我们对数据可视化的看法是类似的。简而言之，他很喜欢这本书，并将我引荐给他的选稿编辑尼基·麦克唐纳（Nikki McDonald），我的数据可视化之旅也因此发生了转变。在选稿编辑尼基·麦克唐纳、策划编辑丹·福斯特（Dan Foster）、文字编辑简·西摩（Jan Seymour）和制作编辑金·威米赛特（Kim Wimpsett）的帮助下，我的粗糙手稿变成了一本真正的书。卡伊罗阅读了英文版的很多章节，给出了非常宝贵的反馈意见。

斯蒂芬·菲尤（Stephen Few）也阅读了其中几章，并且数次拯救了我，对此我深表感激。

如果我知道如何制作一些在Excel图表库中没有的图表，那是因为我从真正的Excel图表大师乔恩·佩尔蒂埃（Jon Peltier）那里学到了真正有用的技巧，他启发了我。十几年来，佩尔蒂埃在数据可视化社区无私地分享知识，我对佩尔蒂埃表达深深的感谢。

安德烈亚斯·利普哈特（Andreas Lipphardt）的英年早逝是我在数据可视化之旅中最伤心的时刻。我为他的公司博客写过几篇文章，我们经常谈论在将来要一起工作。我仍然在想，如果我们真的在一起工作会是什么样。

最后，我要感谢我的家庭。当我编写这本书的兴趣胜过谋生时，我的妻子特雷莎·卡蒙伊斯（Teresa Camões）和孩子们都非常有耐心并给予了支持。

目录

第 1 章

数据可视化综述

想象一下，你正坐在客厅里阅读一本书。环顾四周，你看到了电视、壁炉和一些家庭照片。很久以前一次旅行的纪念品引起了你的注意，你立刻产生了怀旧之情。随后，你摆脱了这些思绪并回到书的内容中。

在这些转瞬即逝的时刻，房间中物体反射过来的光线进入你的眼中，并转化为视觉刺激信号传送给你的大脑。大脑追踪到这些刺激并进行选择，以识别出关键目标而忽略其他东西，并在脑海中唤起各种复杂的情感，例如喜爱或渴望。

现在想象一下，在这个小场景中，你手中的书被报纸遮住了一部分，它是一本关于绘画史的书，其中可以找到勒内·马格里特（René Magritte）的作品《图像的背叛》（*The Treachery of Images*）：“这不是烟斗”（“This is not a pipe”），如图 1.1 所示。

马格里特的绘画提醒我们，世界与其具体表现形式并不是一回事。但也有一些事物和其具体表现形式是一致的：眼－脑系统——将光线转化为视觉刺激信号和生成有意义的图像的生理系统。

图 1.1 “这不是烟斗”
资料来源：© 本 · 海涅，2015

就像马格里特绘画作品中的烟斗，数据可视化也是世界的表现形式之一。它并不是某一个具体物体，例如壁炉、书或烟斗的表现形式，更多的是一种抽象形状。基础材料的颜色、大小或空间位置会随着设计选择而变化，同时还取决于其所基于的数据量值。通常我们可以巧妙地处理这些形状来生成图表、信息图或“图形化景观”。

如何将数据表转化为视觉对象呢？第 1 章中，我们将从利用基础材料来生成多种类型的图表开始，来分析这一关系及其重要性。其中一些图表比另一些更吸引人，也更有效，但所有这些图表对我们的学习都大有裨益。

数据感

图 1.2 展示了葡萄牙大学生的专业分布情况[①]。现在，我问你一个问题：这幅图有味道吗？是苦涩的、甜蜜的还是酸溜溜的？

专业比例

专业领域	1998	2012
教师培训与教育科学	11.9%	5.7%
人文与艺术	8.4%	9.5%
社会科学、商业和法律	38.3%	31.3%
科学、数学和计算机	8.9%	7.2%
工程、制造和建筑	18.9%	21.9%
农业和兽医	3.0%	1.9%
健康和福利	6.9%	15.9%
服务	3.7%	6.4%
未知	0.0%	0.1%

大学教育：ISCED97 5~6 级

专业比例

0%　10%　20%　30%　40%

图 1.2　葡萄牙大学生的专业分布情况

资料来源：Eurostat

让我们换一种听起来不怎么夸张的说法：是否有可能用食品来重建这张图表，使我们可以真正品味到不同的值？我有限的烹调水平告诉我，是的，可以将较低的值与苦味联系起来，而将较高的值与甜味联系起来，然后巧妙地将它们放在一个比萨上。尽管我们可以使用其他感觉（例如听觉、味觉或触觉）来定量数据，但我们真想这么做吗？

视觉是人类最发达的感觉，在大脑所处理的所有外部刺激中占了一大部分。换句话说，相比其他感觉，大脑用更多的资源来处理视觉数据，这也解释了为什么使用视觉来阅读图表比用嗅觉、味觉或触觉更简单，也更准确。

人是视觉动物。人类充分认识到了眼 - 脑系统的强大力量，以至于在想象外星生物时，通常都将其想象成大眼睛、超大脑袋、几乎消失不见的鼻子、看不见的耳朵、极其有限的味觉和触觉（图 1.3）。这些来自银河系中遥远星球的生物，比地球上深海中生活的不具视觉的生物离人类更近。

图 1.3　外星人

① 在本书中我使用真实的数据。选择某一组数据的标准就是它的变化有多有趣，而不是其所表示的事实。我宁可选择一个不太出名的、具有复杂统计系统的加勒比海地区富裕国家作为主要数据来源，以获得具有新鲜观点的真实数据，而不愿被众所周知的事实所束缚。但是，我找不到这样一个数据源，只能在美国数据和欧盟数据之间权衡选用。

刺激的空间结构

视觉刺激来自于有限空间：视野的范围。假设图 1.4 表示这一范围。在这幅细节图中，我们可以进行多个层次的分析：从全局视角看，这是一个有河流的山地景观。进一步聚焦于更细节的层次，我们可以发现有折断的树干、几座山峰，甚至还可能识别出树的种类。

我们叠加上一个坐标系使景观照中的点具有参照性：在坐标 x_1y_1 处有一根折断的树干，x_2y_2 处有一座山峰等。由一对坐标定义的每一个点同时也属于某一个物体（例如树干），以及一个物体中的另一个物体（例如，一片景观中的一排树中的某一棵），其中包含具有不同复杂度的形状和图案。

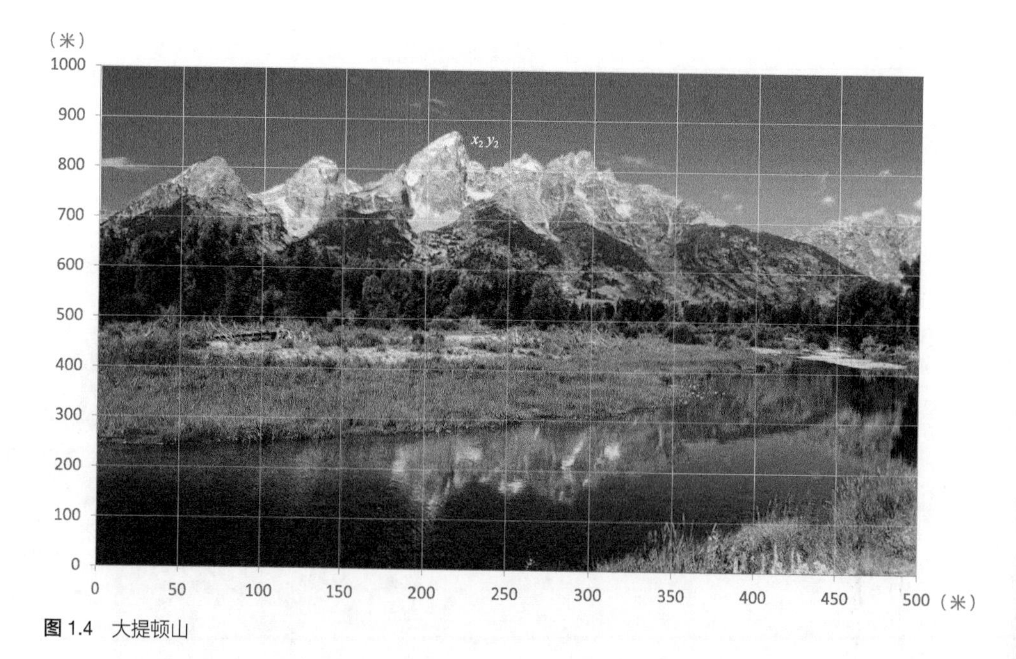

图 1.4　大提顿山

但假如使用坐标系来画这张景观画会怎么样呢?

这幅新图（图 1.5）看上去很像是图 1.4 的简化版。我们可以识别出其中的山脉和河流，但正如马格里特所说，这不是烟斗。事实上，这既不是景观画也不是烟斗，而是用 Excel 软件画的一幅堆积区图。正如我们所知，它可能表示了在某些未知市场的销售演变过程。

正如将照片中一条蓝色的线解释为河流一样，我们也在图表中寻求可识别的模式来阅读、理解和采取行动。对于形状的识别及其含义属性在两幅图的景观中都是类似的。从这一点来说，数据可视化无非就是基于数据表来生成图形景观画。

如果说有什么东西能将这两幅图区别开，那就是我们所创作的图形景观画刺激因素不像第一幅图那样丰富，细节的层次不够多样。增加和管理有意义的细节是数据可视化中最大的挑战之一。

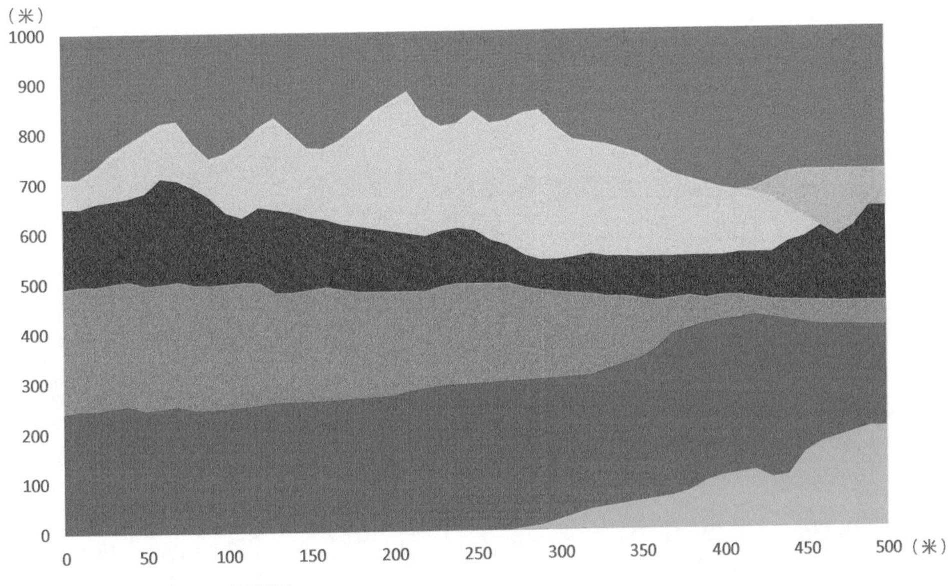

图 1.5　大提顿山的 Excel 堆积图

抽象概念

如果一幅图形景观画不包含具有物理形状的真实物体，而只包含抽象概念的表征（例如通货膨胀率或人口密度），那怎样做才能让这些概念可见呢？现在答案似乎已经很明显了，但几个世纪以来，将抽象概念与特征随底层数据变化的几何形状关联起来却并不容易。

我们可以回忆一下在学校时学过的知识，由维度来区分的四种几何图元：点（无维度）、线（一维）、面或平面（二维）、体（三维）。

当使用维度数作为视觉显示分类标准时，就可以得到四个类别：图表、网络图、地图，以及一个特殊的类别——体积可视化。图 1.6 总结了它们的主要特点 ②。

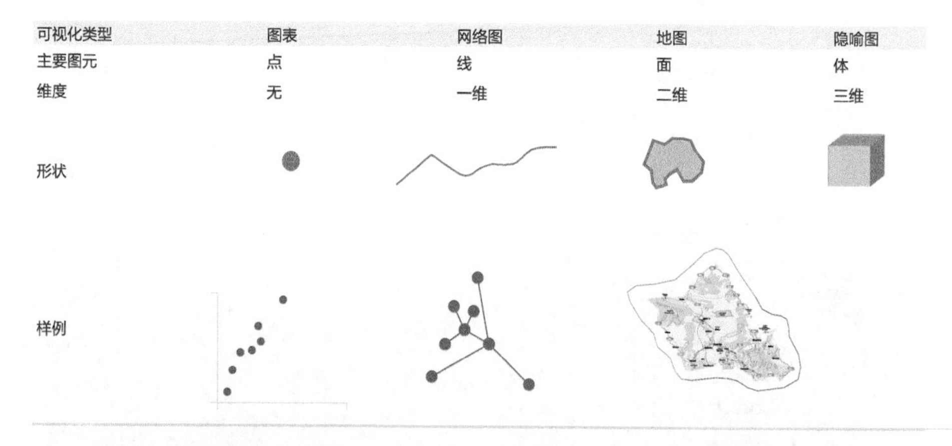

图 1.6 各种几何图元类型与视觉表征

② 换句话说，表示一个物体所需的最小维度数。可以使用面（一张饼图）或线（条形图中的一个长条），这些都是设计选择，因为你所需要的就是一个点。同样地，用来表示网络图的最小单位是线，而点和面可以用作设计选择。

图表

图表（chart）中所使用的基本几何图元是点，在二维空间中用一对坐标——横坐标（x）和纵坐标（y）来表示，原点位于左下角（图 1.7）。坐标值向右和向上增加，向左和向下减小。当缺少其中一个坐标值（或者具有固定值）时，点就会沿着相对的轴分布。当使用不同的度量时，需要对这段描述进行相应的调整：在时间序列（图 1.8）中，从左往右的时间点离现在越来越近。

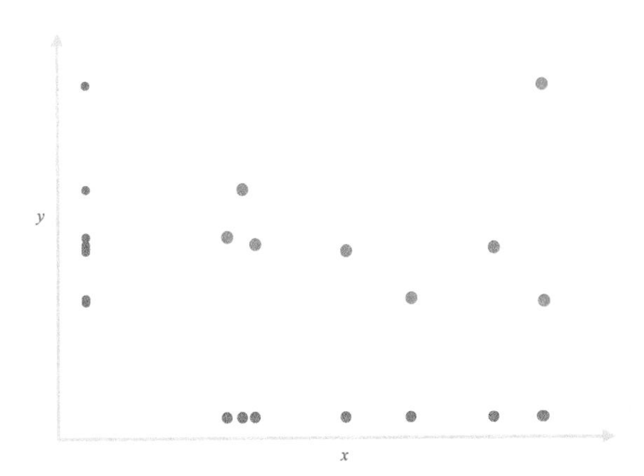

图 1.7 图表是在二维平面上绘制的一组数据点

请注意，图表（chart）这个词有多种含义，可以包括表、地图、图形或网络图。图形（graph）具有更严格的定义，是一个或多个变量的视觉表现形式。尽管图形的英文可能会与另一个数学专业领域——图论相混淆，但我非常肯定的一点是，真正应该使用的词汇是图形而不是图表。可惜的是，30 多年前微软决定在 Excel 中使用图表一词，现在如果叫“Excel 图形”就会感觉有点儿不合适，而必须要说“Excel 图表”。由于本书的目标读者是 Excel 用户，因此在本书中将使用“图表”一词，并将其定义为可以从 Excel 图表库中找到或衍生出的视觉对象。

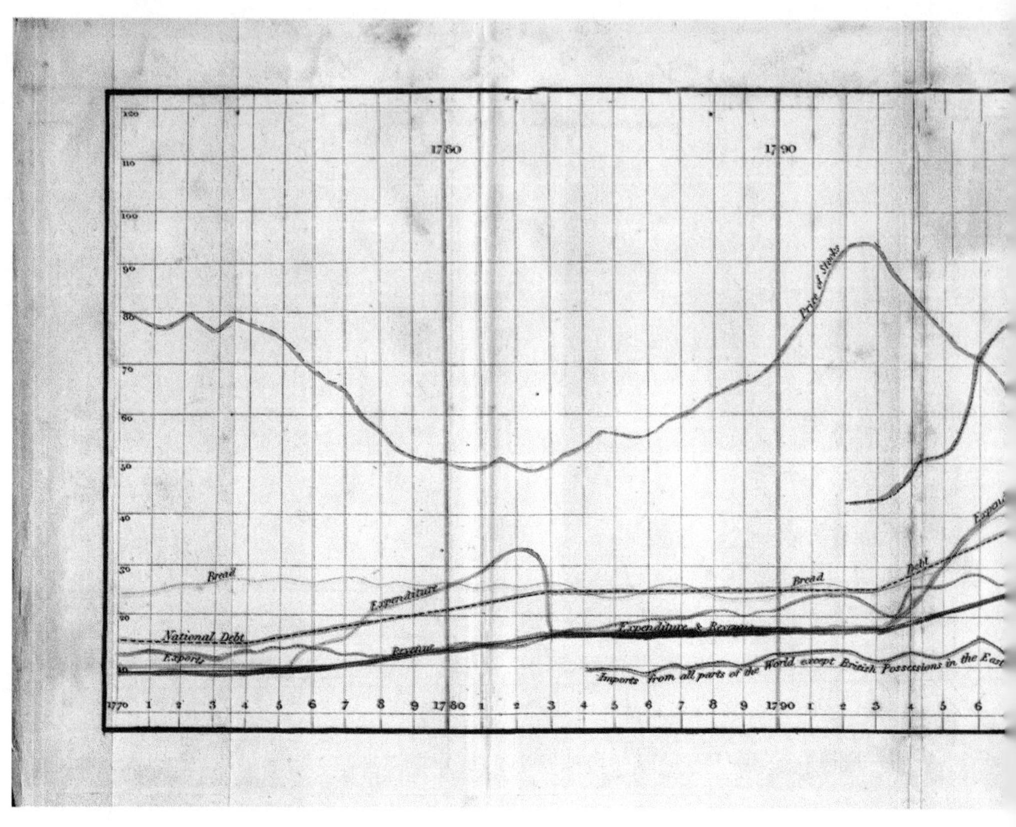

图 1.8　威廉・普莱费尔绘制的折线图

资料来源：Wikimedia Commons

更抽象地说，图表就是将数据表转化为坐标，然后应用设计转换使其形象化这一过程的产品。很快你就会明白这是什么意思了。

在将数据表值转化为数据点并在平面上将其画出来之后，就会生成一个数据点云，从而可以得到数据点之间相对距离的精确表示。这是我们后面所要做的所有事情的基础，因为当我们看到并比较数据点之间的距离或者其到坐标轴之间的距离时，就会开始发生很多事情。怎样处理这些数据点云呢？我们基本上会通过一些方式使其可见，例如使用线来将这些点连接起来，生成折线图等。这些补充图元对于阅读图表以及图表的有效性至关重要。

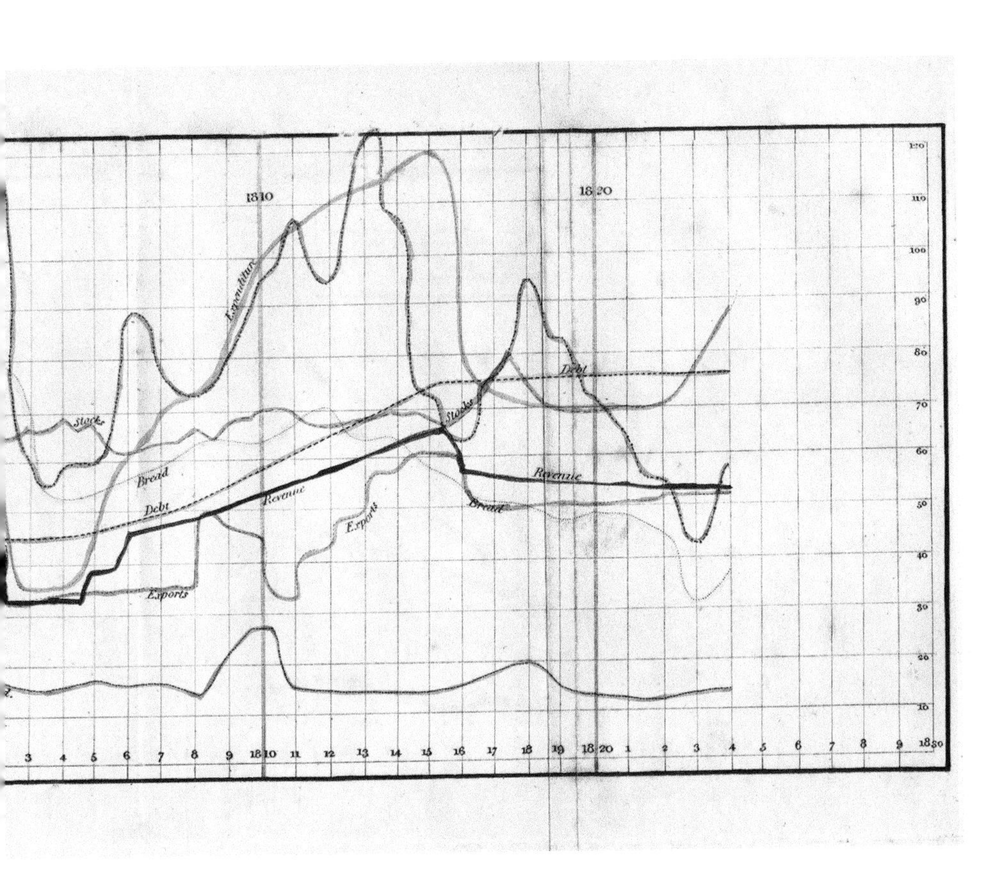

网络图

线（line）是显示网络图所用的主要几何图元（图 1.9），它表示了数据点之间的连接。我们仍然需要在二维平面上画出数据点，但它们的坐标是灵活的，可以改变坐标来更好地表示这种关系。尽管在网络图可视化过程中点和线都同样有意义，但在网格分析中观察关系以及发现有意义的行为（中心、模式、异常值等）是首要目标。

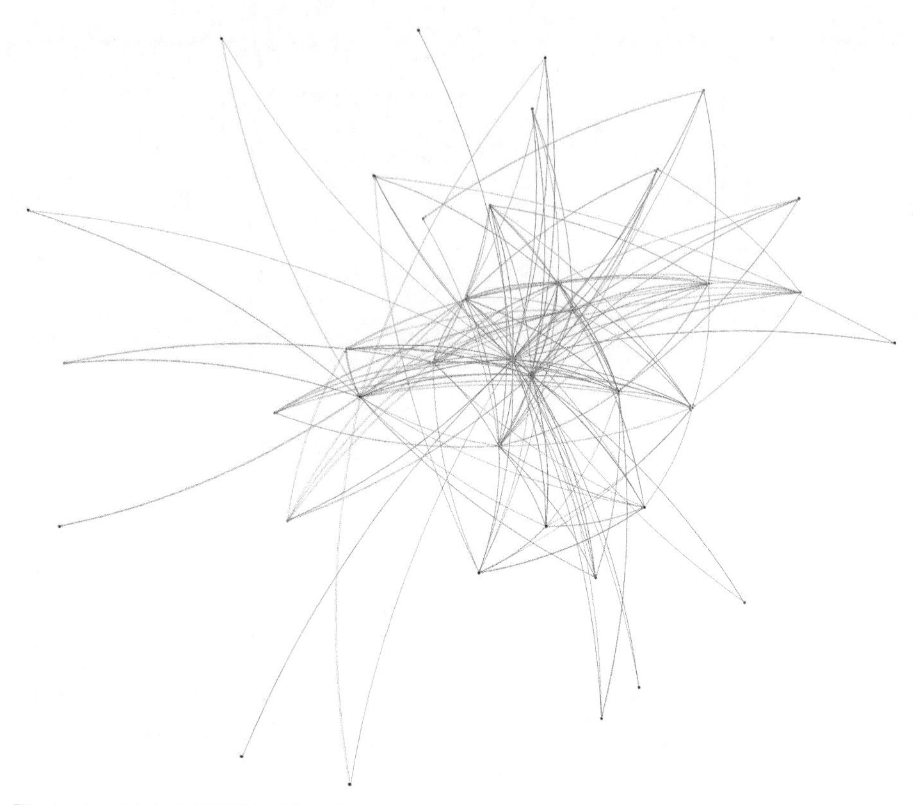

图 1.9 使用 NodeXL 创建的简单的网络图

网络图表示法的一个经典案例就是伦敦地铁图。其中的地理位置参考信息是模糊的，人们通常使用地铁站数而不是公里数来衡量距离。

地图

地图也可以使用点和线，但它对于区域的使用将它与图表和网络图区分开来。地图是视觉显示中最丰富多彩的形式，也是我们使用时间最长的一种形式（图 1.10）。

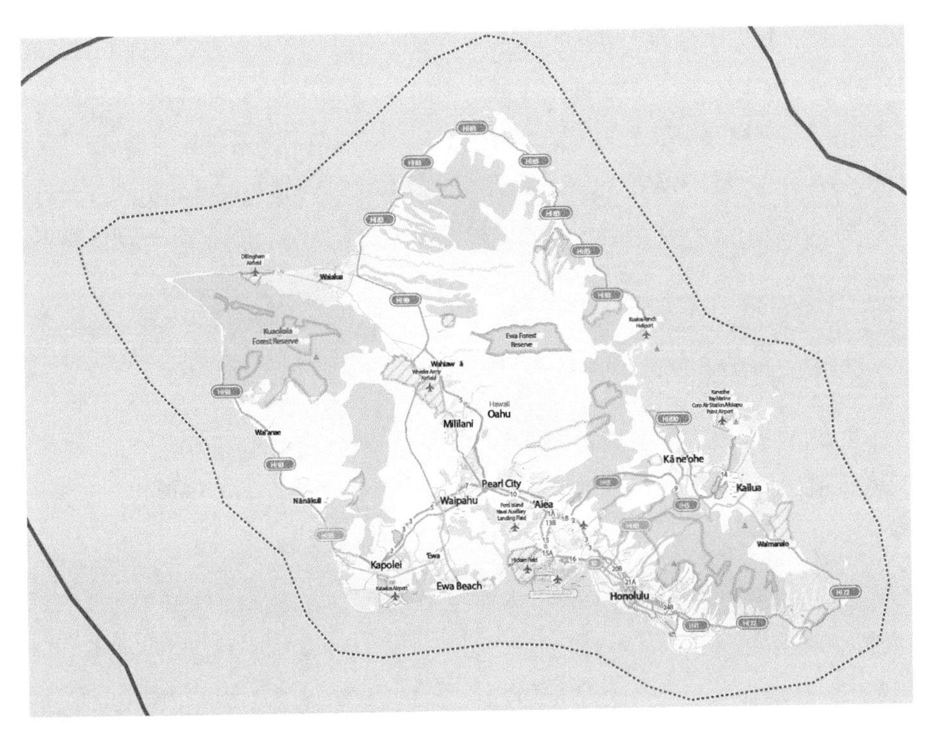

图 1.10　用点、线和面积绘制的图：瓦胡岛地图

资料来源：Open Street Map

体积的可视化

大多数的可视化是在二维平面（如一张纸或屏幕）上进行的。当仿真技术允许对三维数据图进行浏览时，可能就会进入一个现在还没有到来的新时代。这不仅仅是技术问题，也是知觉问题。在三维空间中，一个物体可能会隐藏在另一个物体之后（遮挡）。人类的知觉将距离因素考虑进来之后，就不太擅长比较物体的大小了。比如，某辆车是真的比另一辆更大，还是只因为前者离我们更近呢？

我们可以使用仿 3D 技术。科学可视化就经常使用仿 3D 技术来进行物理对象建模。不幸的是，当应用到抽象概念上时，结果并不理想。我们所得到的就是很多 3D 可视化，其中的第三个维度是没有意义、无关痛痒的，只是装饰性的。在本书后面的内容中我们还将讨论这一点。

因此，我们不会为三维可视化预留容量，而是会为表现真实世界的对象或未直接连接到数据表的对象预留容量。例如，这种表现形式通常出现在报纸或杂志上，用来说明事故是如何发生的。不管是单独使用还是与其他形式的可视化相结合，它们的效果都不错。我们通常将其称为插图（illustration），但这个称呼太笼统了。我更喜欢称之为体积可视化，因为它们描述了一个物理对象或现实。

Excel 中的可视化

图表、网络图、地图和体积可视化都具有一些共同的可视化特点，但它们又各不相同，以至于几乎不可能将它们结合在一个工具中。众所周知，图表是像 Excel 这样的电子表格软件所提供的主要可视化类型。

在 Excel 中也可以制作基本的网络图和地图，但这需要做大量的工作，还可能需要购买插件。对于这样的软件来说，也会感到很不“自然”，尽管这一点在 Excel 2016 中已经开始有所改变。这也是我们在本书中专注于图表的原因，尽管你应该知道，图表只是数据可视化所有可能形式中的一种。

视网膜变量

在山脉的照片上叠加一层网格，则可以通过到横轴和竖轴的距离来定义图片中的每个点。但景深如何表示呢？可以在第三个维度，或者在数据可视化的语境中，在 z 轴上改变数据点的位置吗？不可以，因为在图片中只有两个维度。但是，假使存在第三个维度，并可以为我们所用，那会出现什么情况呢？我可不是在说全息图片或更糟糕的 3D 效果哦。

想象一下，你在一座山脉上方飞行（图 1.11），仅仅使用间接线索就可以估算出下方山峰的相对高度，比如利用蓝色的大海、棕色的大地、绿色的森林以及白色的雪等。地图在很早以前就仿照这种形象的比例来在纸面上给我们以高度感。没有任何东西可以阻止我们的大脑生成这种对应关系（颜色—高度），并超越地图表示法。

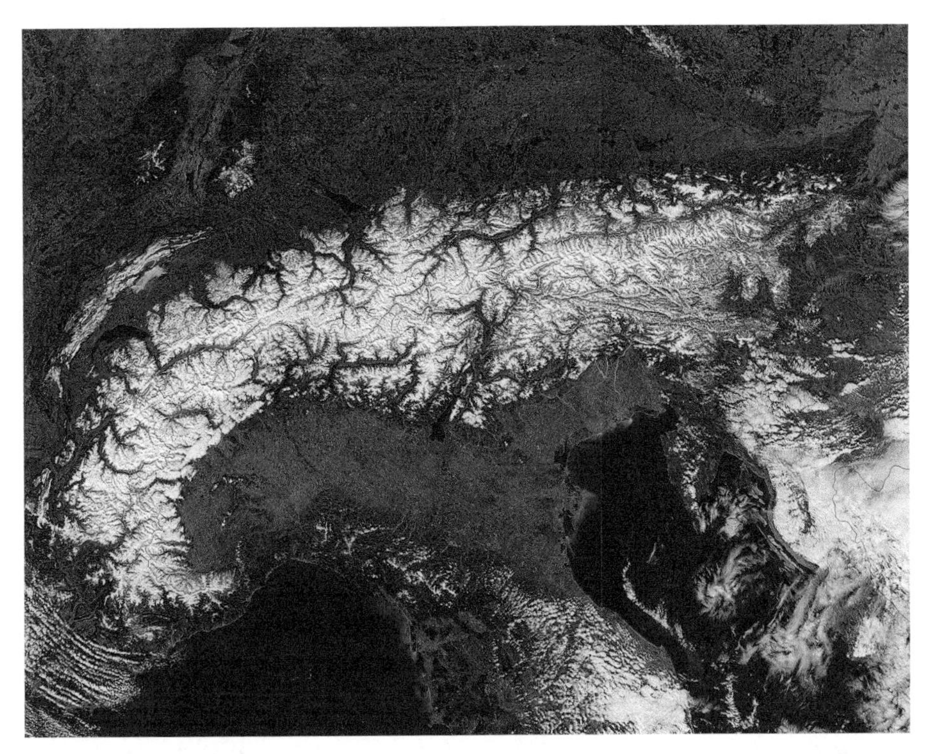

图 1.11 阿尔卑斯山卫星图
资料来源：NASA

这一领域被数据可视化的创始人之一，法国制图大师雅克·贝尔坦（Jacques Bertin）称为视网膜变量：可以使用点、线和区域的视觉和位置特征来处理图形表示。坐标 x 和 y 定义位置，用 z 维度而不是 z 轴来显示其他视觉特征。

图 1.12 举例说明了其中的部分变量。第一个例子“位置”仅使用了两个位置变量 x 和 y。第二个例子“亮度”实际上至少包含四个变量——位置（x 和 y）、亮度和大小，还可能增加更多变量（如多种形状，不同的方向等）。但是在实践中，为了保持图表的可读性，建议增加的变量不超过四个。

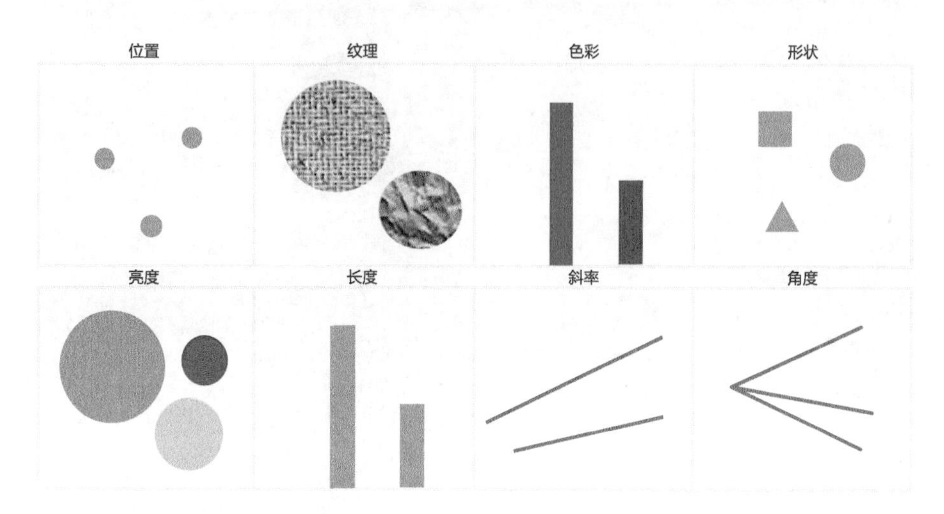

图 1.12　视网膜变量

请注意，视网膜变量并不是可互换的。其特点使得它们在表示某种数据类型时很有效，但表示其他数据类型时则没有作用。在传统意义上，变量分为两类。

- **定量的**。从理论上说，这些变量可以是一定范围内的任何数值。
- **定性的**。这些变量只能是我们所能计数的一些有限的数值。如果这些值具有隐含的数值范围或顺序，则被称为原始变量（如工作日）；如果并没有隐含的顺序，则被称为名义变量（如性别、人种、水果、城市等）。

如图 1.12 所示，尽管有不同的精度等级，但位置或大小等变量在表示量化数据时往往排在更前面的位置。纹理和形状等变量更适合用来表示标定数据，因为它们不会在一定范围内变化，也不能感知数据的顺序。例如，在图 1.12 中，如果用纹理来对量化数据进行编码，你能说出哪一个表示最大值吗？色彩（色相）用来对名义变量进行编码，但我们经常要求它给我们呈现一些它所不能精确表达的内容：类别的有序表示。你能确定这些色彩的顺序吗？使用这样的形式会不会更好呢？

经过一段时间，好几位学者建议在初始列表中加入新的变量。约克·麦金利（Jock D. Mackinlay）致力于使雅克·贝尔坦的列表更全面，同时按照每个变量在表示定量、序数和名义数据类型时的有效性进行排序。从图 1.13[③]中可以看到，约克·麦金利按照有效性程度排序的变量列表。变量位置（position）在三个列表中都位列第一，而形状（shape）在表示定量和序数时都没有用，表示名义数据时的作用也较弱。变量的排序在定量和序数型数据的列表中会有变化，最适合表示定量数据的变量可能不太适合表示序数，而除了少数的例外，在序数和名义数据的列表之间变量的排序则更为固定。

定量	序数	名义数据
位置	位置	位置
长度	密度	色调
角度	饱和度	纹理
斜率	色调	连接
面积	纹理	容积
体积	连接	密度
密度	容积	饱和度
饱和度	长度	形状
色调	角度	长度
纹理	斜率	角度
连接	面积	斜率
容积	体积	面积
形状	形状	体积

图 1.13　视网膜变量排序

视网膜变量的又一特点是它们吸引注意力的能力。这对于数据相关性的管理来说至关重要。我们可以解读数据，而不是仅仅使用软件默认设置。对视网膜变量特性的处理，不管是着重强调还是不再给予强调，都具有一个技术维度，但需要被限制在视觉修辞的环境里[④]。在使用如“根据图表”这样的表述时，我们会论及视觉修辞。关于图表的主观性是不可避免的，但综观本书，我们都将寻求可接受的主观性结论，而对开始出现令人误解的可视化的模糊区域进行明确。

③ Jock D. Mackinlay. “Automating the Design of Graphical Presentations of Relational Information.” *ACM Transactions on Graphics*, Vol. 5, No. 2: 110–141, April 1986.

④ 修辞学作为一种通过言语说服别人的艺术，有着悠久的传统。视觉修辞有着相同的目标，也使用了许多相同的策略，但大部分信息使用的是图像而不是文字。简单来说，可以用谎言说服（传统修辞），也可以用图表糊弄（视觉修辞）。

从概念到图表

正如我们所看到的，要画一张图表需要有数据表、一个具有坐标系统的二维构思、一个或更多选定的几何图元以及视网膜变量。

我们回到学生专业分布的例子，并利用同一个数据的两个不同版本（图 1.14）来测试这些要素。简单起见，我们仅显示 2010 年的数据，沿着纵轴绘制数据点。每个数据点的坐标形式都是 $(2010, y)$。例如，社会科学的坐标为 (2010, 31.8%)。图中最大的数据同时也对应于图中离原点最远的点，点与点之间的相对距离也反映了图中的差异：在这个例子中，表示社会科学的点（31.8%）距原点的距离大约是表示健康的点（16.3%）的两倍。

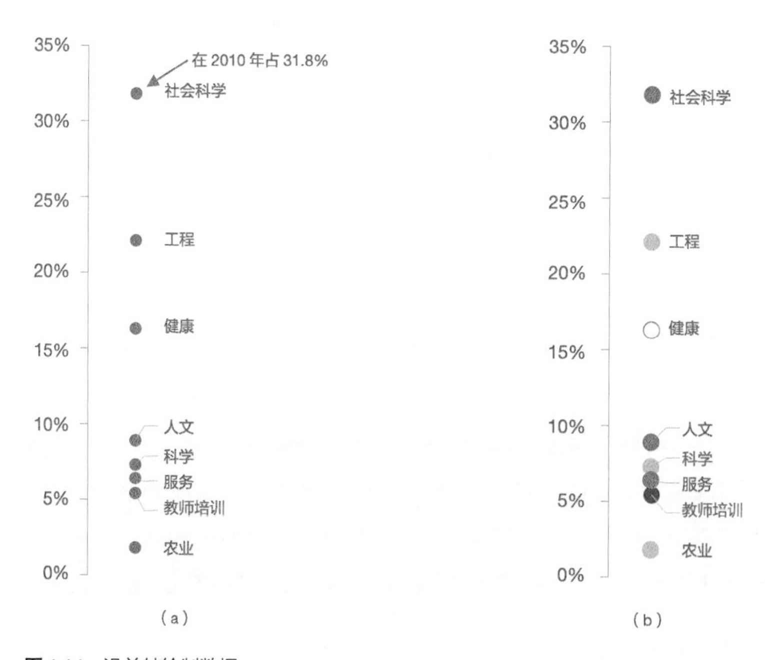

图 1.14 沿单轴绘制数据

尽管我们绘制了一幅很小的图，但仍然可以立刻抓住其内容：学生选择的专业集中在三个领域（社会科学、工程和健康），紧接着的四个领域很接近，而最后一个点“农业”则几乎只剩残值。

在图 1.14a 中，保持维度 x 和 z 固定，而维度 y 变化。而图 1.14b，则增加了一个新的变量。这个名义变量使用色彩或灰阶来将学科领域（例如社会科学和人文）分组。换句话说，我们对点进行色彩编码来增加新的信息，改变 z 维度。

新的信息可以用来比较。根据目的不同，这可能会成为优势（增加了原始信息的复杂度），也可能成为噪声（更多偏离要点的细节）。红色的点比其他点更能吸引注意力，影响了我们阅读图表的方式，这与视觉修辞的思想是一致的。

原型图表

点（point）是图表中最重要的几何图元，通常也是将数据表中的值形象化转录后，唯一需要我们阅读其互相之间距离的图元。我们可以添加更多的对象来帮助阅读和理解图表。例如，在分析时间序列时，如果不在每个序列之间连线，则可能会导致理解困难。

为了理解应该如何开始接触每种图表类型，我们将画在二维平面上的点称为原型图表。想象一下，这个原型图表并没有可见的实在物，而只有在计算机内存中进行编码的数据点。只有当我们应用了几何图元、视网膜变量和支持对象，例如标题、坐标轴标签或网格线之后，原型图表才会变成可见图表。

让我们来做一个练习，对同样的数据应用一系列转换来得到不同类型的图表。每一个图表都有助于我们理解该类型的图表从何而来（图 1.15）。

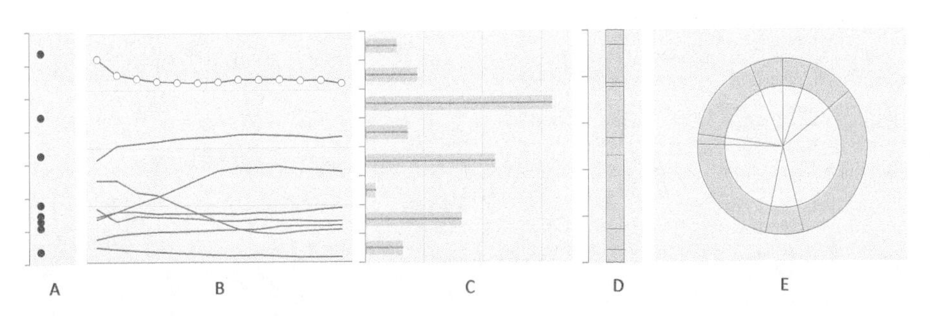

图 1.15 相同数据的多个图表类型

- **带状图**（A）。带状图用一个沿一条轴变化的变量表示。这种形式与原型图表最相似，仅仅增加了几个识别特征。
- **折线图**（B）。在折线图中，每个数据点都有基于其值（竖轴）的坐标对，在这个数据集中是时间（横轴）。线将每个时间序列中的点连接起来，以助于说明趋势。
- **条形图**（C）。条形图是沿着竖轴分布的一些可以加标签的点。一条粗线（长条）将点与坐标轴连接起来。我们不再比较距离，而是开始比较线条的长度。后文中我们还将讨论，为什么这样做是有意义的。
- **堆叠条形图**（D）。对于某个点的纵坐标，都要加上之前所有点的坐标值。连接两个点的长条通常具有不同色彩，从而可以通过色彩来确定其长度。
- **饼图**（E）。饼图是将堆叠条形图转化为环状或圆形，尽管在编制这两种图表时所使用的方法有所不同。

我们是通过对原型图表中所映射的数据点应用一系列转换来创建图表的。一种图表类型表达了一系列标准化的转换。

图表有效性

即使是一张很小的图表也可以回答很多问题，在回答问题时，有多种图表类型可以选择。这就意味着必须定义一些标准来评估图表的有效性。

评估图表有效性，一种最简单的办法就是判断图表是否能够满足某种特定的需求。例如，该图表能否提供洞见，或者我们能否一眼看明白其中的含义？下面，让我们来做一个测试（图 1.16）。

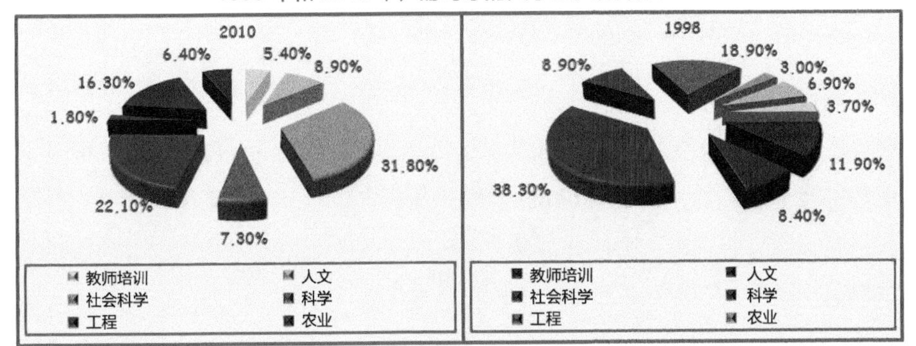

图 1.16　丑陋的设计

图 1.16 是一种常见的图形，坦白地说，很丑陋。该图表能让我们比较两年之间学生所选的各个专业领域的比例。基于你的阅读，请回答下面四个问题，这些问题是对这一话题感兴趣的人都可能提出的：

- 哪个专业领域的学生增长最快？
- 哪个专业领域的学生下降最快？
- 人文专业的表现如何？
- 哪些专业的学生人数在增加，哪些在下降？

回答这些问题很难吗？需要很多时间吗？不管你是否相信，图 1.16 的两幅饼图中包含了这些问题的答案。

关于饼图的有效性，一直存在分歧。支持饼图的常用论据是，标注可以弥补我们解读时的困难。正如图 1.16 所示，这并不是一个支持饼图的论据，而是一个有损于可视化的论据。如果没有这些标注的解释，我们就不能读懂图表了吗？如果必须要阅读图表和标注，那么图表就会变得毫无意义，因为标注应该是对图表的一种补充而不是完全的支持。

显然，图 1.16 是一个较差的视觉表征形式。假如我们将回答这些问题所用的秒数乘以本书所有的读者数，然后将秒换算成分钟，分钟再换算成小时，就可以得出阅读这样糟糕的图表，到底浪费了多少时间。如果我们必须理解像这些图表一样丑陋不堪和低效的报告和展示，那么可以想见，所有这些浪费的时间和努力将带来多大的财务损失。

图 1.16 当然不是数据的唯一表现形式。我们必须通过比较不同的展示形式，来理解图表类型和图表设计是如何影响图表阅读有效性的。现在，我们尝试使用新的图（图 1.17）来回答相同的问题。我确信，你一定会像我 10 岁大的女儿一样被迷住，因为通过图形化展示，我们把几乎不可能实现的任务瞬间变得极其简单，而其中的转换竟然如此容易。

图 1.17 并不具有鲜艳的颜色或特效，并且每一种选择都有合理的判断。结果是，图 1.17 高效地回答了前述四个问题。在饼图中难以被发现的变化在这里也变得十分明确：线的斜率清晰地显示出了变化。由于不再需要使用不同的颜色来区分类别，因此可以使用颜色来创建分组以增加一个分析层级，使图表更易于阅读。

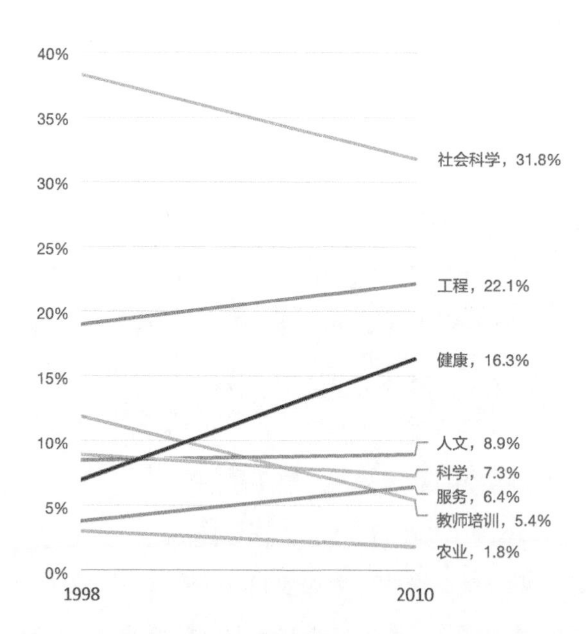

图 1.17 从数据中获取见解的更好方法

糟糕的图表选择以及怪异的美学选择使得图 1.16 中的表现形式完全无效，但由此带来的破坏更广泛。尽管对于成本计算来说不可见，但数据获取、数据准备、图表设计以及所有读者所花费的时间都实实在在具有成本，却没有丝毫回报。如果考虑到图表的作者将要为“创作”这一图表花费诸多精力以 “谋求提升”，那么事情就更荒谬了。

从图 1.16 到图 1.17 的演变，展示了使用相同的数据如何创建不同的图表，并得到极具差异的效果。我们必须亲自确定目标和某项任务想要得到的答案，并寻找最适合的可视化形式。

当在原型图表上应用转换时，就是在运用设计选项。转换的标准应该清晰，并与任务和读者群体相吻合。所应用的设计维度和转换越多，图表的有效性就会变得越低，这是一条经验法则。

像很多数据可视化规则一样，可以找出例外情况：当对一个分解 3D 饼图和一个树状图（图 1.18）进行大量转换后可见，对饼图所做的转换大多是不必要的，而在树状图中则具有很清楚的目的 [5]。如果转换遵守人类感知的方式，并将其转变为对图表更多的认识并引起更大的兴趣，那么这种影响就是正面的。负面的转换和设计选项往往是因为对这种感知机制缺乏认识，或者是因为过分追求所谓的“极具感染力的图表”。

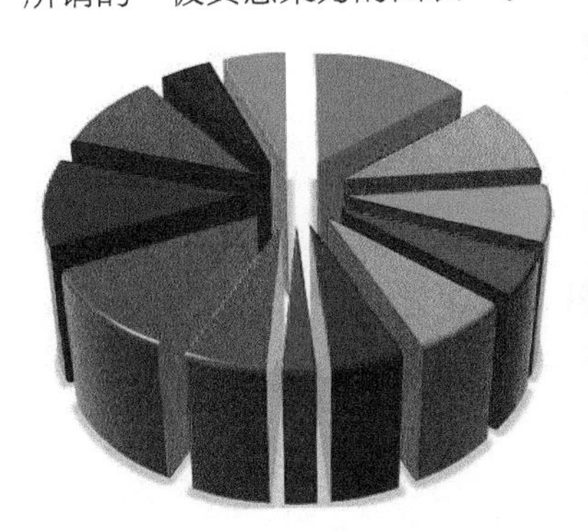

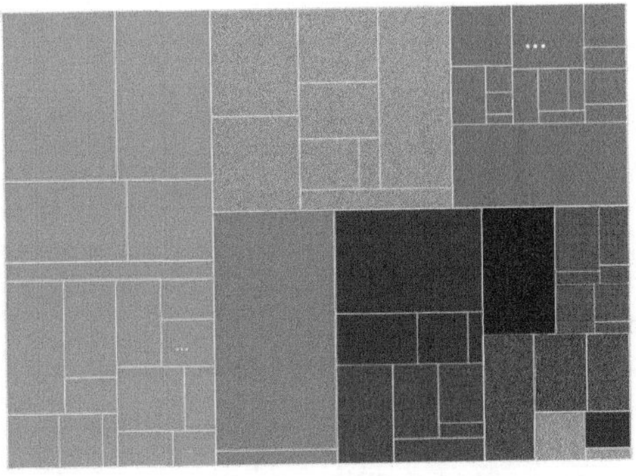

图 1.18 可以选择多种图表形式，既可能是错误的（饼图），也可能是正确的（树状图）

⑤ 像饼图一样，树状图也用来对整体的一部分进行分析，但由于矩形大小比切片更好控制，因而可以有更多的数据点。与传统的饼图不同，你可以分层次来排列数据。可以将矩形与所有数据点或其自身的某个分支进行比较。在大多数的具体实现中，可以将填充颜色与某个连续变量关联起来。例如，可以看出产品的市场份额（矩形大小）及其发展趋势（矩形填充颜色）。

糟糕的图表特征剖析

读了本书之后，你应该完全了解有效图表的组成要素。在这里，我们先列出图 1.16 的样例饼图中所犯的一些严重错误。

- **标题**。在图表的标题中总结主要成果是个不错的想法，但图 1.16 的标题和内容之间没有关系。
- **字体**。我们要知道，并不是所有字体都适合正式场合。如果不想使用标准的 Arial 或 Times New Roman，那 Comic Sans 也是一种选择。这种字体看上去很有趣，非常规并且很吸引人。但是正如通过其名字可以猜测出的那样，Comic Sans 更适合漫画和儿童图书。换句话说，注意字体的选择要能够体现基调。
- **图表类型**。后文我们将会讲到为什么饼图是错误的图表选择，但请注意，如果说在饼图中很难对切片进行比较，那么在多个饼图中对其进行比较则更难。
- **时间方向**。图 1.16 两幅图的上方都列出了时间。按照惯例，时间应该是从左到右流逝，就像我们的书写顺序那样。也许这只是一种文化，但如果要打破这种惯例，首先就需要确定这样做所带来的好处是否可以弥补读者所做的认知改变的损失。
- **3D 效果**。3D 效果是数据可视化最致命的过错之一。
- **分解切片**。当需要强调某个对象时，通常将它与周围的其他内容区分开来，这是对饼图进行切片分解的目的，尽管这也是值得商榷的。但对所有切片进行分解就完全破坏了这一原则，使得图表更加难以阅读。
- **色彩变化**。使用单色时，其色彩从明到暗必须足够强烈以便区分。在图 1.16 中，色彩变化不够明显，其中不仅包含太多色调，而且在图例中也很难区分。
- **图例**。如果可能，请使用其他标识来代替图例。与通常的认识相反，在饼图中根本就不需要图例。
- **边框**。饼图不需要边框，使用边框会产生障碍感觉，并给图表增加不必要的混乱。
- **剪辑**。对图表进行注释、吸引注意力或解释有趣的细节都是正确的，但在这里使用剪辑却不是好的做法，反而加重了由字体带来的稚气。
- **切片数量**。在关于饼图的章节中，我们会讨论饼图中可以接受的切片数。在图 1.16 中，切片数太多了，以至于很难对它们进行比较。
- **不一致性**。图 1.16 的两幅图之间的色序是相反的。应该尽可能保持在多个图表中对同一实体表示的一致性。
- **背景**。饱和黄色背景是导致过度刺激效果的主要原因，它将注意力从数据转移到了背景。

如果要让我选一个词来描述具有美感的图表，我应该会选择“低调的优雅”。图 1.16 既不低调，也不优雅。换言之，就是既笨拙又分散注意力。相反，图 1.17 则更朴实，将自身限制在以简单的方式来传递信息，而且没有分散注意力的噪声。从美学讲，图 1.17 将功能性放在了第一位，正如可视化理论家斯蒂芬·菲尤所说，这样的图表通过简化实现了优雅。这使得可视化在知识创建和决策过程中扮演了重要角色，而不仅限于没有益处的装饰作用。

在本书中，不仅这些观点会变得清晰，而且到最后你会具有正确理解商业可视化所需要应用的工具。对拥有创建 Excel 图表技能的人来说，只需要转变观念（基于合理的数据可视化原则）就可以从无效走向高效。

本章小结

- 通过将表中数据值的属性与几何图元和图形变量相关联，数据可视化利用眼 – 脑系统来处理抽象的数据。
- 一切都是从将表值转换为坐标对的原型图表开始的。
- 这些坐标对将数据映射到二维平面上，使得我们可以看到距离而不是数值。
- 在数据可视化中并不使用物理世界中的第三维度——深度。
- 在映射表数据值之后，我们用来创建实际图表的所有转换（视网膜变量和属性）都取决于设计选择。
- 所谓的“图表类型”是预先定义的一系列转换，例如将数据点连接起来以生成折线图。
- 图表的有效性并不绝对。除其他因素外，还取决于任务本身以及受众的情况。
- 我们的选择（例如图表类型或格式设置）会极大地影响图表的有效性。比较多种不同的选择可以帮助我们理解，对于某一项特定的任务，什么样的选择更合适。

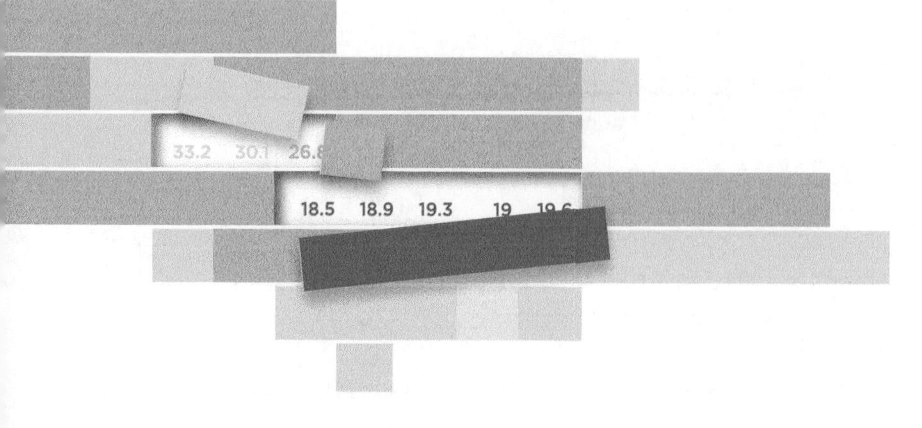

第 2 章

视觉感知

一顿美味的大餐需要的不仅仅是随机将一些食材在食品加工机中混合起来。对于数据可视化来说也是如此：能够运用几何图元和视网膜变量并不足以保证生成“美味”的可视化图表。

令人遗憾的是，将所有数据放到一幅图表中且不改变软件的默认设置——这种做法在实践中很常见——所生成的可视化图表，就和随机将一些食材丢进食品加工机进行加工一样，索然无味。

数据可视化可不只是这些。如果你想追求最佳路径，那么你很幸运，因为你所追求的也是阻力最小的路径。你也许知道，这条原则被称为省力原则。

我们可能会对大脑的绝对处理能力感到惊讶，但它管理其有限资源的方法更加吸引人。管理意味着分配资源，定义优先级和目标，简化处理过程，选择正确的信息来支持决策并获取结果。大脑通过这些功能来解释模糊之处，应对环境的复杂性。

数据可视化使用眼睛和大脑之间的图像处理连接，也就是第 1 章所介绍的眼 – 脑系统。我们必须理解这一系统的基本工作原理，以便优化视觉表征，同时节约宝贵的大脑资源。我们需要更多的大脑资源来识别一棵看起来不像树的树，或者识别由于图表设计失误导致很难进行比较的数据。这就是我们为什么在设计过程中要时刻牢记省力原则。很多糟糕的数据可视化例子就是没有重视这一原则的结果。图 1.16 就是一个明显的例子。

复杂的眼 – 脑系统中的所有方面都会影响我们阅读视觉表征的方法。在本章中，我们将讨论这些看起来更原理化或客观的内容：眼生理学，工作记忆，前注意变量，格式塔定律。在第 3 章，我们将会讨论问题的另一方面，大脑的社会维度：先前的经验，社会背景，文化。在开始讨论之前，我们首先要弄清知觉（perception）和认知（cognition）两个术语之间的区别，以及它们是如何互相影响的。

知觉和认知

人类相比其他物种而言有一个巨大的优势：通过制造和使用工具来增强物质资源，保卫自我，使自身变得更强大。人类历史主要就是发现和使用工具的历史。

但是，在使用工具的过程中，当我们认识到人类的认知资源是有限的，对一些中等难度的任务使用了本来想要分配给高难度任务的资源时，自己就陷入了相当尴尬的境地。例如，你在书店考虑是否需要购买几本数据可视化图书时，可以先计算购买这几本书的总成本，然后将这个成本和总预算相比较，再使用计算器（一个工具）来计算一下，以快速做出决策。你也可以将资源分配给更复杂的任务，例如阅读目录再进行评估。

认知减负

计算器、手指、铅笔和纸张以及电子表格：当我们使用这些工具后，减轻了一部分认知负担，我们认为，使用工具对整个认知过程有益。

记忆也对认知减负有帮助。例如，请你快速回答这个问题：7×8 和 6×9，哪一个乘积更大？大多数成年人都能熟记乘法表，在几秒之内正确回答这个问题。但是，儿童则需要更长的时间来回答这个问题，因为他们的记忆还不牢固，必须现算，可能还需要使用工具。初级运算的记忆帮助我们简化了认知过程，这也是我们总是要求儿童记住乘法表的原因之一。

工具和记忆对于减轻小任务所带来的脑力负担是很有帮助的。但一开始，我们是否就想到了应该这样做呢？我们知道，一个定义良好的问题有助于问题的解决，好的数据呈现方式也是如此。当我们将字母和数字转换为相对应的视觉内容时，就将一部分认知过程转化为了视觉感知过程，使得认知成本最小化。如果以视觉方式呈现（图 2.1），成人和儿童在认知上的差异并不十分明显，甚至几乎毫无区别。不管是成人还是儿童，比较两个条形图的长短都快于比较乘积的大小。

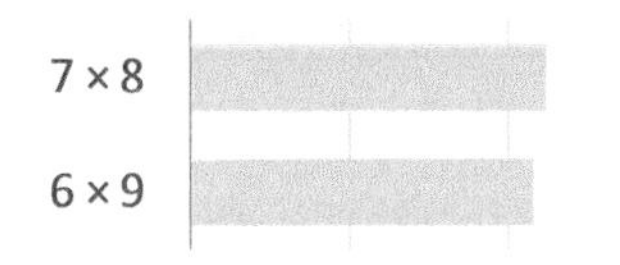

图 2.1 进行认知计算比比较条形图要慢

使用工具、运用记忆和运用视觉感知是降低认知负荷的三种类型，它们都释放了认知资源。数据可视化涉及最后一种类型——视觉感知，数据可视化致力于通过最优方式将数据转化为相应的视觉对象，以便大脑能够更快地处理。

一种错误的二分法

假设在一个巨大的停车场中，你忘了将一辆蓝色的车停在了什么地方。在找车的过程中，你会发现，蓝色比红色或白色更显眼。为什么会这样呢？

我们可以将知觉和认知看作两个独立的概念，知觉代表通过感觉获取刺激，而认知则是对这些刺激进行处理。但是，这种观点存在一个问题，那就是我们需要一个超大的像外星人那样的脑袋来处理所有刺激。事实上，有些东西已经对这些刺激进行了结构化和层级化的相关性处理，并过滤掉了周围世界中的很多刺激。我们将其称为注意力（attention）。注意力将帮助你寻找到蓝色的车，而对其他部分视而不见。

我们的感觉并不是外界刺激的被动接受者。感觉作用于刺激，使得"选择性知觉"这一术语显得冗余。知觉一直都是选择性的，按照定义，它一直是刺激的促成者。没有通向大脑的单行线。知觉和认知并不是割裂的。

图表与表格

另一对错误的二分法出现在图表（chart）和表格（table）之间。使用某一个还是另一个往往取决于具体的任务，因为它们各有优劣。我们回到对二者的选择上来，可以将评估过程想象成临床实验。在临床实验中，一种新的治疗方法必须在实验组中比在对照组中更为有效。在数据可视化中，图表（实验组）提供洞察力的质量和速度必须优于表格（对照组），否则图表就是无用的，需要修改或删除。

然而，对理解"为什么知觉是可视化步骤的核心"的观点来说，对图表和表格进行比较是一个很好的切入点。忘了那些阅读一张表格的目的就是获得精确数值（例如，火车将于几点到站？）或者需要使所有数字可见的例子吧，集中精力对多个数据点进行比较。

我们来看一个例子。在图 2.2a[①] 中，分别找到进出口份额排在前六位的国家，并检查它们是否相同。这应该不需要太长时间。

① 图 2.2a 中各成员国的合计数据并非 100%，原书所列数据有些偏差。——编者注

	2014 年	
国家	进口（%）	出口（%）
比利时	7.8	8.5
保加利亚	0.6	0.5
捷克共和国	3.1	3.7
丹麦	1.8	1.8
德国	21.0	22.4
爱沙尼亚	0.4	0.3
爱尔兰	1.3	1.6
希腊	0.8	0.4
西班牙	5.4	5.3
法国	12.2	9.0
克罗地亚	0.4	0.2
意大利	7.1	7.4
塞浦路斯	0.1	0.0
拉脱维亚	0.4	0.3
立陶宛	0.6	0.5
卢森堡	0.6	0.4
匈牙利	2.1	2.3
马耳他	0.1	0.0
荷兰	7.1	13.1
奥地利	3.7	3.2
波兰	4.0	4.3
葡萄牙	1.5	1.2
罗马	1.5	1.3
斯洛文尼亚	0.6	0.7
斯洛伐克	1.6	1.9
芬兰	1.4	1.1
瑞典	3.0	2.5
英国	9.6	6.2
欧盟成员国	100.0	100.0

（a）

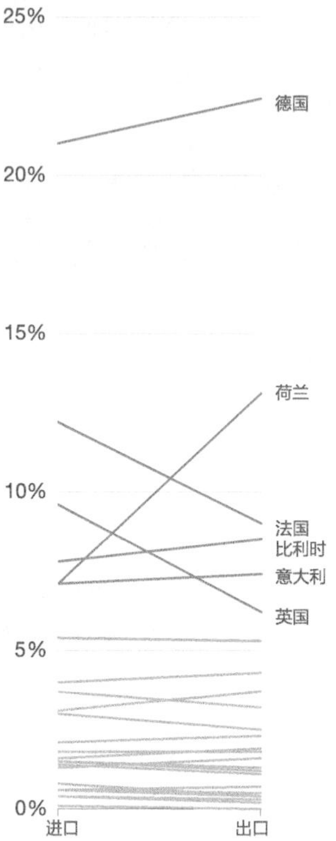

25%
20%
15%
10%
5%
0%
德国
荷兰
法国
比利时
意大利
英国
进口
出口

（b）

图 2.2 不同于图表，表格即使有提示，阅读起来也很慢

资料来源：Eurostat

在图 2.2a 中，一些值比其他值更大，使得它们看起来更突出，我们很快就会找到排在前六位的国家。这意味着在可视化中使用的感知机制对表格阅读也是有帮助的。

在阅读一张表格时，大多数任务保持在认知水平。对于一张小表格来说这可能并不是问题，但随着表格增大，错过最基本模式或趋势的可能性也增加了。

相反，使用图 2.2b 来获得答案会更简单，快捷，并且毫不费力。在图 2.2b 中，加入了一个数据处理系统，知觉将认知从大部分初级任务中解放出来，使得我们可以集中精力于综合、集成和解读。

眼生理学

让我们来了解一点眼生理学知识，以便能更好地理解如何设计视觉表征。

当物体发射光或者其表面反射光时，它就变得可见。光使我们可以辨别物体，并识别它们的一些属性。眼睛是用来捕捉光刺激的器官。图 2.3 展示出了眼睛看见物体的基本过程。

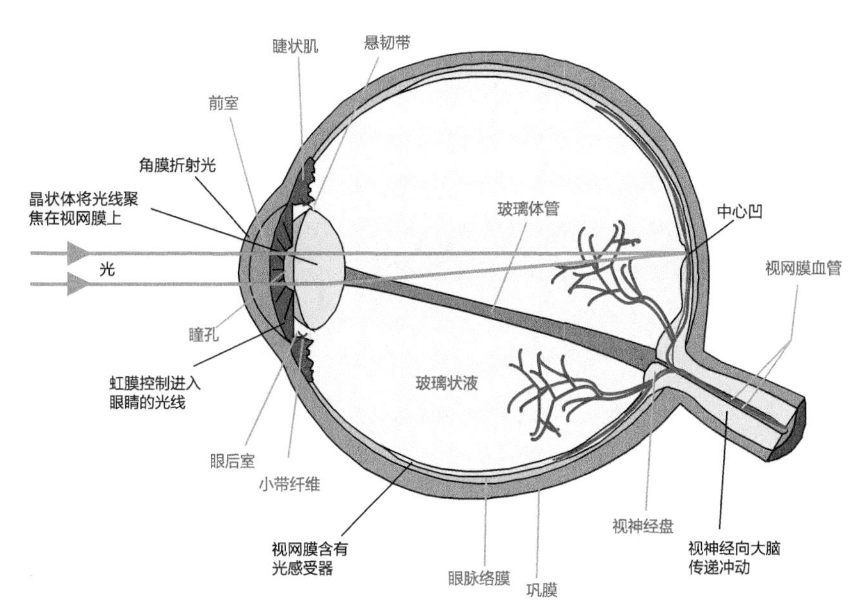

图 2.3 眼睛捕捉光线并将其转化为电化学脉冲
资料来源：Wikicommons

视网膜

视网膜是眼睛的感光区域，覆盖了眼睛内表面的 2/3。折射将光线聚焦在视网膜中心的 18° 圆弧，也就是视网膜黄斑上，在这里开始将外围低分辨率景象转变为核心的高分辨率景象。我们可以定义更多结束于黄斑最中心的鼓膜凸的中心弧。

图 2.4 中的横轴表示这些具有大约相对比例的弧的度数。图中同时还记录了位于中心点左右各 50° 范围内感光细胞的分布情况。

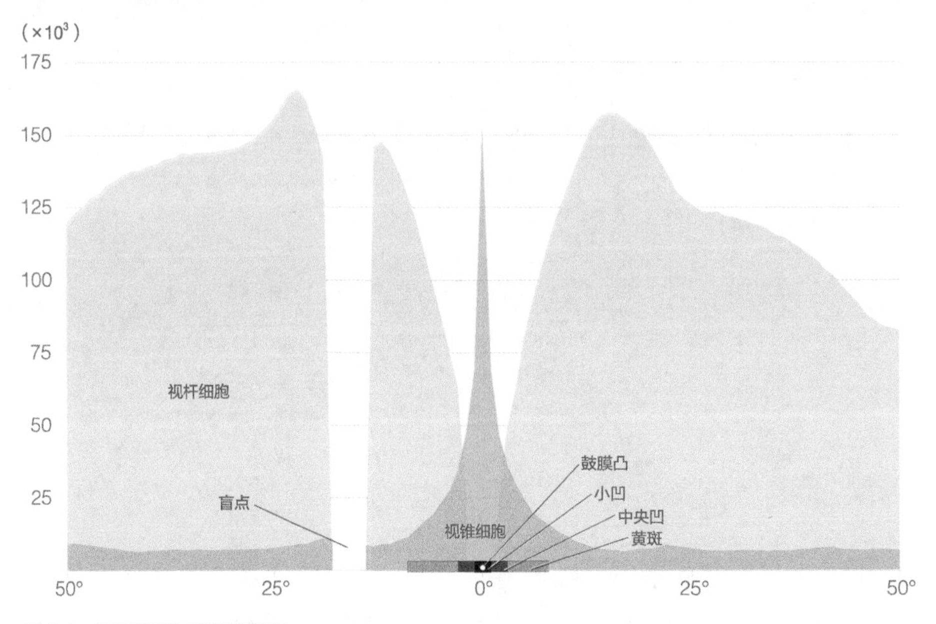

图 2.4 视网膜感光细胞的密度

纵轴表示细胞的密度。从图中可以很明显地看出，这些区域的类型和感光细胞的浓度都显著不同。

视锥细胞

图 2.4 标出了两种基本类型的感光细胞密度：视锥细胞（600 万 ~700 万）和视杆细胞（1.2 亿）。视杆细胞负责视场周边区域的夜间视觉和运动侦测。因为它们在数据可视化中并不扮演重要角色，这里不予以讨论。视锥细胞是正常光照条件下使用的感光细胞，具有相反的分布情况。尽管视锥细胞在外围出现得很少，但其密度在黄斑处呈几何级数增长，在小凹处达到峰值。在那里它的直径更小，可以使图像达到更高的分辨率。

视锥细胞之间还有不同的专门功能，由在特定区间内对波长的敏感度来定义，大约对应于红色、绿色和蓝色。神经系统科学家斯蒂芬·科斯林（Stephen Kosslyn）认为，正确的颜色应是橙黄色、绿色和紫色。②

② Ware, Colin. *Visual Thinking: For Design.* Burlington, MA: Morgan Kaufmann, 2008.

视锥细胞对红色和绿色的光敏感度有一部分是重叠的（图 2.5），这解释了一些与色彩处理相关的视觉问题。无法分清红绿色是最常见的色盲问题，大约有 10% 左右的男性受其影响，但在女性中很少见。

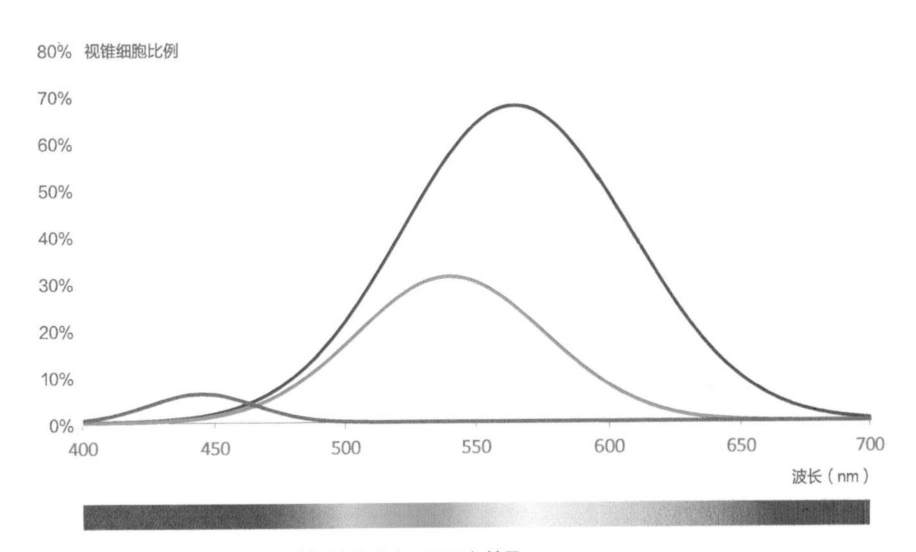

图 2.5　视锥细胞的反应因其对波长的敏感度不同而有差异

对蓝色敏感的视锥细胞数比其他类型的视锥细胞少很多，科斯林注意到了这一点，这也证实了我们在使用蓝色字体时无法精细区分是合理的。此外，蓝色敏感的视锥细胞位于视网膜深处，也就是说距离更远，因此在将蓝色叠加于红色之上时，就会产生一些混乱。反过来，则相对更“自然”。

视敏度弧

视网膜中心点具有峰值的视锥细胞数，但它只是整个视场的一小部分，这导致了同样狭隘的视敏度弧。你只要伸开手臂并竖起大拇指，就可以清楚地了解视场中的最大视敏度弧（图 2.6）。大脑将大约一半的视觉处理能力用来处理 5% 的视场[3]。难怪需要很强的管理技巧呢！

---

③ Ware, Colin. *Visual Thinking: For Design.* Burlington, MA: Morgan Kaufmann, 2008.

图 2.6 这幅图像大致反映了我们在现实中是如何看物体的

我们将大脑的处理能力和一张数码照片比较一下。一张高分辨率的数码照片会生成很大的文件，因为细节的增多意味着信息量的增大。但是，在数码照片中分辨率是固定的，而大脑所生成的图像分辨率是动态的，其中只有一部分具有最大分辨率。这就减轻了大脑所需的处理负担。大脑创建图形的方式给了我们能够具有完美的 180° 视野的错觉。这种方式非常巧妙，以至于我们很难发现，在眼睛和视神经的连接点上有一个洞（盲点）。只有当我们非常认真地搜索时才能找到这个洞。

眼扫视

视场边缘通常具有较低的分辨率，但如果需要，也可以将其转变为高分辨率。我们只要通过眼睛移动来将注意力从一个点移动到另一个点即可。这被称为眼扫视或眼急动。

阿尔弗雷德·亚尔布斯（Alfred Yarbus）在 1965 年写了一本关于眼移动的经典书④。在一项研究中，亚尔布斯让一个人去看伊利亚·列宾的名画《不速之客》（图 2.7）并回答一些问题。在图 2.8 中，每一个椭圆代表被试在搜索答案的过程中，眼睛移动的密度区域。

即使没有具体的问题，从图上也可以明显看出眼睛并不会在该场景中游移，而是会被其中的特征部分所吸引。对数据可视化来说更有趣的是，根据所要完成的任务不同，这种移动也会不同。例如，在估计一个人的年龄时，关注点在脸上。而在估算访客离得有多远时，会聚焦在同样的区域，但会从一张脸转移到另一张脸，来得到整体的答案。

④ Yarbus, Alfred. *Eye Movements and Vision.* New York: Plenum Press, 1967.

图 2.7 《不速之客》
资料来源：© 列宾，1888 年，藏于莫斯科特列季亚科夫画廊

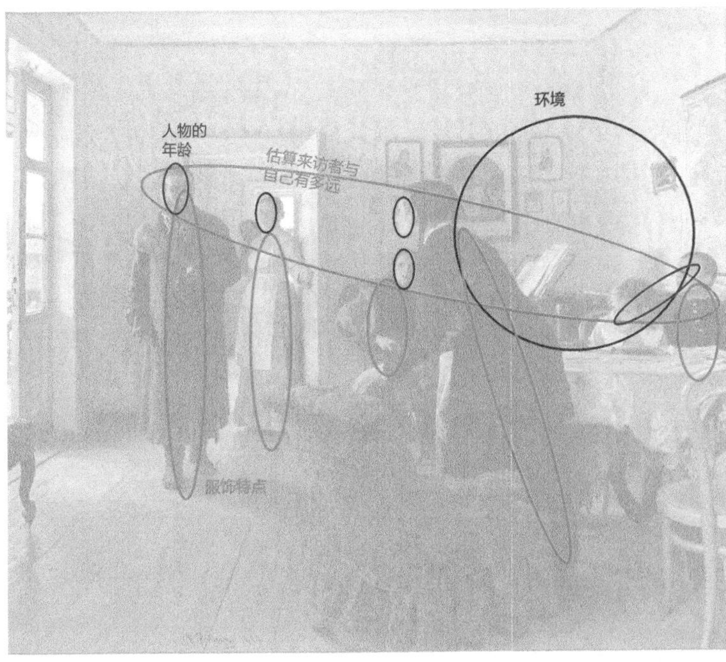

图 2.8 注意力依赖于任务，正如被试在寻找答案时眼部扫视运动记录所显示的那样

除了证明存在大量的眼动，这个实验还证明了，我们会将更多的视敏度放在兴趣点上。经验和知识（也可能是偏见和错误的想法）使得我们可以预先选择看上去对完成任务最有用的点，这也再一次说明了知觉和认知之间的联系。

眼生理学对可视化的影响

好了，关于视光学的讨论先到这里。这些眼生理学对研究可视化会有什么作用呢？理解视敏度最大化的狭窄空间对可视化的规划非常有用。如果将一张图表看作一个信息单元，就很容易理解扫视会破坏注意力，也就是说，设计时应该避免要求眼睛频繁移动。原则就是，在两个具有等量信息的图表之间，更好的图表就是需要较少扫视的那一个。

我们有一些方法可以减少扫视的次数，首先就是缩小图表的大小。通常图表都比表达信息所需的更大。在缩小之后，就没有足够的空间来容纳所有对象，需要排出优先级。纹理和 3D 效果可能会增大图片大小，又毫无益处，因此首先要考虑排除这些效果。

其次，我们还应该对一些看上去不可或缺的对象进行重新设计。在阅读每一张图表时，使用虚构的内心独白，对理解这一点有所帮助。在图 2.9 中，图例位于视力弧之外，这个图表由于两个原因而导致效果不好：一是需要分散注意力，二是在解释的过程中需要工作记忆（关于工作记忆的内容详见下文）。这将整个故事场景分裂开了。图表阅读者的内心独白可能是这样的：

红色和橘黄色国家的失业率糟透了。它们是哪些国家呢？让我看看图例……嗯，是希腊和西班牙。葡萄牙在哪儿呢？是红色，哦不，是绿色的。这些我都要记住。好了，哪些国家的失业率较低呢？哦，是德国和美国。在过去十年中它们的趋势是类似的……现在我彻底晕了，谁是红色来着？

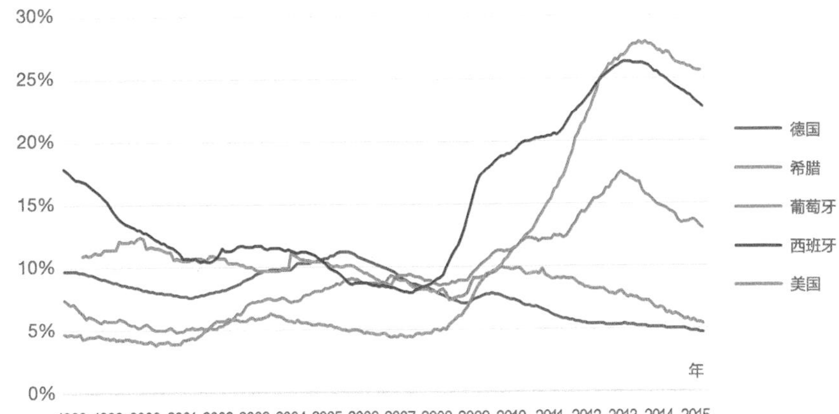

图 2.9　这个图表分散注意力，并且需要使用工作记忆进行颜色匹配
资料来源：Eurostat

图 2.10 通过直接在线上标注国家解决了上述两个问题，减少了快速扫视的次数，便于读者理解图表。这幅图读者的内心独白可能是这样的：

在过去的十年中，美国和德国的失业率具有类似的下降趋势，而希腊和西班牙的失业率则急剧上升。

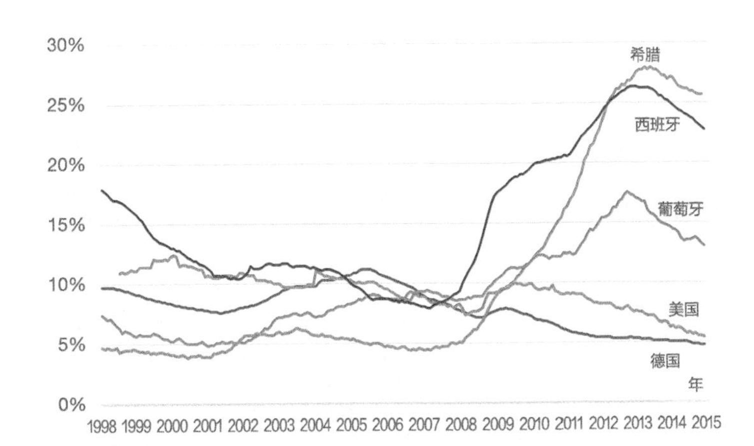

图 2.10　直接标记系列减少扫视次数且不用进行颜色匹配
资料来源：Eurostat

请注意，将图例放在视力弧中可以改进图表，但还是需要在折线和图例之间按照颜色进行配对。彻底去掉图例，直接在线上进行标注是最高效的做法。

前注意过程

与我们的直观感觉相反，视觉刺激的处理过程极快，但并不是瞬间完成的，图片的创建有一个由简及繁的过程。一些基本属性，例如形状、颜色、大小等的问题处理速度更快。这被称为前注意过程（pre-attentive processing）。就好像大脑为周围的事物画了一幅素描图，你可以决定应该将注意力转向哪里。或者就像科林·韦尔（Colin Ware）所写："前注意过程确定了注意力需要关注的视觉对象，并在下一步的定位过程中很容易找到。"[⑤]

我们想一下如何来看一张表或一幅线图。它们都是由线条组成的，在表中是组成数字的线条，在图中是对数据进行编码后的线条，也都是前注意过程处理的。在表中，前注意过程使得我们可以识别出表的总体形状，也可以识别出一个特定的形状，如数字 8。但当我们真正开始注意时，仍然有很多工作要做。仅仅通过前注意过程，我们还无法对表中的内容做太多推断。不过，当我们开始有意识地关注一张图表时，很多工作都已经在前注意过程中完成了，因为底层数据已经被前注意过程转化为相应的形状。

突出性

前注意过程是解释广泛应用数据可视化的很好的原因。但我怀疑你是不是真的相信这一点，否则我们为什么还要费劲来讨论它呢？它看起来并不像你在日常工作中会执行的事情。

在制作图表时，有一个可以巧妙使用的特性：突出性。我们使用诸如"吸引眼球"或"瞪大了眼"甚至是"显而易见"等词汇来表述某事时绝非偶然。由于某些原因，物体或者物体的某些特征通常会使其以某种方式从周围环境中脱颖而出，吸引了注意力。例如，我们来看看下面一行色彩随机的正方形：

⑤ Ware, Colin. *Information Visualization: Perception for Design.* Third Edition. Burlington, MA: Morgan Kaufmann, 2012.

在这些正方形中，没有任何一个会受到特别关注，因为没有一个具有使其能够突出的特性。现在我们将它与下面这一行正方形进行比较。我们的眼睛被吸引到了橙色的小方块上，即使你试图要注视左边第一个小方块，独特的橙色小方块也会受到关注：

与背景或其他对象之间具有高度反差从而使某个对象突出，是前注意过程的一个非常有用的特点。这种突出性可以由数据本身自然产生（例如在进行时间序列可视化时趋势突然发生了变化），也可以在设计图表时通过一定的方式让某个系列突出。

在图 2.11 中，我们可以使用其他很多属性来达到类似的结果。请注意，尽管在最后一行中没有任何一种颜色是突出的，但在考虑整张图片时这一行是突出的。

图 2.11 使用许多属性实现突出性

前注意过程和突出性对可视化的影响

如果你曾经试着去寻找沃尔多（儿童图书《谁是沃尔多》中的主人公），就会知道在多种不同的分散注意力的特征中，没有一种显著特征能帮你找到那个小男孩，这多么令人沮丧。这也就是管理一个对象的显著性水平将会极大地简化阅读的原因，我们必须给大脑一个适当的刺激分级结构。这也是与将“大脑构建为管理者，而不仅仅是原始数据的处理器”的描述相吻合的。

我们来看图 2.12 中三个不同版本的图。在图 2.12a 中，我们所感兴趣的系列很清晰地从统一背景中区分出来。我们聚焦于红色线条的变化，而其他系列只是作为背景存在。这与经理评估某一位销售代表的场景相匹配。经理不需要也不想知道其他队员都是谁，只需要将他的业绩与其他人进行比较。

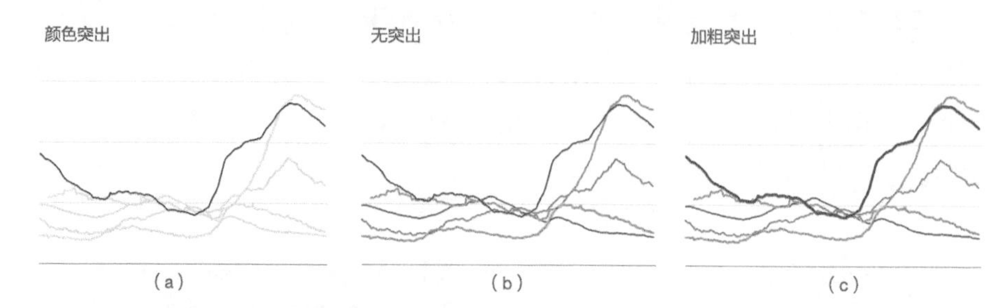

图 2.12 前注意过程中的突出性实例

在图 2.12b 中，采取了中立的方式，对每个系列同等对待。对比度的降低削弱了突出性。现在的信息就是对相等物进行比较。这又与会议场景相匹配：某人在会议上与小组成员分享一张图表，比较每一个领域的业绩表现。

在图 2.12c 中，对比度来自于线条粗细，再一次带来了突出度，尽管不那么显著。信息再一次集中到较粗的红色线条上，但是应用在不同的场景——同侪之首。这与第三种场景匹配：某人与其他经理会面，展示产品的市场份额是如何随时间变化的，以及与其他主要竞争的比较。

如果上述三个版本的每一个版本都是经过慎重设计的，那么没有哪一个版本比另两个更好。每个版本都代表了一种观点。衡量可视化质量的标准之一就是它能否忠实地传达观点。

在图 2.13 中，健康保险支出的增长采用了双重强调——与其他变量的颜色对比，以及在 2010 年后的趋势中改变亮度。

在这些图表中，突出性的另一个作用是突出数据编码的整体对象，而不是辅助性对象，例如使用几乎不可见的网格线。

当我们采用了“把所有数据扔进去”的策略，并使用所有能用的数据后，就会生成一张意大利面式的图表。在这一策略背后隐含的忧虑是，担心不能回答出乎意料的问题，反而导致偏离了关键信息。这是另一种形式的“损失厌恶”，因为我们更愿意避免损失而不是获取收益。为了规避损失，我们只能尽力从这些意大利面式的图表中得出结论，还安慰自己说，它们包含了所有数据，显示时具有同样的权重，在设计时也没有编辑维度或进行数据筛选的必要。

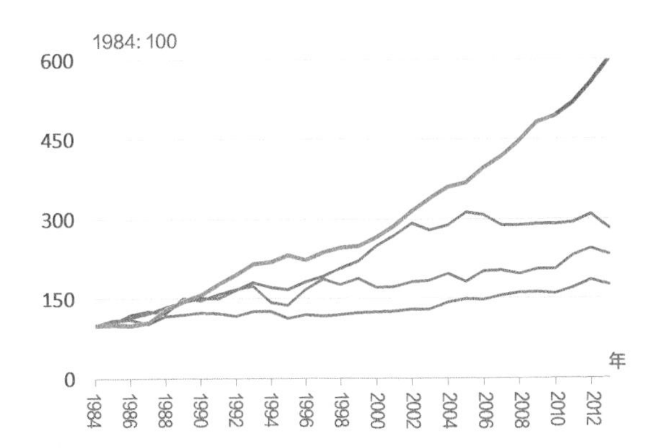

图 2.13　突出性将你的注意力吸引到较粗的彩色线条上

资料来源：BLS / Consumer Expenditure Survey

由于数据不同，因此不需要时刻强调突出性，否则就会给人以过于专横的嫌疑（“这就是你必须阅读这张图表的原因！”）。在图 2.14a 中，重画了之前的图 2.13。健康保险的增长具有一定的突出性，但又不那么突出，因为其他系列不再仅仅是背景。图 2.14a 和图 2.14b 好像是处在两个完全不同的世界，图 2.14b 那张色彩更丰富，但就像一团意大利面条，毫无作用。

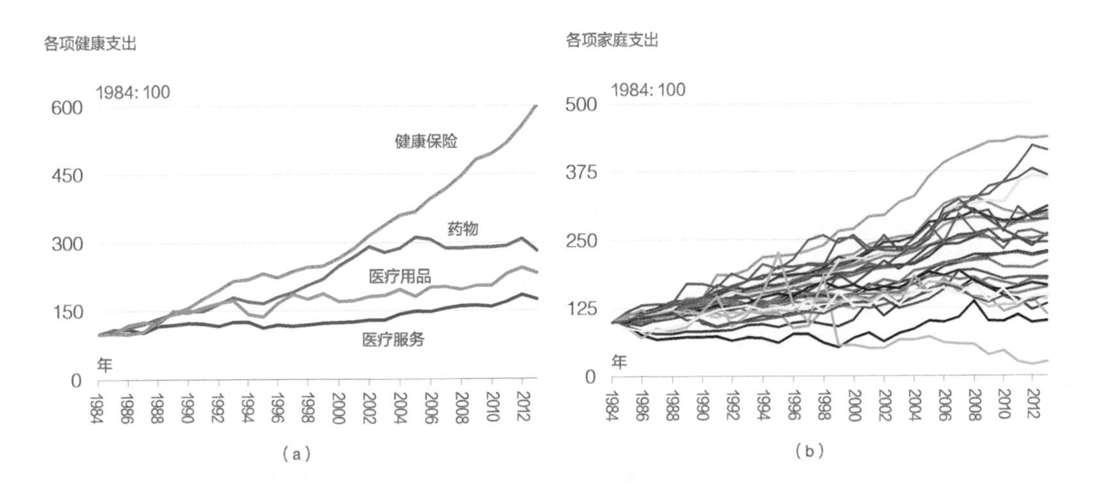

图 2.14　从突显到意大利面条图

资料来源：BLS / Consumer Expenditure Survey

突出性是一种强有力的工具，但应该小心使用，其风险在于可能产生过度割裂的信息，或在多个不同的事实中过于强调某一个方面。使用突出性的程度需要提前仔细思考，因为这会影响你的设计。如果问题本身是对立的，那图表也应该如实反映。

在提高沟通的有效性时，图表的设计应该与想要回答的问题相一致，这一点至关重要。画图表就是要衡量数据的相关性。这项工作必须由作者完成，而不是由工具完成。你要根据自己的优先级来设计图表。图表必须诚实，但永远都不是中立的。

工作记忆

如果你想办法写下一个电话号码并反复练习，但在某一时刻，注意力分散，突然忘了，这就意味着你已经有意识地在接触工作记忆了。工作记忆区是保存大块信息以备立即使用的记忆区域。之后，这个信息会被存储在长期记忆中，或者被另一块信息清除掉[⑥]。

电话号码的例子说明了工作记忆的两个基本特征：有限的存储空间和易变性。研究表明，在任何时候，工作记忆中能够保存的对象数是 3 个。这个较低的限值，以及外界增加新信息的压力，使得工作记忆非常不稳定。预演已有的信息可以阻止新信息的进入，这是降低不稳定性的有效途径。但这样做也是有代价的，使得有效完成一个任务很难，例如边阅读边重复念一个电话号码。

根据可存储对象的类型和大小，工作记忆的容量是灵活的。为了在实践中体会这一点，请你记住下面这个序列：

1-4-9-2-1-9-1-4-1-9-3-9-1-9-6-9

我相信这不是一个简单的任务。对于电话号码来说，帮助记忆的一种策略就是将数字按每三位进行分组。让我们来试一下：

---

⑥ 在 George A. Miller 于 1955 年发表在《心理学评论》期刊上的具有重大影响的论文“The Magical Number Seven, Plus or Minus Two: Some Limits on Our Capacity for Processing Information”中，他使用了具有更准确含义的“数据块”（chunk）（大小和性质都是漫射的）来区别于“比特”（bit）。

149-219-141-939-196-9

嗯……帮助不是很大。现在再让我们试一下按四位来分组：

1492-1914-1939-1969

假设你对人类历史上一些重要年份有所了解，可能就会觉得记住这 16 个数字也不是那么难！我们只是从每个数字都是一个信息单元，变成了每四位数字组成一个信息单元。现在我们有四个独立的部分，每一个都可以被记忆识别为有意义的年份。

有很多技巧可以帮助减小信息单元。有一些是通用的（010101010101 可视为 6×01），还有一些依赖于大量人群所分享的长期记忆（要记住一个鲜为人知的国家的历史性年份会更难），另外一些是个人的技巧，比如想象一下 27、17、13、06 是你家人的生日。

不管是用来存储一些下次考试要用到的知识，还是参加记忆大赛时的复杂系统，记忆术都是基于这一原则：减少需要记忆的信息单元，增加每个单元的复杂度，并将其与长期记忆中所存储的对象相关联。

工作记忆对可视化的影响

工作记忆的过度使用会使信息流戛然而止，阻止其他大脑过程的完成。因此，一个好的视觉表征应该包含认知资源保护策略，这一策略是通过知觉预处理实现的。

我们已经看过狭窄的视力弧会将图表中的图例遗漏，迫使我们使用记忆或眼睛扫视来找到图例。直接在线上标注就减少了工作记忆的负担，使得阅读图表的效率更高。

在图 2.15 中，可视化通过不使用任何标识来节省工作记忆。假设所有读者都知道每一种颜色编码：西兰花是绿色的，胡萝卜是橙色的，茄子是紫色的。当然，只有当这的确是常识，并可以排除任何合理怀疑时，才可以这样做。即使这样，保证一定程度的冗余也是必要的，例如，色盲可能无法区分颜色。

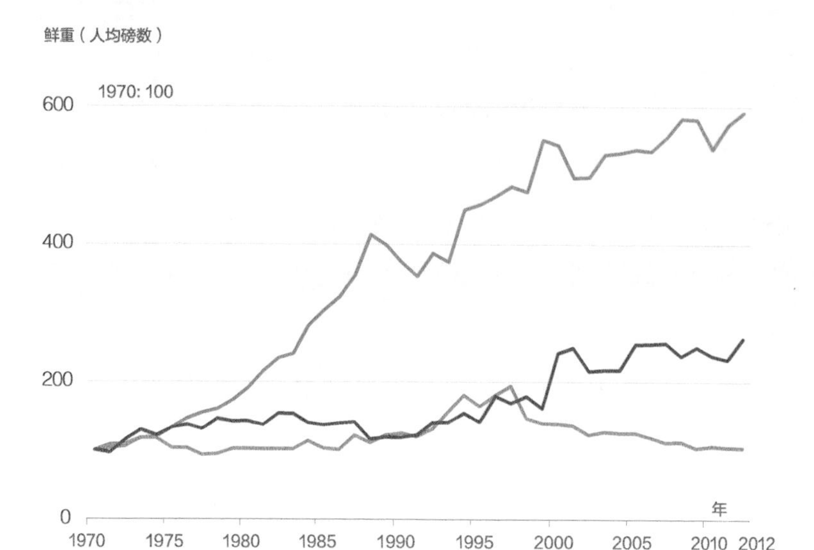

图 2.15 在保持工作记忆上，我们还能做什么？
资料来源：USDA

管理工作记忆必须是经常进行的工作，而不仅限于去掉图例。在一篇文档中，应该将每一幅图都放在与其相关的文字较近的地方，避免读者需要不停翻页才能将这两方面信息联系起来。

在展示时，当希望受众比较两个图表时，应该将它们放在一张而不是多张幻灯片中。你遇到受众要求在幻灯片之间反复翻页以便他们进行比较吗？这种体验是不是很糟糕？

编码的不一致也会导致需要使用记忆。表示同一实体的多张图表，如果颜色编码不一致，就需要读者重新费力去记忆。这一问题可以通过确保不同图表之间的一致性来解决。

格式塔定律

如果你仔细看图 2.16，就会发现三角星座（左上角的插图）是一个单独的部分，准确描述了三颗星星的位置。其他所有星座看上去都是超自然的，至少对我们来说是这样。试着找找苍蝇星座 ⑦。在某些人眼中，这些星星组成了一只苍蝇，如果你不能理解为什么，也无所谓，因为并不是只有你才这样。但你应该承认，它们的确离得很近，形成了一个组以区别于其他星星。

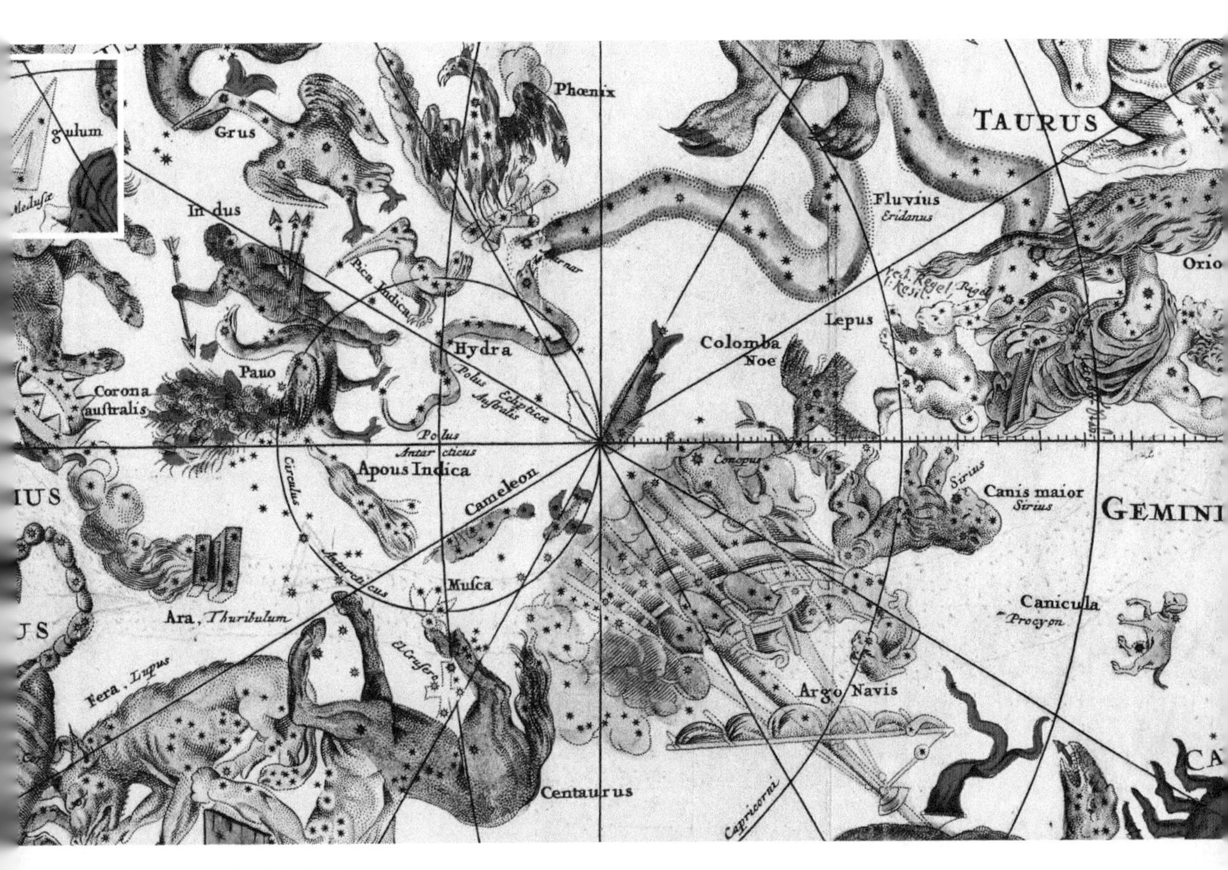

图 2.16　17 世纪的天体图

资料来源：Wikimedia Commons

⑦ 提示：它是一个靠近半人马座的很小的星座，在中心圆的底部，标注的是“Mufca”。

星座命名的惯例具有其历史合法性，名称都是其作者所处文化和社会环境的自然产物。你可以在一个繁星满天的夜晚出去，让眼睛和思想自由翱翔。慢慢地，你会开始看到一些星星，它可能让你想起了梅赛德斯标志、一辆购物车或者鱼的形状。我敢保证，你的这些星座命名和苍蝇星座一样正确。如果你看到的不是星星，而是一组随机生成的点，同样也可以识别出一些熟悉的形状。

人类的眼－脑系统总是在生成星座，也就是说，聚集多个点然后赋予其整体含义。搜寻简单的形状是不可避免的趋势，因为简单的形状更容易处理，也消耗较少的资源。再次重申，这正是本章的思路，现在它有了一个专门的名称：简洁（prägnanz）。

简洁，或者称为“好的形式”，是格式塔定律或分组定律的统一思想，我们用一句很有名的句子来总结，那就是“整体大于局部之和”（也更简单）。

形式简化意味着简化整体的各个部分之间的关系，强调整体并通过对关系进行标准化和归一化来削减各个独立组成部分之间的关联。这样会增加有用信息（信号）的权重而减少无用信息（噪声）的权重。有趣的是，我们可以将工作记忆的例子中的数字看作搜寻好的形式的结果。

在图 2.17 中，你看到了什么形状？如果你回答是一个“圆”，那是正常的。事实上，它是一些虚线，大脑为了简化形状而将它连接起来。尽管我们可以说，与一些星星组成的苍蝇相比，这些虚线更像一个圆。但从本质上说，它们都有同样的处理过程。

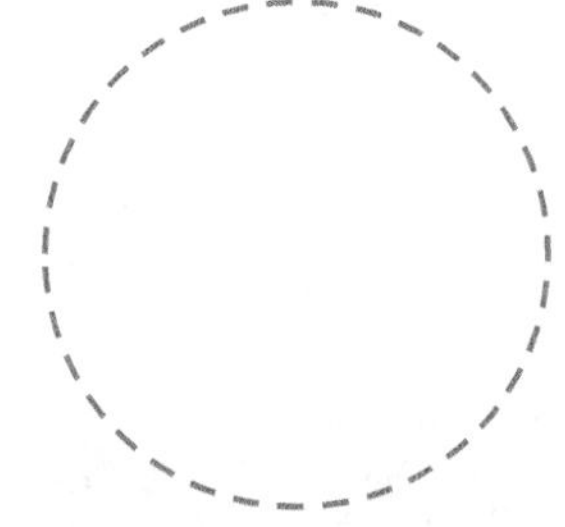

图 2.17　这是一个圆还是一串连续的虚线？

现在请你试着描述图 2.18 中的形状 A。自然的趋势是将其描述为两个部分重叠的圆 B。当然，如果要描述成 C 也无可厚非，但这会使形状变得更复杂。请比较一下描述 B 和 C 所用的字数。

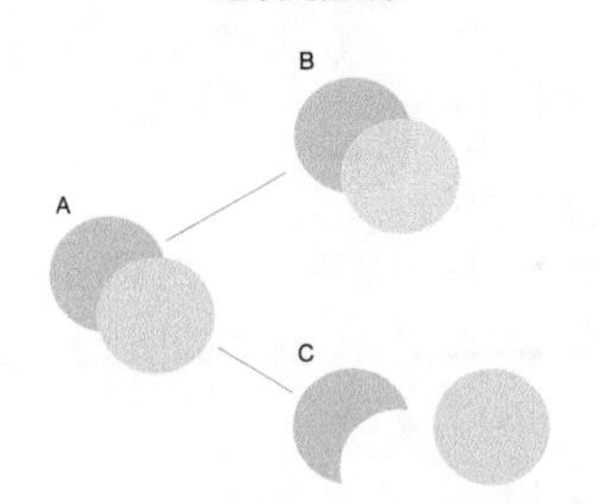

图 2.18　橙色圆后面是什么？那里有什么东西吗？

形式的分组和简化是数据可视化中的核心思想，并且都是从将点映射到原型图表后所感知到的距离开始的。我们将互相靠近的点视作一个小组。

让我们一起来看一些分组方式，而不必担心其隐含的规则。下面是数据点的基本显示：

要生成图表，必须利用最小的阅读网格。从数据中我们知道了存在两个不同的系列，这是首先要区别开的：

经验告诉我们，这样的分布与线图相匹配，很显然应该将数据点用线连起来：

使用线将点连接起来的效果比通过颜色分组更强烈，这可以通过改变连接方式来实现。使用垂直连接减弱了水平方向的阅读理解障碍，迫使我们按每一对点来分组和阅读理解。

在图 2.19 中，有几个地方都体现了格式塔定律。该图将 2002—2013 年人均国民生产总值（GDP）等价购买力与完成中学或更高水平教育的人员比例联系了起来。

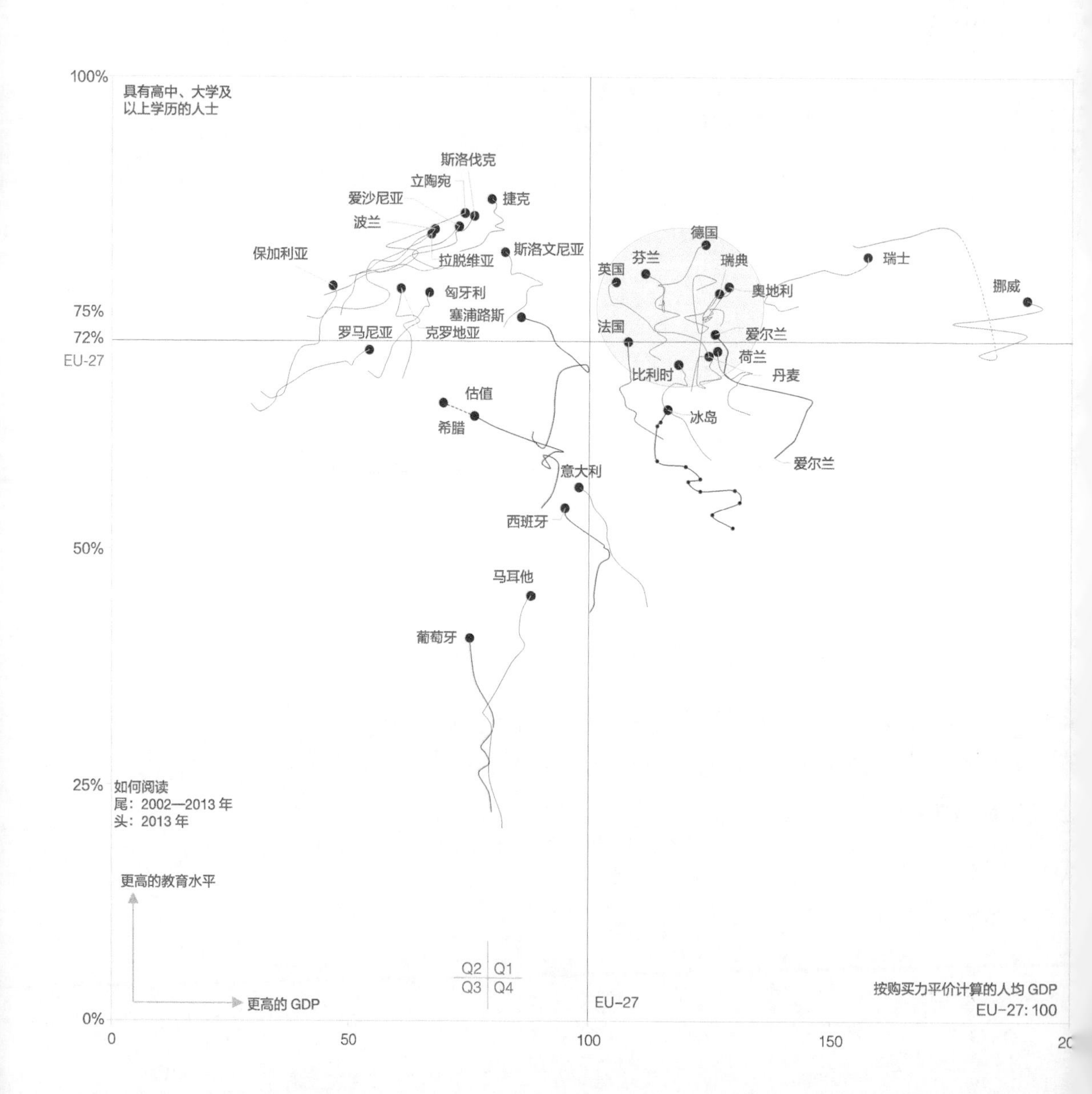

图 2.19　散点图中的格式塔定律
资料来源：Eurostat（希腊缺少 2013 年的数据，根据趋势预估）

图 2.19 分为四个象限，每个变量由 EU-27 值来定义。很显然存在三组国家：西欧国家（高 GDP，高教育水平）、东欧国家（低 GDP，高教育水平）以及地中海国家（低 GDP，低教育水平）。

接近定律

■ ■ ■　■ ■ ■

沃尔多·托布勒（Waldo Tobler）的地理学第一定律说："事物之间是普遍关联的，离得近的事物比离得远的事物关联性更高。"这句话也非常适用于接近定律。接近定律告诉我们，我们往往将彼此离得很近的对象看作一个分组，并假设它们具有类似的特征。在阅读散点图时通常会如此。在图 2.19 中，我们可以很容易地将象限 Q2 中的点识别为一组。当识别出这些点之后，就进一步加深了这种认识。除了塞浦路斯之外，其他的是东欧的国家（图 2.20）。这是在阅读散点图中最常使用的定律之一，尽管在同一幅图中我们还会发现其他一些定律。

图 2.20　接近定律

相似定律

■ ■ ▲ ■ ■ ■ ▲

相似定律告诉我们，我们可以理解具有相同特征的对象，例如颜色、大小或形状。在图 2.19 中，红色分组包括几个国家，尽管它们彼此离得很远。这是在金融和主权债务危机中受打击最大的几个国家（图 2.21）。

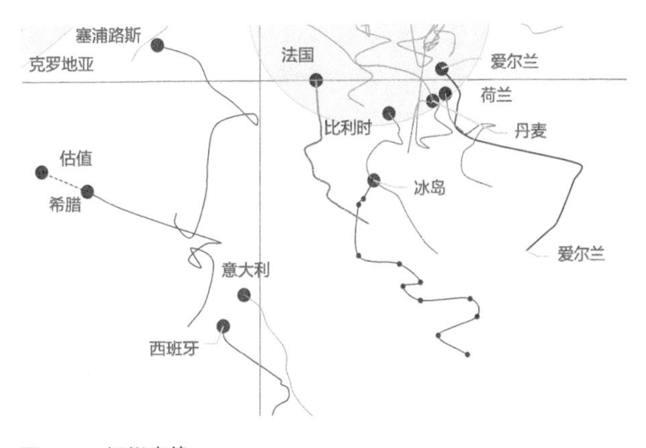

图 2.21　相似定律

相似定律对按类别分组尤其有帮助。在图 2.22 中，第一幅饼图的颜色是随机选择的，我们看到的是 12 块独立的切片。而在第二幅饼图中，可以看到两个分段式分组，蓝和红黄，或者说是冷色和暖色。

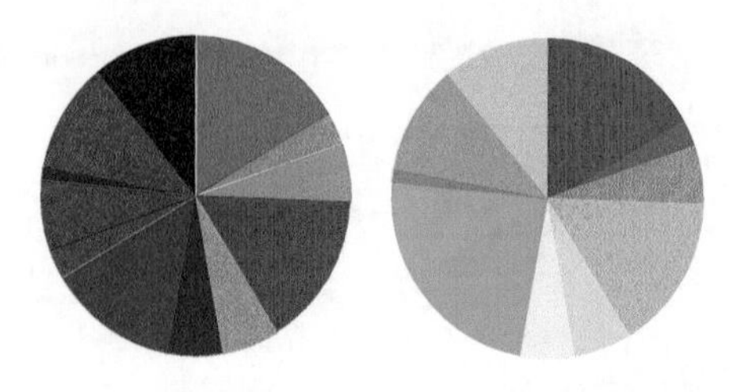

图 2.22　随机颜色编码与利用相似定律的颜色编码

分离定律

分离定律告诉我们，一个封闭形状中的对象可被看作一个分组。围绕对象（图表或图例）的边框具有这个功能，但添加视觉注释也是有必要的。

围绕国家所画的椭圆和圆形强调了它们之间是状态一致的分组，尽管其中有一些国家处于不同的象限，并且不符合其中的某一个标准（图 2.23）。这显示了该定律的分组力量。因此清晰的标准以及可以识别的一定程度的冗余是很重要的（例如，将该定律与接近定律结合起来使用）。

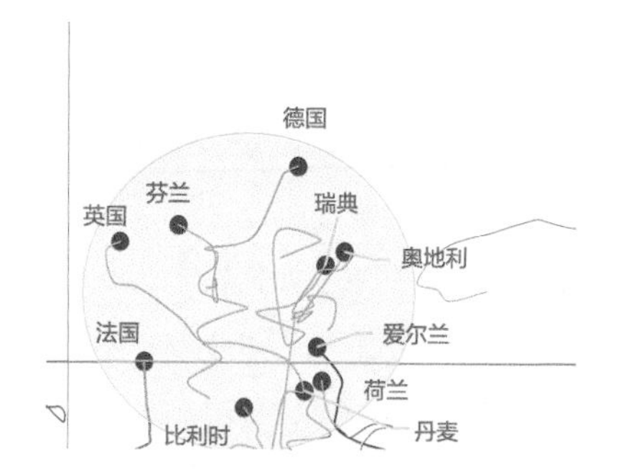

图 2.23　分离定律

连接定律

连接定律告诉我们，互相连接在一起的对象更倾向于被认为是同一分组。在图 2.24 中，数据点之间的连线使得它们可以被理解为一个小组。

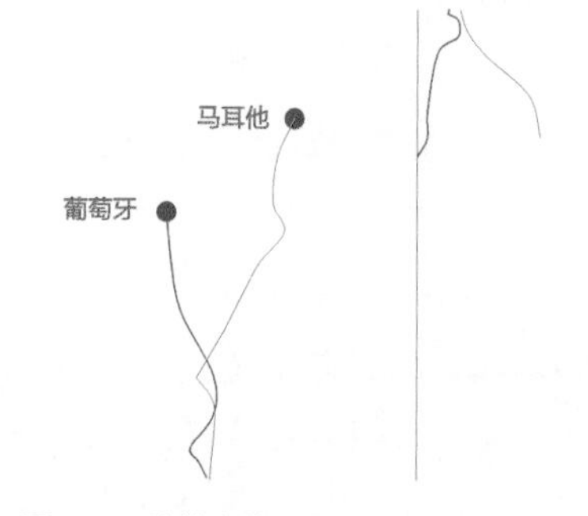

图 2.24　连接定律

连接定律是折线图的基础(图2.25),很重要的一点是,在阅读图表的过程中,独立的数据点是没有意义的，它们之间的连线才重要。

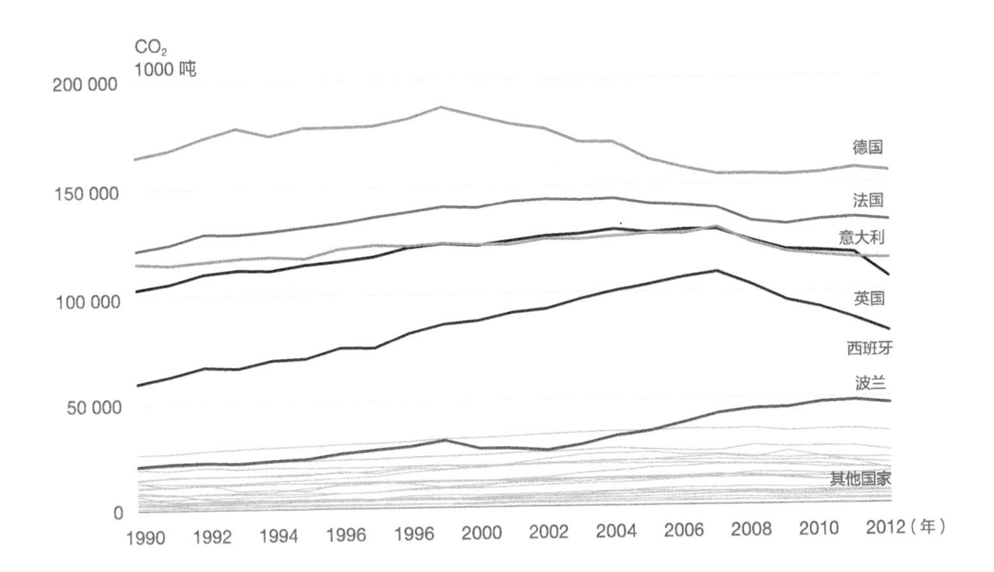

图2.25 实践中的连接定律

资料来源：European Environment Agency（EEA）/ Eurostat

共同命运定律

↖↖↙↖↖↙↙

共同命运定律告诉我们，向同一方向移动的对象被认为是一个分组。在动态图表中，动向能够帮助我们找出数据中的模式，从这个意义上说，移动从字面意义来理解即可。一个很好的例子就是汉斯·罗斯林（Hans Rosling）第一次在科技娱乐设计（TED）大会上的演讲：“你所见过的最好的统计。”

闭合定律

闭合定律告诉我们，我们更倾向于完整的图形。如前所述，我们把虚线看作实线，轴线可以避免使用图表边框，以及在缺失的值之间添加连线，等等。我们会想象出一条最适合于已有值的平滑连接。这可能与实际的数据并不匹配，因此在评估时要多加小心。图 2.26 说明了这一点。

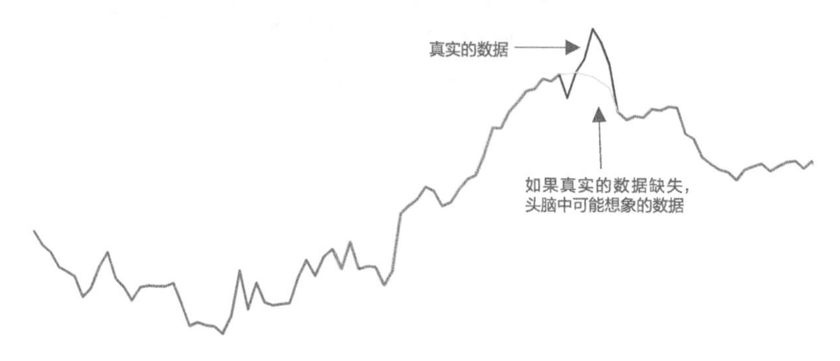

图 2.26　闭合定律

图形 / 背景定律

我们更容易看出闭合的对象，因为它看上去是一个单元的对象。我们也很容易发现从无定形背景中突出来的看上去更小的对象。关于什么是图形、什么是背景的清晰定义有助于将注意力集中在有意义的对象上。在这个经典的视错觉图中，图形既可以是一个花瓶，也可以是两张人脸轮廓（图 2.27）。

图 2.27　鲁宾的花瓶

在一张图表中，数据的视觉编码是图形，任何附加的元素都是辅助性的（背景）。我们的设计选择必须确保这种区别是清晰的。

比较图 2.28 的两个版本。在图 2.28a 中，网格线就显得太繁乱，会与数据争夺主导地位。在图 2.28b 中，网格仍然可见，但很合适，既有助于对图表的阅读，又强调了数据的角色。

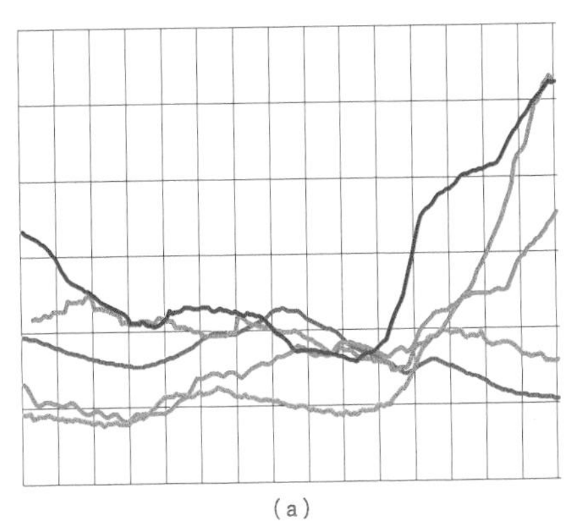

(a)

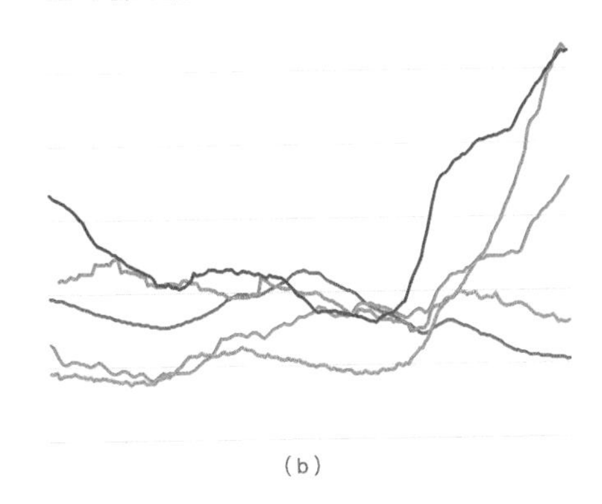

(b)

图 2.28 网格线的使用

连续定律

连续定律表明，在理解图表时，我们不希望出现突然的转变，或者突然生成更复杂的图表。

例如，在三维图中隐藏在其他值之后的值，因为我们看不到它，所以就会主观地填充这些缺失值来形成一个完整的模式。对于时间序列来说也是这样，如在图 2.29 中，我们假设数据点的未来走向将会是过去值的平滑延续。我们可以回想一下，在 2007 年，几乎没有人会认为欧洲的房价会向下回落。

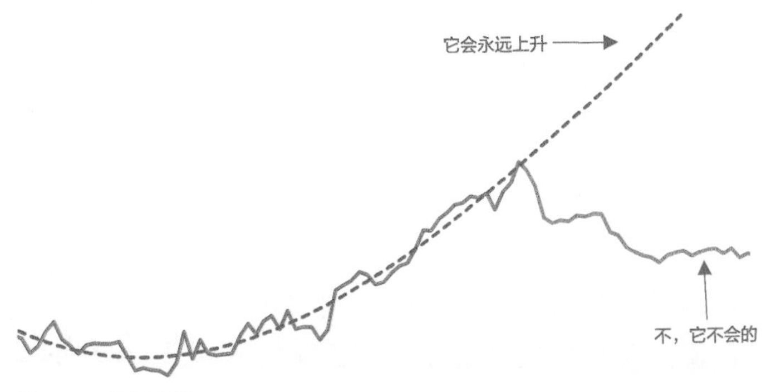

图 2.29 连续定律

在线图中，具有类似斜率的系列被理解为属于同一个分组。图 2.28 中的系列分为两组：具有向下趋势的组和具有向上趋势的组。同样地，图 2.19 的 Q1 象限中的国家所具有的相同趋势帮助我们将它们看作一个分组。

格式塔定律对可视化的影响

格式塔定律就是“好的形式”的实证，上述各例都强化了这一点。有一些情况，很清楚且很容易被定义，例如接近定律。但另一些情况，看上去只是同一概念的细微变化。这正是多年来多条新定律被发现的原因，我们将其附加到原有的列表中。

不管使用什么图形，大脑总是不知疲倦地进行简化。尽管我们控制周围世界图形的力量很小，但相对于我们自己所创建的图形而言，这种力量却强得多。在阅读一幅图时，我们需要有意识地锻炼这种能力。

在创建图表的过程中，应该尽可能少地使用格式塔定律。凭借每种规则的聚合力，能够生成明确的分组即可（图 2.30）。例如，分离定律要强于连接定律[8]，连接定律又要强于接近定律。隐式分组对于定义图例来说足够了，不需要边框。在大多数情况下，图表本身不需要边框，因为它很容易被认定为是一个单元。相反，接近定律和相似定律在折线图中是无效的，这就是需要用线将数据点连接起来的原因。

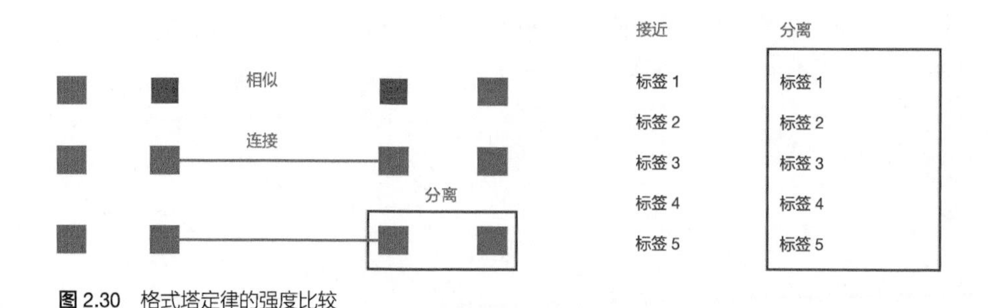

图 2.30 格式塔定律的强度比较

⑧ 假设进行公平的比较，也就是说，连接线和分离线完全相同，并且没有前景 / 背景关系，那么位于前景的红色加粗连接线肯定会使连接定律效果强于背景的细灰色线。

有时候分组取决于更明显的信息。例如，使用分离定律来说明所有西欧国家普遍具有类似的情况，可能更有利于交流。

在数据可视化中，格式塔定律对我们如何设计视觉表征具有广泛的影响。

知觉的局限性

你怎么能确定一个人比另一个人高呢？如果他们肩并肩站着，你可以很肯定地给出正确的判断。那么体重呢？判断起来更为棘手，对吧？两个人的体重差异必须很显著，你才能肯定一个人比另一个人重。这看上去很自然，我们也不会去问为什么。但这究竟是为什么呢？为什么我们判断身高差异要比判断体重差异更容易呢？

简单来说，是因为人类的知觉并不完美——在某些情况下并不平衡，在模糊不清的情况下不能解决认知冲突，在其他一些情况下甚至可能还会给出荒谬的答案。很多可视化专家都对这些缺陷进行过研究，试图对它们进行描述、量化，并寻求解决方法或替代选择，因为它们对我们如何理解图表具有直接影响。

每个人视网膜变量的精度都不同。简单一瞥可以使我们很准确地比较两个相邻的柱子，而要比较角度或面积就没那么容易了。1984 年，威廉·克利夫兰（William Cleveland）和罗伯特·麦吉尔（Robert McGill）研究了在阅读视网膜变量时人类知觉的精度。两位作者定义了一系列与在进行任何认知之前、需要完成的基本认知任务相关的编码，例如阅读比例尺或图例。

根据这个实证性研究，我们可以将视网膜变量按照完成基本任务的精度来进行排序。图 2.31 给出了这些任务的例子，与之前的研究中一样，例子是按照精度排序的。[⑨]

---

⑨ Cleveland, William S. and Robert McGill. “Graphical Perception: Theory, Experimentation, and Application to the Development of Graphical Methods.” *Journal of the American Statistical Association*,Vol. 79, No. 387: 531–554, 1984. 相对应的书和论文有稍许不同：Cleveland, William S. *The Elements of Graphing Data*. New Jersey: Hobart Press, 1994.

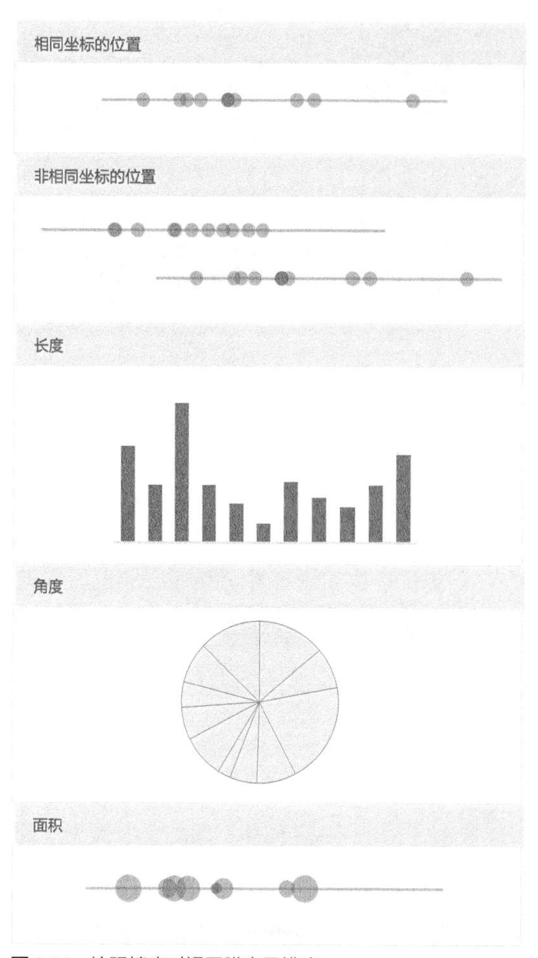

图 2.31 按照精度对视网膜变量排序

我们不能匆忙得出这样的结论：总是应该选择最大精度的编码。因为在实践中，这会导致点图的过度使用，点图代表了“最常见位置”的例子。

在数据可视化的研究中，威廉·克利夫兰和罗伯特·麦吉尔所做的是里程碑式的研究，它提供了认识视网膜变量在准确性上差异的起始点。但是，该领域的实验性研究面临的问题是，一方面要保证获得可归纳的结果；另一方面又要保证该结果不受到不可控变量的污染。

一些学者注意到，克利夫兰的研究没有将特定任务（除其他因素之外）计算在内[10]。任务所需要的阅读类型会影响排序。在图 2.32 中，一些值之间存在细微差别，这在条形图中是可见的，而在饼图中则几乎看不出来。这与克利夫兰的研究结果是一致的。但是，如果想知道每个值在总量中所占的比例，则饼图更有效，因为它不像在条形图中那样需要参考比例尺（总值已经在那里了）。后面我们还会讨论使用比例是否有意义，但这个例子告诉我们，每种图表类型是否有效通常是由任务决定的。

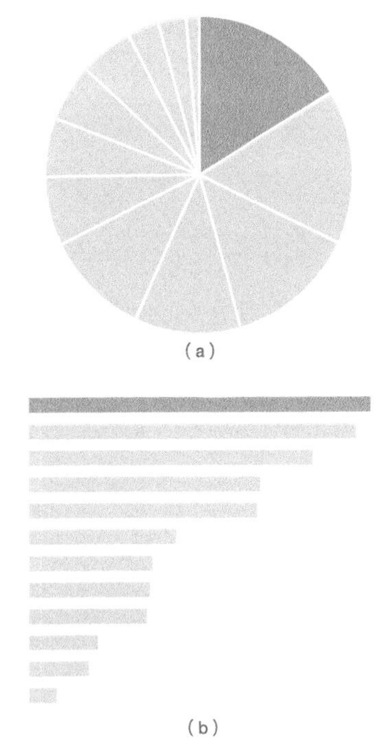

图 2.32 饼图和条形图

韦伯定律

理解人类感知的局限性，不仅可以帮助我们选择一种遵守这种局限性的表征形式，而且可以找到使局限性最小的策略。

这里我们举一个具体的例子：比较 2 米和 2.1 米的两条线在长度上的差别要比比较 6 米和 6.1 米两条线的差别更容易，尽管其绝对差值是一样的。韦伯定律认为：两个刺激之间的最小可感知差别与刺激的量级成比例。这是一个很好的例子。

[10] Simkin, David and Hastie, Reid. “An Information-Processing Analysis of Graph Perception.” *Journal of the American Statistical Association*, Vol. 82, No. 398: 454–465, 1987.

克利夫兰的研究使用了两对长条，通过比较长条的长度来说明韦伯定律（图 2.33）。由于长条并不对齐，所以确定它们是不是具有同样的长度并不容易。在第一组中，图片中没有任何东西有助于比较。在第二组中，则增加了两个具有同样高度的灰色矩形。现在我们可以很容易地看到第二个长条更长，因为差距部分更大。

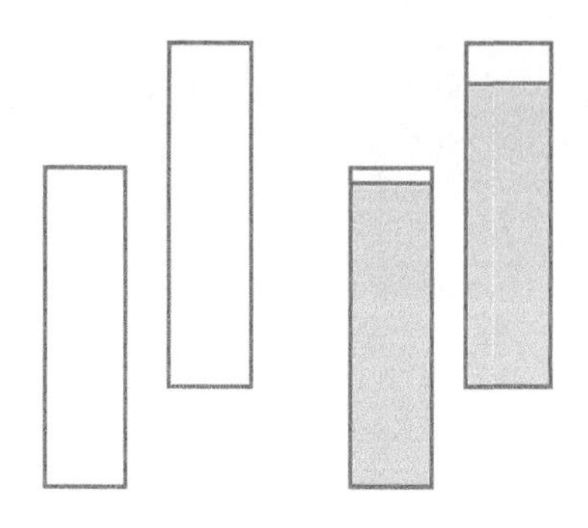

图 2.33　韦伯定律

在实验室设置下，对两个临近并对齐的长条可以准确对比，但在真实世界的场景中，当使用具有多个长条的图表时，比较就不仅限于相邻的长条，而是在所有长条之间。在长条比较分散时，准确度就会下降。当加上网格线之后，它们就起到类似图 2.33 中的灰色矩形的作用，减少了需要比较的部分。

作为一种对过度使用网格线的反应，有时候人们又走向极简主义，完全不使用网格线。在解释网格线存在的合理性的同时，韦伯定律也证明了参考线的使用。在图 2.34 中，欧盟的平均值就被用作参考线，从而使得它自身与各个国家之间的比较变得更容易，这比额外使用一列（参考列）好得多。

斯蒂文斯幂定律

图 2.35a 中的两个长条分别表示具有贫困和社会排斥风险的人口百分比。意大利的这类风险要显著小于保加利亚，而在比较条形图时这是很清楚的。图 2.35b 的泡泡图对同样的数据进行编码，但在这个例子中，其值看上去很接近，因为我们倾向于比较气泡的直径而不是面积。

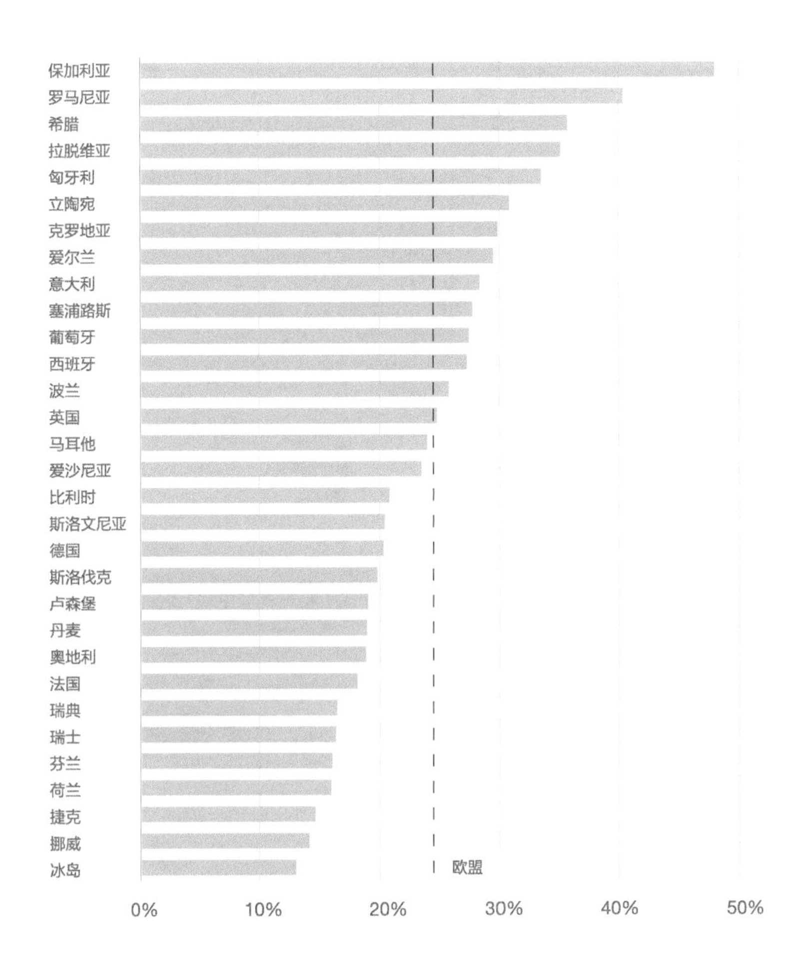

图 2.34 实践中的韦伯定律，参考线使比较更容易

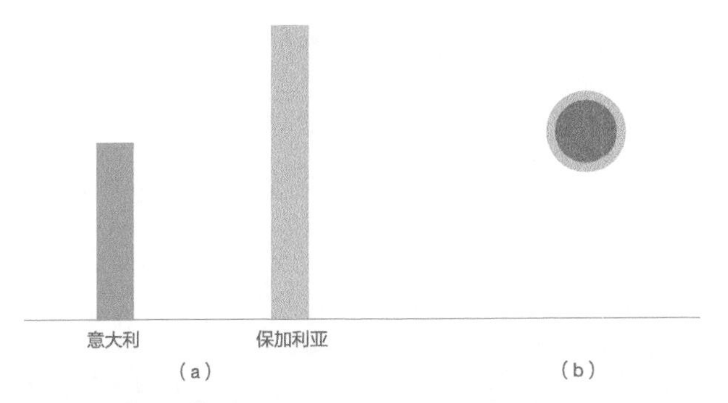

图 2.35 斯蒂文斯幂定律。在柱状图中，真实大小和感知大小是相似的；但在气泡图中，较小的区域显得较大

通过在物理刺激的大小与其感知到的强度之间建立关联，斯蒂文斯幂定律解释了这种效应。根据克利夫兰的研究，在条形图中，大小和感知方法之间的比例是相似的，也就是，实际的和感知到的大小是近似的。面积的比率在 0.6 到 0.9 之间，意味着较小的面积看上去似乎更大，而较大的面积则看上去反而更小。这解释了在阅读泡泡图时产生的失真效应。

环境与视错觉

视错觉显示了环境和对象的交互作用是如何使我们错误评估其内容的。大脑对于“好的形式”的追求并不总是成功的。有时候我们会生成荒谬的图像或创建无法分组的、不是由形状产生的图像。图 2.36 被称为卡尼萨三角，在其中我们可以看到一个由三个圆支撑的白色三角形。从白色三角形开始，其实不存在任何一个对象。这种现象被称为“物化”，通过这种现象大脑可以识别出实际上不存在的轮廓线。

图 2.36 卡尼萨三角，从不存在的形状中生成图像

在广泛使用色彩之前，我们通常会使用模式来辨别图表中的多个系列。其中一些模式的组合（实际上是大多数的组合）都比较复杂，因为它们会产生莫尔效应（图 2.37），在闪烁不定的情况下，物体好像在移动，这改变了它们的形状。

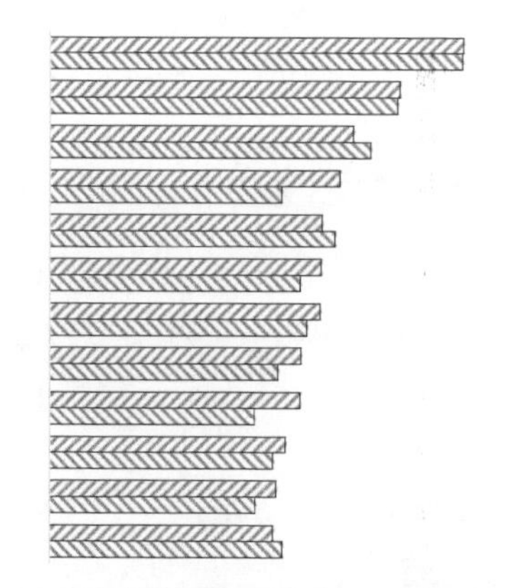

图 2.37 一些图案的组合创造了一种云纹效果

我们不难推测，3D 图表是数据可视化中视错觉的典型。在本书中，我们将不止一次提到这一点，特别是在利用图表说谎的部分。

知觉局限性对可视化的影响

在显示数据时能够真实反映数据点之间的差别和关系，是数据可视化的核心。但是，我们的知觉并不完美，在很多情况下，可能很难实现准确的评估。我们的第一责任就是找到将阅读错误减到最少的解决方案。我们可以通过使用网格线、参考线以及其他图形的手段，或者调整分析类型以使用最准确的视网膜变量来实现这一点。但正如克利夫兰在研究中所注意到的，精度并不是一个绝对值，必须按照具体的任务以及对计划使用的图表类型的熟悉程度来衡量。

对于数据可视化中的每一条规则，都会存在需要打破该规则的应用场景。这意味着选择最好的图表还是最好的设计，这通常是在几个互相冲突的目标之间进行权衡的结果。人类不完美的知觉意味着数据可视化具有一个比数据表更大的主观维度。有时候我们只需要这个主观的印象派维度，另一些时候我们需要将其翻译为确切图形。力争实现准确性很重要，但更重要的是可视化揭示的洞察力。

如果我说为了画出更好的图表，需要很好地理解数据，应该很少有人会反对。尽管要对人类知觉有基本理解的需求并不那么明显，但并不是不需要。如果没有这方面的知识，很可能就会被其他事物代替——可能是一些无价值的模板。相信我，你并不需要那些模板。

要填补这方面的知识空白，我强烈推荐你阅读科林·韦尔的著作。在本章中你所阅读到的很多内容，可以说都是我对他的作品的简要说明。你可能需要从《设计的视觉思想》（*Visual Thinking for Design*）开始。如果想要读到更接近于数据可视化的观点，则可以再阅读斯蒂芬·菲尤的《给我数字》（*Show Me the Numbers*）。

要学习更多关于知觉局限性以及威廉·克利夫兰的研究工作，我推荐《图形数据元素》（*The Elements of Graphing Data*）一书。

本章小结

- 理解知觉和眼－脑系统的工作是如何通过多种方式影响数据可视化的，可以更有效地建立视觉表征，同时节约和优化认知资源。
- 人类的视力弧范围较小，这使得我们频繁在不同的点之间移动眼睛（扫视）。设计可视化时应该使对这种移动的需求最小化。
- 在关注其他方面之前，我们会阅读对象的一些属性，例如颜色、形状或大小。就像在画图的细节之前，我们会先快速画一个草图一样。这被称为前注意过程，这也是可视化在处理数据的过程中会这么高效的原因。
- 我们可以通过使关键对象更加突出来更充分地利用前注意过程，建立相关性层级。
- 工作记忆是另一个需要细心管理的内容。我们需要删除阅读图表或比较图表或对象时不必要的步骤。我们应该将图例替换为直接标注，不应将需要比较的两张图表放在不同的幻灯片中，应该将有限的工作记忆容量留给更复杂的信息块。
- 关于更容易处理和需要更少资源的“好的形式”的想法能够帮助构建可视化，不管是包含一张或多张图表还是其他对象，都是如此。使用格式塔定律有助于对被受众理解为一个分组的对象进行分组。
- 人类的视觉感知是不完美的，在很多情况下会被误导。在数据可视化中，通过使用正确的图表或目标任务的正确格式，或拒绝使用 3D 效果，可以尽量避免这些情况。在其他情况下，在比较两个离得较远的对象时，可以使用网格线来减小失真和提高精度。

眼－脑系统对人类非常关键，我们不能将其局限在个体的狭窄范围内。因此，可以将本章以及第 3 章看作独立的单元。理解人类感知在个体层面是如何工作的，可以帮助解释文化的形成和社会生存能力，以及解释在未经检验的情况下，成见、偏见以及歧视的来源。

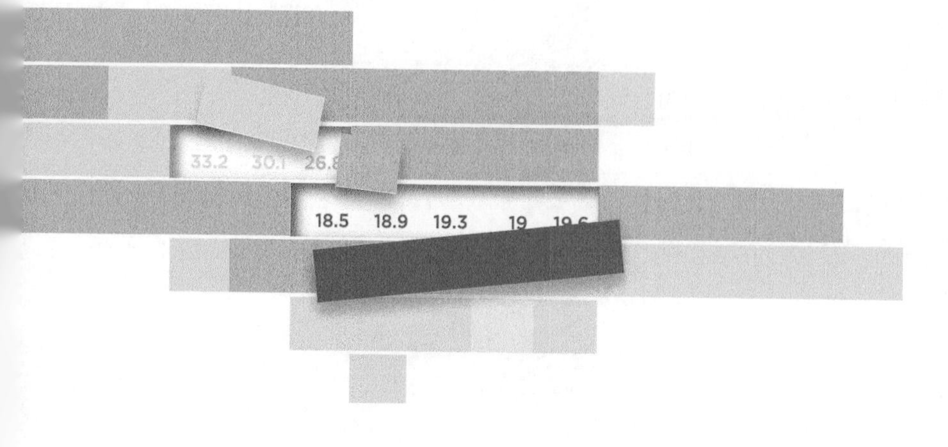

第3章

超出视觉感知

第 2 章所讨论内容的背后细节极其复杂，我们只是揭示了知觉影响数据可视化的冰山一角。但即使是现在所了解的这一点，也足以让我们避免明显的错误。在本章中，我们继续研究可视化展示在社会文化层面的内容。

在学习了知觉的原理之后，就会同意这样的观点：在一张黑白照片上的一个红点会吸引注意力；在工作记忆中不可能存储超过 50 个对象。这是否意味着人类具有类似的生理结构呢？我们对刺激的反应或信息管理是可以预测的吗？难道这类反应都是机械呆板的吗？

答案当然是否定的。（作为一对双胞胎的父亲，我每天都有第一手经验。我家双胞胎的一切行为都是不可预测的！）知觉并不仅限于看上去的接收外界刺激并进行处理，其处理过程取决于在某个特定时间每个人的独特个性及其所处的环境。正如西班牙哲学家何塞·奥特嘉·伊·加塞特（José Ortega y Gasset）的名言：“我是我自己以及周边的环境。”在本章中，我们将讨论这些社会和个体环境，还将分析影响个体产生和消费信息的环境：一个人和他的历史、他所属的社会文化，以及他所工作的微环境。

追求“好的形式”并降低不确定性，超出了个人大脑的领域而进入社会环境。这就是每个生态群落都有一系列角色和习俗，以追求“好的社会形态”的原因。信息分析师在呈现数据时应该记住这些规则，因为它们与预期的行为是相关联的。打破规则会产生认知负担。

社会性简洁

人类社会始终在一致性和多样性之间寻求平衡，目标是达到一定的稳定，追求“一致而不同质化，多样而不支离破碎”。但是多样性与社会关系规则、共同愿景、语言以及群落标志等支持一致性的内容是矛盾的。

规则产生行为上的期望和愿景。当我扮演“父亲”的角色时，公众就预期社会化已经教给了我相应的规则，从我承担这一角色（我成为父亲）开始，我的行为就应遵守那些规则。

沟通交流也是这样的，语言的规则很严谨，足以共享编码并建立沟通模式。在写下“图表”这个词汇时，我使用了预先形成的符号集，即指一个特定的对象，这些规则足够灵活，允许在沟通过程中形成个人风格。

我们对稳定性的追求使得个体之间的关系不那么复杂和模糊，实现了降低处理成本的目标。在这个过程中，我们生成和创建低分辨率的概念来降低心理成本，并处理身边的所有信息。但是，这些一般化的表述，如“你们男人 / 女人太……”或“所有美国人都……”会产生不恰当的副作用，例如性别歧视、种族歧视等。因此，那些数据不再足以描述对象或个人的特征，并会导致更大的不稳定性，这正是降低心理成本需要尽量避免的。

这其中积极的一面在于一致性和多样性的边界。个体和社会的边界比我们所想的更加不固定。大脑作为管理人类与环境之间交互的器官，将其部分机理表述为我们所称的“社会性简洁”（social prägnanz）。在第 2 章中我们讨论的格式塔定律的含义就是在追求“好的形式”的同时实现认知资源需求最小化。如果将这一概念推广到社会层面，它的意思就是“好的社会形态”会简化社会关系。社会性简洁就是由在隐式和符号化（例如使用颜色）以及显式和条文化（例如法律）之间变化的惯例和规则组成，调节并使知觉的整个处理过程规范化，包括由大脑完成的视觉刺激处理过程。

从本质上说这是对新的平衡的搜寻，它必然包含社会性简洁的思想。变化会导致更高级别的模糊性和复杂性，并可能产生阻力，尤其是当它对核心知识、信仰或过去的实践提出挑战的时候。那么，变化在何时可以用来建立新规则和新思想呢？

打破规则

规则和习俗创建了统一和可预测的社会背景。当某个人打破规则的时候，就会给它所影响到的人增加心理处理成本，就像处在不同文化中的游客一样。同时，它会生成类似于前注意过程中的突出性的东西，我们将其描述为：环境变化是任何吸引注意力的精彩故事的基础。但如果有多种同时发生的变化，就会变得难以使其协调一致。

我们不难找到知觉和社会维度纠缠不清的例子。想象一下，在一场其他人都身着黑色西装的葬礼上，某位女士穿了一件鲜亮的红色套装。这在具有统一色彩的环境中就显得格外突出。除了色彩效应之外，由于打破了在葬礼上忌讳红色的社会规则，这种做法还有另外一层象征性的维度。我们想知道是谁打破了规则，她与死者是什么关系以及为什么在这样的情景下她要穿着红色。

在像数据可视化这样的新生领域中，对已有思想提出质疑是其自身成长的条件，我们不应该害怕打破规则。打破数据可视化中的规则具有两种截然不同的含义。第一种是供应商发起的打破规则，那些由某些软件应用（包括 Excel）提出的毫无根据的实践，其中的一个例子就是 3D 饼图。它们违反了人类视觉感知的特性，破坏了数据可视化的有效性。贯穿全书，我们将一直与这些毫无根据的实践和隐性规则做斗争。

第二种含义是尝试打破文化、知觉和可视化规则，然后去看这将对我们如何阅读图形产生怎样的影响。我们将会看到，打破规则所增加的成本通常会超过收益，但有时候，在经过最初的尴尬之后，打破规则将被证明是非常有益的。

公地悲剧

如何才能吸引读者的注意力并让其保持兴趣呢？如果想要找到数据可视化领域中的严格界限，那么这个看上去似乎很天真的问题将会对你大有裨益。一方面，一位设计师在听到他的数据可视化作品必须“吸引注意力”之后很激动，跑回到计算机跟前，却不能彻底完成“让读者保持兴趣”的部分。另一方面，则应了爱德华·塔夫特的名言：“如果说统计很无聊，那么你得到的就是错误的数据。”

我们可以按照著名的“公地悲剧”的思路来思考这一点。在使用公共资源（牧场）的时候，如果开发出超出其可持续水平的资源，那么小组中每位成员（例如头羊）的合理个人兴趣可能与整个小组的兴趣相违背。换句话说，对个体有好处的事情不一定对群体也有好处。

注意力是一种常见的、有限的、也很有价值的资源。假如图形设计师是牧羊人，正带着他的羊群在公共牧场上吃草。要吸引注意力是很容易的（前注意过程中的突出性会对此有帮助），对有那么一点艺术天赋的人来说，更是易如反掌。尽管从个体的观点来看是合理的，但如果每个人都仅仅为了吸引注意力就创建非常与众不同的图表，通过创建极其多样化的背景来污染视觉景观，那么我们很快就会耗尽注意力的资源，从而使所有事物的突出性都遭受到毁灭性打击。现在有的在线工具可以自动生成信息图，读者可能会发现，这些对象需要自己调动更多的注意力。

图 3.1 就能说明这一问题。在最左侧饼图中，注意力在第一个切片上。然后好像其他切片嫉妒了，也需要争取更多的注意力一样。因此，产生了激烈的竞争，结果大家都失败了。最终结果就是增加了无谓的噪声和处理成本，减弱了关注池。

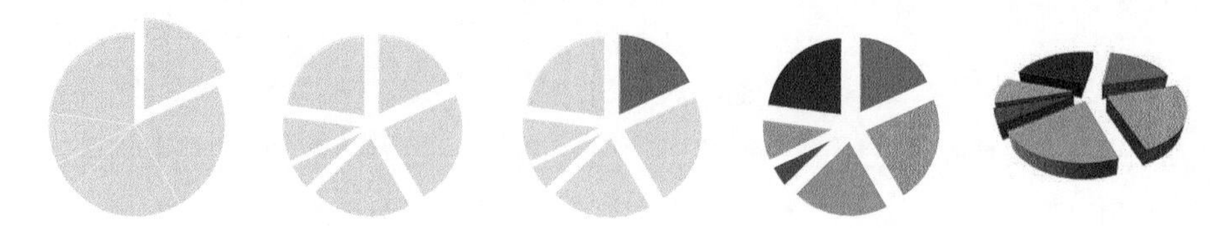

图 3.1　饼图：从可以接受到惨不忍睹

我无法忍受的一种表述是“一种难忘的和专业的外观”，这可能是很多软件供应商描述他们的应用所创建的图表时使用的语言。诚然，这些图表中最“难忘的”那些往往是由于错误（过于强调设计和华而不实的东西）导致的，而“专业的外观”经常意味着其中包含一些 Excel 或 PowerPoint 恰好不能实现的无关痛痒的效果。

记忆应该被看作一种需要在可持续水平上一直使用的不可再生资源。在商业环境中，不需要创建难忘的图表。如果有时候你希望这样，首先应该好好看看数据，找出图表令人难忘的原因。

在图 3.2 中，显著的维度是希腊失业率的指数级增长。作者打破常规，定义了一个虚构的边界，使线最终超出框架，从而强调了已经很明显的趋势（“飙升”这个词也同样说明了这一点）。

尽管一个眼光锐利的读者可能会对这个图表提出批评，因为指数级的增长被（隐含的）真实比率推高，而非由可见的边界定义，但这一点被作为参考的整个欧盟（EU-28）的趋势所抵消。增加更多系列以进行相对比较总是一种好的实践，在打破规则的时候更具价值。

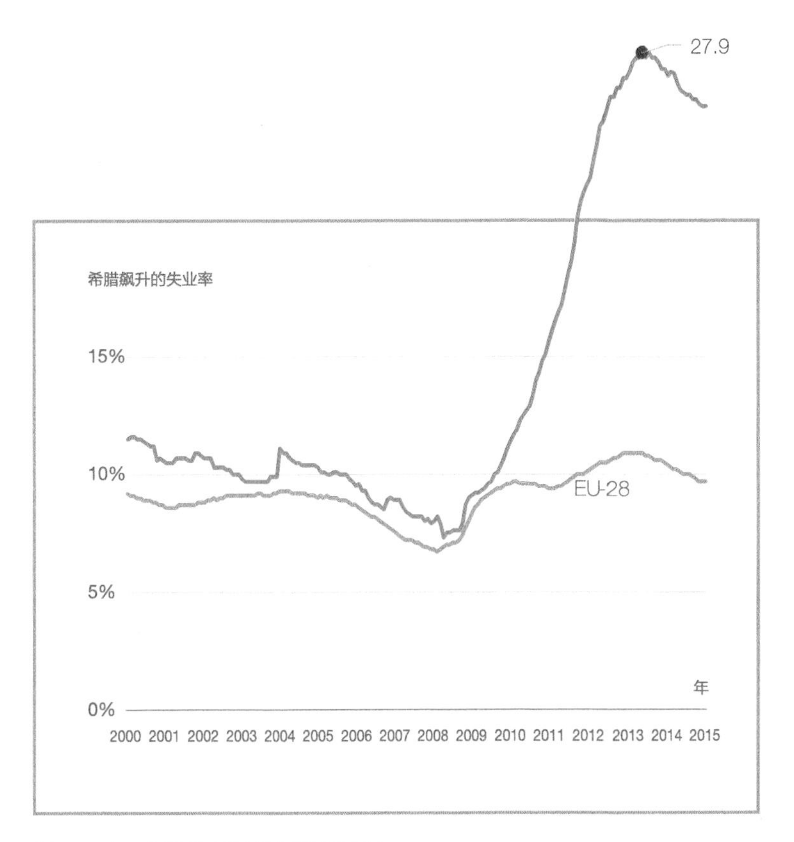

图 3.2 在不扭曲事实的情况下构思故事

资料来源：Eurostat

颜色符号

请你快速地朗读这句英文绕口令："She sells seashells by the seashore."（意为"她在海边卖贝壳。"）你也许能读正确，但必须精神高度集中，否则难以清晰发音。图 3.3 就是图形化版本的绕口令（或许可以称其为"绕眼令"），显示了西兰花、胡萝卜和茄子三种蔬菜的供应量。

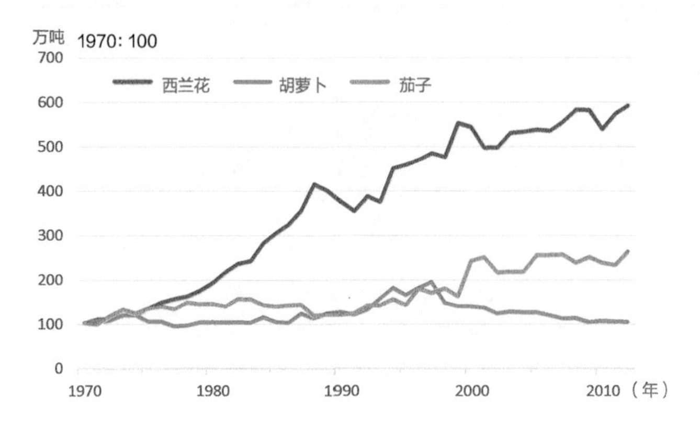

图 3.3　不使用传统颜色会惹恼读者

看到图 3.3 你觉得舒服吗？我觉得很不舒服，因为蔬菜和颜色之间的强关联关系被打破了。胡萝卜并不是绿色的，西兰花不是紫色的，茄子也不是橙色的[①]。此外，可能由于制图者很懒惰，读者不得不阅读图例。如果将传统符号的使用规则混淆，事情可能变得更糟，例如用粉色代表男孩而用蓝色代表女孩，搞错了红色和蓝色所代表的政党，使用错误的团队色彩，等等[②]。

颜色的符号化含义很难调整，因为在大多数情况下，存在已久的颜色关联性一段时间内不会变化。一个国家的国旗基本不会改变，可口可乐的主色调只能是红色，任何时候女性都不应该在葬礼上穿亮红色的衣服。

表示时间

西方国家对时间的表征形式和思考方式是相同的。时间从左（旧）向右（新）流逝。在图 3.4a 中，移除了所有的标注，假定正常的情况是时间从左向右流逝，会得出两个系列都处于下降趋势。然而事实并非如此。图 3.4b 的标注版本表明两个系列都处于上升趋势。

① 这可以看作斯特鲁普效应的变体。

② 顺便说一句，如果想要避免偏见（例如，不使用粉色来表示女性，如果你那样想的话），不要简单地选择相反的颜色编码。这会产生与图 3.3 同样的枯燥乏味的混乱。应该选择在上下文语境中不具有符号意义的颜色。

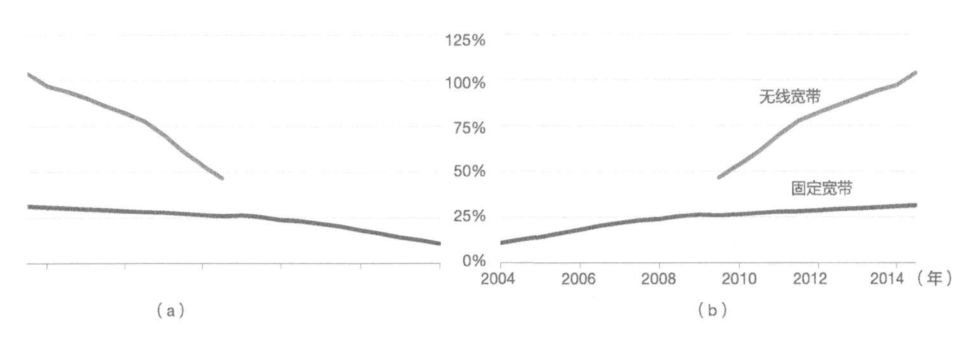

图 3.4　让时间向左流动会误导读者
资料来源：OECD

在这个例子中，读者可能会怀疑图 3.4a 不符合常理，因为宽带普及率不太可能呈现下降趋势。在没有预期值的情况下，这些警告信号不会出现，图表可能就会给出与数据所应告诉我们的相反结论。因此，这里存在读者不能做出正确的、基于知觉的结论的风险。这是数据可视化的首恶，我们必须不惜一切代价来避免这种情况出现：在一张图表中，认知任务补足知觉任务，但永远不要去修正。如果读者不能信任你，创建能够快速阅读的图表又有什么意义呢？如果“信任但需要验证”是读者的座右铭，那确保不会缺失“信任”就是图表设计者的工作任务。

坐标轴折叠

在通常情况下，*y* 轴沿着原点上下连续延伸（正值和负值）。图 3.5 中的水平图则打破了这种 *y* 轴在方向性和连续性上的惯例。图 3.5 显示了在这些年中，西弗吉尼亚州失业率偏离全美平均水平的程度。红色表明失业率高于平均水平，蓝色表示低于平均水平。之间的差异越大，色调就越深[③]。换句话说，*y* 轴的正值和负值都进行了自我折叠，颜色和明暗度表示了差异度。

如果你觉得图 3.5 不容易理解也没关系。花点时间来克服最初的陌生感是很值得的。水平图是有效打破规则的良好范例之一。它使认知负担最小化，与传统技术相比，可以容纳更高密度的数据点。

③ 第 13 章中我们将更详细地讨论这种类型的图表，在那里可以看到所有州的完整图表。

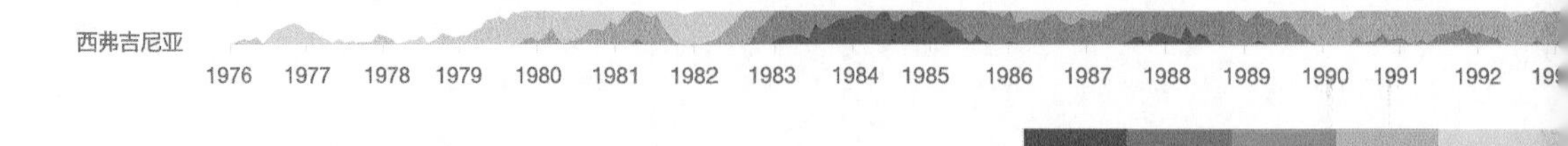

图 3.5 这个水平图折叠了 y 轴

不要让我思考！

一个人要打破规则可能有多方面的原因，也许是不知道存在规则，也许是出于某种恶意，也许就是诚心诚意地想找到探索数据或交流结果更为高效的方式。不管是什么原因，打破规则都会干扰读者的期望，会产生认知成本。有时候你可能将这些看作投资，但通常来说都只是浪费。

史蒂夫·克鲁格（Steve Krug）在界面设计领域经典《点石成金：访客至上的网页设计秘笈》（*Don't Make Me Think! A Common Sense Approach to Web Usability*）一书中指出，用户首先必须理解屏幕上的某个对象是一个按钮，使用这个按钮可以激发一系列可预见的行为。在数据可视化中，图表的阅读方式对读者来说应该是显而易见的，几乎不用思考。读者应该把精力集中于图表所体现的内容，而不是它的设计。图表还应该具有可预见性：在知觉和认知之间必须保持一致。

我让读者花一点时间来熟悉水平图。你可能会指出，这与图表应该是而易见的思想相矛盾。事实的确如此，但有时候我们需要引入更复杂的图表并提升读图能力，否则我们只能使用大数据来画饼图。换句话说，如果有一个很复杂的数据集（并不一定意味着大），你不能因为缺乏相应的技能就将它过度简化。在一种图表类型变得显而易见之后，我们应该去考虑它的设计。

史蒂夫·克鲁格并不是让你停止思考。相反，他说一个设计良好的界面可以解放认知资源，从而更高效地执行任务。这也是本书最开始讨论的内容：如果图表选择和设计都很恰当，知觉就会将我们从数据分析的基本任务中解放出来。如果克鲁格的书具有一个更明确的标题，那可能是“不要让我思考，从而

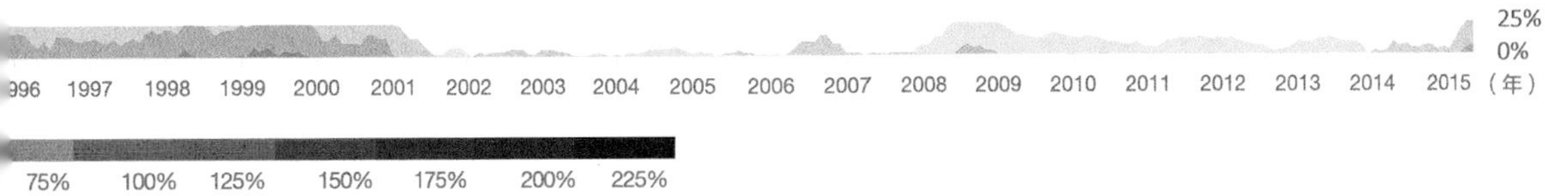

25%
0%
996 1997 1998 1999 2000 2001 2002 2003 2004 2005 2006 2007 2008 2009 2010 2011 2012 2013 2014 2015（年）

75% 100% 125% 150% 175% 200% 225%

我才能思索”。

能力和经验

人类知觉和文化都会影响阅读视觉表征的方式，但我们不会通过大脑的生理学机理和社会总体规则来定义一个具体的人。环境、知识、情绪、经验以及记忆都会促成个性化和不可预测的解读。

读图能力

如果读者无法阅读某种特定类型的图表，图表就会变得像说一门不熟悉的外语一样不起作用。“了解你的读者”是一句适用于各种类型沟通的口头禅，对数据可视化也不例外。避免信息低能化一直都具有挑战性。你不能让读者盯住字典不放，查找他们不理解的单词。对一些不常见的术语，你要加以介绍和解释，以确保传达的信息准确无误。

为读者定制信息不应该等同于接受其偏见、惯例以及做事情的常规方法。许多我们认为的较好的数据可视化原则，与很多商业组织中的实践是相反的。当使用一种读者不熟悉的图表类型或打破规则时，你必须阐述理由和这样做的好处。对图表加以注释、展示如何阅读、将注意力吸引到关键点上以及与其他可选的展示形式进行直接比较，有助读者更舒适地阅读，从而可能接受这种新的图表。

一种陌生的图表：竹图

图 3.6 比较了欧洲各国面临生活贫困或社会排斥风险的人占总人口的比例，突出显示了最富裕的国家挪威和最贫穷的国家保加利亚。

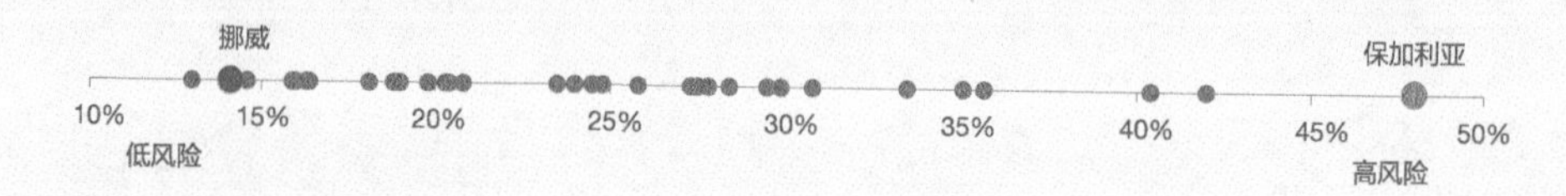

图 3.6 沿水平轴比较国家

资料来源：Eurostat

如果我们想要更深入地比较社会经济背景将会怎么样？像图 3.7 中那样的条形图提供了一种解决方案。它再次对这些国家进行了比较，并且由于背景的参考，它比条形图通常能提供的简单点对点比较要有所改进。这种条形图的问题在于我们无法再在欧盟的背景下来看这些国家。

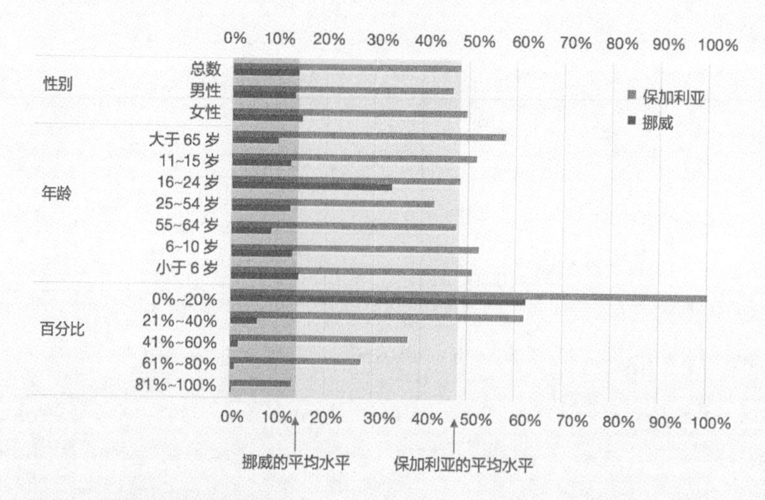

图 3.7 用条形图详细说明数据

资料来源：Eurostat

最简单的解决方案是同时使用这两幅图，在带形图中加入大背景而在条形图中体现细节。如果我们说类似“一位生活在英国的单身男性的风险要比在希腊的平均风险更高”的话，这样还是不够的。

可能将两种观点结合起来吗？让我们看看。在图3.8中，每条竖线代表一个国家，这与带形图是类似的。代表挪威和保加利亚的线被选中了。我将这种图称为“竹图”，其中垂直线是竹竿，水平线是叶子。每一片叶子显示了该组偏离国家平均水平的程度。在这两个国家中，男性比女性贫穷的风险要小一点，其中这两者之间的差距在保加利亚更高。在很多国家中，二者之间没有差距，因此我们可以假定性别不是一个很重要的风险因素。

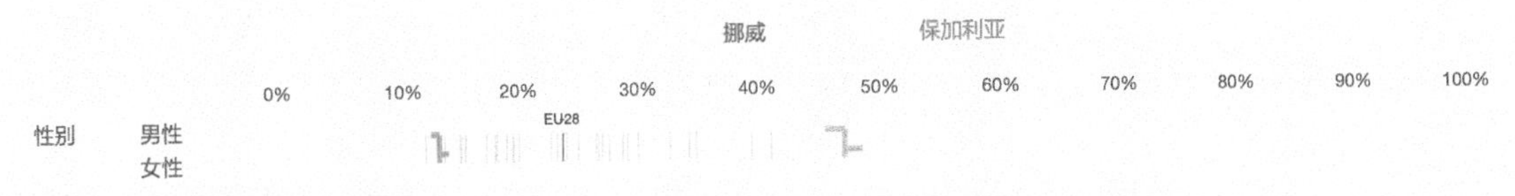

图 3.8 竹图：性别偏离国家平均水平

现在来检验一下收入水平是否会影响风险。图3.9显示了收入会产生重大影响（非常显著！），但在两个国家中并不完全一致。在保加利亚，如果收入位于最低的20%（收入最低的组），风险是绝对的（100%）；而在挪威，风险则“仅仅”超过60%（图中未显示）。可以看到，在保加利亚，收入对风险的影响要远大于挪威。有趣的是，在保加利亚只有收入位于最高20%的人群所具有的风险接近于挪威的国家水平。

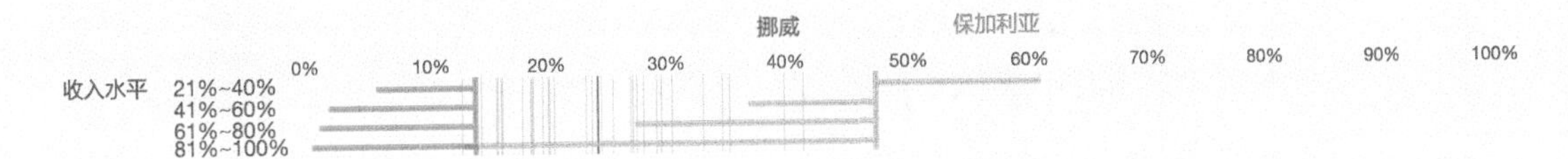

图 3.9 竹图：收入偏离国家平均水平

还有很多其他群组和国家，因此这个分析可以不断继续下去。你的自然反应（在本章中这是第二次）可能是一点冷淡、怀疑甚至是抵制，不管是对于这种还是其他的新型图表，这也是很多媒体不会发表更多复杂图表的原因之一。相关知识和熟悉程度的缺乏，再加上较短的注意力持续时间使得这种图表难以理解，从而增加了读者将其忽略的可能性。

当遇到一种新的不仅是装饰的图表类型时，请花点时间研究一下，并试着去想象一下在一种你所熟悉的图表类型中，数据看上去将会是什么样的。然后再确定这种新的图表是否为你的数据可视化资源工具包新增了足够的价值。

即使是最好的使用场景也可能遇到阻力。之前的图表类型融入组织的流程越深入，则新提出的图表类型的破坏性就越强。例如，想象一下人口金字塔。它是人口研究的标志，该领域中的每一个人都知道如何来阅读它以及每一个人口概况的含义。它同时也是一张不那么好的图表，但任何改变都要小步进行。将男性和女性显示在轴的同一侧或者是使用线而不是长条会对其有所改进，同时又不会产生过大的破坏力。

对主题的熟悉程度

对不变数据点或随机变化的数据点进行视觉呈现是没有必要的。一个可视化作品必须显示对受众有用的变化性。即使一位观察者发现了一种模式，也只有能呈现变化才有效。

与竹图不同，图 3.10 众所周知。每个人都认识心电图，也能发现其中非常清晰的模式。问题在于，如果没有医学背景来确定这是否是健康心脏的典型模式，则这些模式是毫无意义的。在极端情况下，不仅无法对模式进行解释，模式本身对缺乏相应知识的人来说也是不可见的（例如一位非专业人士试图解读一张胸透片）。

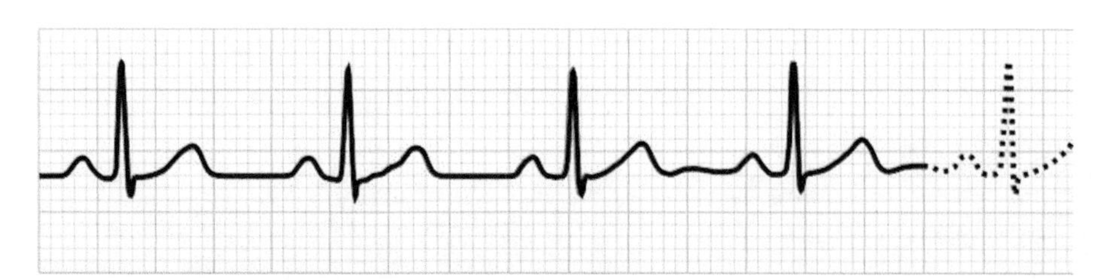

图 3.10 在心电图中很容易看到模式，但需要专业知识来解释

我们经常会遗忘数据可视化的一个重要局限性：一种新的图表类型也许让我们能够处理更多信息，但必须同时提供相应的背景环境或先备知识，它才能变得有意义。高效的图表是一块智力拼图玩具，其位置是确定的：我们知道这块拼图将帮助我们理解一个问题，也知道它通常的位置（问题所覆盖的部分），但只有将它与其他拼图块拼合，它的意义最终才能完全显露出来。

信息不对称

“信息不对称”是指在生产者和消费者之间存在鸿沟。假设生产者利用这种鸿沟，基于一些伪科学的证据来声称使用自己的产品对健康有好处。大多数消费者也许能觉察到这种说法值得商榷，但因为他们缺乏相关背景知识，不能完全理解该信息的含义，从而因为它的“科学证据”而倾向于接受。

人与人或人与社会群体之间总是存在很严重的信息不对称现象，仅仅是因为我们自己不可能是所有领域的专家。我们需要有人按照需求来抹平鸿沟。例如我对地震感兴趣，需要有人以一种类似于拼图的方式，向我解释修正梅氏强度等级是如何计算的，将它与我之前的经验联系起来。不用我提醒你也知道，卡尔·萨根（Carl Sagan）在为我们解释宇宙的时候是多么具有才气吧。新闻记者也会填补鸿沟，将复杂事件转译为外行人可以理解的形式。

在转译的过程中，图形将会非常有帮助。我们继续来看拼图的例子。利用更容易与已有拼图块连接的锚点，用一个更简单的拼图替换掉丢失的那一块。一位专家在看到 13.8% 的失业率时能够认识到其影响，而非专业人士则缺乏这种敏感度。但是，如果图表能够显示失业率随时间是如何变化的，并与其他国家进行比较，显示出哪些是正常值，哪些是异常值，那么普通读者也可以理解 13.8% 失业率的含义了，尽管这张图表不能让非专业人士变成专家，但它创建了理解信息的基本锚点。

在商业组织中，信息不对称现象的严重程度要低得多，在每个领域，大家都能基本达成共识。对数据探索、交流发现以及（更希望是）决策支持而非填补知识鸿沟，图形都很有效。

商业环境

虽然文化和社会规则规定了通用的行为框架，但我们所属的职业机构倾向于对我们的期望更规范化和明确化，同事之间的压力也更加明显。作为一种流行的商业组织活动，数据可视化反映了组织的内部文化及其多种成因。

来自高层管理人员的错误信息

我们通常会理所当然地认为当任务需要以某种方式来完成时，图表要优于表格，因为图表能够显示数据点之间的关系。这种选择看上去似乎很明显，因此如果某位高层管理人员更喜欢好的数据表格，将会在热衷于数据可视化的人群中造成负面影响。让我们不站在一个数据可视化布道者的立场上，来思考一下可能的原因。

在高级职位中，很多困难的数据模式已经内化了，因此有多种方法来处理新数据。一种老套的、仅仅被我自身的经验证实的流行观点是，高级经理更倾向于使用表格，他们贬低图表作为知识获取和决策支持工具的能力，将图表的用途仅仅看作说明性和装饰性的。

他们更喜欢表格可能是因为更习惯于使用，或者因为这样更易于接受软件厂商的推销说辞以及糟糕的软件默认设置。最后，他们总是依赖于确切数字来做决策。

我认为使用表格来进行决策支持的人对已经内化在数据中的模式了解较少，而对比较新数据更感兴趣。这就意味着只要市场份额的变化不超过 1%，就有比盯着一堆图表更好的消磨时间的途径。对数据简化来说，这是一种很有趣的技术，是具有成熟和牢固知识的结果。在决策支持时这样也是很高效的，因为有助于看到短期波动之外的情况。但是，在不断快速变化的环境中，这种方法对预料之外却很重大的变化就不那么敏感。回到希腊失业率的问题上来，10 多年来，我们可以很有把握地说失业率在 10% 左右波动，然后突然毫无征兆地飙升到接近 30%（图 3.11）。

不幸的是，当高级经理不使用数据可视化来完成相关任务时，这通常都可以解读为组织里不当的管理方式和指导原则。例如，如果你必须使用一种幻灯片模板，其中大量空间分配给商标品牌，而只将一小块长方形区域留给实际的内容，那么你就能理解这样的指导原则和标准处理流程多么令人恼火。

我的很多客户都是大型跨国公司的本地分公司，这意味着他们的报告必须与总部制定的指导原则一致。在大多数时候，本地客户和我都觉得被在世界范围内强加的一系列糟糕实践方式束缚住了手脚。但偶尔，总部也会认为本地报告是“最佳实践”，开始让整个公司采用。

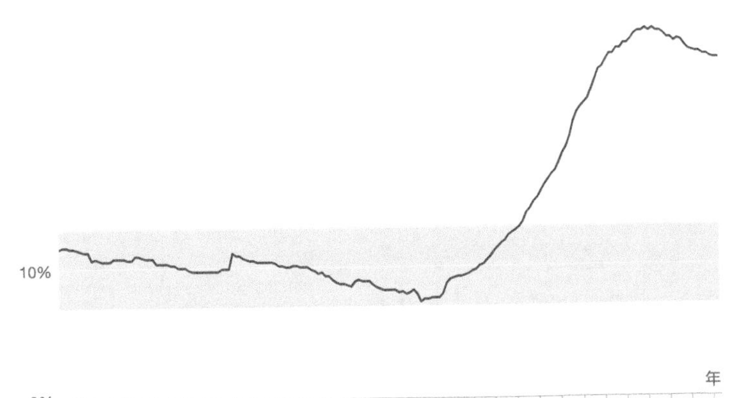

图 3.11 希腊飙升的失业率

资料来源：Eurostat

图表证实了高层管理人员已经知道（或感觉到）的东西，提高了他们的读图能力。正确的策略就是通过可视化呈现阅读表格无法呈现的信息，通过相关但意想不到的模式和复杂关系来寻找“痛点”。

印象管理

一个组织有着复杂的生态，诸如标准实践和文化、同事压力、技术和社会技能之间的张力、在合作环境中追求组织使命和目标所必需的稀有资源的激烈竞争。

在普遍读图能力较低，只会使用软件默认值，重点关注印象管理的环境中[④]，数据可视化具有极大的能量来提供“惊叹因素”。如果经理们喜欢华而不实的东西，则会导致灾难性的结果。在 PowerPoint 中使用一系列 3D 图表以及特效将会大大削弱数据的投资回报率。

当然，PowerPoint 自带的特效所带来的影响将会随着它们的频繁使用而逐渐消失，从而不得不去寻找更独特和惊人的刺激，进一步降低了信息的表达力：饼图变成了 3D 饼图，3D 饼图变成了爆炸 3D 饼图，爆炸 3D 饼图变成了带有

④ 印象管理是个人有意识的努力，使其公众形象与他们的目标相适应，并控制其他人对他们的看法。

飞出切片的爆炸 3D 饼图。

市场调查公司乐于效仿这种状态，其中的逻辑是“这就是客户所需要的”。

过度刺激导致的恶性循环难以用强调内容和根据信息需要管理视觉刺激输入的观点来打破。

本章小结

- 规则存在的原因是让事情变得简单。但不同于教条，规则可以打破，加以改进。
- 不要害怕尝试一种新的数据展示方式，但要将它作为一个新事物来对待。需要给它下定义，用例子来说明如何使用，并提出它与原有概念相比的优势所在。
- 通过有意义的可视化形式，去评估哪些社会习俗是需要尊重的，哪些是需要怀疑的。
- 要设计有效的图表，而不是令人难忘的图表。在商业可视化环境中，使用图表的目标是马上获得答案，而不是明年还能记住这个图表。
- 认识到技能、知识和读者经验的多样性，确保图形化展示提供了正确的背景知识，以便每个人都可以通过自己已经掌握的知识来正确理解信息。
- 在商业组织内部，一些制约因素可能会阻止更好的数据可视化实践。高层管理人员是关键。他们应该努力将数据可视化原则和最佳实践深深地渗入到组织文化中。一个好的起点是知道软件默认设置的重要性，明确如何来修改它们以满足自己的需要。

第 4 章

数据准备

雅克·贝尔坦将图形符号学定义为“数据表的视觉转录”。在理想的情况下，这张图表在需要的时候就会立即以可用的形式呈现在我们面前。然而，在实际生活中，这些事情需要更多汗水，少有魔法。人们造出“数据清洁工”这个词是有原因的。

在一个数据可视化项目中，数据抽取成本和数据准备常常被不理解详细需求的管理人员或做出过于乐观假设的数据分析师所忽视。这会转变为大多数人看不到的数据清洗工作。如果不加考虑，这些劳动密集型任务可能会消耗数倍项目可用资源，无论是为了即将召开的会议而准备的一张简单图表还是整个公司的大项目。

不管是在内容上还是在结构上，再好的可视化技巧都无法补偿坏数据的影响。很多电子表格用户并不熟悉数据结构的好坏，这也是需要讨论数据准备的另一个原因。

我们可以将所有对数据表的准备工作，不管是关于结构的还是关于内容的，通过英文字母组合 ETL 来总结。ETL 是提取（Extract）、转换（Transform）、加载（Load）三个英文单词的首字母缩写。ETL 对 Excel 文件和大型正规系统同样适用。

严格来说，本章并不是关于数据可视化的。如果你已经掌握数据并马上可以使用，或者你知道如何对表进行结构化处理以便适用数据透视表，又或者你会按照内容的类型来组织工作簿中的工作表，那么你可以跳过本章。在更为成熟的商业组织中，本章所讨论的大多数问题都不相关，而且绝大多数的数据来自于内部系统。然而，很多人还在与这些基本问题做斗争，如果你也是其中之一，那么请你继续阅读吧。

数据的问题

关于数据的问题可以分为两个大类：第一类，有结构无内容；第二类，有内容无结构。第一类问题对我们影响很大，第二类问题在数据来自其他来源的情况下很常见。

有结构无内容

即使你从未见过一张可以由多个用户输入数据的表（例如电话营销运营商所用的表），也能想象得出这会收集多少垃圾数据：不完整的邮编，对同一个对象的多种缩写，错误的拼写，逻辑矛盾……凡此种种。

定义好的数据验证规则是具有挑战性的：在一张查找邮编的表中如果缺少了一些邮编会怎么样呢？不过，我们还是要假设可以维护一张具有极少错误的表。图 4.1 就是这样一张表。当我们尝试将图 4.1 与另一张包含个人信息的表（图 4.2）结合起来时，有趣的事情发生了。首先，必须将 Name 列分割为 Name 和 Surname 两列，以便将两张表关联起来。此外，图 4.1 中的 John Doe 与图 4.2 中的 John F. Doe 是同一个人吗？解决这个问题的方法是，在两张表中找到公共且唯一的字段（社保号或驾照号比较理想）。如果没有很明确的公共字段，就需要有附加信息来确定这是不是同一个人。我们需要对几千条记录重复这一过程，如果没有预见到可能发生这样的错误，就会产生严重的时间和资源管理问题。

ID	Name	Surname	Address	City	Zip Code	State
1000	John	Doe	S Main St	Torrington	CT 06790	Connecticut
1001	Mary	Poppins	SW 11th St	Lowton	OK 73501	Oklahoma

图 4.1 含姓名和地址的表

ID	Name	Gender	Age	Height	Weight	Marital Status	Children	Occupation
1001	Mary T. Poppins	Female	34	5.38	182	Married	4	Librarian
1000	John F. Doe	Male	82	6.17	138	Widower	2	Retired

图 4.2 含社会人口特征的表。为更好理解无内容的结构，可以想象更多的行以及更多的错误项

还有一种特殊情况也属于有结构无内容的类型。最常见的一种就是在时间序列中存在间断问题，尽管得到的度量值还是一样的（例如失业率），但方法、概念、技术或地区行政边界的改变使得比较毫无意义[①]。

有内容无结构

假设你是数据提供者，比如美国人口普查局或一家小型公关公司，从发布数据的时刻开始，你就失去了对数据的掌控力。你不知道别人会怎么来阅读和重用这些数据。他们若是怀疑这些数据没有完全反映事实，就可能反复核对，也可能他们会产生误解。无论怎样，他们首先必须能够以一种可以使用的格式来访问数据。

数据提供者所发布的数据格式通常都难以使用。他们认识不到这个问题，或者将精力集中在最终用户上，而忘了可能需要某种更特殊格式的数据分析人员。

数据提供者应该问自己两个简单的问题：我们以这种格式发布数据会引起多少数据重用方面的问题？这种重用阻力符合我们发布数据的初衷吗？[②] 这两个问题典型的回答分别为："很多"和"不符合"。导致的结果是数据重用的阻力始终居高不下。

我们举个不太恰当的例子来说明这个问题。假设你想知道各个国家的军费预算在其 GDP 中所占的百分比。

① MacDorman, Marian F. and Matthews, T.J. "Behind International Rankings of Infant Mortality: How the United States Compares with Europe." *NCHS Data Brief*, No. 23, November 2009.

② 我并没有暗示他们是故意这么做的，他们可能由于技术原因而不能减小阻力。

图 4.3 显示了英国的军费预算情况。你可以手动点开这一部分然后复制每个国家的数据，或者可以使用一个爬取工具来让这一过程自动化。如果不能实现自动化，那么以后的日子可能会很漫长和枯燥。因为数据并不是以所需要的形式呈现的，我们首先需要对其进行结构化，时间和资源成本都会增加。

该概况实际上允许在国家概况层级和列表层级之间跳转。在网页的底部，将会看到“country comparsion to the world：28”的字样。如果点击数字 28，就会得到一个按照军费预算占 GDP 比例排序的国家列表。然后可以从该列表中选择一个国家并返回到该国概况视图。不幸的是，这么棒的特性现在还很少见。

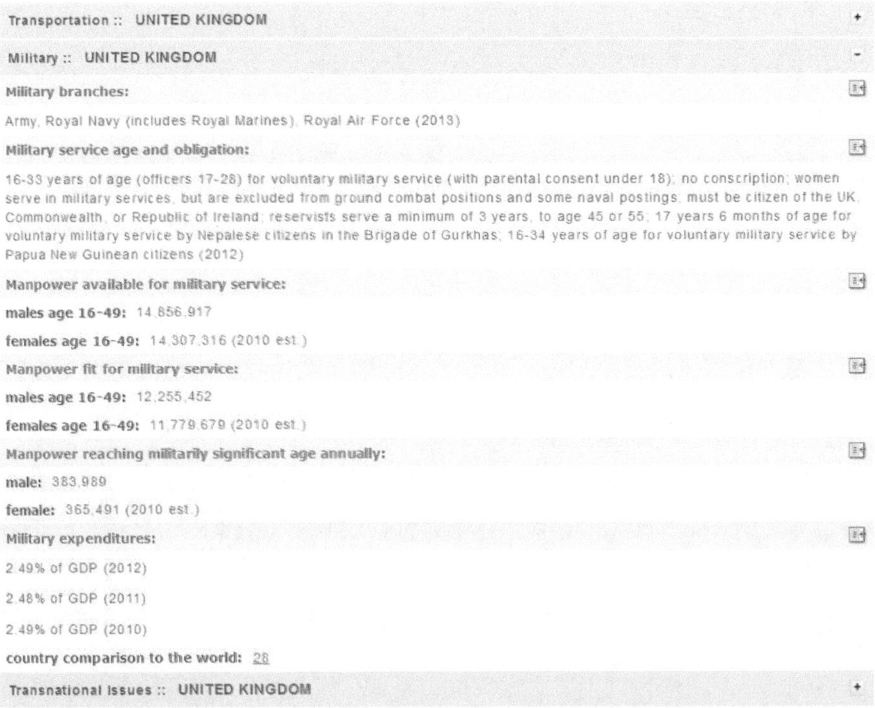

Transportation :: UNITED KINGDOM +

Military :: UNITED KINGDOM -

Military branches:

Army, Royal Navy (includes Royal Marines), Royal Air Force (2013)

Military service age and obligation:

16-33 years of age (officers 17-28) for voluntary military service (with parental consent under 18); no conscription; women serve in military services, but are excluded from ground combat positions and some naval postings; must be citizen of the UK, Commonwealth, or Republic of Ireland; reservists serve a minimum of 3 years, to age 45 or 55; 17 years 6 months of age for voluntary military service by Nepalese citizens in the Brigade of Gurkhas; 16-34 years of age for voluntary military service by Papua New Guinean citizens (2012)

Manpower available for military service:

males age 16-49: 14,856,917

females age 16-49: 14,307,316 (2010 est.)

Manpower fit for military service:

males age 16-49: 12,255,452

females age 16-49: 11,779,679 (2010 est.)

Manpower reaching militarily significant age annually:

male: 383,989

female: 365,491 (2010 est.)

Military expenditures:

2.49% of GDP (2012)

2.48% of GDP (2011)

2.49% of GDP (2010)

country comparison to the world: 28

Transnational Issues :: UNITED KINGDOM +

图 4.3 英国军费预算数据

有结构无内容和有内容无结构的数据说明了在使用不友好格式呈现数据时遇到的各种问题。哈德利·威克姆（Hadley Wickham）在一篇优秀的论文[③]中非常出色地捕捉到了结构很好和不好的数据。他引用了列夫·托尔斯泰的《安娜·卡列尼娜》中的一段："幸福的家庭都是相似的，不幸的家庭却各有各的不幸。""幸福家庭"的数据集是按照与其他"幸福家庭"类似的一些规则来组织的，而几乎有无数种方法可以创建不幸的数据集。

"结构很好的数据"是什么意思

"垃圾进，垃圾出"，这句俗语总结了我们每天处理的问题本质：结论和洞见取决于数据的质量。我们必须以批判的眼光看待数据。

当数据量增大的时候，数据完整性就变得非常关键，我们需要对其进行更新、过滤、聚集并使用数据作为衍生计算的基础。一张清洁的、一致的、结构良好的表意味着较少的更新和维护成本，可以更灵活地从多个角度来分析。

这对习惯于松散电子表格环境的用户来说可能并不是一个好消息，在这样的环境中，存储、呈现、中间计算和参数通常会共用同一张表格。让我们从一个具体的例子开始来解开这团乱麻吧。

改进数据结构的第一步是理解存储数据和展示数据是两件完全不同的事。在同一张电子表格中，源数据表不应该同时使用存储功能和展示功能。如果需要当然可以共享源数据表，否则就将它深深地隐藏在一张只有数据的电子表格页中吧。如果有一张结构很好的表，就不需要进行改动，在Excel中，表是用来存储数据的，而数据透视表是用来分析和展示数据的。

数据透视表

数据透视表在很多层面上都很棒！它们甚至可以立竿见影地检验一张表的结构是否合格。如果每一个交叉制表都可以轻松完成，也不需要在更新之后修

---

③ Wickham, Hadley. "Tidy Data." *Journal of Statistical Software*, Vol. 59, No. 10, August 2014.

改数据透视表，则可以确定这张表的结构良好。

图 4.4 是消费支出调查表的输出结构。假设你知道 Series ID 的含义，那么这是一种典型的展示数据的方式，以时间段作为列，以对象为每条记录行。

消费支出调查
1984—1993 年

Series ID	1984	1985	1986	1987	1988	1989	1990	1991	1992	1993
CXU080110LB0101M	35	30	30	28	28	33	30	31	28	30
CXU080110LB0102M	26	24	24	23	23	24	23	26	23	24
CXU080110LB0103M	36	29	28	29	28	32	30	34	27	33
CXU080110LB0104M	37	32	34	28	28	32	29	29	29	31
CXU080110LB0105M	38	33	34	30	30	36	35	35	29	32
CXU080110LB0106M	43	35	32	33	30	37	33	34	35	33
CXU080110LB01A1M	36	31	30	28	28	32	30	32	28	31
CXU080110LB01A2M	34	29	27	28	27	35	29	28	26	29
CXU190904LB0101M	30	29	31	31	30	33	35	42	43	46

图 4.4　消费支出调查表输出结构

你可以将图 4.4 看作一张可以使用、不相交的交叉表（Series ID × Year）。不同于美国劳工统计局的输出格式，我们可以在一张表中得到所有需要的数据，如图 4.5 所示。

Series ID	Year	Value
CXU080110LB0101M	1984	35
CXU080110LB0101M	1985	30
CXU080110LB0101M	1986	30
CXU080110LB0101M	1987	28
CXU080110LB0101M	1988	28
CXU080110LB0101M	1989	33
CXU080110LB0101M	1990	30
CXU080110LB0101M	1991	31
CXU080110LB0101M	1992	28
CXU080110LB0101M	1993	30

图 4.5　非透视的数据表

Series ID 包含多个变量，必须对其进行解析，并找到每个代码的文字说明。最终的表如图 4.6 所示。

Category	Item	Quintile	Year	Value
Food Total	Eggs	Lowest 20	2012	39
Food Total	Eggs	Lowest 20	2013	40
Food Total	Eggs	Second 20	2012	47
Food Total	Eggs	Second 20	2013	52
Food Total	Eggs	Third 20	2012	49
Food Total	Eggs	Third 20	2013	56
Food Total	Eggs	Fourth 20	2012	59
Food Total	Eggs	Fourth 20	2013	59
Food Total	Eggs	Highest 20	2012	71
Food Total	Eggs	Highest 20	2013	76

图 4.6 最终数据表中的几行

在 Excel 中创建动态图表需要掌握高级的公式，但通常只有在数据表的结构不合适时才需要使用公式。图 4.7 是一张不需要任何公式就可以创建的简单动态图表（不是数据透视表）。图 4.7a 显示了 1984 ～ 1992 年，按收入排序的 20% 人群外出用餐的消费比例。选择不同的 20% 的人群则会刷新图表。

分类	用餐情况
比例	最高的 20%

百分比	项目		
年	用餐	在家用餐	外出用餐
1984	100%	53%	47%
1985	100%	52%	48%
1986	100%	51%	49%
1987	100%	50%	50%
1988	100%	51%	49%
1989	100%	49%	51%
1990	100%	49%	51%
1991	100%	55%	45%
1992	100%	55%	45%

（a）

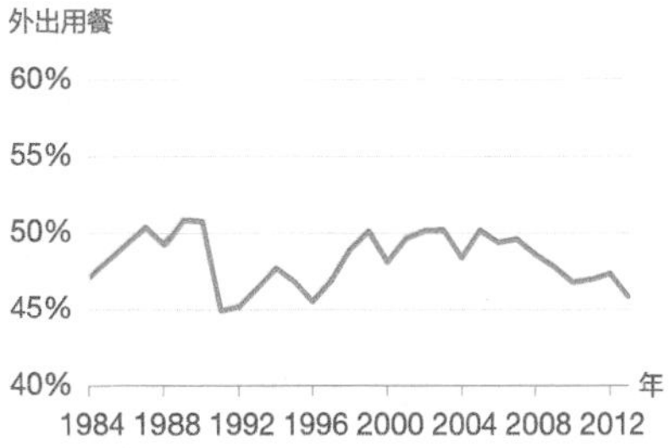

（b）

图 4.7 使用数据透视表的动态图表

由图 4.6 可知，结构很好的表本质上是一系列观察值及其特性（如分类条目、收入群体和时间）以及相关度量值（消费额）。在数据透视表中，度量值通常放在值（Value）区域，而特性放在行、列或者过滤区域。

在一张结构很好且方便用作数据透视表数据源的表中，每一列的内容必须理解为一组，每一个度量的值应该是可比较的。

现实中的结构可能会更复杂。假设获取到按性别分类的消费额，理想的情况是加上一个具有两个值（男，女）的新列（性别）。但如果是平均值而不是总值，则不能进行聚合，在这个例子中，只能将它们作为度量值添加。

提取数据

当你可以访问一个可编辑和操作的文件时，就已经成功完成了数据提取工作。当得到一个文本文件时，需要使用文本编辑器来打开，通过查找和替换解决多个小问题。例如，计算机的区域设置与文本使用的是相同的小数位和千位分隔符吗？有特殊符号吗？能删除吗？

提取数据是一段艰辛的旅程，我们来看美国劳工统计局的另一个例子。我查看数年内州一级的月度失业率。图 4.8 给出了一个输出结构。有多种输出选择，包括 Excel 文件，现在我们要使用 Tab 键分隔的文本文件。我获得了每个州的数据，也就意味着我必须移除所有不需要的文本，把它们整合到一个表中。

图 4.8 解释了为什么在网页和电子表格之间需要文本编辑器。图 4.8a 是直接从网页复制粘贴过来的结果，图 4.8b 则是首先粘贴到 Notepad++ 然后再复制粘贴过来的结果：Excel 识别出了 Tab 键并对文字进行了自动解析。

和图 4.6 一样，我们需要搞清楚 Series ID 的含义。我们可能需要使用 Excel 的文本到列（Text to Column）函数来将 Series ID 分割为多个列。同时，还需要通过 Year 和 Period 列来生成真正的日期。

Scenario 1: Direct paste from web page to Excel

Series Id: LASST010000000000003

Seasonally Adjusted
Area: Alabama
Area Type: Statewide
Measure: unemployment rate
State/Region/Division: Alabama

Series ID	Year	Period	Value
LASST010000000000003	2010	M01	11.7
LASST010000000000003	2010	M02	11.6
LASST010000000000003	2010	M03	11.3
LASST010000000000003	2010	M04	10.8
LASST010000000000003	2010	M05	10.4
LASST010000000000003	2010	M06	10.1
LASST010000000000003	2010	M07	10.0
LASST010000000000003	2010	M08	9.9
LASST010000000000003	2010	M09	10.0
LASST010000000000003	2010	M10	10.1
LASST010000000000003	2010	M11	10.2
LASST010000000000003	2010	M12	10.3

（a）

Scenario 2: From web page to Notepad+ and from Notepad+ to Excel

Series Id: LASST010000000000003

Seasonally Adjusted
Area: Alabama
Area Type: Statewide
Measure: unemployment rate
State/Region/Division: Alabama

Series ID	Year	Period	Value
LASST010000000000003	2010	M01	11.7
LASST010000000000003	2010	M02	11.6
LASST010000000000003	2010	M03	11.3
LASST010000000000003	2010	M04	10.8
LASST010000000000003	2010	M05	10.4
LASST010000000000003	2010	M06	10.1
LASST010000000000003	2010	M07	10
LASST010000000000003	2010	M08	9.9
LASST010000000000003	2010	M09	10
LASST010000000000003	2010	M10	10.1
LASST010000000000003	2010	M11	10.2
LASST010000000000003	2010	M12	10.3

（b）

图 4.8 从网页以及从文本编辑器向 Excel 中粘贴数据

当从其他公共源提取数据的时候，可能会遇到一些由所在组织强加的限制。例如，联合国人口司在每个查询中所选的变量不允许超过 5 个（图 4.9）。还有一些组织在单元格层级加以限制。欧盟统计局限制每个查询最多包含 750 000 个单元格。取决于限制程度的高低以及所需数据的细节，我们可能需要运行多个查询来获得所有相关数据，然后再将结果合并到一个文件中。

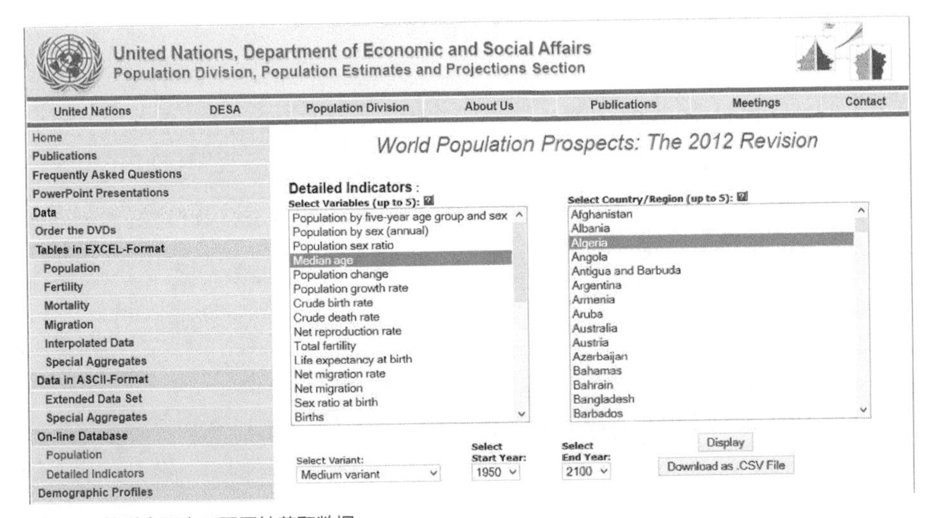

图 4.9 从联合国人口司网站获取数据

PDF 的折磨

我们是有机会从官方的统计部门获得数据的文本文件的，尽管这一过程可能历经艰辛。其他数据提供者，例如专业协会，对数据发布可能有更为严格的限制。

多年以前，我需要获取非常详细的各区域不同类型用电量的数据（高压、低压、家庭、工业、公路等），然而这些数据只有大量的纸质表格，所有成千上万条数据都是由写得一手好字的人手工记录的。这是令人尊敬的工作，几乎与查尔斯·狄更斯的小说不相上下，但这会增加另一个预料之外的成本，我所在的机构需要购买所有的表格，并雇人手工录入数据。

现在，理智的机构不会再以这种方式来分享数据。在当今所能使用的技术条件下，手工抄录数据显得很荒谬。让我们将注意力从技术转移到目标上：将几千条数据值写入可编辑的表中。现在请你告诉我：在手工抄录的表格中提取数据和在 PDF 文件中提取数据有什么区别呢？实际上，还是有区别的：我只遇到过一次手写表格，却绝望和愤怒地一次次遇到 PDF 文件。

如果你是数据提供者，通过 PDF 格式来分享数据可以使你对数据有一定的控制度。你可能会说服别人不要以不同于你所想要的方式使用数据。如果有很充分的理由，这样做也不算错，但这样可能会激怒用户，即使你无意为之。再次强调，确保分享数据的方式与你的目标是一致的。除了默认的数据展示方式之外，再提供一下原始数据链接就更好了。

如果你是内部数据用户，可能会认为自己永远不需要从 PDF 文件中提取数据。但一旦需要，你就能理解其中的艰辛了。简单的 PDF 文件可以用 Word 2013 或 Word 2016 打开。如果不行，试试将数据从 PDF 文件中复制出来再粘贴到文本编辑器（例如 Notepad++），最后导入 Excel。还可以试试其他工具，例如免费的 Tabula，将数据提取到 CSV 或者 XLS 文件中。这些解决方案都不能让我们完全满意，但编辑表的成本总比手工输入数据低得多。

“能够导出到 Excel 吗”

商务智能系统应该让用户对需要提取的内容以及如何提取具有完全控制权。不幸的是，事实并非如此。让我来勾勒一幅有点冷酷又有点夸张的画面吧。

首先，是沟通问题。作为业务用户，你与技术人员似乎说的不是同一种语言：他们不理解为什么市场份额高于 100% 是不可能的，而你不理解你所心爱的每一条异常值数据为什么都需要用规则来处理。因此当你从技术人员那里得到数据后，需要反复核对以确保得到了正确的数据。

其次，是权限问题。你所需要的数据以及所希望的获取方式，可能并不符合公司当前关于访问特权、数据安全或数据发布的政策。你还有可能会被技术部门和其他领域的权力斗争所牵绊，他们有可能会拖拖拉拉，不想赋予你数据访问权限。

最后，可能还有技术问题。永恒不变的“能导出到 Excel 吗”迫使商务智能提供商必须提供这个选项。这么多年过去了，通过我所需要处理的输出文件来判断，我想他们还是很痛恨这一点的。如果一个应用可以将数据导出到 CSV 或 XLS 文件，就几乎没有任何理由创建不友好的、需要用户进一步做数据清洗的表结构。这对你来说意味着额外的工作量，但如果每次更新的时候结构都是错误的，则可以使用宏来改正并解决这个问题。

数据清洗

假如数据提取结果很顺利，那你就有了一张结构良好的数据表。突然，你发现表中有这么一条记录：住在“得克萨斯州，欣欣那提市”的 123 岁的新妈妈。那一刻，笑容从你的脸上消失了。

数据转换需要对数据进行处理。但在转换之前，首先有一个独立的步骤，那就是数据清洗。“脏数据”是指那些打字错误、前后不一致或在某些方面不符合标准的数据。

在进行任何严肃的分析之前，所有这些“脏数据”都必须清洗。数据透视表能很方便地实现这一目标。如果对一个字段中的所有分类计数，很快就会发现只有一行的值是“得克萨斯州，欣欣那提市”，而其他行都是“俄亥俄州，辛辛那提市”。我们可能需要修改这条记录，因为城市名错了，并且关联到了错误的州。那么，123 岁的新妈妈又是怎么回事呢？检查一下年龄范围，她可能只有 23 岁。请注意“可能”这个词，仅仅因为一个值看上去很奇怪，但并不意味着它就是不真实的。一定要与查找表和其他字段进行反复确认以排除逻辑不一致，同时不要忘记为所有编辑的内容保留一份日志。

数据转换

数据清洗成为自发步骤的一个好处是，数据转换可以专注于调整数据集使其与分析目标相适应。如果使用的是电子数据表，现在就从单元格级上升到了列级，可以增加、删除或修改变量。可能的数据转换方法如下。

- **编码**：如果一列中包含开放问题（没有预先设定的答案），就必须增加一个或多个字段来对答案进行分类。例如，如果让人们说出三个自己最喜欢的演员名字，就必须对答案进行解析，给每个名字编码。
- **聚合**：信息的详细程度可能超出了分析的需求，需要在更高层级上对数据进行聚合。23 岁的新妈妈可以属于一个更大的分类（例如，20 ～ 24 岁），再如，按天来分的数据可能看不到只有按周来分才能被发现的模式。
- **派生数据**：如果我们在研究肥胖，那么拥有体重和身高数据就可以计算出身体质量指数，并将其添加为新的变量。
- **移除**：项目范围的变化可能会使某些观测值变得无关紧要，或者有一些变量可能只是在计算派生数据时才需要。在数据集中应该只保留需要的数据。
- **标准化**：如果需要将新表与系统中的其他表相关联，就可能需要进行标准化，包括表结构和标签的修改。

数据加载

数据加载阶段发生在数据可用之后。这可以有多种形式，例如将文件上传到系统中作为一张新表；将文件附加到已有表中，进行更新；在 Excel 中，仅仅将数据格式从范围修改为表。在最新的 Excel 版本中，还可以将文件添加到数据模型中。

Excel 中的数据管理

与其他类似工具相比，很难找到一个像 Excel 这样集处理能力、灵活性和易用性于一身的工具。问题在于，Excel 的培训通常过于强调工具性而忽略了特定任务。

以创建图表为例。知道如何“在 Excel 中创建图表”与知道如何“创建图表”是两件完全不同的事情。只要按下 F11，你就能得到一张 Excel 制作的默认图表。（图 4.10）。

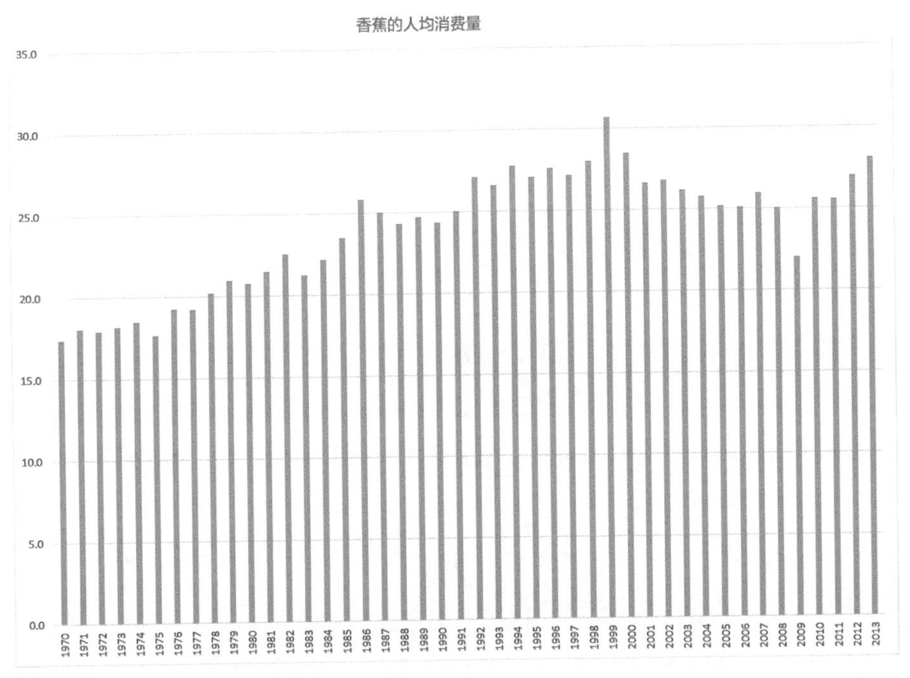

图 4.10 按下 F11 后生成的默认图表

对数据来说也是这样的。不同于数据库应用，Excel 并不需要任何结构，因为用户缺乏适当的培训，他们相信这就是管理数据的自然之道。当然，技术人员最优先考虑的是数据结构，但他们并不真正理解业务需求。

如果技术人员和用户之间能更好地互相理解，那么大家都会受益良多。用户必须具有最低水平的数据结构知识。他们必须知道对松散的电子表格环境进行结构化，将会最大程度发挥适用于该环境的函数和公式的能力（例如数据透视表和查找公式）。这样可以简化图表制作，增加互动性，降低更新和维护成本。技术人员和数据用户有时可能会存在冲突，但更紧密和相互理解会让他们认识到，用户对于系统安全不一定是危险因素，而技术人员也不会永远意识不到业务需求。

组织版式

Excel 文件中的工作表数量几乎是无限的，令人惊讶的是，我们可以使用所有需要的功能而不会增加额外的成本。因此，一个具有一定复杂度的 Excel 文件必须很清晰地将结果、中间值、参数以及数据表分到不同的特定工作表中。

Excel 之外的链接

在一个以 Excel 为中心的商业组织中，IT 技术管理的商务智能系统存在变成两套商务智能系统的风险：用户从之前的系统中获得数据，而所有实际的分析都在 Excel 中完成。如果数据文件分散在各自的计算机中且存在不可调和的数据，那么很快就会失控。

除非把它卸载了，否则你会将 Excel 作为一个商务智能工具来使用。商业组织需要更好地理解为什么用户总是使用 Excel。如果之前的商务智能系统不能处理某些需求，则应该提供安全可控的直接访问数据的方式，这又需要用户和技术人员之间更紧密的合作。

理想的情况是创建一张或更多与用户需求紧密契合的表，与用户的工作簿相连接，让他们可以刷新数据。

公式

当某篇论文基于错误的 Excel 公式来描绘世界经济政策[4] 并得出结论时，当经常出现由于电子表格的错误造成几百万美元经济损失的新闻时，我们至少可以猜测，公式是一种潜在的威胁。在同等条件下，少使用公式可以使电子表格更加易于维护，提高性能，降低出现错误的可能性。

在数据库查询中进行计算通常会更快，错误也更容易定位。可以将工作簿与外部数据库中的查询连接起来，在将数据加载到电子表格中之前完成所有的计算。也有很多其他的途径来避免使用公式，例如使用数据透视表而不是使用聚合函数，或者使用数据模型而不使用查找表。表中的数组公式和计算也更安全和更快。最后，命名区域是我们的好朋友，可以广泛使用。

你应该记住一句口头禅："避免使用 Excel 公式。"这似乎与 Excel 的本质相矛盾，但少用公式，工作簿就会变得更安全和可靠。注意这里的关键点不是让工作簿变成不包含公式的区域（这几乎是不可能的），而是要尽可能用更好的方式来替代。"避免使用公式"并不等于"对数据进行硬编码"（直接输入值而不是公式）。

产品和分析周期

商业可视化与媒体信息图之间有一个显著的区别。[5] 与大多数发布后就不再更新的信息图不同，商业可视化通常包括一系列贯穿整个组织、按照一定周期保持的、有效的数据展示。市场份额及增长率的图表在每个周期都要更新，其中可见多个层级的区域详细数据，且在商业组织所运营的多个市场中都是这样的。

---

④ Reinhart, Carmen M. and Kenneth S. Rogoff. "Growth in a Time of Debt." *American Economic Review: Papers and Proceedings*, Vol. 100, No. 2: 573-578, 2010.

⑤ 可以调研一下我最喜欢的设计师之一 Adolfo Arranz 在 Visualoop 的工作，他把这一概念在不同层次上的差异搞得清清楚楚。

将商业图表想象为生态学中的 3R：

- 应该可以在多个市场上复用。
- 应该可以通过更新数据来重复使用。
- 数量应该削减，以使商业可视化在多个层级上性价比更高。

这并没有覆盖商业组织中所有的数据可视化需求，有很多图表可能只会使用一次，但应该试着去评估某个图表是否有再次使用的可能。如果答案为“是”，则应该评估一下是否值得花额外的资源来为再次利用它做好准备（例如通过增加交互或创建数据库查询）。

这些只是与 Excel 中数据管理相关的诸多事项中的一小部分。如果可以用一个简单的词语来总结这些管理方法，那么这个词语就是“结构”。最新的 Excel 版本中建议在数据结构上投入更多的新特性（包括表、数据模型、数据透视表、切片、PowerBI 等），这反过来又让你可以更高效地管理日益增大的数据。

本章小结

- 数据准备可能是任何数据可视化过程中最让人苦恼的环节，因为它很漫长，很多基础工作易于被忽视。如果不能访问一张结构合理的表格，就要预见到你将会花费大量的时间来准备数据。
- 数据透视表可以对数据表进行结构化。
- 尽管可以通过粘贴一些数字来快速生成图表，但长期使用的图表应该将其数据源置于 Excel 之外，最好与一条数据库查询相关联。
- 在数据导入 Excel 之前，尽可能将数据处理成接近其最终要求的格式，避免在 Excel 中对数据进行操作。
- 公式是数据完整性的一个威胁因素，尽可能避免使用。
- 对工作簿进行结构化，使其每一页只有一个用途。

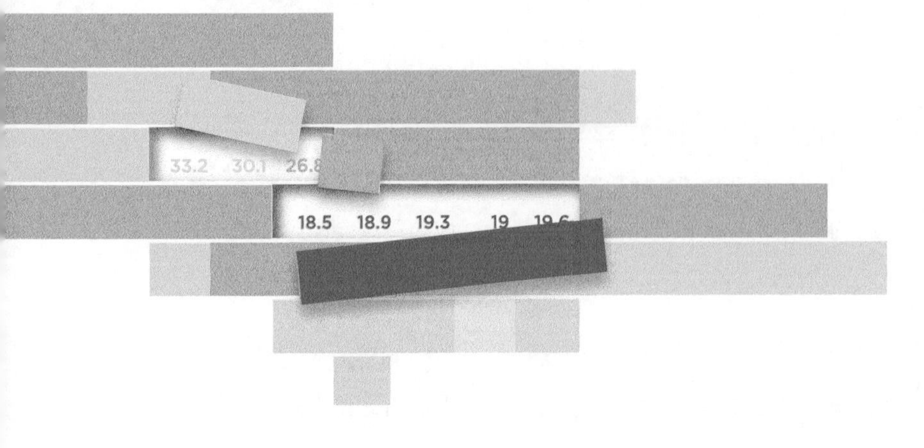

第 5 章

数据可视化

在第 2 章中，我们想象过到书店购买一本讲解数据可视化的书。但它摆在哪类书架里呢？统计类？图形设计？管理方法？也许是杂志？

从理论上说，我们可能在上述任何一类书架上找到关于数据可视化的书，只有详细信息才能帮助我们找到正确的分类。但是，你可能对可视化有自己的看法。如果将可视化简单看作数据的图形设计，甚至是数据艺术，就不会同意某些人认为的“可视化不过是统计”的观点。如果认为需要用华而不实的东西来吸引注意力，那就与某些认为“只有当动机能够指导数据显示和设计选项的时候，注意力才会很自然地被吸引”的观点相矛盾。

数据可视化涉及多个领域的知识，吸引了具有不同背景的实践者，他们追求不同的目标，使用多种工具，带有不同的敏感性和风格，将其自身的实践和日常工作事项作为使用数据的标准方法。数据杂志、图形设计以及商业可视化是其中最大的几个群体，尽管商业可视化在媒体上较少曝光。

这就是并不容易（甚至不可能）提出一个关于数据可视化的放之四海而皆准的定义的原因。较好的方法就是从最基本的概念着手，然后加入各种特征来形成特定的分组。核心概念应该包括作为工具的可视化、作为将抽象数据变为视觉表征的可视化以及知觉和环境所起的作用。

数据可视化是探索和发现的过程，同时也是交流的过程。实践者之间的区别在于，他们的可视化展示是如何影响交流的。

从模式到见解

图 5.1 中显示了我们阅读数据点的三种方式，以及它们是如何变成某种数据可视化的。当图表中仅有点的时候（就像在散点图中那样），很自然的倾向是对它们进行分组。这是格式塔定律的影响，即使随机的变化也会产生分组。如果将支持某种模式的各个数据点降级，该模式就变成了基本的信息单元。

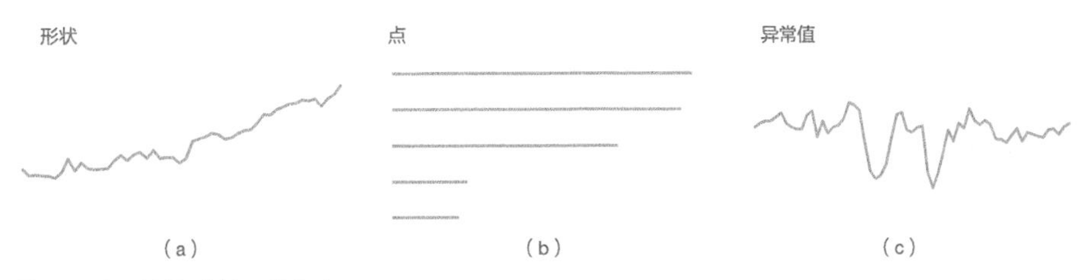

图 5.1 阅读数据点的三种方式

从数据中看出有意义形状的能力代表了数据可视化的最高水平，因为它代表了数据集成的最高水平，以及更丰富的图形景观。线图和散点图经常被用来实现这种**形状可视化**，如图 5.2 所示。

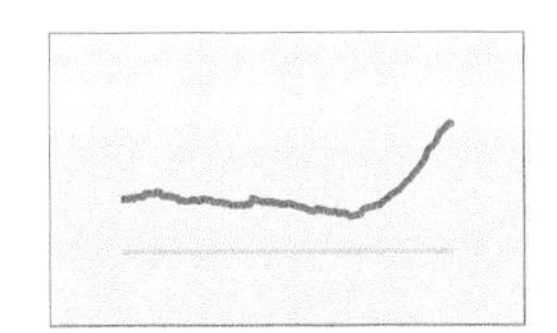
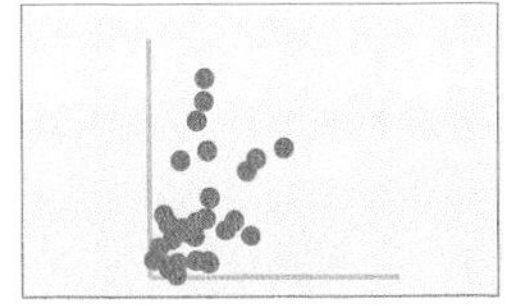

图 5.2 线图和散点图

由于所选的图表类型以及数据本身的原因，我们可能并不能将点归纳为形状，但可以对点进行比较、排序和评估，并得到相应的结论。这就是可以由条形图或饼图提供的**点可视化**，也是最常见的数据可视化类型，如图 5.3 所示。

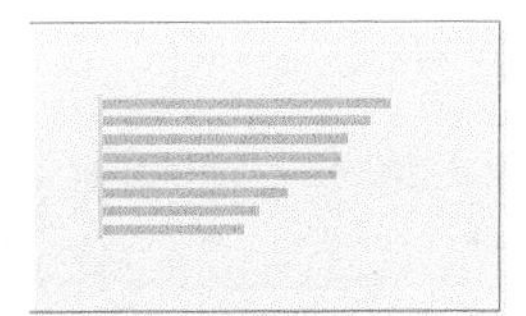
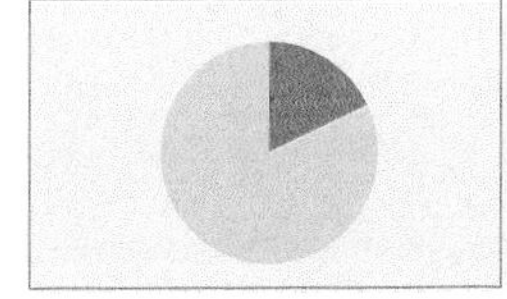

图 5.3 条形图和饼图

有时候，我们会发现知觉并不能将数据点归纳为某种模式，或者数据点离我们所认为的正常范围很远。这是**异常值可视化**，在很多任务中很有用，例如销售监控。这些异常值在统计上可能并不那么显著，不足以吸引注意力，但我们应该检查它们异常变化的原因，统计可以帮助我们量化异常度，以便决定如何处理它们。

从理论上说，我们应该优先选择形状可视化而不是数据点可视化。但在实际工作中，正确的选择是由任务和数据决定的，这些形式可能会在一张图表中共存。同一段时间序列，可能需要使用线图或条形图。线图可以看出总体形状，而条形图更适合进行成对比较。我们选择一种图表而不选另一种可能有充分的原因，但由于任务的定义经常存在问题，有时候我们会先比较答案，然后再选择与之相匹配的问题。

形状、点和异常值之间的区别在对图表类型进行分组的过程中扮演着重要角色。同时，比识别可视化类型更重要的是，确保所选的显示方式能够避免使用过多的认知资源，同时还能够快速获得应有的结论。

与通常的误解不同，“快速”并不代表“一刹那”或者是“一瞥”，理解这一点很重要。你会仅仅用一瞥来阅读一份城市地图吗？还是会花几分钟来理解城市的形状和定位地标，然后找出到达宾馆的最佳路径？阅读复杂的可视化也是这样。即使设计得很好，也需要花几分钟来阅读和探索。这里所说的是获得洞察力的时间，而不是用来熟悉图表布局所花的绝对时间。

形状可视化

从知觉上将二维空间上的数据点分组，是使视觉表征具有意义的第一步。接下来就是对数据点进行编码，加上图例、标题以及其他辅助对象。

从最开始我们就应该意识到并不是所有的数据点都是相同的：有些是独特的，其他看上去可能只是随机变化，还有一些离得太近需要进行概括。也就是说，使用较少的数据点来代替它们，在节约资源的同时不损失相关信息。

形状就是一种概括。如果不能从数据中看出形状，那么我们拥有的可能是错误的数据或是通过错误的方式查看了数据。并不是在每一个单独的数据集中都能找出有意义的模式，但使用多个视角进行尝试之前，不要假设有意义的模式不存在。在可视化中，数据形状总是比其他任何事物更容易触发“嘿，找到啦！”这样的时刻。但是，它们往往也会导致错误的信息，就像有时候我们看到两个变量之间近乎完美，却成虚假的关系。有一些错误的因果关系的例子很有趣（人造奶油的消费提高了离婚率），但也有一些是危险的言论（疫苗导致自闭症）。

形状在官方统计中留下了明显的痕迹。例如查看居民消费价格指数的子分类，会发现一些有趣的规律。

图 5.4 对比了希腊和美国的所有消费品的月度居民消费价格指数。它们的总体趋势是相似的，在很长一段时间内还有重叠。美国发生的两个主要事件——“9·11 恐怖袭击”和雷曼兄弟银行破产所产生的影响还是很显著的。但是，让我们聚焦于一些其他事情上吧：希腊指数中罕见的周期性模式。

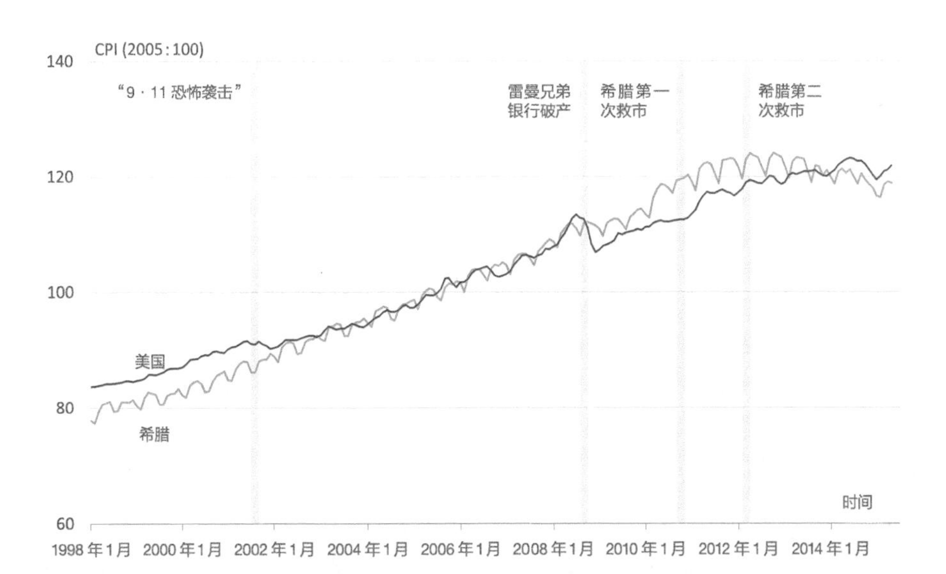

图 5.4　希腊和美国的居民消费价格指数比较

资料来源：Eurostat

我们不用花很长时间就能找到原因。在很多国家中，衣服和鞋的打折销售在居民消费价格指数中每年出现两次。在美国，这两个月份是1月和7月，而在希腊是2月和8月。图5.5显示了衣服和鞋的打折销售在希腊比在美国带来的影响更大，这可以部分解释为什么希腊总体指数呈现出周期性。但我怀疑这并不是唯一的原因，因为希腊比美国更贫穷，基本商品的价格在指数中所占的比重要高。这也解释了为什么两个指数在希腊有如此多的重叠，在美国则看上去是互相独立的。

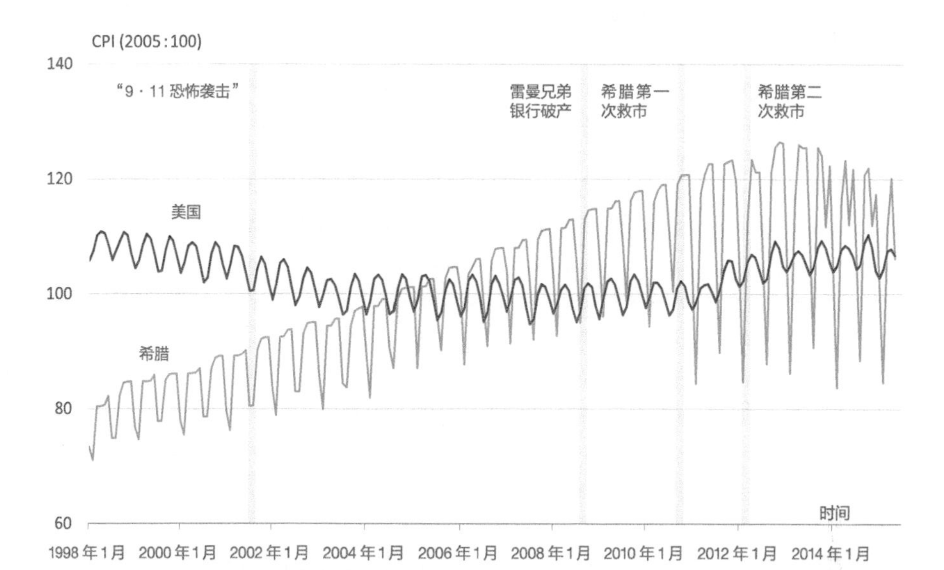

图5.5 打折销售是如何影响居民消费价格指数的
资料来源：Eurostat

另一个类似的例子是发型设计。图5.6是“美发和个人形象设计”分类的居民消费价格指数变化。从左边我们所能看出的第一个模式是在希腊加入欧元区之前美发分类指数中的两个峰值（对应于12月和4月的节日期间）。该指数远低于全部分类指数，在这两个峰值之后，价格在接下来的月份中回归正常水平。加入欧元区之后，它们不再那么突出——并不是因为它们不存在，而是因为其他月份上涨到全部分类指数的水平。经过最初的救市之后，该分类的指数从总指数中分离出来并开始下滑，再也没有曾经的峰值。

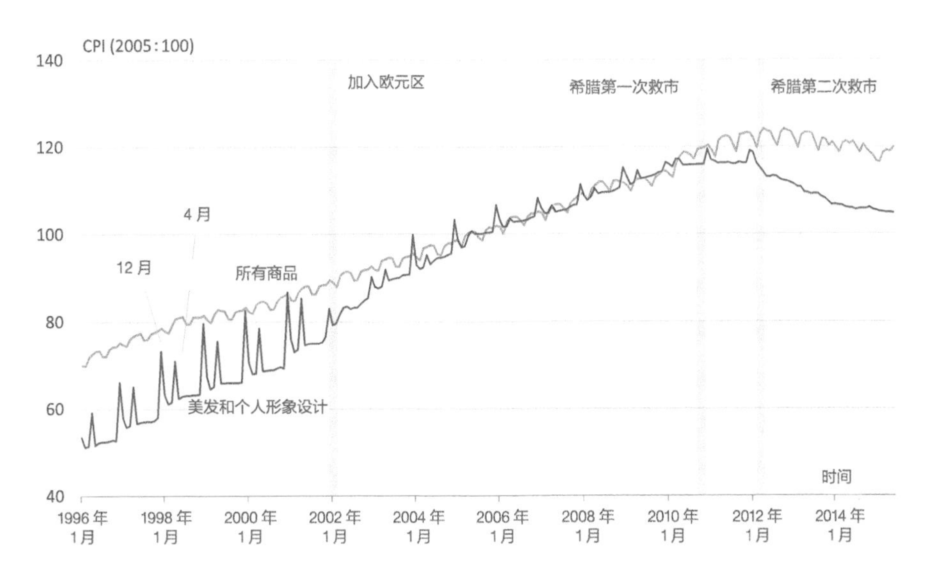

图 5.6 希腊理发师的悲惨故事
资料来源：Eurostat

图 5.7 显示了具有很强关联性的两个变量：平均收入与性别。在同等收入场景下，所有的数据点都应沿着两个彩色三角形之间的线分布。如果一个数据点在这条线之下，则意味着男性比女性赚得多。可以看到，在所有欧洲国家中，女性都比男性赚得少。因此，这个例子并不是关于两个非常相关变量之间的差距，而是关于参照物和现实之间的差距。

图 5.7 还受到另一幅由《纽约时报》发表的比较不同职业收入图表的启发，结果是类似的。因为这两幅图中的点都是比较男女之间的差异，而不是国家和组织或职业，可以在图中的两个坐标轴上使用对数刻度来使对比更清楚，更容易看出每个国家和组织所处的位置[①]。我为西欧和东欧国家采用了不同的颜色。尽管意料之中的模式显露出来（东欧国家的平均收入较低），但这不是我们想要寻找的。我们根本不应该考虑这一点，因为使用对数刻度更难以比较绝对值。东欧国家看起来在收入差距方面比西欧国家稍好一点，有三个国家达到或超过 90%。

① 在数据可视化中可以使用对数刻度来提高图表分辨率（当数据范围很大以至于位于底部的详细信息看不到的时候）或者用来比较变化率。在第 8 章中将讨论对数刻度。

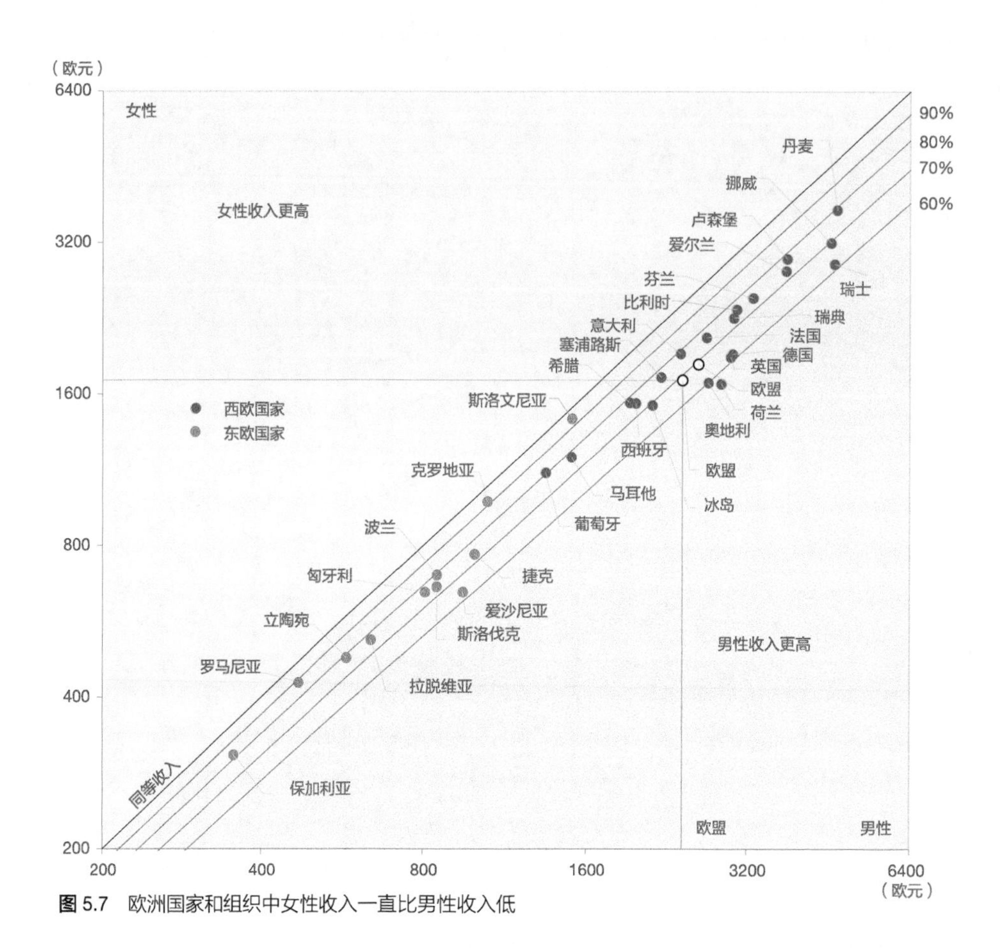

图 5.7 欧洲国家和组织中女性收入一直比男性收入低

前面比较 GDP 和教育的散点图（图 2.19）是第三种可视化图形，我们在其中没有找出两个变量之间的线性关系，而是找出了三个相对均等的分组：西欧国家（高 GDP，高水平教育），东欧国家（低 GDP，低水平教育），地中海国家（低 GDP，低水平教育）。

动画图表会产生不同的形状。在很多情况下，动画可以展示随时间的变化。在任何给定的时间点，可以看到两个变量之间关系产生的形状。例如，我们假设 50 年前男女之间的收入差距更大，我们有所有这些年的数据。播放动画，可以看到在大多数国家中数据点处于上升趋势，意味着差距在缩小。关于动画的例子，可以去看汉斯·罗斯林在2006年的TED演讲。

点可视化

图表有助于获取在一个系列中数据点之间的距离。当沿着一条坐标轴画图的时候，很容易获得它们之间的距离。当使用其他类型的图表，如条形图，就需要首先按照数量值对数据点进行排序。

我们也可以进行其他类型的分析，但在比较数据点的时候我们倾向于关注一定范围的最高点和最低点，进行成对比较，或将数据点与一个参考值相比较。在图5.8中，我们想查看在哪个欧洲国家驾驶更安全，在哪个欧洲国家驾驶最危险。在图5.8中，通常统计分组非常近的北欧国家也分散开了。

我还发现一个有趣的现象：按照不同的颜色对国家的地理位置编码，可以很清楚地看到，在西欧驾驶比在东欧更安全。

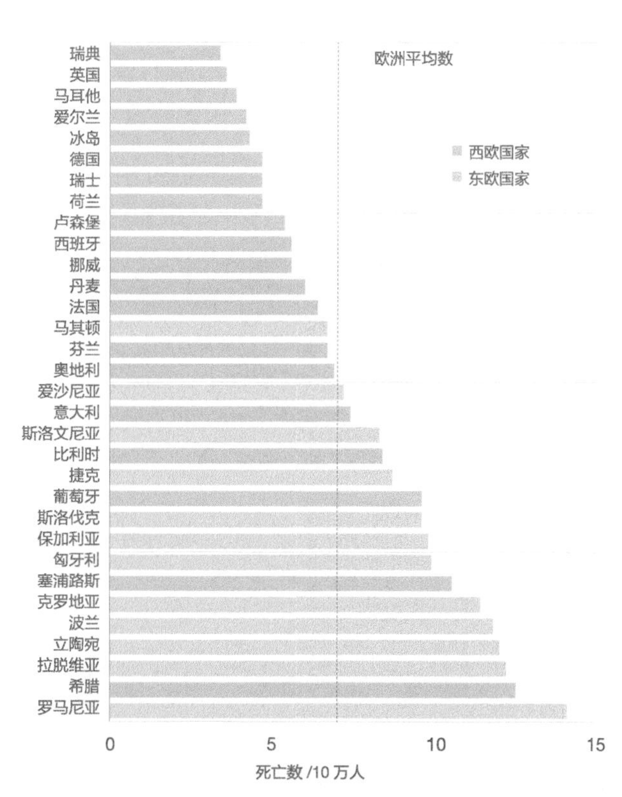

图5.8 对数据点进行排序以便比较。国家按升序排列，因为我们关注的是更安全的国家

资料来源：Eurostat

异常值可视化

我们可以使用可视化来对数据质量进行验证和评估，异常值可能是在数据

搜集阶段出现的或者来自不正确的数据。但是，在大多数情况下，再次出现在其他变量中时，异常值可能就变成了正常值。不管是什么情况，异常值都需要检测和解释。

针对价格异常变化的研究兴趣远不止存在于经济上的原因。在图 5.9 中，美国南部城市地区“公共（管道）煤气服务”分类的居民消费价格指数，明显受到该地区出现的灾难的影响，例如飓风以及漏油事件，这些都以异常值的形式留下了痕迹。

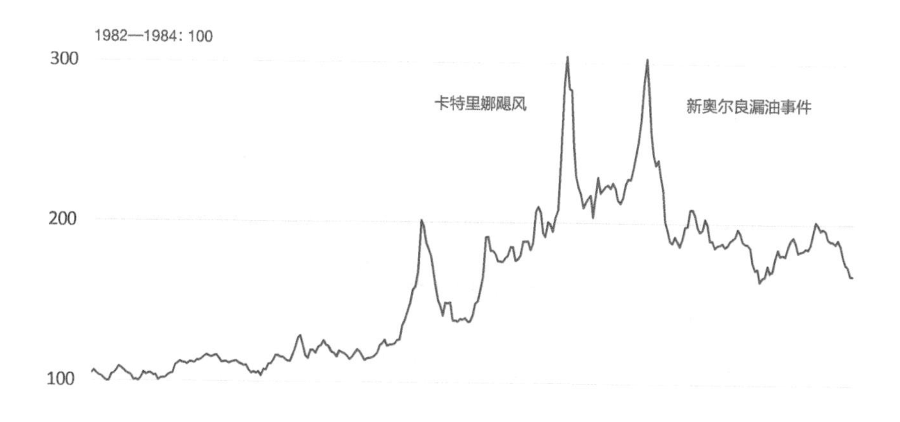

图 5.9 异常值影响统计数据

资料来源：Bureau of Labor Statistics

有一些统计公式可以用来确定异常值。对大脑来说，异常值只是没有落在分组中的数据点，就像图 5.9 中的三个峰值。它们超出了大多数数据点的形状范围。如果将它们包含在内，异常值将会使整个形状过于复杂。在成本—收益分析中，忽视这些异常值似乎更为有利。另外，位置上的突出性也使它们比其他点受到更多关注。

在图 5.9 中，煤气价格在 20 世纪最后 10 年中保持平稳，在 21 世纪最初 10 年中稳步增长。理解这一点可能会有帮助，但我们几乎没有注意到这一点，因为我们的注意力都放在峰值上了。

数据可视化任务

日常工作中的很多任务都可以通过某种形式的可视化数据分析来获得支持，它们与我们提出的问题是密切相关的。从本质上说，可视化类型如下：

- 在单变量或多变量数据分析中寻找模式和趋势。
- 在单变量或多变量的数据分析中寻找关系。
- 对数据点进行排序和排名。
- 监控变化以检测位于一定波动范围之外的数据点，或者显示其他某种类型的奇怪行为。

在一个新项目中，从简单的比较数据点并按每个变量来排序的描述性分析开始是很自然的。最终，在分析单个变量或者分析多个变量之间的关系时，我们会开始勾画模式。使用这些新知识，我们创建了一个将注意力引向任何显著变化的监控系统。这只是一个如何清楚地表述这些任务的例子。在实践中，根据项目的特点，可能会具有不同的顺序。

知识结构

知识是在建立事实及其解释之间关系的基础之上的结构。你可以从日常生活（以名言警句的形式出现）、超自然和宗教（例如宇宙进化论）或科学方法中得到知识。尽管名言警句和宗教更像是封闭系统，变化空间很小，但科学方法认为，知识是永无止境的积累过程，需要不断修正。这些结构都分别具有它们的验证和评估标准，以及其保护者（老人、神父及科学家）。

在两个事实之间建立联系会创建一个新的、更复杂的实体，并可以与其他复杂实体相结合，不断重复这个循环。这种顺序具有一种隐含的知识层级，每一步都增加了新的复杂度等级。这被称为 DIKW 金字塔：数据（Data）结合起来形成信息（Information），从而产生知识（Knowledge），最终整合成智慧（Wisdom）。可视化金字塔没有太大区别，也是从数据开始，得到复杂模式并最终上升为知识。

按照雅克·贝尔坦的说法，在图表能够提供的答案类型上，我们也能找到这种层级结构：初级、中级及全局。在初级，图表回答诸如“3 月我们销售了多少？”或“哪个月的销售量最大？”这样的问题。在初级中，图表在功能上与数据表是一样的，大多数图表都能回答这些问题。中级关注数据的一个子集，并回答诸如“在 2015 年，产品 X 的月销售发生了什么变化？”的问题。在全局级中，图表能够提供全局的答案，例如“我们获得市场份额了吗？”，同时还能让读者找到初级和中级问题的答案。

现在，让我们来更详细地讨论 DIKW 金字塔序列。

数据

数据点就是一个观测值：x 地区的人口密度，国家 y 每年出生的人口数，z 这天的利率，等等。新闻工作的一个准则是“事实是神圣的”，但也是没用的。之所以神圣是因为它们是知识的基本组件，不可操作、修改或删除。但没有特定的环境，数据就毫无用处，因为它们本身并不完整。数据就像是散片的拼图（图 5.10）。

图 5.10 数据：杂乱无章的拼图

信息

当在事实之间建立联系之后就上升到了信息层级。格式塔定律告诉我们，这创造了一个新的汇总值，其总和大于各个部分之和。通过并置、关联和比较，我们能够发现隐藏在杂乱无章的零散数据中的模式：拼图开始出现形状（图 5.11）。我们有若干块拼图，但它们之间的联系以及它们在拼图中的总体位置还不是很清晰。之前，我们拥有的是尚未连接起来的数据，现在，拥有的是未连接在一起的信息。

图 5.11　信息：数据集合到一起

知识

当我们在某种特定环境中认识到每组信息并生成一个更复杂的实体时，就创造了知识。从本质上说，这是一个无止境的过程，我们有创建更高层级对象的可能性，而且有可能发现将自己带到不同路径上的新方法（图 5.12）。

图 5.12　知识：开始使事物变得有意义

智慧

知识层级的提升不是由对对象进行抽象来完成的，而是由人类的记忆、经验以及特定环境中的人格来创建的。DIKW 金字塔的前三个层级属于科学方法的领域，基于观察和更复杂模式的积累。智慧更像是对自然进行量化的“文化熔炉”。

智慧是由对相互作用的理解、集成化的视图、授权的动作、对原理的诠释，以及超出学习领域之外行动的间接结果来定义的。若泽·萨拉马戈（José Saramago）在他的诺贝尔文学奖获奖感言中说：“我所认识的最聪明的人……不能阅读也不会书写。”他所指的正是这种理解力，与对复杂科学对象的知识并不必然相关（图 5.13）。

图 5.13　智慧：看到整张图片

定义数据可视化

我们可以将大脑看作一位刺激管理者，它不断搜寻“好的形式”，并且不喜欢之前看到的任务类型的模糊性。这帮助我们将数据可视化定义为一种通过在抽象量化数据的视觉表征上应用知觉原理，来帮助寻找相关的形状、顺序或异常的工具。

我们可以将统计研究或者数据艺术家的工作和这个谨慎的定义联系起来。一些其他的定义则更具局限性，例如斯蒂芬·菲尤所给出的定义，其中信息和有助理解的目标属于数据可视化核心定义的一部分：

> 关于数据可视化的定义者和定义有很多，但多年以来，这个名词最根本的目标还是以一种有助于理解的形式将数据展示出来。不管它是什么，都一定要包含信息。如果我们接受将这一点作为数据可视化定义的基本点，就能判断上面这些例子是否拥有清楚、完全和准确等优点。

当然，这也是本书的精神所在，但并不是唯一的。我们应该将数据可视化看作一个通用的领域，多种（组合的）观点、步骤、技术和目标（不要忘了个人风格的主观部分）共存。从这个意义上说，数据艺术、信息图以及商业可视化都是数据可视化的分支。

我们无法定义一套适用于所有可视化类型的严格标准，就好像无法为一部小说、一首诗歌或一篇散文设置同样的规则一样。可视化作品可以发表在媒体杂志上，也可以发表在科学论文中，具有不同的交流目的。它可以是统计性的或交互式的，可以用来进行分析探索或仅用于交流。作者们对于设计所起的作用可能有互相矛盾的看法。我们不同意某些方法或目标，并不意味着某一个可视化作品是错误的。

本书重在描述商业环境中的数据可视化，这更容易对数据可视化是做什么的有一致性的描述。同样，这也有助于避免将多种描述结合起来，例如假设将我们在一份报纸上看到的很酷的信息图当作是正确的可视化模板而应用于商业数据中。

每个数据可视化的从业者都有责任在基本定义上加上自己的补充。在商业可视化中，这种区别就体现在对功能特征的强调上。所有事情都要服从于在图形区域画出可识别的相关对象，以便进行有效的交流和沟通，并为决策过程提供支持。通过设计来生成一幅令人难忘的图表的诉求很常见，在其他可视化场景也可以接受，但在商业组织中就不是那么迫切。

语言、故事和景观

数据可视化是一门语言。雅克·贝尔坦在他的《图形符号学》（*Semiology of Graphics*）一书中就很清楚地体现了这一点。另一位学者利兰·威尔金森

（Leland Wilkinson）力图将这种符号学翻译为具体的规则，他写了另一本很重要的可视化书《图形语法》（*The Grammar of Graphics*）。

如果数据可视化是用来替代或补充其他交流方式的，那么它就一定具有一些超越正式语言学的品质。这些品质与基于一个序列（视觉描述）或基于对图形景观的探索而创建统一信息是相关的。

数据新闻是当今新闻业最强劲的趋势之一[②]。在一段新闻中加入图表或其他图形并不新鲜，但现在可视化正从支持性角色走到了舞台的中央，并一直在改变其本质。它们正变得可交互，对不同的探索路径也更开放。

数据故事是更广泛的概念（或者说是流行词）“讲故事”的一个子集。市场营销人员纷纷进入这一流行领域，因此我们应该注意如何创建数据故事，如何购买别人的数据故事。在数据可视化中，故事或描述都很有用，因为它们迫使我们在复杂的环境中识别出某张图表的有限值。故事同时也迫使我们认识到，在抛弃了成串的独立式图表之后，需要更好地集成显示。

现在，公众往往通过屏幕很小的智能手机来阅读一个又一个可消化的信息[③]，这为叙事方式提出了挑战。新闻阅读受影响不大，但如果在商业可视化中过度使用就会成为问题。商业可视化需要为讲故事提供时间累计，但只有让用户一眼就能看到大量的信息，才会更为有效。也就是说，需要只有图形化可以提供的空间累计，同时也意味着需要更大的屏幕。

几年之前，我花了一个周末和孩子一起收听传统的讲故事。在故事的结尾他们都会说“现在你知道……”：现在你知道为什么可怜的女孩变成了公主；现在你知道猎人是怎样捉住狼的；现在你知道男孩是怎么逃出巫婆的大锅的。猜猜怎么样？我们确实知道！因此现在是时候讲你自己的故事了，并试着在图表标题中加上前缀“现在你知道为什么 / 怎么 / 哪里 / 谁……”。如果整个句子有意义，则说明你起了一个很好的图表标题（之后可以移除临时的前缀）。然后，还要确定图表本身能够满足这个要求。

---

② Edward and Jeffrey Heer. “Narrative Visualization: Telling Stories with Data.” *IEEE Transactions in Visualization and Computer Graphics*, Vol. 16, No. 2: 1139-1148, 2010.

③《纽约时报》高级图形编辑汉娜 · 费尔菲尔德在 Tapestry 2015 年的主题演讲中谈到了这一点。

读图能力

读图能力，指的是阅读并理解以图形表示信息的文档的能力。

当个人和组织的读图能力都较低的时候，组织中就会使用很多饼图、3D 效果以及 Excel 默认图表，没有人认为这是一个问题。随着时间的推移，这种读图能力只会有很小的上升，而且很可能仅仅是因为 Excel 使用的进步。但我是一个乐观主义者，乐于想象是某种神奇的力量会把这种线性趋势变成 S 形曲线。重塑学习曲线有如下三种神奇力量。

- **第一种神奇力量：种子**。这是在学习曲线开始上升时出现的。它的出现标志着有人开始认识到数据可视化的力量远不止对数字进行图解或追求最壮观的封装效果。但这并不能说明人们开始创建满是洞察力的图表，而只是意味着开始认识到这个问题并愿意学习；也就是他们开始思考“这个 3D 效果的条形图看上去怎么这么傻”之类的问题了。
- **第二种神奇力量：关系**。通常，一个新产品最初都具有较低的市场份额但上升很快。达到某一点，这个产品具有较高的市场份额但上升缓慢。我已经记不清有多少次看到人们试着去使用两个条形图来展示这种行为了，而其实用一幅散点图会更显而易见。这个神奇时刻标志着我们从单纯描述性的态度转变为开始尝试理解数据之间是如何关联的。
- **第三种神奇力量：整体**。这种力量就是并不将可视化理解为一系列按照一致的标准准备出来的图表，而是将其理解为一种结构——单个图表融入了其他对象和图表组成的关系网络中。

图形景观

不要将整体这一神奇力量看作某种优雅的、需要顶礼膜拜的新纪元美学，它只是意味着如果我们需要通过视觉来交流，首先必须能够控制信息（如何发送信息，而不是如何接收信息）。我们所说的这个编辑维度可以通过选择数据来练习，直到学会摆放图例。但编辑维度必须超出单个图表，能够将多个图表以及其他视觉对象集成起来，形成一致的信息，就像复杂故事中的一个段落。让我们来看一些这样的“集成”。

透视

透视是指显示多个格式一致、并列排列的小图表，每一个都显示一些对象的概况。阅读此类图表所获得的大部分知识来自于对所有图表的整体观察，而不是针对某一个图表得出结论。这就是应该将此类结构看作一个图表的原因。这些图表排列在网格中，代表了图形景观更为结构化的层次。在第 6 章中，我提出了一种新的图表分类，其中透视就是一个单独的类别。

在图 5.14 中，使用透视来比较 6 个不同的年龄分组中，生育率在 2002 ~ 2012 年的变化，从而勾勒出一些欧洲国家的相关概况。

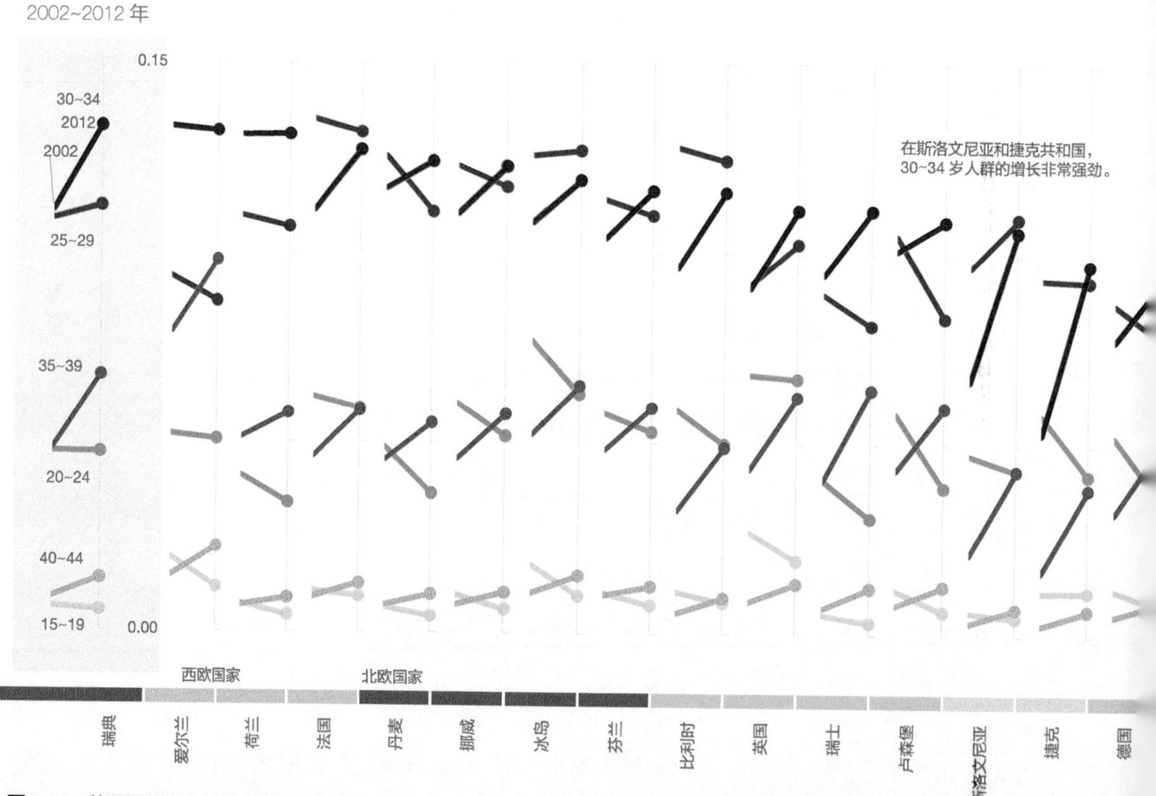

图 5.14 使用透视进行分析的示例

资料来源：Eurostat

仪表盘

根据斯蒂芬·菲尤的定义，“仪表盘就是将需要实现的一个或多个目标统一排列在屏幕上，从而可以看一眼就能监控到最重要信息的视觉显示方法”。[④]

不同于透视图，仪表盘不需要一开始就应用视觉结构，这极大增加了其结构的灵活度。但是，仪表盘也有一定的限制：因为它们是用来监控数据的，其设计趋向于实现对偏离参考点的异常值和其他非正常变化的关注。

④ Few, Stephen. *Information Dashboard Design: Displaying Data for at-a-Glance Monitoring.* Burlingame,CA: Analytics Press, 2013. 这是了解仪表盘设计的主要参考资料。

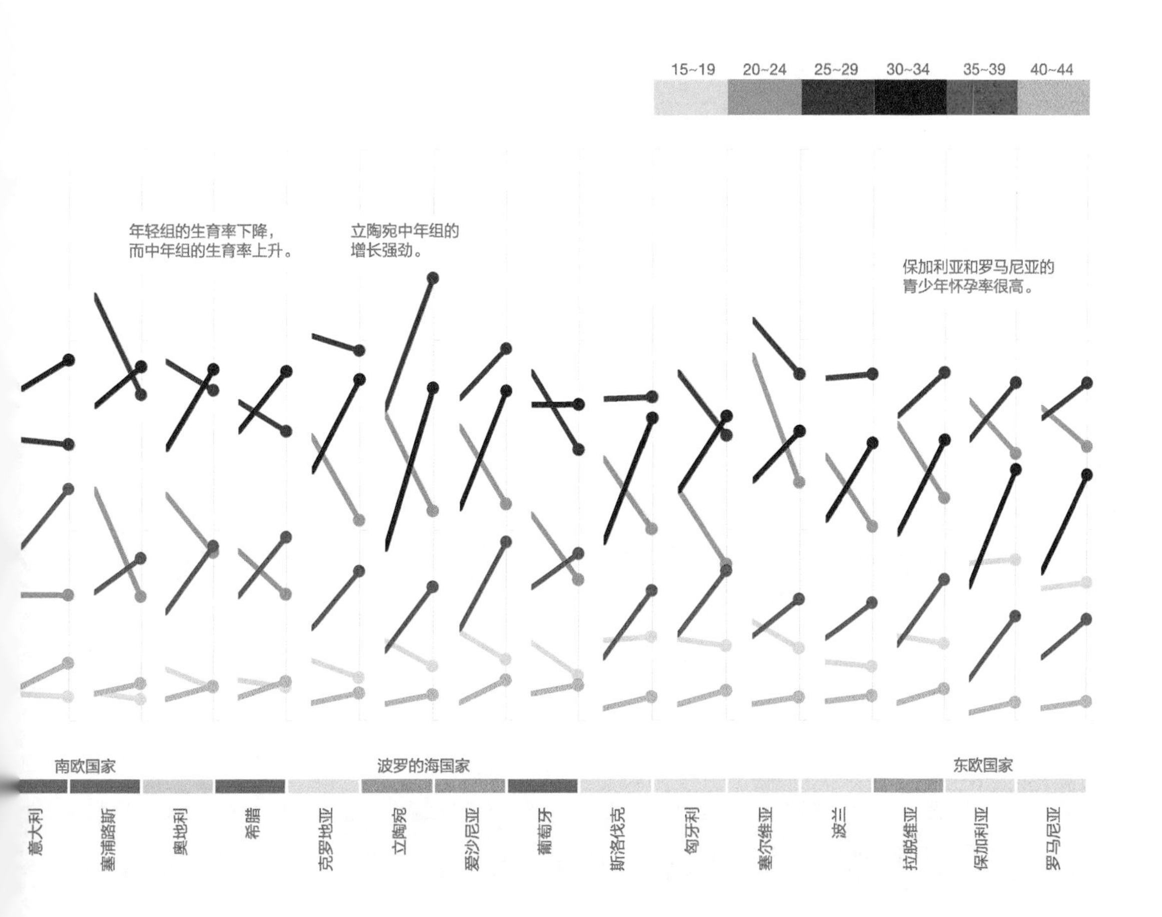

我在 Excel 仪表盘的课程中制作了图 5.15。该课程的目标是应用一些 Excel 技巧来管理数据，并加入一定程度的交互（例如地区、国家和年份的选择）。在图 5.15 中，我有意尝试隐藏了 Excel。我放弃了更高效的设计选项，而想要达到更好的美学效果，同时不打破常识的界限。

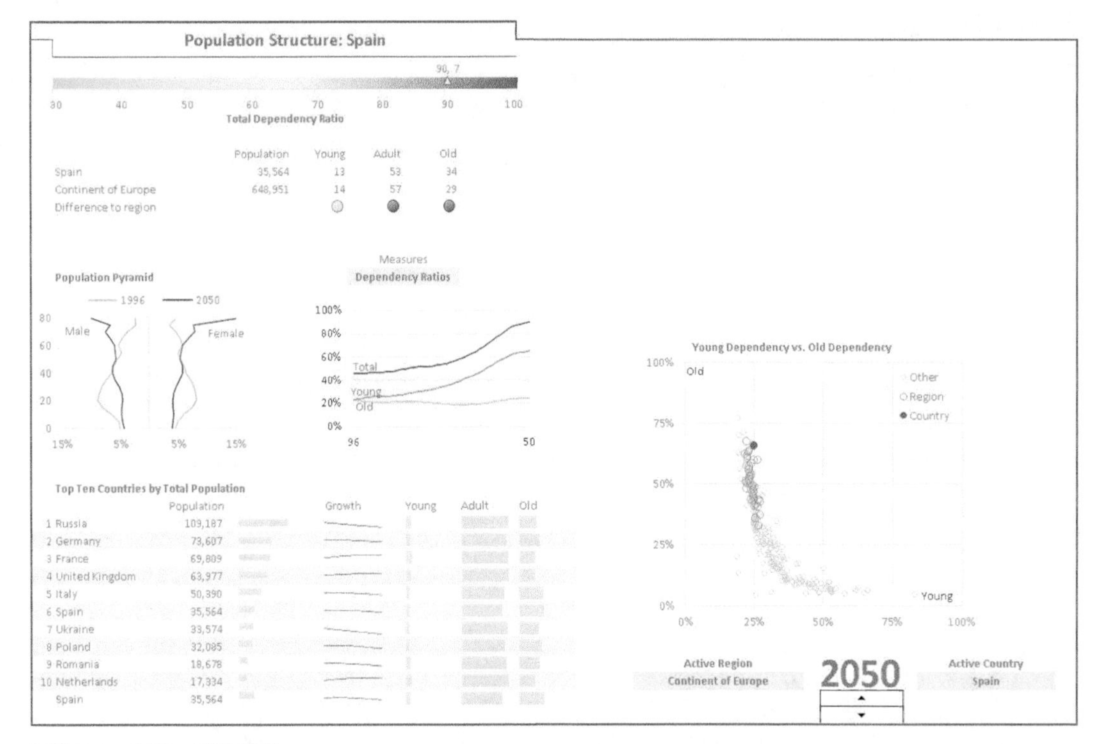

图 5.15 一幅 Excel 仪表盘图

仪表盘对图形的探索并不需要特定的阅读顺序。图形对象在图中的布局并不是随机的：主要的指标放置在左上角，这是我们开始阅读的地方。

信息图

从视觉上说，信息图是图形景观中最松散的形式，也是可视化中最容易混淆的概念，因为它可以有多种定义和解释方式。当被问到“是什么让一幅信息图变得很‘酷’”时，阿尔贝托·卡伊罗这样回答：

> 要想真正“酷”，信息图需要真实、诚实、有深度和优雅。它也可以很有趣，但首先需要尊重其潜在读者的智慧，其设计目的不是要取悦于读者，而是要启发他们。一组脱离环境背景的数字，或周围环绕着象形图或插图的过于简单的图表，永远不会是很“酷”的信息图。

卡伊罗回答中的最后一句话是有所指的。自从人们发现信息图对于网页排名有很积极的影响后（使它们出现在搜索引擎结果中更靠前的位置），市场营销团队就开始创建信息图。但大多数情况下，这些“信息图”只是视觉垃圾，使用了错误的或具有误导性的数据。谷歌似乎在算法升级的过程中降低了它们之间的相关性，但还是会呈现相应的结果。现在这些“信息图”不再是创建出来的，而是工具自动生成的，这种做法在可视化实践者中激起了极大的愤怒和不平。

作为消费者阅读一张市场信息图时，应该首先检查是否存在视觉垃圾、低数据密度以及可疑的主张。作为一名数据工作者，我们应该认识到信息图是一种不属于任何商业环境的媒介产品。

如果想对信息图了解更多，可以浏览 Visualoop 中精心选择的内容，以及每年 3 月在西班牙潘普洛纳举行的 Malofiej 奖的网站。

如果一本入门级数据可视化图书中没有复制有史以来最著名的信息图，那它一定是不完整的，这幅图就是由土木工程师查尔斯·米纳德（Charles Minard）绘制的拿破仑入侵俄罗斯的行军路线图（图 5.16）。图中展示了拿破仑向莫斯科进军时的前进路线（棕色）以及撤退路线（黑色）。线条的宽度代表了军队的人数，其中还显示了河流以及天气的状况。拿破仑的军队被俄罗斯采取的焦土战略摧毁，该战略阻断了通往莫斯科的补给通道以及在冬天撤退时的河流桥渡。

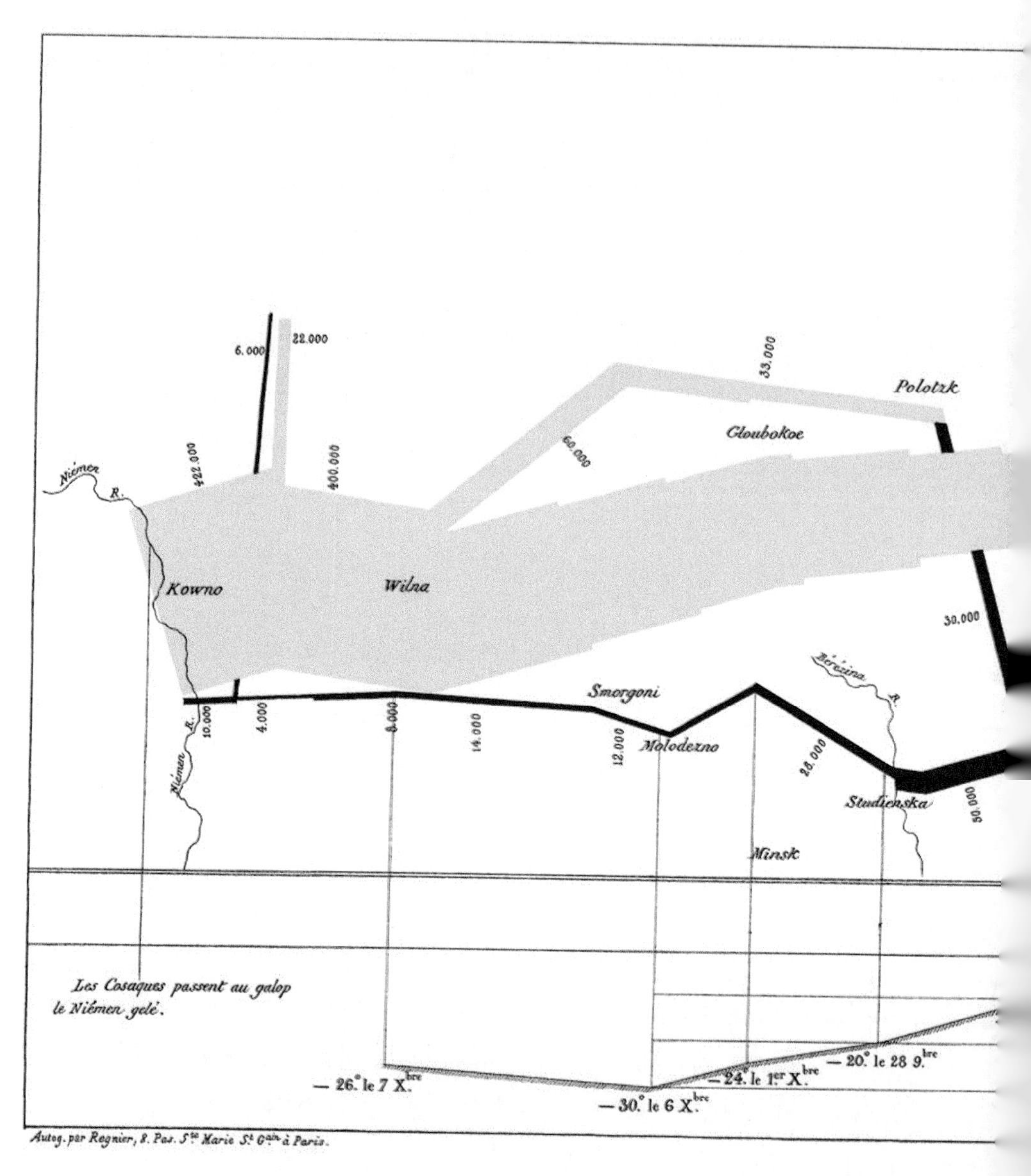

图 5.16　查尔斯 · 米纳德绘制的俄法 1812 年战争期间拿破仑的行军路线

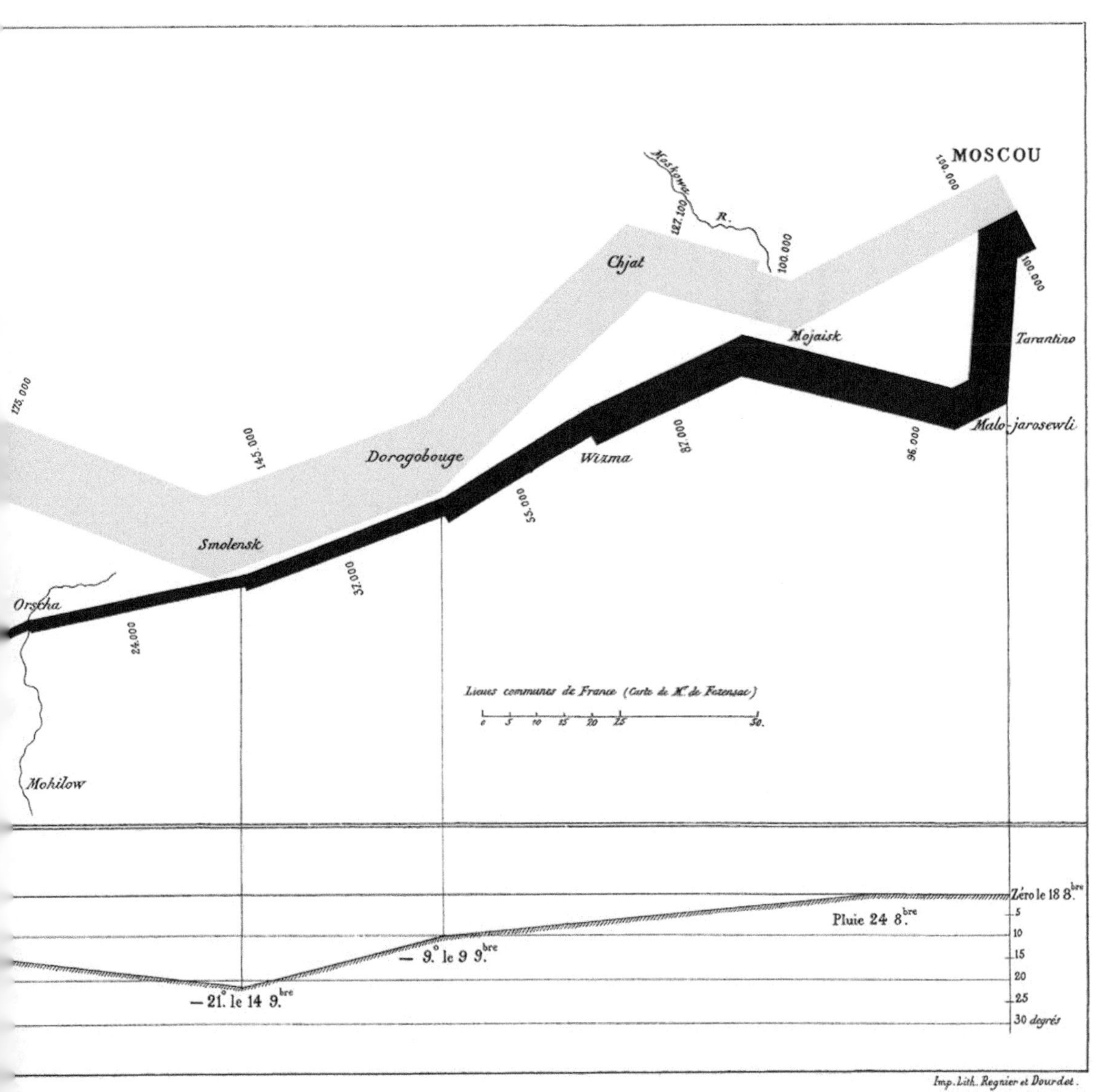
MOSCOU
Chjat
Mojaisk
Tarantino
Malo-jarosewli
Wizma
Dorogobouge
Smolensk
Orscha
Mohilow
R.
175.000
145.000
127.100
100.000
100.000
96.000
87.000
55.000
37.000
24.000
Lieues communes de France (Carte de M.r de Fezensac)
0 5 10 15 20 25 50.
Zéro le 18 8.bre
Pluie 24 8.bre
— 9.° le 9 9.bre
— 21.° le 14 9.bre
5
10
15
20
25
30 degrés
Imp. Lith. Regnier et Dourdet.

知识的十字路口

数据可视化是一种工具，和其他任何工具一样，要想高效应用需要相应的知识和技能。我们已经讨论过其中一些内容：知觉所扮演的角色和眼－脑系统、文化和社会法则、数据的准备和管理等。下面，让我们来进一步了解。

统计学

如果不理解“中位数”和“分位数”是什么概念，就无法使用箱形图；不理解相关性就无法使用散点图。这只是传统统计学和数据可视化深深交织在一起的众多例子中的两个，对这一点理解得越深就越好。即使只是理解描述性统计学的一些最基本的概念，也可以使所创建的可视化分析更加健康；同时，这些知识也会增加你通过数据获得的观点的数量。

设计

设计在可视化呈现的所有阶段都会出现。我们可以认为，设计和美学天赋是基本的技能需求。如果目标是设计信息图或进入到艺术美学中，美学天赋确实非常有用，但在商业可视化中并不需要。

我们所需的设计技巧具有一定的功能属性，基本的目标是对知觉规则进行翻译，相比于美学而言，主观性要低很多。创建一幅形式上正确，但同时从美学角度上令人不愉快的图表也是有可能的，例如选用了不适当的颜色。但正如你将要看到的那样，功能性色彩任务和色彩协调规则，使我们不仅可以降低失败的可能性，还可以增强功能性设计。

软件工具

数据可视化的核心竞争力与软件工具无关，但使用的方式并不是这样的。每种软件工具在功能上都有显著的区别，也都具有爱德华·塔夫特所称的“认知方式”：信息流动模型、默认设置、使一些任务更容易或更困难的方式等。

我们可以让软件工具做我们要求的事情，但其成本往往比直接接受软件的

“建议”高得多。因此，最适合的软件就是那些对我们需要完成的特定任务具有最小阻力的那一个。

知道我们需要做什么，知道这个目标可以通过所使用的软件工具来完成，不能做到只是因为自己缺乏相应的技能，认识到这些是特别令人沮丧的经历。因此，数据可视化的一个关键技能是使软件工具不可见；也就是说，专注于任务和要实现的目标，而不是寻找完成它们的途径。

内容和环境

考虑到创建图表的一般原则和最佳实践，数据可视化专家可以创建一个完美的图表，但这个“完美”的图表很可能在想要应用它的商业环境中毫无作用。同时，一幅不尽如人意的图表可能会提供商业组织所需要的洞察力，其中的区别就在于你有多了解组织及其数据，即便是看上去无关紧要的概念，例如市场份额是按照美元还是欧元来计算的？关于“市场”是否有多种定义？

我们可以聘请数据可视化专家来提升员工的读图能力。如果他在第一天就可以创建出比组织中通常使用的更有价值的图表，那就说明组织中的数据可视化实践水平在某方面有问题，聘请专家是非常明智的。

Excel 中的数据可视化

Excel 是电子表格工具。Excel 并不是数据库，也不是专门的数据可视化软件工具。我们应该时不时地指出这一点，因为 Excel 经常会被用来与其他专业软件工具相比，这是不公平的。

即便如此，大多数商业图表都是使用 Excel 创建的，这使得微软在商业可视化中处于领导地位。尽管如此，微软也从来没有利用这一点来提高其巨大用户群的读图能力。它总是选择另一种短视的做法：软件的功能更多是由销售部门来定义,而不是由数据可视化中被越来越多地接受的原则和最佳实践来定义。

Excel 的一次主要修改是在 Excel 2007 中。斯蒂芬·菲尤尖锐地指出这次修改“错失了良机”：

> 微软本有机会作为一个杰出的代表，但他们缺乏勇气，不理解或者不在意他们自身的工作。不管是什么原因，都是消费者承担后果。

菲尤还表述了 Excel 2010 中的类似问题。微软决心主要通过对可视化进行装饰来提升竞争力，而在软件中几乎不加入任何实质性的内容。但在 Excel 2016 中这些问题都有所改善。

好的方面

Excel 比其他量化分析工具强的地方，就在于它的熟悉度和普及程度。在任何一个商业组织中，从事数据量化工作的人都知道电子表格的基本应用，即使他们使用的是开源电子表格软件而不是 Excel。

使用 Excel 的不同版本时，会遇到一些恼人的兼容性问题，但还是能够在组织内部或外部分享文件。Excel 就犹如瑞士军刀，利用数据使每个人的生活更加便利，从人力资源（培训）到信息技术（基础设施管理），再到用户（标准计算机技能），无所不能。

新用户可以很容易地理解 Excel 基础，而它的灵活性以及使用编程语言，使得高级用户可以做得比普通 Excel 用户更多，并能克服它的一些主要局限性。

很多商业组织都发现自己所处的环境依赖于 Excel。选择 Excel 来学习数据可视化是正确的，因为尽管有一些缺点，但相比其他工具而言，它使用户能够更专注于数据可视化本身而不是工具（假设用户掌握了一些基本的 Excel 技能）。

Excel 一直都是商务智能方面非正式的领导者，随着 Excel 2016 的发布，微软更为重视它，为其增加了更强大的工具（Power BI），并扩充了图表库。

坏的方面

如果我们开始将 Excel 作为数据可视化的工具使用，很快就会注意到它的图表库太小（图 5.17），还有很多没用的格式选项，这些缺点使得 Excel 成为一个更适合交流而不是可视化数据分析的工具——尤其适合那些更在意格式效果而不是有效性的交流。

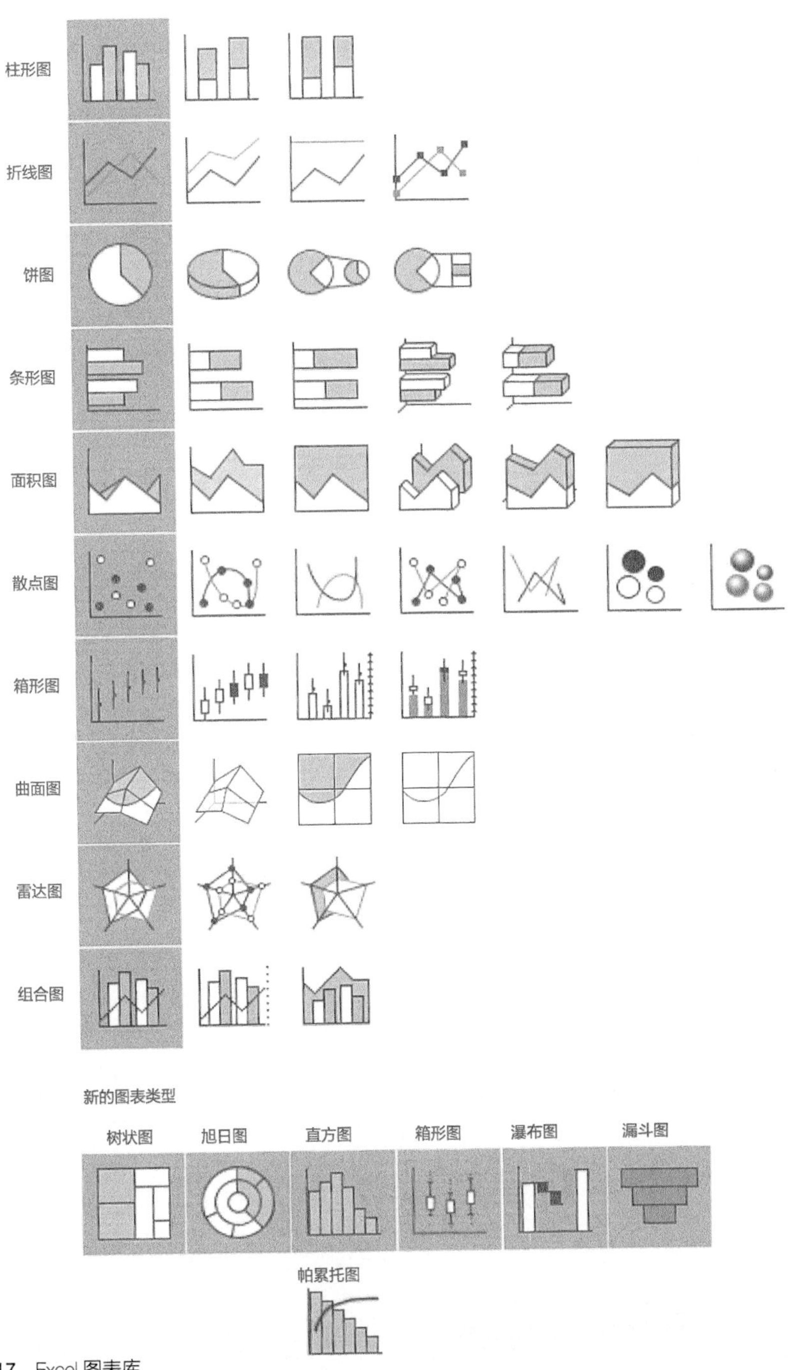

图 5.17　Excel 图表库

Excel 是一个电子表格工具，其中包含了一些能够创建独立图表的功能。Excel 更适合被动应用，而不是积极的视觉探索。积极的视觉探索并不一定创建连续的图表，而是要创建能够进行视觉筛选、制表和数据分组的动态图表。

例如，数据透视表很适合数据探索，但如果想通过它进行可视化探索，则可选项就非常有限：某些图表不支持数据透视，例如散点图和所有 Excel 2016 中的新图表，还有一些在普通图表中支持的功能也没有。

以透视图为例。在实践中，使用真正的数据可视化工具只需要拖曳或增加几行代码，软件就会为你创建所有的图表。使用 Excel，则不得不为每一个需要比较的观点创建一张图表。由于所有图表都需要创建，因此必须正确指出它们的范围[⑤]。

如果你很幸运，图表足够简单，Excel 2016 的一些新特性（例如切片器）能够帮助你减少工作量。但是，用户交互还是高度依赖于编程或公式，这就将注意力从数据分析转移到了公式创建。换句话说，就是将我们的注意力从任务转到了工具上，而这并不是我们想要的。

Excel 2016 中的新图表类型（树状图、旭日图、直方图、帕累托图、箱形图、瀑布图）很受欢迎，但还远未达到预期。Excel 图表库还是太小，装饰选项的数量却过多，这显著限制了大多数用户可选的展示类型。而对于知道如何克服这些限制的高级用户来说，不得不问的问题是：付出和回报是否成正比。

丑陋的方面

我想问问微软是如何选择 Excel 的核心开发团队成员的，尤其是年龄。别误会，我只是想知道图 5.18 到底是怎么来的。

---

⑤ 尽管使用开箱即用的 Excel 不能做到这一点，但现在可以使用 Power BI 来实现。

图 5.18 糟糕的图

你可能会争辩说，我们需要的是一个灵活的软件工具，能够创建出类似这样具有范围的图表就可以了，那你可能是正确的。问题并不与灵活性相关，而是关于默认值和软件提供的样式。实证性研究证实了大多数用户都不会修改软件的默认设置，如果修改了，他们也是倾向于使用预先定义的替代值。

不同于 Excel 用户，图形设计师相信这是资本的原罪，因为他们更重视某种程度的艺术独特性。对 Excel 用户而言，这个问题（再一次）属于编辑维度，属于创建更高效图表的需求。如果 Excel 不应用色调来对数据进行分组，使用加粗来强调一个系列，或在信号和噪声之间加以区别，也是没问题的。这是图表制作者的工作。但默认选项往往不是最优选择，不修改它们就意味着作者要么很粗心，要么就是对内容不够了解。

超越 Excel 图表库

在我刚开始写博客时，我想分享在 Crystal Xcelsius 中复制一幅由 Excel 创建的仪表盘的经验。这些经验来自一场彻底的灾难。Crystal Xcelsius 不允许我做很多即使在 Excel 中看起来很基本的修改。

在数据点层级对格式选项进行微观管理，对取得想要的结果至关重要，在 Excel 中可以做很多这样的事情。如果确实是很棘手的情况，甚至还可以求助于编程。但大多数时候，不需要这么复杂。如果想超出图表库的范围，可以参考如下方法：

- 按照超出字面含义的方法来考虑对象；
- 使用虚拟系列；
- 使用组合图表。

折线图、条形图和箱形图是可以通过散点图来创建的诸多图表中的几种。还记得第 3 章中的竹图吗？那也是一种散点图。在创建这些图表的过程中，不需要写任何代码。

使用 Excel 图表库中的对象是非常有趣的，我们可以学到很多东西，不仅有关于 Excel 的，还有关于数据可视化的。例如，在使用散点图的时候你可能会认识到，折线图只是散点图的一个特例。如果想了解更多 Excel 图表库之外的内容，就必须阅读并关注乔恩·佩尔蒂埃的博客，因为佩尔蒂埃是真正的 Excel 图表大师。

超出 Excel 图表库的问题在于其投入产出比。知道可以使用 Excel 来创建一张复杂图表是很有趣的，但如果这意味着你必须花费很长时间来对图表进行结构化、将数据放在特定的单元格中或是增加虚拟数据，那么就需要确定这样做得到的结果是否值得。也许是时候前进一步，为你的需求找到更适合的工具了。可以继续沿着微软路径走（Power BI）或转向另一个方向（例如 Tableau 或 Qlikview）。

棒棒糖图

图 5.19 给出了一个在 Excel 图表库中找不到的图表类型的例子。人们将这种图称为棒棒糖图，因为数据点看上去像是棒棒糖。花点时间猜猜我是怎么创建这个图表的。

这实际上是一个气泡图。在气泡图中，可以对横轴和纵轴位置以及气泡的大小进行编码。我们只有一个系列（GDP），定义了沿着横轴的气泡位置。纵轴得益于一个虚拟系列，即像在条形图那样，将气泡沿着纵轴按周期性间隔排放。

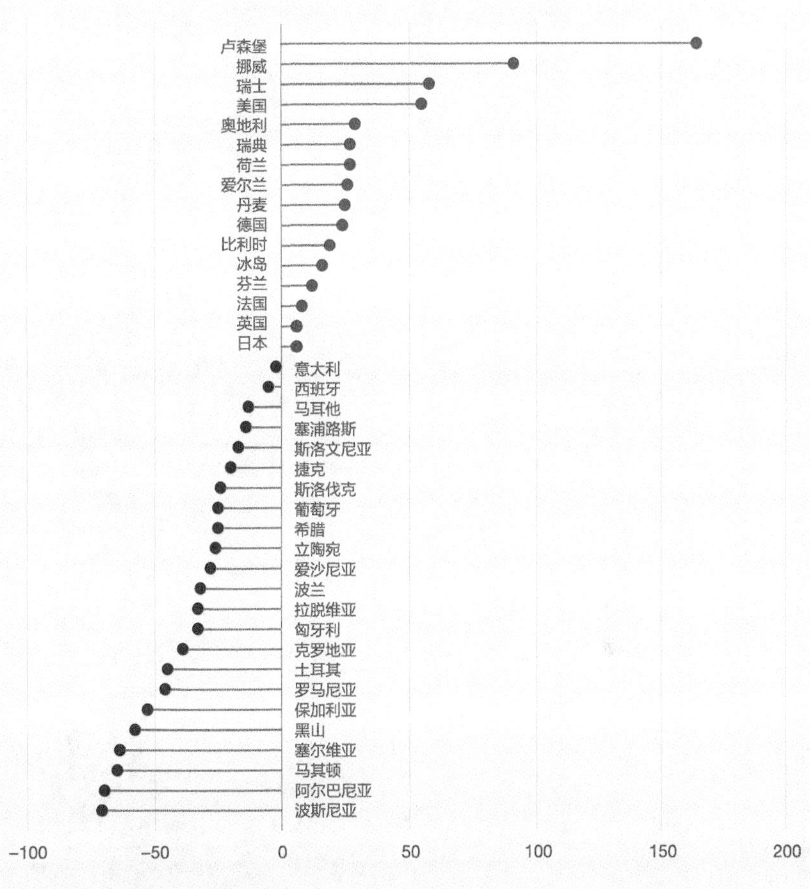

图 5.19 从气泡图变成棒棒糖图

资料来源：Eurostat

你应该记得，调查得出的答案总是具有一定误差的。例如，如果从欧盟统计局得到的数据值是 35，那么在图 5.19 中的实际值可能在 33 到 37 之间。可以使用误差线来将这个差距可视化，Excel 中也有相应的选项。在这个例子中，因为根据其常规目标不需要使用误差线，所以我们就可以创造性地来使用，就像为棒棒糖做棒那样。

气泡大小一直不变，所以你可能觉得使用散点图可能更好。问题是，使用散点图对数据点的标注不能很好地控制，从而导致在图中没法确定对应的国家。

最终，我将数据划分为两个系列，一组是正值，一组是负值。这使得可以选择将标签放在纵轴的左侧还是右侧。

不要创建 Excel 图表

你不想让读者去想“这是一张 Excel 图表”或者“我们为 Excel 2003 图表付钱了吗？”等问题，你想让读者看到的是数据，而不是工具。一个很好的起点是选择不同的调色板，但 Excel 还有很多其他格式选项，使你可以对默认值进行修改。如果你在怀疑自己到底能走多远，那么我问你：Excel 可以对 18 世纪的一幅图表进行合理的复制吗？

大多数数据可视化专家同意，威廉 · 普莱费尔（William Playfair）出版于 1786 年的《商业和政治地图》标志着现代数据可视化的开端。普莱费尔创建了一些我们今天还在使用的图表类型。在其书中的一幅著名图表显示了英格兰与丹麦和挪威之间的贸易差额（图 5.20）。注意该图是如何加注释的，它使用了直接标注法而不是图例，又填充了颜色来表示贸易顺差或贸易逆差。这就使得图 5.20 非常易于阅读，即使在今天来看这也是一个极好的例子。

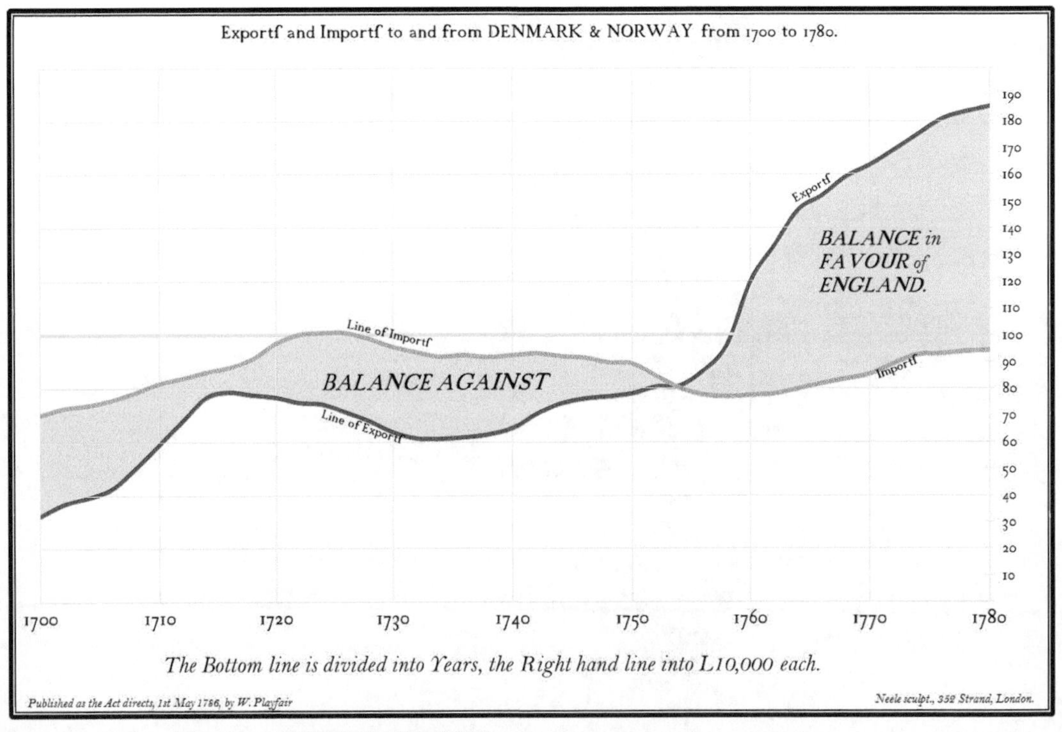

图 5.20　18 世纪英格兰的贸易差额图

我们再举个更复杂的例子。在出版《商业与政治地图》若干年后，威廉·普莱费尔在1822年发表了他最著名的图表之一——将“一个好的机修工周薪”与“1夸脱[⑥]小麦的价格”相比较（图5.21）。在顶部，他画上了君主统治时期的时间线，以增加背景信息。现在使用两条纵轴来比较两个变量是不可接受的[⑦]，使用不同的图表或不同的度量标准会得到更好的结论，但试着找出两个变量之间的关系并加上背景信息的做法即使在将近200年之后仍然是一个很新颖的想法。

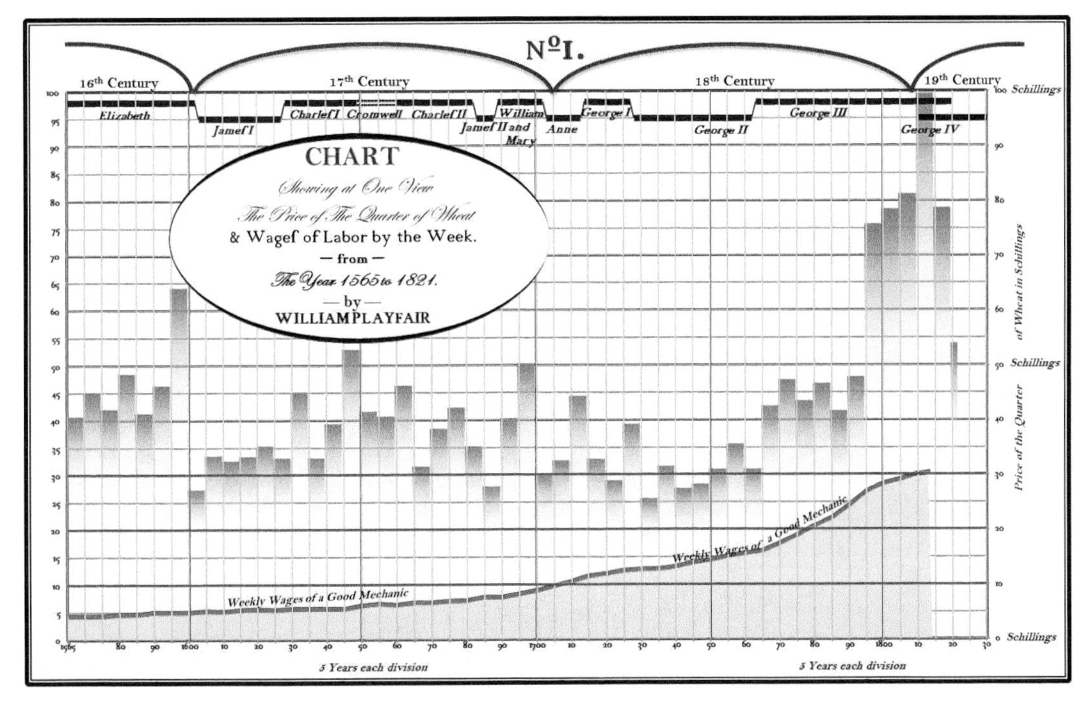

图5.21　复杂组合图

现在请你思考，如果使用Excel，能绘制这样的图表吗？事实上，我曾经希望你在看图5.20和图5.21时不要太仔细。如果你这样做了，很快就会发现它们并不是原始图片的复制品，而是我用Excel创建的。是的，这些是Excel图表。我将它们的本质隐藏得还不错，对吗？老实说，当我开始创建它们时，我确信

⑥ 1夸脱=1.136升。——编者注

⑦ 我们将在第14章讨论双轴图表。

它们看上去肯定会像 Excel 图表，但正如你所看到的，事实并非如此。

图 5.22 提供了一个不同的例子。仪表盘可以让用户选择年份，以便对美国沃尔玛店面网络进行研究，包括每一家店所能触及区域的总人口数。该图是一幅包含美国所有县郡的散点图。这个项目中最有趣的部分是在数据本身（如何定义触及区域，如何度量店面之间的距离以及人口）。

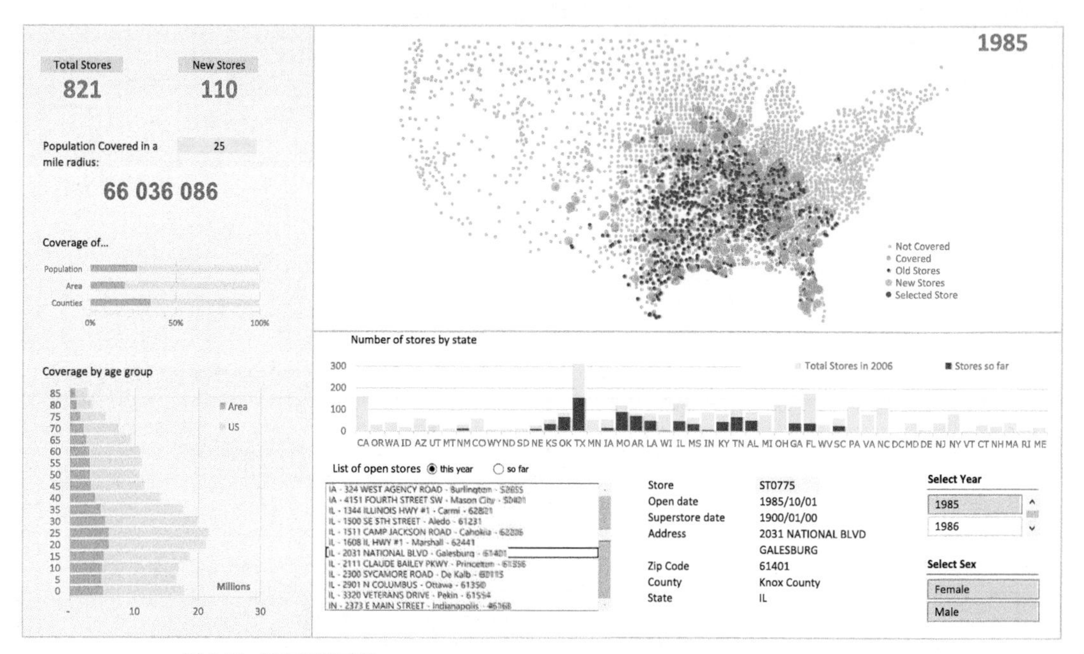

图 5.22 沃尔玛的成长

本章小结

- 数据可视化可以用来查找、管理和交流数据的形状、顺序和异常值。
- 商业可视化更喜欢数据可视化的功能性，主要目标是理解数据，我们用来选择的武器就是为了有效性而设计。
- 数据集成让我们获得信息和知识。加入数据，找出关系，使用更复杂的图表，超越孤立的图表，设计图形化景观，创建视觉故事，将成为我们攀登知识高峰的阶梯。
- 在商业环境中，Excel 能够满足大多数的数据可视化需求，我们可以超出预定义图表库中的图表类型。
- 我们能够在 Excel 中创建复杂的图表，在某些时候，你可能需要使用更高效的工具。如果需要完全的数据探索环境，则需要学习更多内容。
- 在创建 Excel 图表时，替换默认的颜色并修改其他默认选项来避免出现“Excel 图表”的外观。
- 选出你所喜欢的图表并在 Excel 中加以实现。

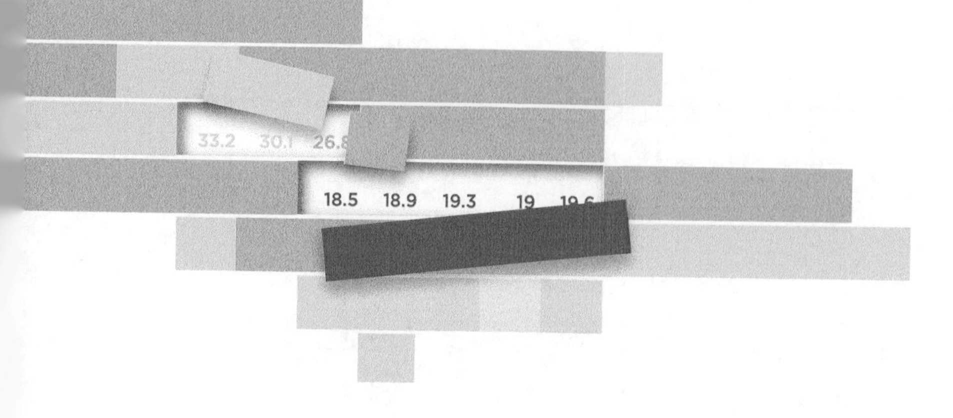

第 6 章

数据发现、分析与交流

从 20 世纪 80 年代开始，世界格局加速变化，到 21 世纪初，简单清晰的两极化世界被朦胧复杂的多极化世界和不固定的军事与政治联盟所取代。其他界限清楚的对立方也开始瓦解。技术使生产者和消费者之间、电视网络和受众之间、大型主机和简易终端之间的界限变得模糊不清。我们所在的世界日益复杂。

更高的复杂性意味着更多变化，更多变化又意味着需要更多数据。但是，仅仅增加数据并不够，我们还需要质量更高的数据、更便捷的工具以及更优化的数据处理过程。我们不仅通过阅读某人的报告来构建知识体系，还可以通过使用合适的工具、与数据互动来获取新知识。数据探索和数据交流之间的界限也变得越来越模糊。

数据准备具有重要意义，尽管这项工作的重要性经常被忽视。当数据准备好之后，不仅要开始创建一张又一张图表，而且要开始进入数据可视化的第二阶段：思考如何利用数据。

从哪里开始呢

掌握的数据知识越渊博，可视化过程就会越顺利。如果你对手头的数据一无所知，那可视化过程就不会太愉快，通常需要返回到较早的阶段，提出新问题，寻找新数据或更改优先级。

问题的根源在于探索的不可预知性。按照一定的流程来进行，会达到事半功倍的效果。

在实践中，探索数据是一个难以驾驭的过程，一定程度上也的确如此。大脑擅长处理常规任务，难以响应意外的变化。在分析数据的过程中包含一些非结构化的方法，从与众不同的角度来看数据会失去方向，但这样做很有可能发现被忽视的内容。

我们必须在结构化和非结构化的探索之路中寻求平衡，以获得最终的结论。数据无法告诉我们，本来就不存在的模式。

视觉信息搜寻的原则

根据 2010 年的人口普查信息，美国人口中青年（小于 15 岁）大约占比 20%，老年（大于 64 岁）占比 13%。这些数据只是事实，无法告诉我们更多信息。如果让这些数据有意义，必须将它们与其他事物相比较。分析数据的第一个方法是与其他地区比较。与大多数欧洲国家相比，美国的人口结构较年轻。分析数据的第二个方法是和过去比较。美国人口也在趋于老龄化，出生于婴儿潮时期的一代人正在步入退休年龄。

我们使用地区比较的方法分析一下美国人口普查的情况（图 6.1）。图 6.1a 在县郡层面显示了青年和老年两个年龄群体的比例。垂直线和水平线标记了两个系列的全美平均水平。每个系列中有一半的县郡处在红线定义的范围内。所有位于由黑色水平和垂直参考线定义的长方形区域内的县郡，成年人口（15 ~ 64 岁）都占有较高的百分比。

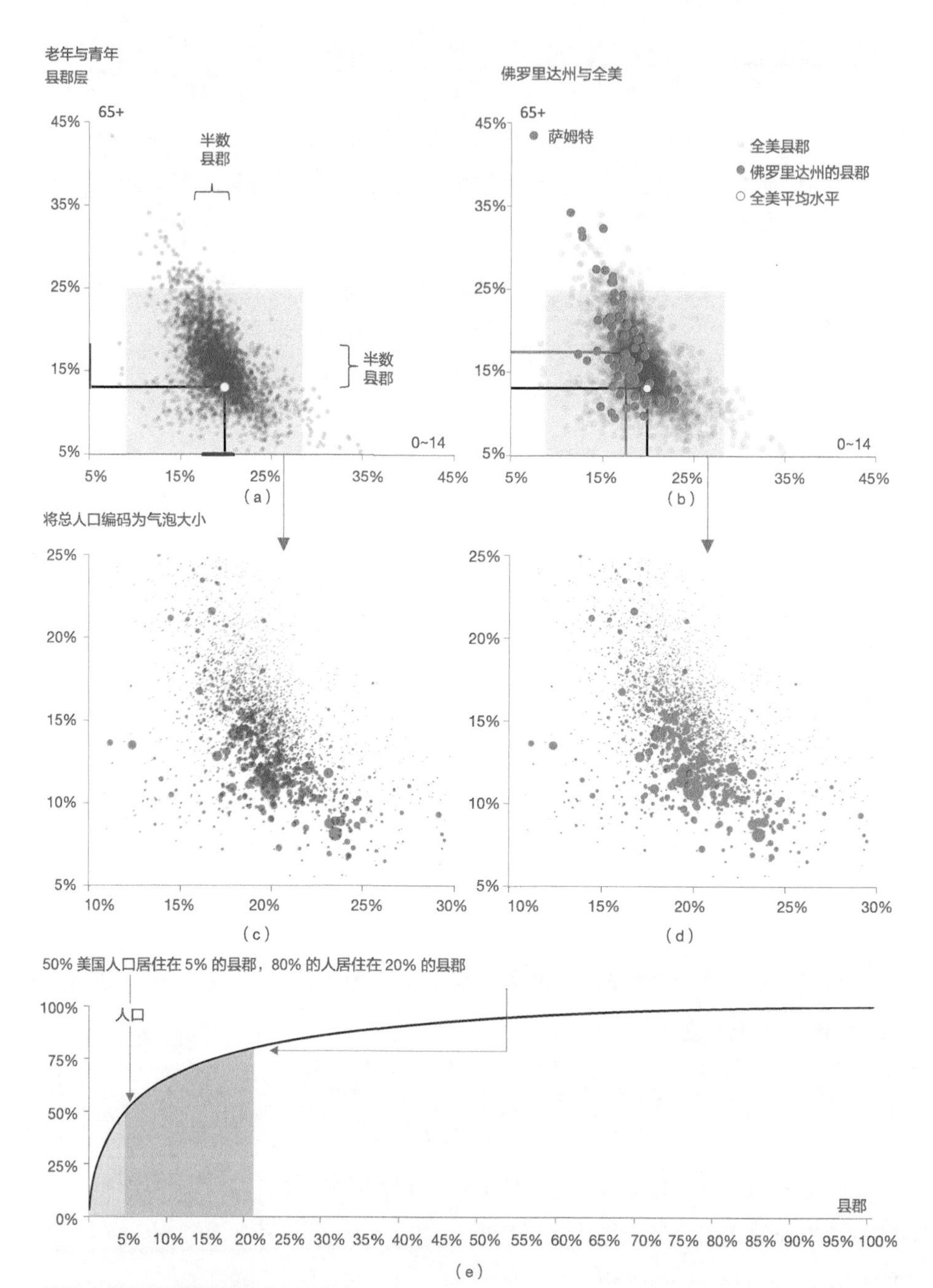

图 6.1 美国人口普查结果（2010 年）

资料来源：U.S. Census Bureau

在图 6.1a 中，有一些问题需要关注。现在我们知道了老年群体和青年群体预期会有什么样的变化以及他们在哪些地区更集中，因为两条轴的范围都是一样的，可以看到老年群体的变化更大。同时还可以推断出，较大县郡中的老年人口比较小县郡中的少，因为有更多的县郡位于全美平均线之上，而青年群体的全美平均线接近于中间线。

与数据表相比，我们对数据可视化有更多期待。很多问题会自动冒出来：美国所有州的情况都类似吗？成年人口百分比较高的那些县郡有什么特点？有些问题很简单，可以通过突出某个州来回答。我们以佛罗里达州为例。佛罗里达州的人口更趋老龄化，它同时具有较高的老年人口百分比和较低的青年人口百分比。

在图 6.1b 中，我们很想知道：分布在底部的县郡具有共同特征吗？例如在地理上很接近？萨姆特郡人口老龄化如此高的原因是什么？我非常好奇，特意访问了萨姆特郡的网站。在这个网站上看到的唯一一张人脸是一位年轻女孩，她可能是这个郡中唯一的儿童（当然，这只是开个玩笑）。

佛罗里达州一些县郡的人口，可能比某些国家的人口还要多，而另一些县郡可能只有几个家庭，互相之间都认识。我们猜想一些较大县郡中人口结构比全国平均水平更趋年轻化，但这个说法可能会起误导作用。让我们聚焦于灰底部分，提高分辨率以更细致地观察。图 6.1c 和图 6.1d 证实了我们的猜想：在一些非常大的县郡，青年人口的百分比接近全国平均水平，但老年人口百分比低于全国平均水平。还有人口非常少的县郡，在气泡图中看上去就像尘埃。这又产生了新的问题：人口极度集中在几个县郡是可以度量的吗？

是的，可以。图 6.1e 显示美国人口的一半居住在 5% 的县郡中，而 80% 的人口居住在 20% 的县郡中。没有比这更符合帕累托法则的了。

不知不觉间，我们将关注点从年龄结构转移到县郡大小再到人口聚集度。数据可视化有时是不稳定的。阿拉斯加州的老年人口百分比最低，而华盛顿特区的成年人口百分比最高，但需要使用多张小图来验证这一点。

在分析数据的过程中，我从评估分布形状开始，然后通过一个能够获得更多结论的变量（州）来筛选数据。最后，聚焦于具体的细节。

从一张鸟瞰图开始，渐进地过滤掉数据并放大细节，遵循了本·施奈德曼（Ben Shneiderman）所称的搜寻视觉信息的法则[①]：

首先概览，然后放大并过滤，最后按照需求获取细节。

不要忽视概览。即使它看起来太宽泛，但对建立指导后续分析的锚点非常关键。它是开始向下钻研的点。例如，全国销售经理可能想知道已经支付了多少销售奖励，然后按照地区或产品进行过滤，而区域销售经理可能会从查看自己为每一位团队成员支付的奖金开始。

焦点加背景的分析方法

在分析数据时，我们应该有清晰的路径，但这并不意味着需要多张图表或一张交互式图表。在通常情况下，我们只需要一张图表。图 6.2 显示了在共享可再生资源方面，北欧国家的领先地位。虽然过于简单，但这是一个焦点加背景的例子，在其中清楚地区分出一个对象作为焦点吸引注意力，其他对象作为环境背景。当然，如果我们切换，环境背景对象也可以变成焦点对象。

焦点加背景方法不仅是对施奈德曼法则的很好补充，而且还解决了一个递归问题：意大利面图。意大利面图有其合理性，如果有多个系列，使用颜色编码时就应该使用它。问题在于，如果一些系列可能互相缠绕，我们就无法读出任何信息。所以，采用了意大利面图这种戏谑的说法。图 6.2 就有变为意大利面图的风险，幸好我们用了焦点加背景的处理方法。

① Shneiderman, Ben. "The Eyes Have It: A Task by Data Type Taxonomy for Information Visualizations." *IEEE Symposium on Visual Languages*, 1996.

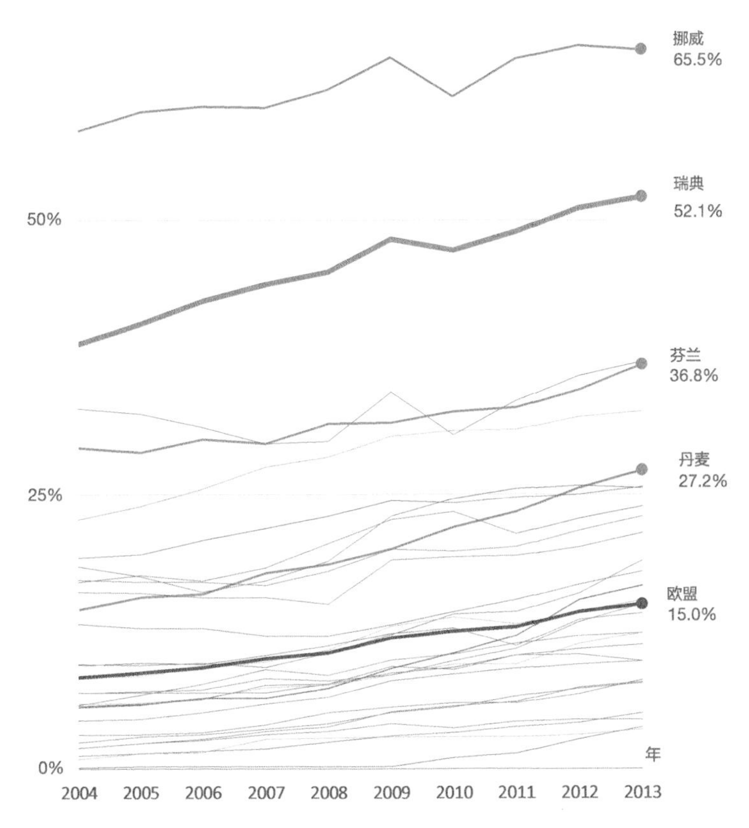

图 6.2　焦点加背景方法

资料来源：Eurostat

提出问题

开始数据可视化过程的最实用方法就是先提出问题，然后创建图表来回答这个问题。这听起来很简单，对吗？但接下来可能会试问一下："我们的销售额为什么下降了？"在得到答案之前，参加会议的人可能会被问及所说的"我们""销售额"和"下降"是什么意思。

任何问题都需要解释说明，应该通过简单、清楚和准确的陈述实现问题的最小化。向数据提问的方法更像是设计调查问卷，而不是问朋友问题。这就是我建议你阅读一本好的市场调查手册中关于问卷设计内容的原因。你会找到很多有趣的技巧。并不是所有内容都与数据可视化相关，但它将帮助你理解作为视觉答案的图表，避免掉入很多常见的陷阱。

从一般性的问题开始，然后再寻找更多的细节，就像施奈德曼法则一样。初始的问题看上去太明显也无所谓。你可以处理一些问题，但也需要其他问题以在读者中搭建起共同的基础知识。数据会让人想起更多问题，将新问题与最初的问题进行比较会很有趣（也很有启发性）。

我们所问的问题也反映了自身的很多特点：我们知道什么，不知道什么，甚至是我们认为自己知道什么（可能是偏见或错误的看法）。在变量的本质和相关性不清晰之前，提出的问题往往是描述性的和针对单变量的。

问题的分类

某些图表比其他图表更适合回答某类问题，但应该将这种关系看作广泛的原则。问题和图表设计的微妙变化都可能影响结果。心目中有明确的目标，知道什么类型的可视化会更有效，这样能够帮助我们缩小图表类型和设计的可选范围。

在定义一个问题时，首先应该确定它能通过数据分析来回答。应该避免类似“生命的意义是什么？”或“他/她爱我吗？”这样的问题。数据能回答的问题通常包括以下几种。

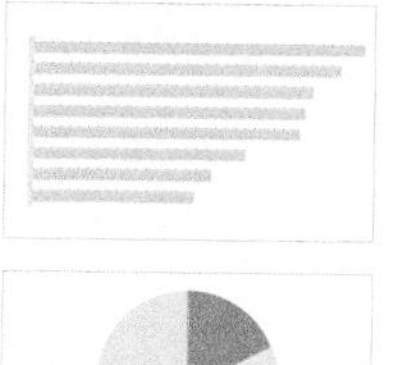

顺序。强调对单个数据点比较和排序的问题：我的产品卖得比主要竞争对手的多还是少？

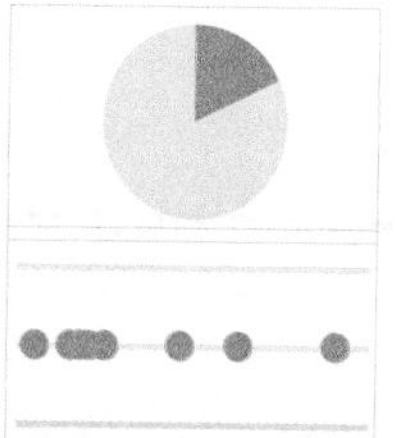

组成。评估每个值在总值中占比的问题，通过绝对值或相对值来表示：我们现在的市场份额是多少？

分布。关于数据点在数据轴上位置的问题：我的客户年龄概况是什么样的（客户的年龄是如何分布的）？

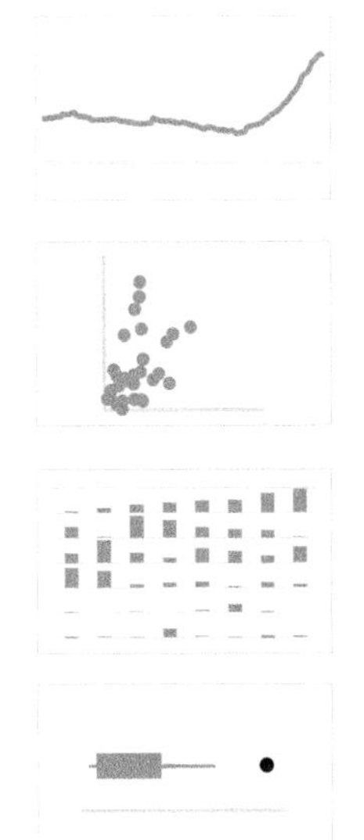

趋势。强调随时间变化的问题：我的产品市场份额增长了吗？

关系。寻找两个或多个变量之间关系的问题：市场事件会影响销售吗？

概况。定义概况的问题：纽约和加利福尼亚的客户特点是什么？

异常。寻找位于正常范围之外数据点的问题：上个月每天的产品不良率是多少？

顺序、组成和分布问题在分析的初期是很典型的。趋势、关系和概况建议是在已经具有隐式先验知识的数据中寻找形状。在第 7 章中，我们将会看到这些分类是如何作为图表分类基础的，它们是如何与手头上的任务类型相互影响的。

对问题进行分类的好处是，更便于理解数据。这些问题将会激发好奇心，使你想要知道更多的详细情况，例如深入探究 X1 型号的商品在西海岸 25 ～ 34 岁的人群中的市场份额。总人口中的平均市场份额可能会隐藏不同年龄群体或者不同地区的明显差异，深入分析并详细描述与参考值之间的差异很有必要。我们要在每种观点中寻找有意义的变化。

如果你想向一位产品经理、销售人员或顾问咨询问题的质量并获得反馈，那么一定要选择给出真实答案的人，如有可能，选择那些喜欢质疑并难以取悦的类型。

你还可以直接增加、删除或修改问题：如果增加一个空间维度（例如洲、国家、州或地区）会怎么样？增加一个时间维度又如何？如果使用其他度量或其他比率会有什么结果？与其他环境变量（例如宏观经济变量）集成会怎么样？

选择和搜集数据

当开始分析数据时，你就会发现第一个问题的意义有多大。你会找到缺失的问题以及数据本身迫使你问的新问题。找出新的更复杂的问题，是对事实加深理解的一个清晰的信号。

原始数据（自己亲自搜集的数据）和二手数据（其他人搜集的数据，如官方统计）有什么区别呢？如果你想知道与另一位竞争者相比，消费者对你的产品是怎么看的，或他会对新的价格做出什么反应，那很有可能没有现成的数据，你必须亲自搜集。

如果需要基于一些人口统计学指标来估算市场大小，则可以通过官方统计部门来得到相关数据。当选择二手数据时，需要考虑的问题是他人搜集数据时并没有考虑你的需求。原始数据和二手数据可以结合起来使用。

搜集数据会遇到各种困难。以欧盟统计局为例，欧洲统计局为欧盟中的每一个国家协调并汇编统计。在浏览欧盟统计局网站几分钟之后，你会发现为某些国家搜集了数据，但其他国家没有，同一个变量时间序列长度之间也有差异，在时间序列中的若干不同时间段存在截断的问题。

所有这些都会影响我们分析数据和交流观点的方式。缺少数据会削弱一些分析的力度。短时间内的序列或序列中含有多处截断可能无法得到数据随时间的变化趋势，因此不能使用线条图。如果两个变量之间的关系被证明比预期的要弱，那就改变分析，且不能使用散点图来描述了。

当使用二手数据时，需要评估其质量和有效性。以下问题必须充分考虑：

- 数据源可信吗？
- 发布者有隐藏的动机吗？
- 它所使用的概念和我想使用的概念相同吗？
- 数据是如何搜集的？
- 是采样数据还是全体数据？
- 数据是在什么时间收集的？
- 如果数据代表了一个时间序列，有间断吗？

寻找模式

在动画片中，在地面上踢一脚就可以激起源源不断的石油喷泉。当我们只是“踢一脚”数据（也就是说，我们粗心地创建一张图表而不进行更多思考）时，可能也会发现一些有意义的见解。

这并不意味着不需要深入的研究，恰恰相反，如果我们能轻松地找到一种模式，那么我们很可能继续发现更为有意义的结论。那些肤浅的见解可能是我们应该更深入研究的模式的锚点。

如果我们所得到的是看上去随机的变化，那么反而应该看得更仔细或者改变视角。事实倾向于在规律性之上笼罩着一层随机性，每一层的厚度取决于事实本身以及看待它们的方法。雅克·贝尔坦对让数据说话所做的努力进行了很好的总结：“图形的内部流动性描绘了现代图表的特征。图表不再是画一次然后一直不变，而是创建再（多次）重建，直到其中所隐藏的所有关系都被注意到。”[②] 按照罗纳德·科斯（Ronald Coase）更为有趣的说法：“如果你拷问数据的时间足够长，它将坦白供认任何事情。”[③] 只要你不撒谎或企图误导读者，数据就会向你坦白一切。

在电子表格中，第一次“踢到”数据的形式可能是排序和条件结构化，如图6.3所示。我们可以从上到下来阅读图6.3，找到东西欧之间的差异；也可以从左上角开始向右下角阅读，发现在超过10年的时间内，提高能源强度的趋势几乎在所有欧洲国家和组织都是很清晰的。

可视化探索新数据就像在一个不认识的地方醒来。在环绕周围的很多新事物中，有一些东西符合我们的预期，但其他的就需要付出更大的努力去理解，尤其是当它们与预期相矛盾的时候。

---

② Bertin, J. *Graphics and Graphic Information-Processing.* Berlin; New York: de Gruyter, 1981.

③ Coase, Ronald H. *Essays on Economics and Economists.* Chicago: University of Chicago Press, 1995.

内陆能源总消耗除以 GDP（每 1000 欧元的油当量，以千克计）

时间	2002	2003	2004	2005	2006	2007	2008	2009	2010	2011	2012	2013
欧盟	168	169	167	164	159	152	151	149	152	144	143	142
爱尔兰	107	100	99	94	91	88	89	90	93	83	83	82
丹麦	101	105	100	94	98	94	91	93	97	89	86	87
英国	135	132	129	125	120	112	111	111	112	103	106	103
意大利	112	119	112	111	110	109	127	125	135	111	114	126
挪威	126	131	130	131	126	123	122	121	123	121	120	117
奥地利	133	139	139	140	136	129	128	126	132	125	124	124
德国	157	156	156	154	153	140	140	139	140	129	129	131
卢森堡	148	154	164	159	149	137	138	138	142	137	134	128
西班牙	158	159	161	159	153	149	144	137	137	135	137	129
法国	164	165	163	161	155	150	151	149	151	143	143	143
瑞典	190	180	179	171	159	154	154	150	157	149	148	144
荷兰	159	163	162	159	150	150	149	150	158	145	149	150
葡萄牙	175	172	175	178	167	163	159	161	153	151	148	151
希腊	173	168	163	163	155	150	151	150	148	154	165	151
马耳他	174	190	196	197	181	184	177	164	167	164	171	144
塞浦路斯	200	212	191	187	186	185	188	186	179	175	168	154
比利时	197	204	199	195	186	178	183	181	191	177	167	173
芬兰	244	253	244	219	229	216	207	213	226	212	208	206
克罗地亚	261	265	255	247	236	235	224	231	232	232	226	220
斯洛文尼亚	267	263	259	255	241	226	231	228	231	231	228	226
土耳其	240	239	226	218	225	231	227	238	233			
匈牙利	330	324	307	311	298	291	286	290	294	282	269	257
立陶宛	529	499	475	415	378	375	363	390	307	299	292	266
波兰	409	408	387	377	373	349	336	319	327	314	298	295
拉脱维亚	411	405	382	355	332	310	306	357	371	334	329	311
斯洛伐克	575	547	513	494	453	388	376	362	369	349	329	337
捷克	472	476	466	431	414	391	371	364	374	354	356	354
罗马尼亚	573	568	516	491	471	442	410	387	395	394	379	335
黑山				598	605	549	553	463	522	488	474	
马其顿	590	626	588	572	566	554	523	494	494	522	503	454
爱沙尼亚	559	571	551	502	445	465	469	491	546	505	478	513
保加利亚	963	942	866	849	824	760	712	661	669	706	670	611
塞尔维亚	918	933	919	774	796	746	727	686	696	712	649	653

低强度	中强度	高强度

图 6.3 使用条件结构化“踢到”数据

资料来源：Eurostat

图 6.4 提供了另一个“踢数据”的机会。它显示了美国在 1950 年到 2100 年之间估算和预测的人口数。像这样的人口预测是综合考虑了死亡率、迁徙、人口出生率等因素的统计结果。“中位数变量”是最有可能的预测。

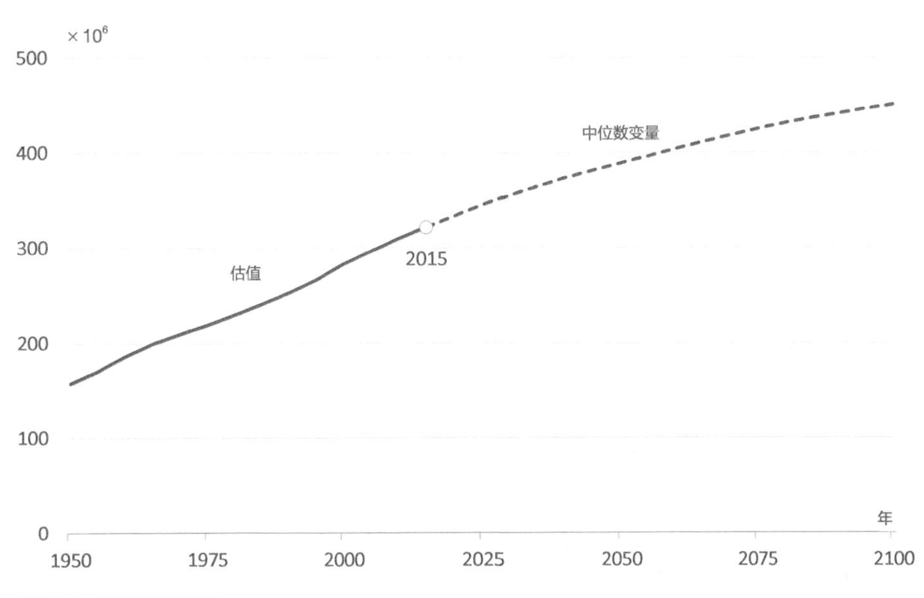

图 6.4　无聊的折线图

资料来源：United Nations Population Division

这种分析，对吗？这里没有很新和有趣的结论。著名的人口比率研究（例如抚养率）比绝对值更有用，定义如下：

- 青年抚养率。青年人口（0 ～ 14 岁）与成年人口（15 ～ 64 岁）的比率。
- 老年抚养率。老年人口（65 岁以上）与成年人口（15 ～ 64 岁）的比率。
- 总抚养率。青年和老年抚养率的简单算术和。

分析抚养率很重要，因为它告诉了我们成年人口（工作人口）在社会保障、健康或公共教育方面的负担。

如果把抚养率用图画出来，图 6.4 就变得非常有趣了（图 6.5）。看到总抚养率的左侧峰值了吗？它与青年抚养率的形状是非常相似的。如果你猜测这个峰值代表的是婴儿潮时期出生的一代人，就猜对了。如果你猜测在 65 年之后的老年抚养率中会再次出现这个峰值，就又猜对了。

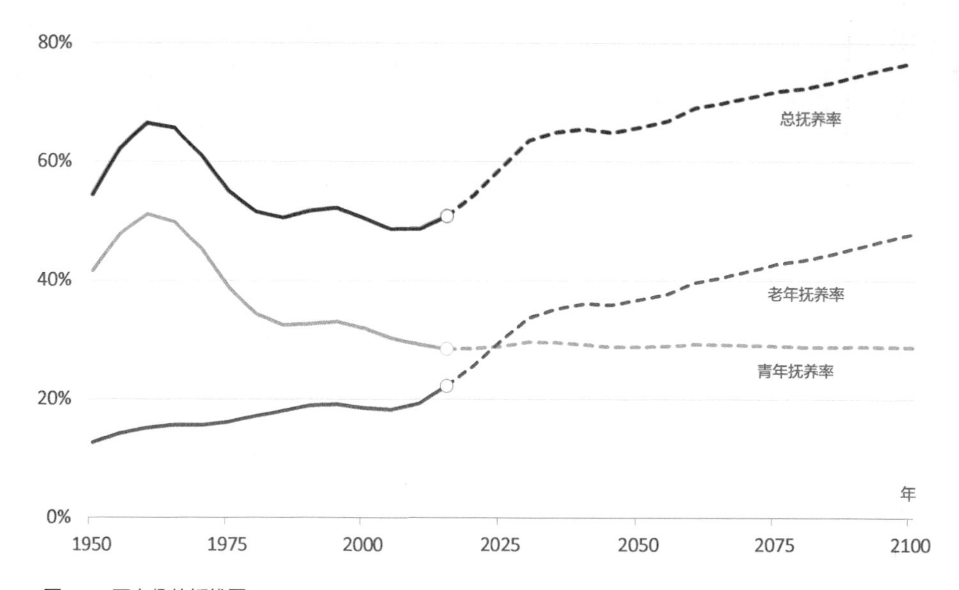

图 6.5 更有趣的折线图

资料来源：United Nations Population Division

现在你可能还没有注意到，平坦的青年抚养率是非常有趣的。它实际上是得出人口预测模型的关键。

为了使青年抚养率更显著，让我们来稍微改变一下，画出青年抚养率与老年抚养率的对比图，同时画出低变量（较低的人口出生率）和高变量（较高的人口出生率），而不是仅使用单一变量。

图 6.6 清晰地展示了在婴儿潮过后，美国人口开始老龄化。刚开始，青年人口相对成年人口的比率不断缩小，而老年人口则保持相对稳定。然后，突然之间婴儿潮期间出生的一代人开始进入退休年龄，趋势开始向上并稍向左弯曲，表示现在人口老龄化主要是因为老年人口变多，同时也因为年轻人的比率在

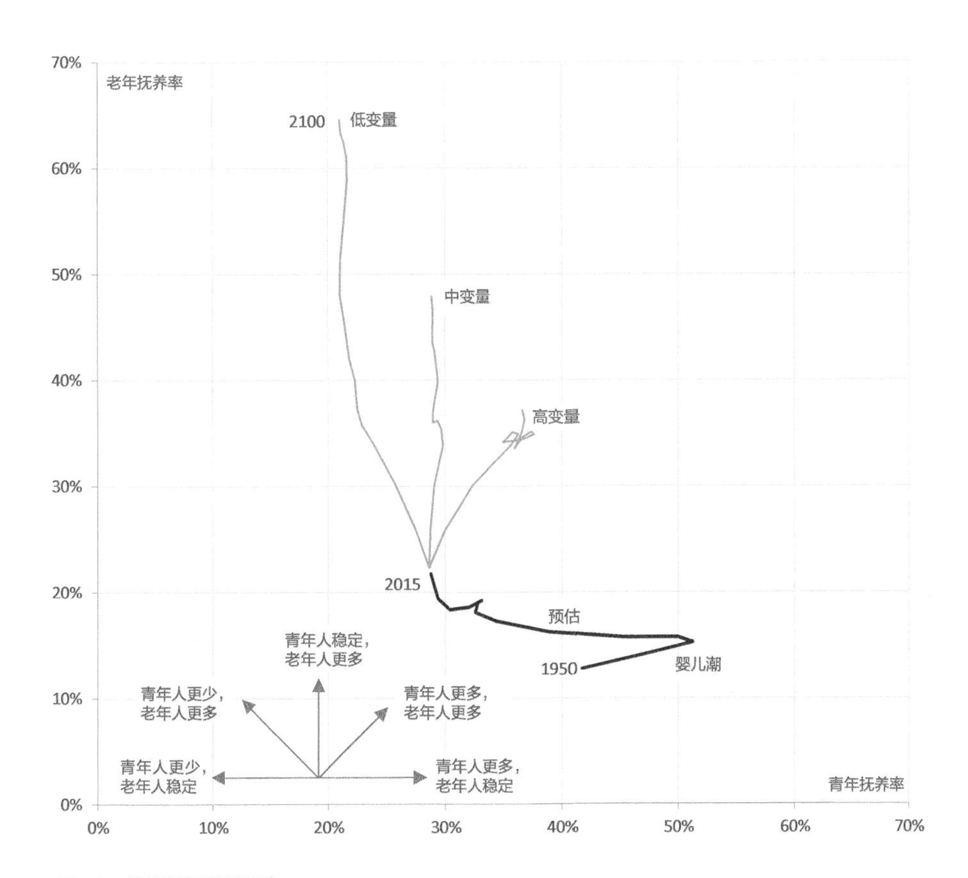

图 6.6　使投影模型更明确

资料来源：United Nations Population Division

降低。

在几年时间之内，可能会发现这种抚养率在高变量和低变量之间出现。低变量告诉我们，青年人口比率不断减少，而老年人口比率猛涨。如果人口出生率保持在现有水平上，青年抚养率也会保持稳定。

按照中位数变量，老年抚养率会继续攀升，但速率较慢。高变量显示出，如果美国人重新发现当父母的乐趣（这几乎是不可能的），老年抚养率仍然会上升，但速率要低很多。而青年抚养率的趋势将会发生反转，直到这两个比率都稳定在 35% 左右。

图 6.4、图 6.5 和图 6.6 是很重要的。尽管图 6.4 看起来过于明显和枯燥，但它引起了后续讨论（与一些欧洲国家不同，美国人口仍然在增加）。当我们需要进一步研究时，可以遵循以数据为中心的方法，例如计算比率（图 6.5），也可以遵循以可视化为中心的方法，例如使用其他图表类型（图 6.6）。这两种方法都是值得探索的。

设置优先级

本章末的案例将以不同寻常的观点讨论出生人口的主题。观点会指导我们的研究，在提取和分析数据的时候定义优先级，并在数据中强调某些方面而降低其他方面的价值。在对优先级和相关性进行最后的评估之前，应该允许观点随着我们获取到的知识而变化。

根据主题来对图表进行分组，依次展示信息，并将它们放在同一页或同一张幻灯片上，可以帮助我们找到解析信息的思路（即使这些图表以后还会被分开）。

创建多张单独的图表就像是在纸上草草记下零散的思考点。在某些点上，你会开始重复一些想法并遗忘另一些想法。按照一定顺序将这些图表关联起来，并利用它们的标题来形成衔接句，将会帮助我们聚焦在优先级上。要避免创建试图回答太多问题的图表。注意，创建有趣的图表，就不会隐藏有意义的内容。

你知道在图表中不应该使用 3D 效果，但并不意味着图表就必须是完全扁平的。图表中的所有对象并不都同等重要，其设计应该反映出这一点。我们在创建图表的时候如何做到爱德华 · 塔夫特说的“要避免平原”④呢？对于这个问题，我们已经有一个答案：例如，在数据相关性上应用编辑判断，确保设计过程遵从前注意过程中的显著性。

---

④ Tufte, Edward. *Envisioning Information.* Cheshire, CT: Graphics Press, 1990.

本书中的多张图表都可以作为例子。例如图 6.2，我们很容易就可以检测出“基本”水平（瑞典）、“其他”水平（其他北欧国家）、“所有”水平（所有其他国家或组织）。我们可以将这种方法应用在国家、产品或分类上：

- **基本水平**。我最感兴趣的对象，需要我持续的关注。
- **其他水平**。主要竞争对手，作为参考或补充分类。
- **所有水平**。如果不会增加太多的成本（例如迫使你放大图表），可以考虑保留其他的系列。这些系列应该保持静默，作为背景在读者看到它们的时候不会引起关注。

汇报结果

一路走来，我们已经学到了很多关于图表的知识。现在是时候为读者精心呈现一份真实的、有价值、有趣的信息了。

从传统的分类方法看，某些类型的图表主要是面向交流的（例如饼图）；而另一些类型的图表则更适合数据分析和探索（例如散点图）。你需要简化并移除细节以使底层结构更加直观，但将某种特定类型的图表与交流或者探索相联系并没有什么实际用途，除非你积极地寻求降低信息的难度。

说明

我们需要对图表进行说明：重点是什么，它们之间是如何相互联系的？细节是什么？哪些细节属于背景，哪些细节应该被强调？

人文视角

说明要充分考虑人文视角。例如，在 2008 年金融危机之后，我们开始看淡大额的金钱，而根本感觉不到这些值意味着什么。美国 18 万亿美元的公共债务是什么含义？它意味着不管什么年龄，每个公民平均 56 000 美元。美国 2014 年中等收入家庭的实际年度收入与这个值非常接近，大约为 54 000 美元。这些公共债务中有多少是我的家庭支付的呢？

有很多种方法可以在统计中加入人文视角，可以将一些抽象概念与人们熟悉的具体情况相比较。数据并不一定要因为其巨大就一定抽象：Gapminder 基金会的“美元街项目”显示了收入水平是如何被转换为人们所居住的房屋的（图 6.7）。熟悉度会影响情绪，而情绪又会激起兴趣。

图 6.7　美元街项目

设计

在探索阶段，你可以创建几十张甚至几百张图表，其中很多可能会马上删除，因为它们没有任何意义、不切题或是多余的。保留下来的，都是对进一步研究有用的。你将会增加、删除或分割系列，重新考虑度量值。这些工作都是为自己服务的，因此不需要太关心它们的格式。

随后，我们就有了真正在交流中使用的图表。因为所有内容对你来说都是熟悉、显而易见的，所以很容易犯忽视读者需求的错误。这是危险的时刻。如果想抓住读者的注意力，就要付出巨大的努力。你可以尝试以下方法。

- **为读者提供想要的数据**。数据是关于“我”（读者）或关于我非常感兴趣的事情的：我的产品，我的国家，我所选的股票。
- **提供显而易见的结论**。数据中有特别引人注目的内容，不需要读者付出努力就能理解。
- **运用理性和情感的力量**。使用情感的诱饵来抓住读者的注意力，但图形保持非常干净和理性。
- **原因是唯一的**。人们会很自然地注意到这一点。你可以通过制作有效的图表来奖励他们。
- **小丑的鼻子**。可能你并没有太多要说的，但鲜艳的颜色和运动的部分将会吸引读者。

案例分析：月度出生人口

在大多数发达国家，较高的老龄人口比率和较低的出生率，造成了通常定义的人口定时炸弹。在某些情况下，已经导致社会保障和公共健康成本的增加。

为了研究这一问题，我们选取冰山一角：月度出生人口的比例是如何随时间变化的。

在西方社会，从 20 世纪 60 年代以来出生人口显著下降。口服避孕药的广泛应用使得夫妻具有更灵活的家庭规划能力，可以自由选择生孩子的时间。同时在很多层面上（包括男女平权运动和劳动力市场的因素），妇女的角色也发生了变化。

除了出生率下降之外，这种家庭规划能力是否也体现在一年中生育的月度分布中，从“自然”分布变为有计划的分布呢？这成为我们的初始问题，这个问题很容易引出其他问题，例如是否存在地区性差异，或者某些模式是否会随着时间的推移以同样的方式演变。

定义问题

我们首先来定义这个问题的时间范围。这是长期的趋势，需要搜集多年的数据才能发现规律。如果要选择一个年份以代表西方社会的性行为观念发生变化，那 1967 年是一个完美的起点。它是“爱之夏”活动的年份，而就在几个月之前的 4 月 7 日，口服避孕药登上了《时代》杂志的封面。

每个国家的统计工作情况都不同，所以对从所有国家获取最近若干年的数据，我们不应该过分乐观。2012 年似乎是这个时间序列中合理的结束点。即使我们找到了有意义的趋势，也不是在所有国家中都同步的。45 年的月度数据为发现规律提供了足够的空间。

数据应该包含所有国家吗？还是应该利用最小月度出生数来降低随机变化的风险？我的建议是先等一等，因为我们还不是真正了解数据，因此不应该假设在小国家中变化更大，可能可以使用一种简单的平滑处理技术，例如三年的移动平均数来使其最小化。

搜集数据

如何高效地搜集我们需要的数据？访问每个国家统计部门的网站看上去并不是最佳策略。数据的本质使我们相信，一定存在国际性机构整合数据，因此找到他们应该是我们工作的起点。

在快速搜索之后，我们确实找到了两个可能的机构：联合国和欧盟统计局。看起来应该选择联合国，因为它发布所有国家的数据，而不是像欧盟统计局仅有欧洲国家的数据。

随机选取一些联合国和欧盟统计局的新生儿活产数进行比较显示，它们的值是一样的，但欧盟统计局的时间序列要稍长一点（开始得更早且有更多最近的数据）。这不足以让我们将范围限定在欧洲，因为比较更多的情况，会得出更有趣的结论。

评估数据可用性

联合国和欧盟统计局的数据值相同，但缺失值情况如何呢？存在缺失值吗？现在我们需要对数据进行可视化，以衡量数据的质量。我们想要知道每个国家每年有多少个月有数据，如果缺失，缺失哪几个月。如果在任何国家的任何一年中少于 12 个值，那么就存在缺失值。我们能够接受在某些年中缺少一两个月的值，但作为起始点，我们不能接受超过 6 个缺失值。

图 6.8 显示了将两个数据来源结合起来的结果。这是一张数据透视表。蓝色代表完整的一年，橙色表示包含 1 ～ 5 个缺失值，灰色表示包含 6 个以上的缺失值。其他情况并没有数据记录。每一行代表一个国家，每一列表示一年。国家按照能够获得的月份数排序。

图 6.8 太大了，以至于无法显示行和列的标题，但不需要它们，我们也能看出来大多数国家的数据是不够的，即使是在以一致和可持续的方法来搜集数据的国家中也能找到缺口。将时间设置在 1967 ～ 2012 年是不现实的。从 1973 年开始，在联合国的建议下，这些数据的搜集才系统化。

图 6.8 元分析的可视化：评估数据可用性

评估数据质量

如果数据质量低于预期，我们该怎么做呢？以下是针对这份数据我遇到的问题及处理方法。

- **欧盟统计局和欧洲各国统计局的数据不一致**。例如，在欧盟统计局的数据中，2003 年意大利有 12 789 人的出生月份未知。意大利统计局通过电子邮件确认了这一点，但在他们自己的网站上却包含出生月份。我使用了来自意大利统计局的数据。
- **缺少月份**。大多数时候，我使用线性插值法来填充缺失的数据[⑤]。我并不是在所有情况下都使用相同的原理，而是尽量在每一种情况下使用干扰性最小的解决方案。
- **在美国的数据中缺少年份**。我在美国疾病控制中心网站上找到了 PDF 文件格式的临时数据。使用 Tabula 软件进行转换，效果相当好。
- **新西兰数据的错误报告**。截至 1990 年，12 月份的数据是非常可疑的。我试图去改正，但从图表来判断，并没有成功。

这其中具体的处理细节我就不讲了，但这个例子比我预想的更复杂。在完成所有的数据清洗和过滤之后，只剩下 35 个国家。

调整数据

我们的目标是评估月度出生人数的比例是如何随时间变化的，因此并没有使用绝对值，而是使用了百分比。在默认情况下，每个月占总出生人口的比例应该是 8.33%，因此需要将实际的比例与这个参考值相比较。问题在于有 4 个参考值，每个对应于一种可能的月份长度（28、29、30 和 31 天），这使得分析相当混乱。我们可以通过定义标准的月份长度并对数据做出相应的调整进行简化。我确实也是这么做的。

---

⑤ 线性插值可以基于相邻值来估算缺失的值。

对数据进行探索

由于我们已经得到了很长的时间序列，因而很难克制想要画一张线图的冲动，毕竟这正是线图所擅长的。图 6.9 显示了瑞典每月出生人口比例的线图。很显然这是一个循环模式，其中有一些变化，因为 20 世纪 60 年代和最近 10 年的循环模式是不同的。我想我们需要继续深挖。

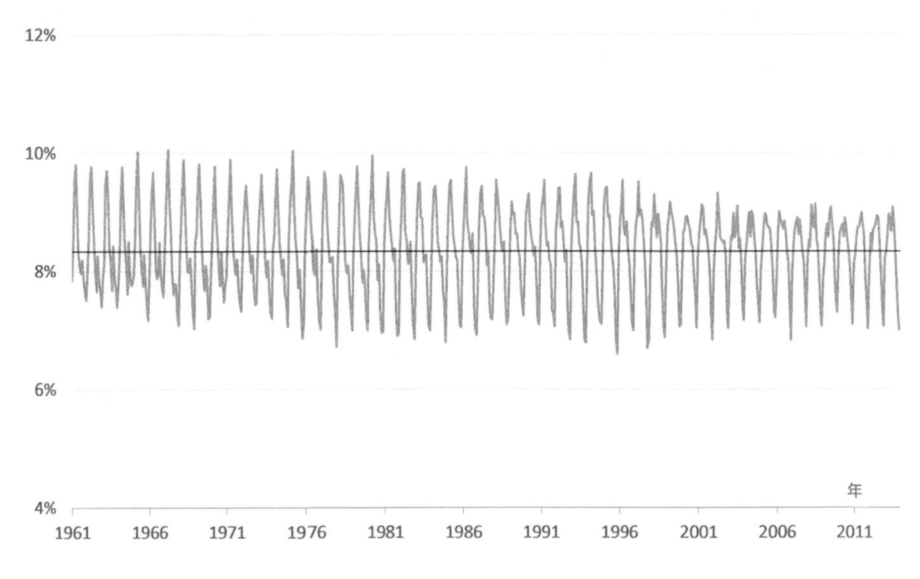

图 6.9　瑞典每月出生的循环模式

让我们再来尝试一下其他类型的图表。在图 6.10 中，每条线表示一个年份。现在可以很清楚地看到，温暖的春天出生的人数比寒冷的冬天要多很多。同样很明显的一点是，不同年份中每个月的比重是变化的。不幸的是，我们无法说明这是一种随机变化还是趋势。年份太多了，以至于通过颜色区分是徒劳的。

这些都是能够帮助我们更好地理解数据的有益方法，但这并不是我们想要寻找的，因为我们并不关心这个问题。我们应用了一种想当然的解决方案，认为应该使用线图来展示时间序列。这并不是完全错误的，但我们总是将一个月份与其相邻的月份进行比较，而真正的目标却是检查每个月出生人口的比例是否会随时间而变化，这样的变化是否有意义。我们已经知道会的，但这种方法并没有告诉我们为什么。

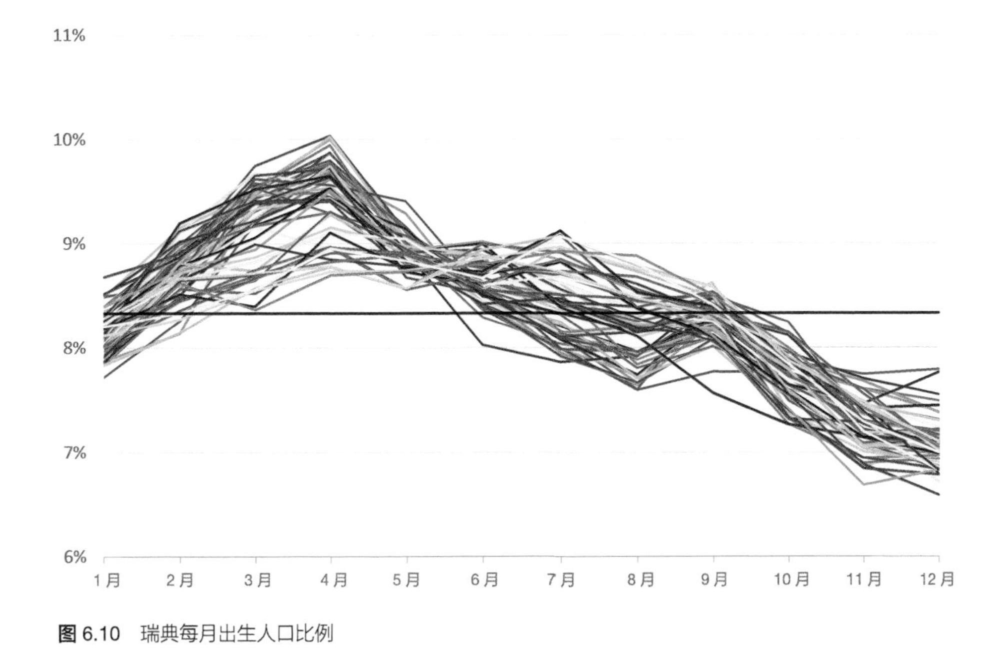

图 6.10 瑞典每月出生人口比例

接受季节性

图 6.9 确实显示出了循环模式。月度数据的循环模式通常意味着数据随着季节而上下波动。我们真正需要做的并不是对 1 月和 2 月进行比较，而是比较所有年份中的 1 月。这是最初的问题所发现的，季节性变化又为这样做增加了一个原因。

图 6.11 中显示了图 6.12 中的一个片段——瑞典的情况。我借鉴了水平图的思想，折叠了 y 轴，将负值也显示出来，用红色表示。

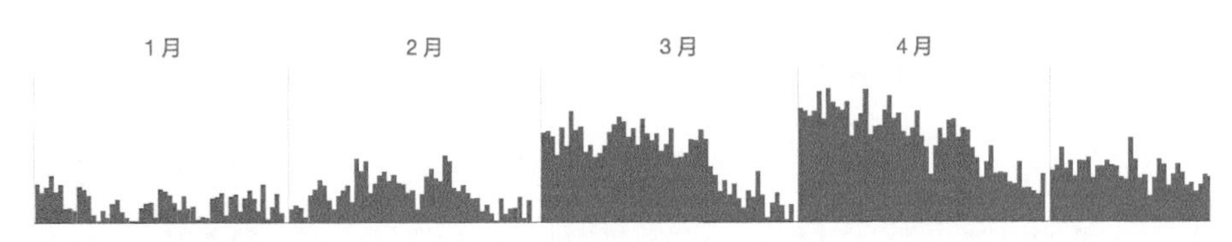

图 6.11 瑞典的下降模式

可以看到，大多数的 1 月都是由红色长条组成的，意味着这个月的出生人口比例要比参考线（8.33%）略低。2 月更多的是蓝色，长条也要更高，表示在大多数的年份中，2 月的出生人口数比参考值要高。

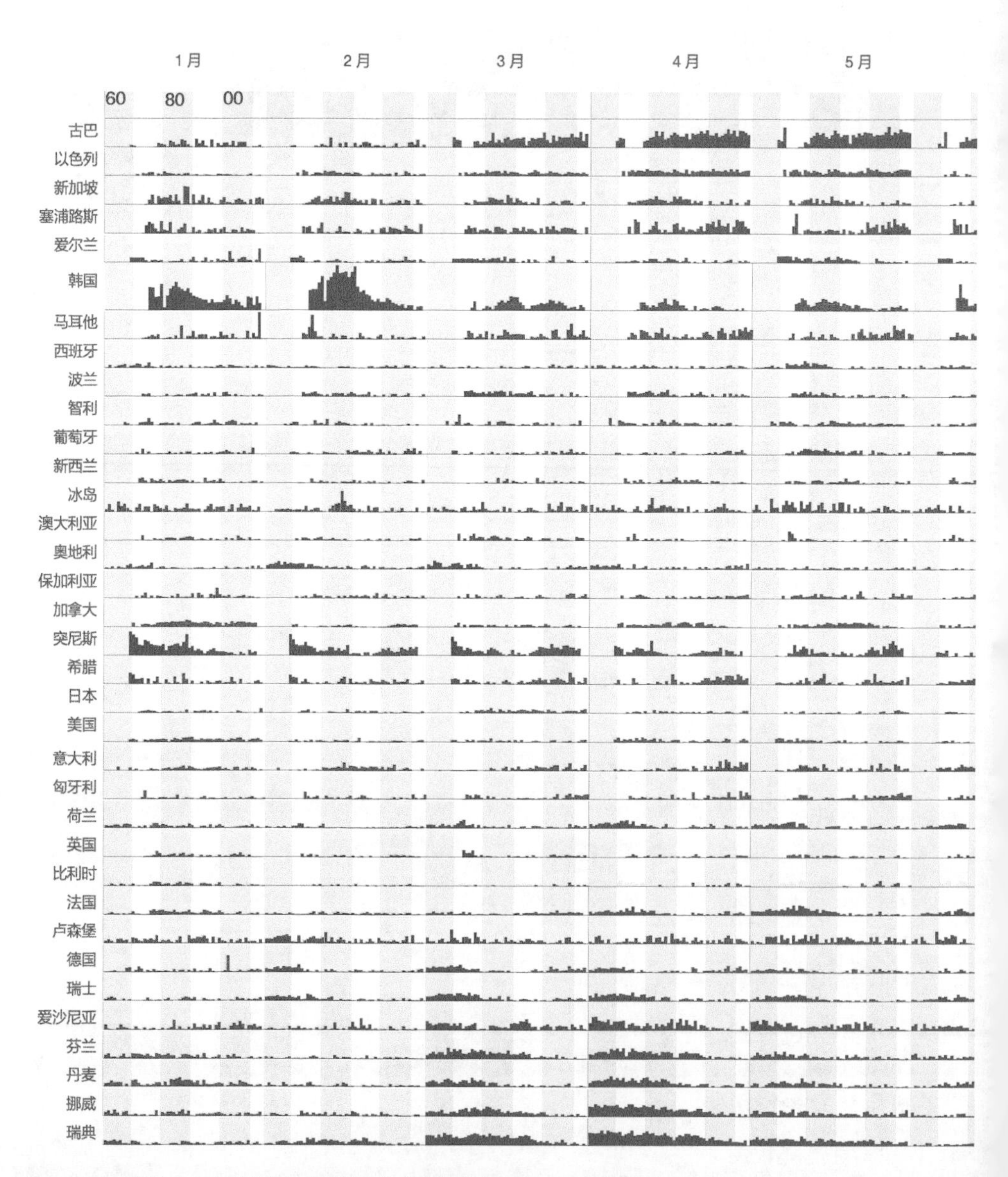

图 6.12 全景图：35 个国家中每个月的出生人数比率（1961—2014 年）

3 月的表现更为强劲，但现在我们可以看到一些非常有意思的事情：在某些点上，3 月的比重呈下降趋势。4 月下降趋势更明显。这是一个独立事件吗？也许我们需要查看图 6.12。我保留了所选国家的所有可能获得的数据。时间跨度是从 1961 年到 2014 年，尽管我们并没有在这个范围内所有国家的数据。

我把继续研究图 6.12 的任务留给你，我想它值得你花几分钟的时间来关注。以下是你重点需要关注的问题。

- **季节性是真实存在的**。春季和夏季出生的人数比秋季和冬季要多，尽管地中海国家的季节始末都比较晚。
- **地理问题**。相邻的国家显示出类似的现象：北欧国家；地中海国家；德国、瑞士和奥地利；法国、荷兰和比利时。
- **事情是不断变化的**。10 月和 1 月之间的出生人口明显减少。但是，北欧国家在夏天的月份中出生的宝宝更多。在其他国家中，9 月成为最受欢迎的生孩子时间。

这是回答我们最开始提出的问题的正确图表格式。它的总体设计表明它已经理解了问题，并提供了准确和详细的答案。我们是否需要更多细节之后再决定，但大量的详细信息让你进入数据探索模式。你可能想在其中停留一会儿，努力理解那些吸引你注意力的事情。

图表也强化了对数据质量的怀疑：有一些难以证实的异常值，还有一些难以理解的数据。我也无法确定为什么韩国在 1 月和 2 月的出生人数如此之多。我不得不放大图表并改变比例（不过它还是可以与其他图表进行比较的）。

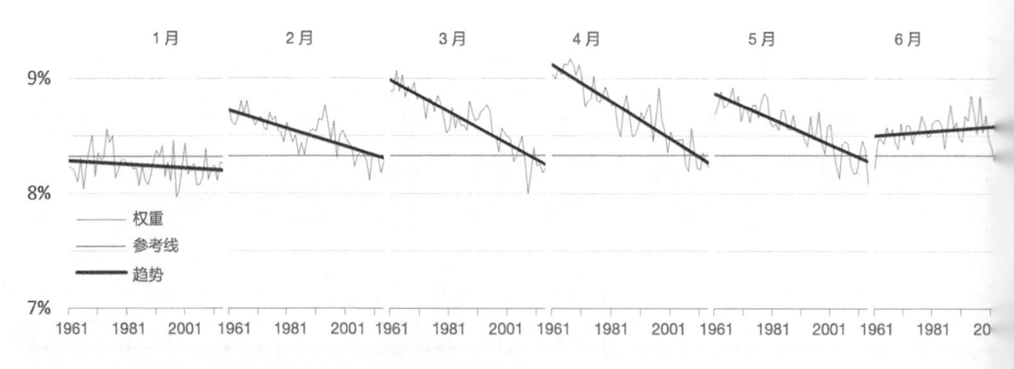

图 6.13 回答问题：欧盟的月度出生人口比例是如何变化的？

交流发现

我们很难找到与图 6.12 相同类型的图表来合并所有数据。图 6.12 展示的内容非常丰富，我希望你能进一步研究。

但是，如果我准备分享它，则可能需要做出一些改变。更重要的是，我们的问题还没有得到回答：全球的出生人口比例是在变化吗？如果是，往哪个方向变化？在观察之后，我们可以有把握地说它们确实是变化的。但在一个国家中的变化会增强或削弱其他国家的变化吗？

图 6.13 在更高层级上总结了数据，回答了我们的问题中关于欧洲的部分。设计使得它阅读起来很简单，度量值就是新生儿比例，而不是更复杂的值，例如相对参考值的变化。

参考线使得哪些月份在其之上或之下看得非常清楚，在参考线和趋势线之间存在非常有趣的对话。现在我们可以回答那个问题了：可以确定，不同于夏季月份，春季月份的出生率呈现下降趋势，而冬季月份则保持在相同的水平。我们可以使用同样的方法继续钻研，比较我们发现的概况，例如将北欧国家与地中海国家相比较。

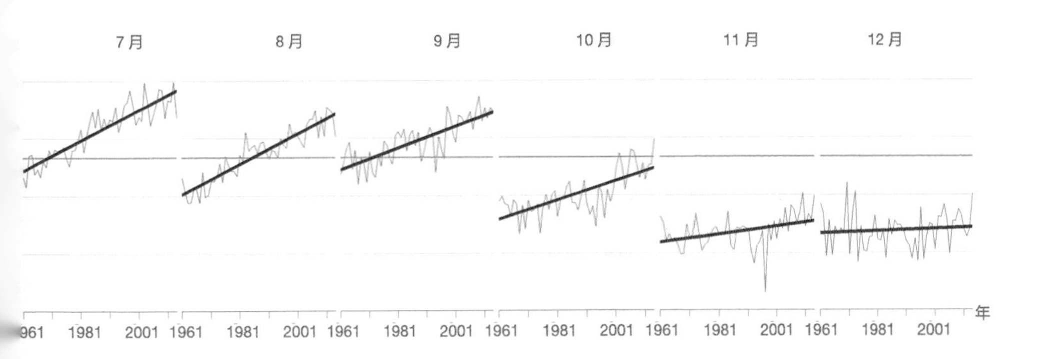

本章小结

- 将数据可视化过程结构化将会使其更高效，进而获得更高的回报。但是，这并不意味着应该一直遵循预先定义的路径。
- 数据本身将会迫使你进一步分析，从不同的角度看待已知的数据能够揭示未知的洞察力。
- 视觉信息搜寻原则以及焦点加背景的方法可以帮助我们找到处理数据的起始点以及总体方法。
- 将尝试解决的问题转化为几个问题。
- 最好的问题与顺序、组成、分布、趋势、关系、概况、异常相关。
- 问题必须非常具体和清楚。找找关于如何在一本市场调查手册上提出问题的技巧。
- 提出使读者能够理解大的背景的问题，然后使用其他问题来增加细节。
- 获得回答这些问题的数据，并准备好再利用你的好奇心提出更多的问题。
- 在选择数据源的时候，要确保数据能够满足你的多个需求。（你能相信这些数据吗？概念和方法与你的项目相匹配吗？）
- 确保图表回答了真正的问题，而不是表面上看起来类似的问题。
- 简单即清晰。你需要尽可能做到像读者所期望的那样简化。

第 7 章

如何选择图表

我们已经认识了视觉影院中的众多演员，现在是时候对它们进行更为正式的介绍了。

在第 1 章中，我们将“图表类型”定义为应用到“原型图表”中的数据点上的一系列标准化转换。在使用数据点的方式上，我们具有绝对自由。线段将多个数据点连接起来而形成折线图，矩形将数据点和坐标轴连接起来形成柱形图。不管这些变化的结果如何，在观察和解释之间总是存在一定的差异。读者不一定能随时（或者有兴趣）解码一种新的图表类型，因此他们会更喜欢自己熟悉的类型。

两幅图表的有效性可能存在巨大差异。图表的有效性是相对的，由其是否适合特定的条件决定，这些条件包括任务、信息、读者的特征、媒介和环境等。

即使我们将 Excel 图表库中的每一种图表都视作独一无二的图表类型（当然不应该这样），它们也仅仅是现如今可用的无数图表类型中的冰山一角[①]。

① Robert L. Harris's *Information Graphics: A Comprehensive Illustrated Reference*, New York: Oxford University Press, 2000.

如果被迫要从大量可能的图表类型中做出选择，而又没有关于如何分组或筛选的任何线索，就会导致工作停滞。巴里·施瓦茨（Barry Schwartz）在《选择的悖论》一书中阐明了这一点。

避免选择的最佳方法是清楚地理解任务，明确如何通过数据可视化来实现目标。如果你的目标不明确，可以求助软件工具，但软件永远不可能理解你具体的项目需求。

我们需要对图表进行分类。将这作为起点就可以了，因为即使再精妙的设计也可能使图表从一个分类变成另一个分类。例如，当在折线图中加上变化带之后，可能就意味着你更关注的是异常值而不是变化趋势，从而将折线图变成了另一类图表。在图表和任务之间并没有清楚明确的关系，更普遍的情况是，一种特定类型的图表与任何独立的任务之间没有直接关系。

我们再来看一下 Excel 的图表库（图 7.1）。每一个分类又划分为若干子类，遗憾的是，选择的多样性更多地是一种错觉。实际上，这里可以选用的图表类型比你刚开始想到的要少得多。你可能会发现找不到之前 Excel 版本中的锥形图和金字塔图了。并不是微软感觉它们不理想而删除掉了，而是将它们降级到了柱形图分类中。如果你仔细观察，会发现对于其他几种图表的子类型，微软也做了类似的处理。

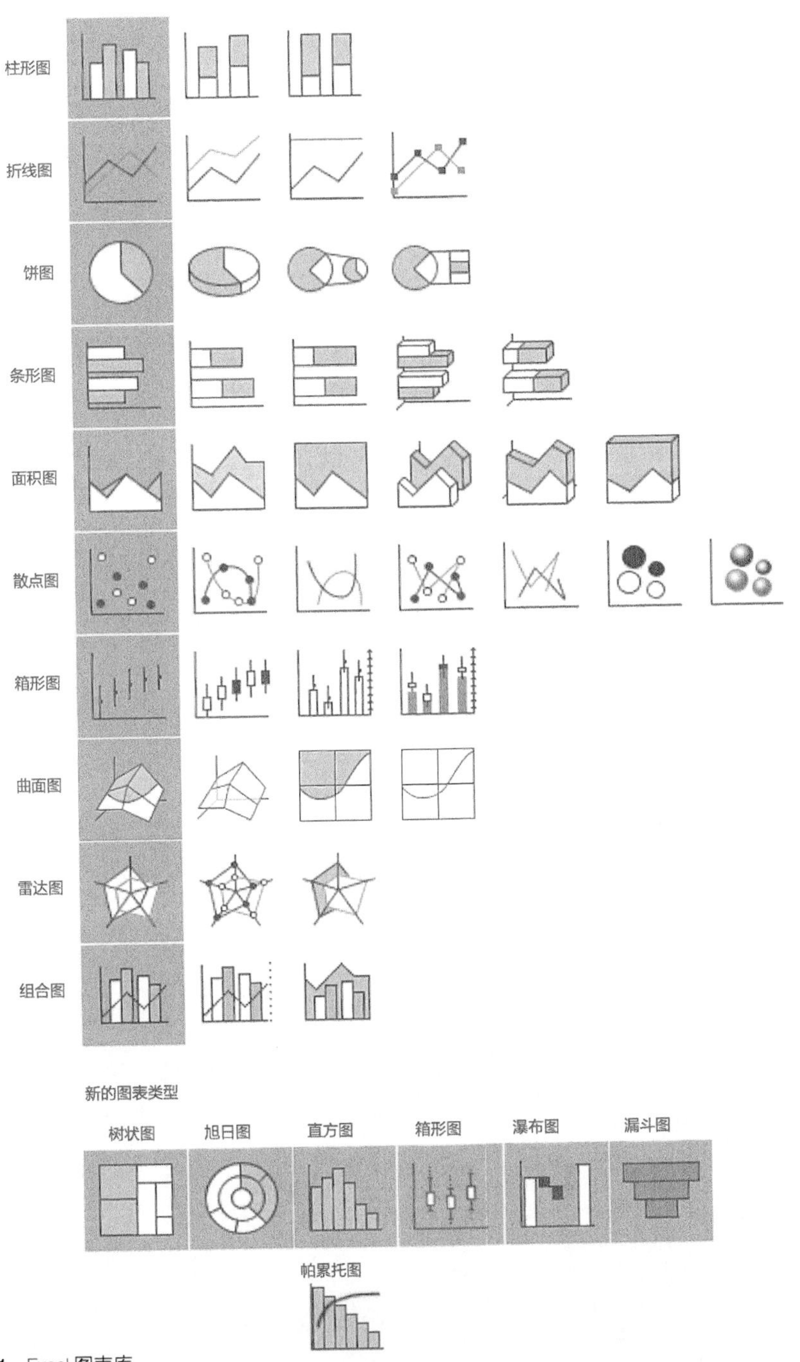

图 7.1　Excel 图表库

在一本面向电子表格用户的书中，这样基于视觉特征来进行分类还是很有吸引力的。不可否认的是，这是一种客观的分类，就好像按照人类眼睛的颜色来对人进行分类一样。但问题是，这样的分类有多大作用呢？你能够从人眼的颜色来推断出他的计算机水平吗？你能仅仅根据图表的视觉特征来判断它对于某项任务是否合适吗？

在进一步深入实践之后，你很快就会发现需要创建Excel所称的“组合图”，其中可能包含长条、区域以及线条。如果大多数图表都是组合图，那么最初的分类有什么意义呢？

不管其标准看上去多么客观，任何分类方式都会从某一点开始被打破。如果使用更为主观的标准，例如任务类型，我们首先就必须接受每种主要的图表类型都可能属于不止一个分类的观点。例如，一个连线的散点图既可以被归为散点图（显示关系），也可以被归为折线图（显示随着时间的变化模式）。

尽管图表的分类并不像星座那样随心所欲，但也不是中性的。它们用自己的方式引起我们的思考。像 Excel 中这样的分类方式，更强调视觉特征，将我们引向更为关注数据可视化装饰性的方向。当我们基于任务对图表进行分类时，更容易忘记那些没用的视觉效果，而把精力集中于图表的有效性。

尽管图表有效性和任务类型之间的联系很清晰，但你也不能忘记，其他标准也会影响选择。在本章中，我们将集中关注两个标准：读者的背景以及分布形式。

基于任务的图表分类

我想，我们短时间内不会用“比例图”替代“饼图”，或者用“关系图”替代“散点图”，但在基于形式的名称和基于功能的名称之间寻求更好的平衡是一个不可否认的进步。我们可以从确保任务类型和图表类型保持在同一个语境开始，前者决定了后者。

图 7.2 提出了一种以任务为中心的图表分类方式。对任务进行分类的关键是考虑任务在某种程度上使某个问题变得可操作。因此我们继续重用第 6 章讨论过的分类是有意义的，即顺序、组成、分布、趋势、关系、概况和异常。这些分类可以进一步分组为两个主分类——数据点比较任务和数据简化任务，以及一个次要分类——进行补充说明的任务。

图 7.2 的第一行显示的是每个分类中最常用的图表。从第二行开始，图表按照它们能够回答问题的类型来分类。如前所述，一个图表可能会出现在多个分类中。

人们经常会探索并提出新的图表类型。我自己在创建“竹图”（图 3.8）的时候也是这样做的。将大多数图表类型按照分类列出来，以使这个列表非常详尽是不可能的，因此在这些分类中所包含的图表只是作为相应概念的代表性例子。图 7.2 所给出的例子有一个限制，也就是只能在 Excel 中创建这种图表。Excel 无法创建或创建成本过高的图表没有包含在内。后面的章节都是按照这组图表类型来组织的。

最后一个分类是进行补充说明的图表。查看下面的红点，它们表示在 3 月我吃了巧克力的那些天。

在这个例子中，我们看到开 / 关的状态，如果我不应该吃巧克力，开的状态就可以被看作异常。我们应该将这个可视化图称为“异常值检测图”。就其本身来说，它并不能归入到数据点比较或数据简化任务的主分类中。同时，我们可以将异常值检测看作一种由底层数据驱动的特殊注释。当在图表中加入这些数据驱动的注释时，它们的形状可以是点、变化带或背景带（例如使用灰色带来表示衰退时期）。

我们将这些数据驱动的注释称为次要分类，横穿其他分类，但同时也使用它们自己的图形组件。

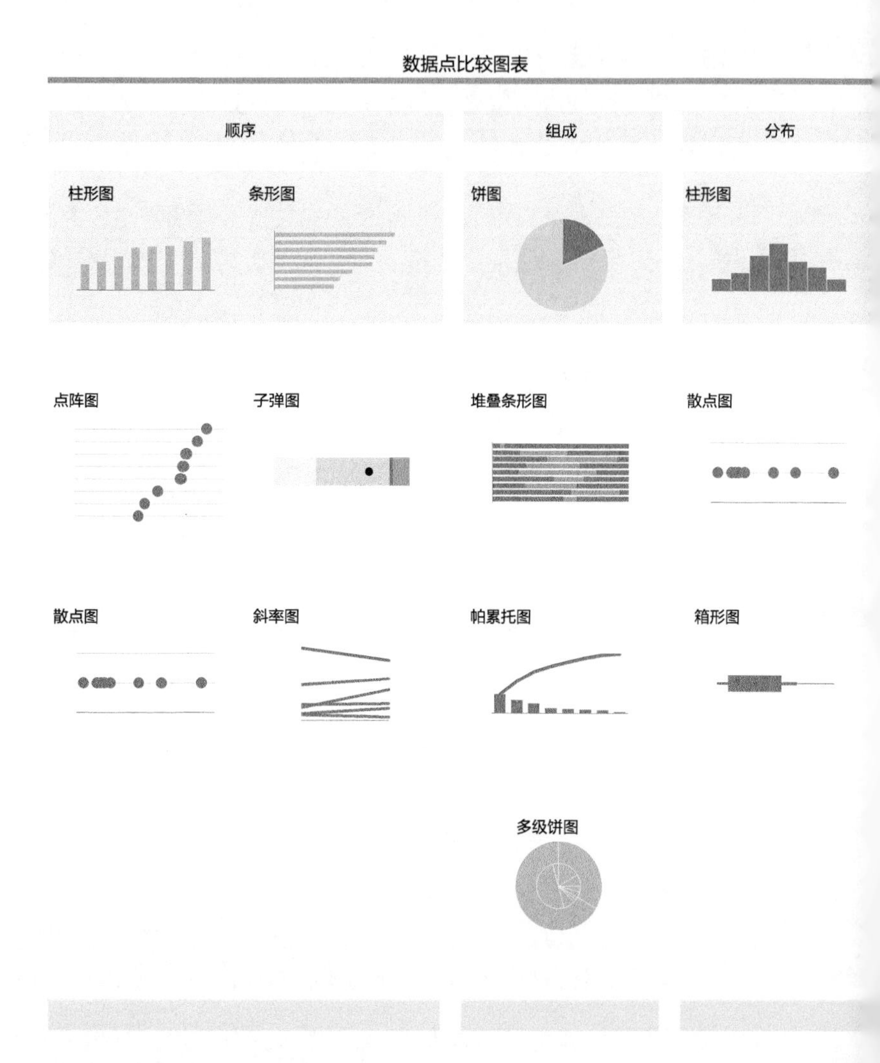

图 7.2　基于任务的图表类型分类

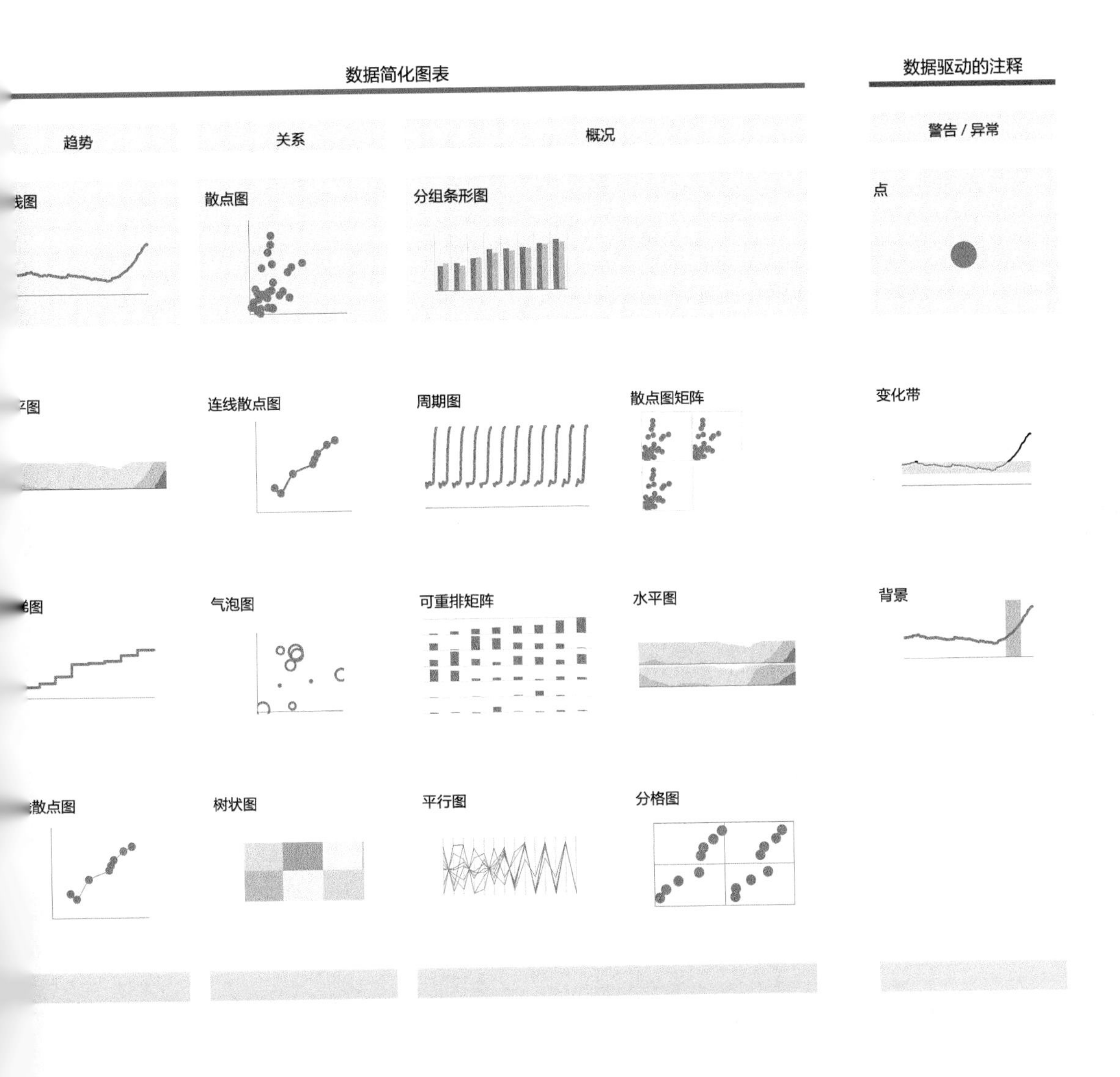
数据简化图表
数据驱动的注释
趋势
关系
概况
警告 / 异常
线图
散点图
分组条形图
点
图
连线散点图
周期图
散点图矩阵
变化带
图
气泡图
可重排矩阵
水平图
背景
散点图
树状图
平行图
分格图

读者背景

有一次我有一个不太好的想法，要分享一个包含色彩丰富的气泡图的仪表盘草图。但在这个仪表盘中使用色彩并没有任何功能性上的理由，反而制造了严重的重叠问题。让某些读者极度失望的是，在最终版本中我移除了色彩的填充。这就好像因为对孩子的牙不好，而从他们手里拿走棒棒糖一样。

还有一次，某个人试图说服我 3D 饼图具有良好的精确度（我不是在和你开玩笑！）。这很容易被认为是一种无知，但我想，对一个熟悉数据可视化生产和消费的商业组织来说，这种解释过于简单。在这两个例子中，我们都必须将情绪、印象管理，甚至更强调美学而不是有效性的分类方式等因素考虑进去。

《纽约时报》的图形化大师团队从不惧怕尝试新的方法进行图形化交流。这与他们几年前因为害怕读者不能搞清楚其含义而避免使用散点图的做法是不一致的。我们可以接受的假设是：因为读者具有共同的知识基础，所以用于组织内部的图表可以传达更复杂的信息。但是，对媒体来说，信息不对称是一个难以应对的问题。传递信息时需要考虑更为复杂的背景，包括超出信息本身的一些因素，例如读图能力、消费环境、兴趣以及注意力等。

作为信息产品的创建者，客户需要你交付能够满足期望的产品。最简单也最可能获得成功的途径是正好满足他们，即使这意味着更差的可视化效果和更低的投资回报率也在所不惜。尝试超出客户预期就意味着你可能不得不为自己的想法而战，要艰难地解释为什么它们对客户更好，迫使客户改变思考方式。

图 7.3a 和图 7.3b 分别表示失业率和职位空缺率。即使你不是专家，也能感觉到这两个比率之间存在某种联系。当把它们像图 7.3c 那样画在一起时，就得到了贝弗里奇曲线[②]。通过阅读图 7.3c，将会比单独比较两幅线图推断出更多关于经济状况的内容。

---

② 这幅图是基于欧盟统计局发布的图重画的。如果想了解更多关于贝弗里奇曲线的内容，网上提供了基本的解释说明。

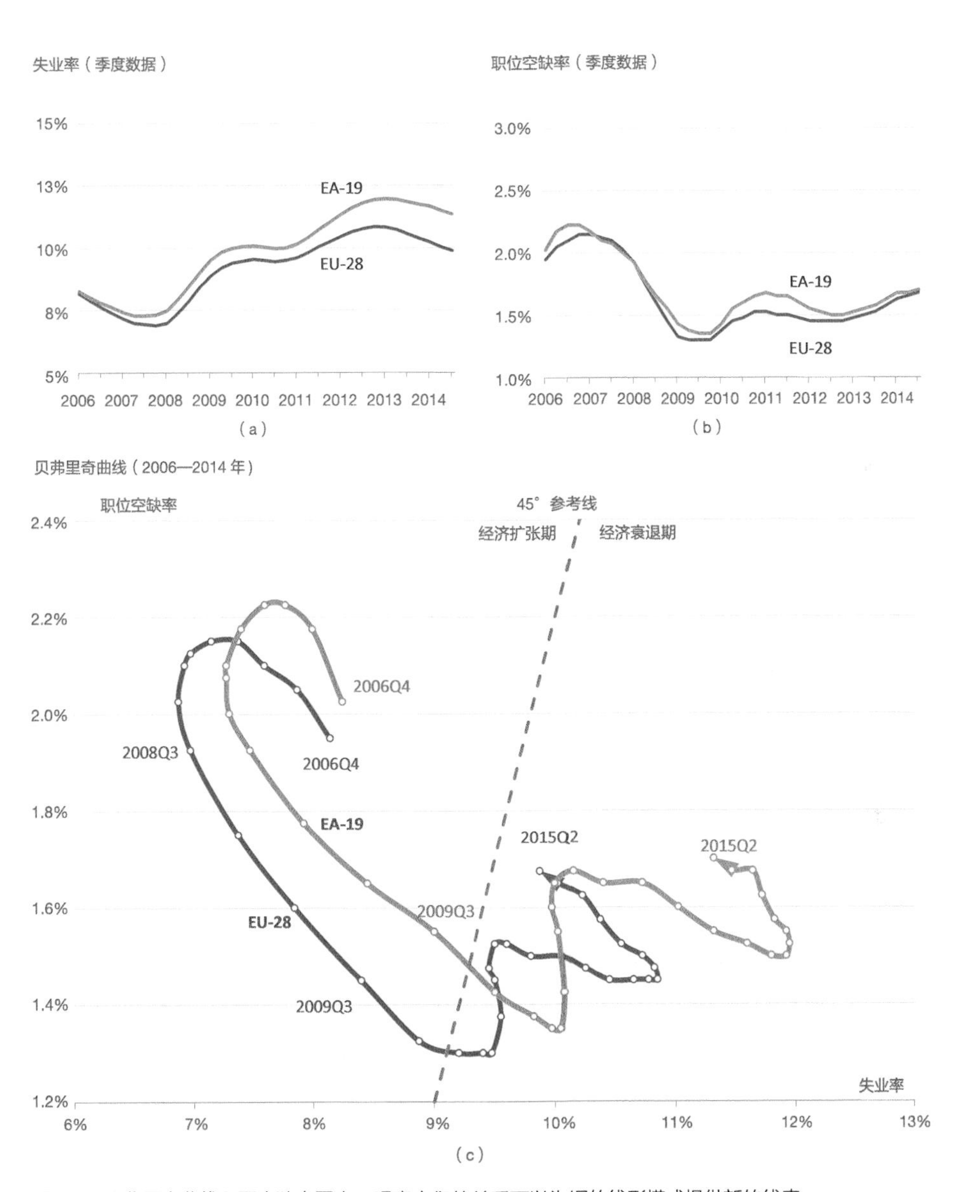

图 7.3　贝费里奇曲线和两个独立图表，观察它们的关系可以为旧的线形模式提供新的线索

资料来源：Eurostat

当你认为组织中的惯例需要改变并试图加以改进时，就必须谦虚地认识到，组织中的人员比你更了解这个组织及其所需的数据。因此改变需要两方面的努力，往往会从技术层面上升到管理层面。

例如，经理认为销售人员不能很好地理解仪表盘，这在短期内会产生一些摩擦，因此大家更熟悉的信息产品设计应该是更好的选择。而你则试图向管理层展示使用仪表盘的优势，并寻找尽可能消除摩擦的途径。你可能想通过大量的注释实现这一点，确保为他们提供所需的答案。

可视化的一个基本原则是图表并不是数据表。当对每个数据点进行标注时，所得到的是一张很差的图表和一张很糟糕的数据表。实际上只有一些数据点需要进行标注，例如最高点、最低点、第一个点、最近的点以及发生了什么事情的点。在很多情况下，这样做是正确的。因为大量的标注需要更多空间，这就需要放大图表。还有一些图表需要访问精确值。例如，销售刺激就是基于精确的度量值，而不是我们从对图表的印象中获得的答案。我们必须找到一种解决方案，既能得到可视化给数据分析带来的附加值，又能得到变成实际刺激的精确结果。

子弹图（图 7.4）是速度计的一个更好的替代品。它的优势是可以对它进行堆叠，使用很小的空间，这样既可以看到数据又可以从类似于表的结构中看到具体的值，满足了两方面的需求。

图 7.4 子弹图，可以将图表与值配对

共享可视化作品

显示在屏幕上的图表与读者之间的距离通常比我们认识到的还要大。在这条路上充满了各种障碍：技术壁垒、不一致性、信息的管理以及读者的背景。因此，在项目开始时就应该考虑到，读者看到可视化作品的屏幕可能与你的设备不同。

例如，我们来看一个交互式可视化的例子。它看上去是任何读者都有选择权，但是真的是这样吗？对一位高层经理来说，他可能并没有时间来探索数据，会将这个任务分配给中层经理，仅向他提供重要发现的静态综述即可。

中层经理认为交互会使销售团队分心，或使他们以不一致的方式来分析销售业绩数据，破坏共同的知识基础。因此，与其使用交互式可视化，不如使用标准的 PDF 报告，确保每个人都处在相同的频道上。在这个例子中，交互式可视化可能只对很少一部分人有意义。

屏幕与投影仪

如果我不得不选择一个东西来表示墨菲定律（“会出错的事总会出错”），那一定是投影仪。它会搞乱大小和方向的比例，使你精心选择的颜色组合变得苍白无力，甚至可能会邪恶地替换数据。我们永远也不可能为一个“喜怒无常”的投影仪做好全部准备，只能尽可能减小它带来的影响。

你的计算机屏幕可能与投影仪具有不同的长宽比。如果你不考虑这些区别而只是关注你的可视化作品，投影仪就会让你在演示时付出代价，例如裁剪掉图形或者使得字体太小以至于从远处看不清。一定要时不时地将屏幕的分辨率切换为投影仪的分辨率。可能还需要增加色调之间的距离并提高饱和度（图 7.5）。

不合适的色调

合适的色调

图 7.5　切换适当的调色板

不管怎么说，在进行演示之前一定要先在投影仪和屏幕上对你的可视化作品进行测试。

智能手机与垂直显示

据《纽约时报》的高级图形编辑汉娜·费尔菲尔德所说，报纸的网络流量一半以上来自智能手机，这迫使他们重新思考故事的编排结构。不同于可以同时显示供用户探索用的大量数据的打印版本或桌面屏幕，小屏幕意味着空间必须巧妙利用，这一切从删除不必要的特性开始。分层和按顺序排列意味着翻屏，就像一段接一段地阅读。转换必须平滑，连接必须明显。

在数据可视化中，垂直显示非常友好。并不是因为将要对条形图或折线图的典型长宽比进行切换，而是因为垂直显示的宽度足够显示差异（图 7.6），从而为文字或第二幅图表留出了屏幕的下半部分。对于水平显示，将会放大图表以适应屏幕。

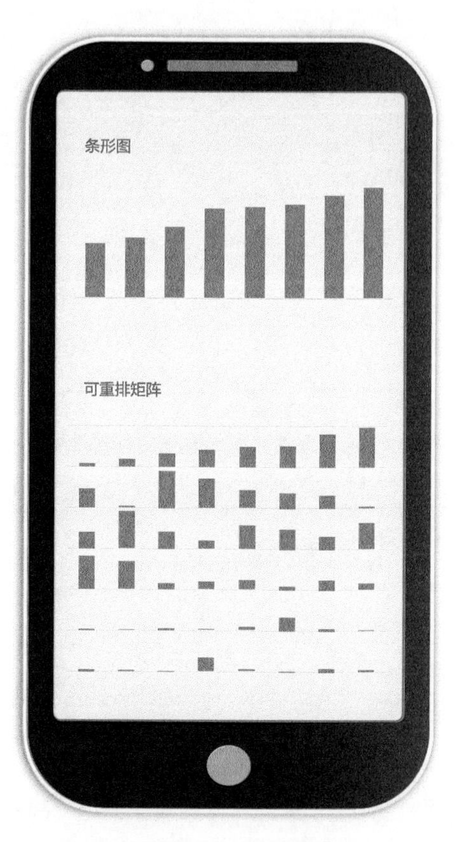

图 7.6　垂直屏幕允许显示多幅图表

PDF 文件

使用 PDF 文件来分享表和原始数据是没有意义的。如果你想要以你所设计的样式来分享静态可视化作品，PDF 文件就是一个很好的选择。PDF 文件可以创建很大的页面，读者可以自行放大和缩小，也可以采用智能手机上的方式，创建多个小的页面。

Excel 文件

在一个封闭并标准化的环境中，以 Excel 的形式分享可视化作品不仅可以增加交互性，用户还可以访问原始数据。如果将多个不同的 Office 版本、本地化问题或安全设置（指的是邮件附件或允许运行宏）等因素考虑进去，事情就会变得稍微复杂一些，但在 Excel 中分享是一个可以考虑的选项。

在线共享

对 Excel Online 和 Excel 2016 版本中的插入按钮进行比较就会看到（图 7.7），如果可视化作品中用到一些在 Excel Online 版本中没有的特性，可能需要做一些调整。

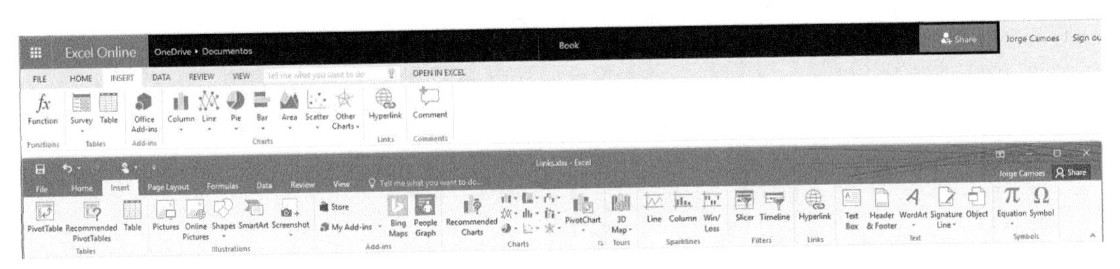

图 7.7　将 Excel 2016 与 Excel Online 进行对比

在线分享 Excel 中制作的全功能互动可视化作品，在很多领域可能都是最好的，但还是有点令人沮丧（如果你使用微软基础组件，包括 SQL Server 和 Sharepoint，价格很高）。有一些适用于 .NET 应用的电子表格控件，但它们并不是完全复制 Excel 的功能，因此要确认它们能否满足你的需求。

随着能力的提高和经验的加深，继续使用 Excel 作为数据可视化工具会让你变得缺乏耐心。交互在线可视化工具，例如 Tableau Public 或 Power BI 可能会解决这样的问题，到那个时候，也许你就需要用一款专门的数据可视化工具来代替 Excel 了。

本章小结

- 图表的意义在于解决一个问题或者完成一个任务。这就是图表基于任务进行分类比仅基于视觉特征分类更好的原因。
- 当基于任务选择图表时，就会更清楚地认清任务本身以及如何才能高效地完成。将要实现的目标牢记在心，就不会加上无用的装饰效果和视觉垃圾。
- 考虑问题应该更加全面，例如目标读者的读图能力。在一些情况下，可能需要选择读者更为熟悉的图表；在另外一些情况下，使用大量的注释来对不那么熟悉的图表进行介绍就足够了。
- 选择图表的另一个标准是分享的方式。交互性、文件格式以及所包含的硬件，可能都会影响设计。小到细节修改（字体大小），大到结构性修改（改用动画而非多张小图），都有可能。

第 8 章

顺序

本章内容主要是关于比较数据点的。在比较的过程中，可以完成的任务有排序、分类和排名。在数据可视化中到处都可以找到需要比较的地方，以至于爱德华·塔夫特说“和什么相比”是“统计分析中深层次的基本问题”。[①] 更准确地说，你会发现比较在图表分类过程中始终处于中心位置。即使不比较数据点，也会比较趋势或概况。

在本章中，我们将对事物进行严格意义上的比较：在数据点层级进行比较，通过相关键对数据点进行排序、分类或排名。我们不是把它们与总和进行比较（与总和比较是讨论组成问题），也不会通过知觉简化和概括来将它们转化为形状。

首先我们要确定数据有可能进行比较。图 8.1 显示了三个不可能进行比较或比较也没有意义的例子。

① Tufte, Edward. *Visual Explanations*, Cheshire, CT: Graphics Press. 1997.

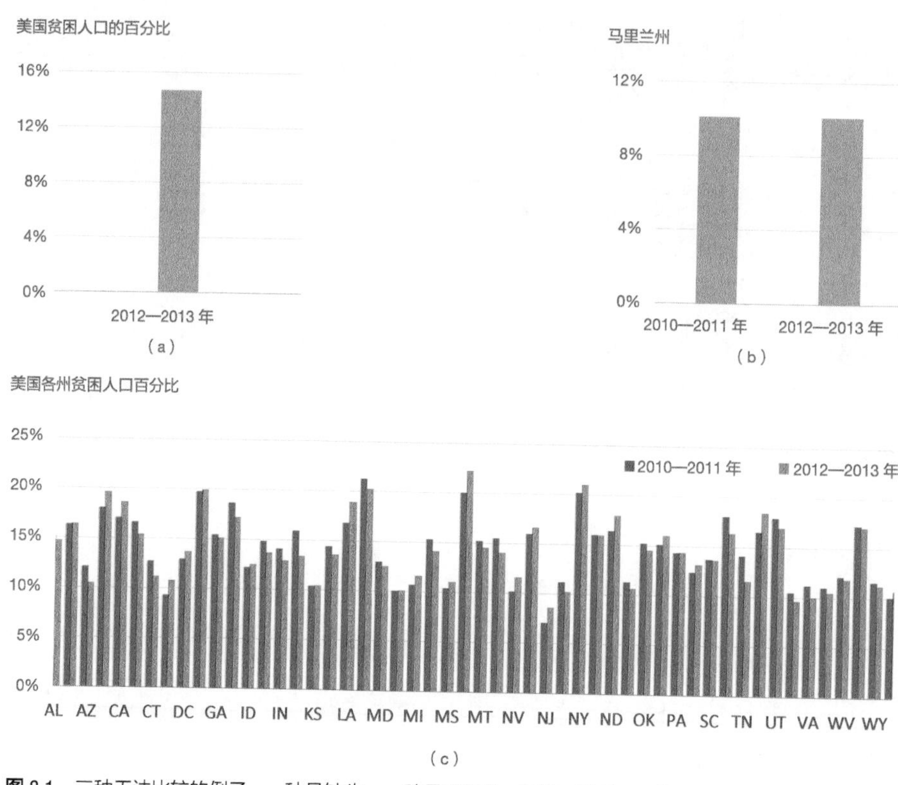

图 8.1　三种无法比较的例子：一种是缺失，一种是不相关，还有一种是不可能

资料来源：U.S. Census Bureau

我们可能会将一幅图表的格式设计得很差，以至于无法从中读出任何内容。更糟糕的情况是，由于错误的制图，我们读出了与数据表达相反的意思。图 8.1a 并不是这种情况。它很干净，不会误导你。它看起来像一幅图表，也是作为图表来创建的，但实际上它只是“鸭子”[②]，因为它违背了最基本的原则：没有任何数据可视化作品是针对一个单独数据点的。数据可视化就像探戈，数据点越多，设计起来越轻松愉快。

---

② 当一个图形变成了装饰视觉艺术，那么这样的图形就被称作“鸭子”，以致敬鸭型建筑“Big Duck”。Edward Tufte. *The Visual Display of Quantitative Information and Envisioning Information*, Second Edition, Cheshire, CT: Graphics Press. 2001.

从形式上说，将图 8.1b 看作一幅图表也是可以接受的，毕竟它的格式很好，并且包含了足以进行比较的数据点。但问题是，这些点是什么呢？如果没有变化，就没有理由创建图表。

图 8.1c 中的数据没有按照任何明显的标准灌入图表。尽管其中确实存在很多变化，但图表选择的样式使得它们根本无法解读。

在某些特殊的场景中，我们可能会用到上述三种图表，例如为了表示夸张或者显示缺失数据的问题。但作为一般规则，图表只有在显示多个数据点、可以比较、存在变化且可以解释的情况下才有意义。

对数据点进行排序所用的最流行的图表就是条形图，它同时也是最常见的利用“沿着共同的坐标分布位置”的图表的例子。根据克利夫兰的研究，比较条形图是最准确的基础知觉任务。

条形图既为人熟知又能准确呈现数据，是很好的图表类型，那我们应该更频繁地使用它吗？《纽约时报》资深图形编辑阿曼达·考克斯（Amanda Cox）表示：“数据可视化世界中有一种观点认为，任何事物都可以抽象为一幅条形图。事实的确如此，但同时这也可能是一个毫无乐趣的世界。”

当然，考克斯有点夸张了。没有人一直声称数据可视化可以退化为仅使用条形图。我想，她的意思是数据可视化中不能缺少情感维度和创造性。你可以将其视为一种折中，牺牲一定的效率而获得更高的参与度。这在信息图的设计中是重要的原则。在理想的情况下，美学的愉悦和理解的愉悦会携手到来，但我们经常需要接受不那么完美的折中。

条形图

条形图将离散变量的值编码为柱的高度或者条的长度。在图 8.2 中，变量“年平均消费”包含 14 个分类。纵轴（y）表示按照预先定义的单位（千美元）来显示的支出额。在通常情况下，纵轴的数值范围在 0 和比数据点最大值大一点的整数值之间。在图 8.2 中，我们可以很容易地总结出住房是最大的支出项，几乎是第二大支出项交通的两倍。

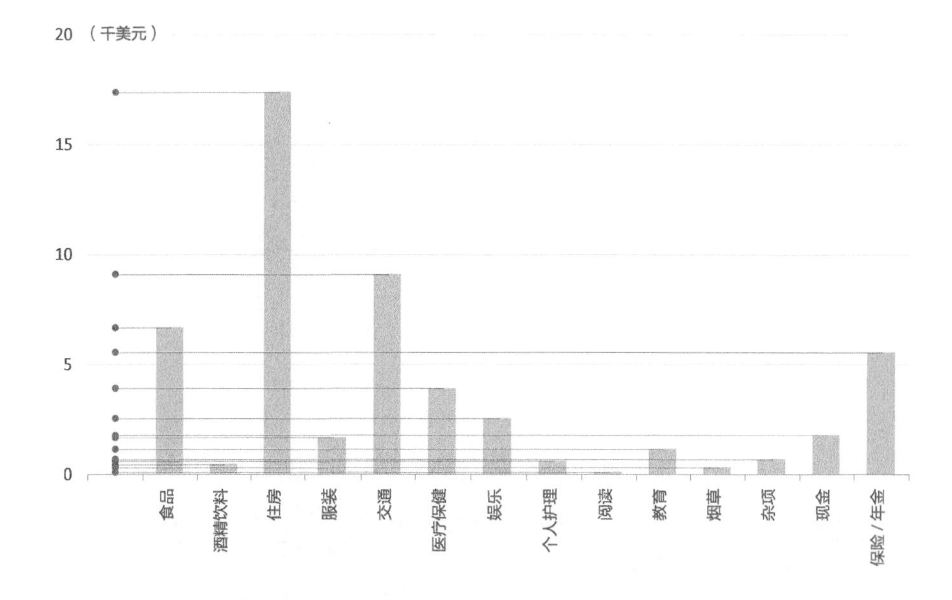

图 8.2　条形图以及它是如何从原型图产生的

资料来源：Bureau of Labor Statistics

竖直条形图与水平条形图

竖直条形图的数据点沿纵轴分布，水平轴上等距离分布偏离量，以便更好地辨别和打标签。

我确定，你一定注意到了图 8.2 横轴上标签的尴尬之处。将它们旋转导致阅读困难，并占用了很大的空间。如果完全不旋转，则会重叠。有时候可以将标签分为两行或更多行来解决这个问题，但这对图 8.2 并没有什么帮助。除了旋转标签之外，更好的办法是旋转长条，创建水平条形图（图 8.3）。

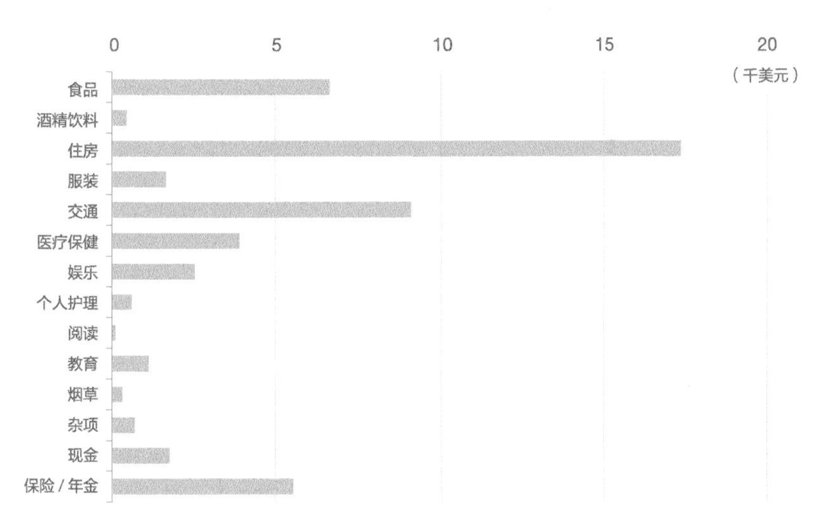

图 8.3　没有标签空间时就旋转条形图
资料来源：Bureau of Labor Statistics

通常认为，竖直条形图和水平条形图之间的区别是可为每个数据点打标签的空间大小，但实际上并没有这么简单，因为没有两种完全相同的条形图。例如，如果有一个时间维度，则最好让长条竖直，从而时间可以正常从左向右流逝。如果使用没有明确顺序的名义变量，则更为灵活。幸运的是，使用名义变量的图表通常具有较长的标签。如果创建多个条形图，需要保持一致，尽可能避免在竖直和水平条形图之间随机切换。如果必须变化，一定要确保读者能够理解这么做的意义。

色彩编码

我尽可能避免教条化，但如果不得不选出 Excel 中最没用的结构化选项，我可能会选择“每个数据点变换颜色”。我从来没有找到一个恰当的理由来使用这个选项。当然，你需要为条形图中的每一个系列选择特定的颜色。这是色彩的一种用法。但为每个长条随机分配颜色毫无意义，会使读者产生混淆。

如果一个系列中使用多种颜色能够使图表更丰富，你才应该使用，可以为所使用的每一种颜色分配相应的含义。图 8.4 显示了这些不同的编码选项之间的区别。图 8.4a 是典型的单色图表。我想让读者的注意力集中到一个特定的数据点，所以只对它换了颜色，引导读者将佛罗里达州与其他州进行比较。图 8.4b 更有意思，加入了地理维度，对所有州进行色彩编码[③]。现在我们知道了贫穷具有某种与地理相关的模式，因为美国大多数更为贫穷的州都集中在南部。这是在分析中加入地理因素的原因。

图 8.4c 使用了 Excel 中的“每个数据点变换颜色”选项。你会发现 Excel 中每 12 种颜色是一个循环。这会提供有效的结论吗？我并不这么认为！

排序

按照字母顺序来对值进行排序，使得在一张表中定位某个单独的值更容易。当我们要强调人人平等时，会按照名字的首字母对人进行排序。字母表可以帮助我们创建随机顺序。

但是，与数据表不同，数据可视化痛恨按字母排序：它会摧毁模式，使得比较数据点变得更为困难，就像是 Excel 中“每个数据点变换颜色”的新版本（图 8.4）。

---

③ 在专业的数据可视化应用中，可以使用连续变量（例如人口密度），而不是绝对值（例如地区）。但在 Excel 中这几乎是不可能的，需要做太多的工作。

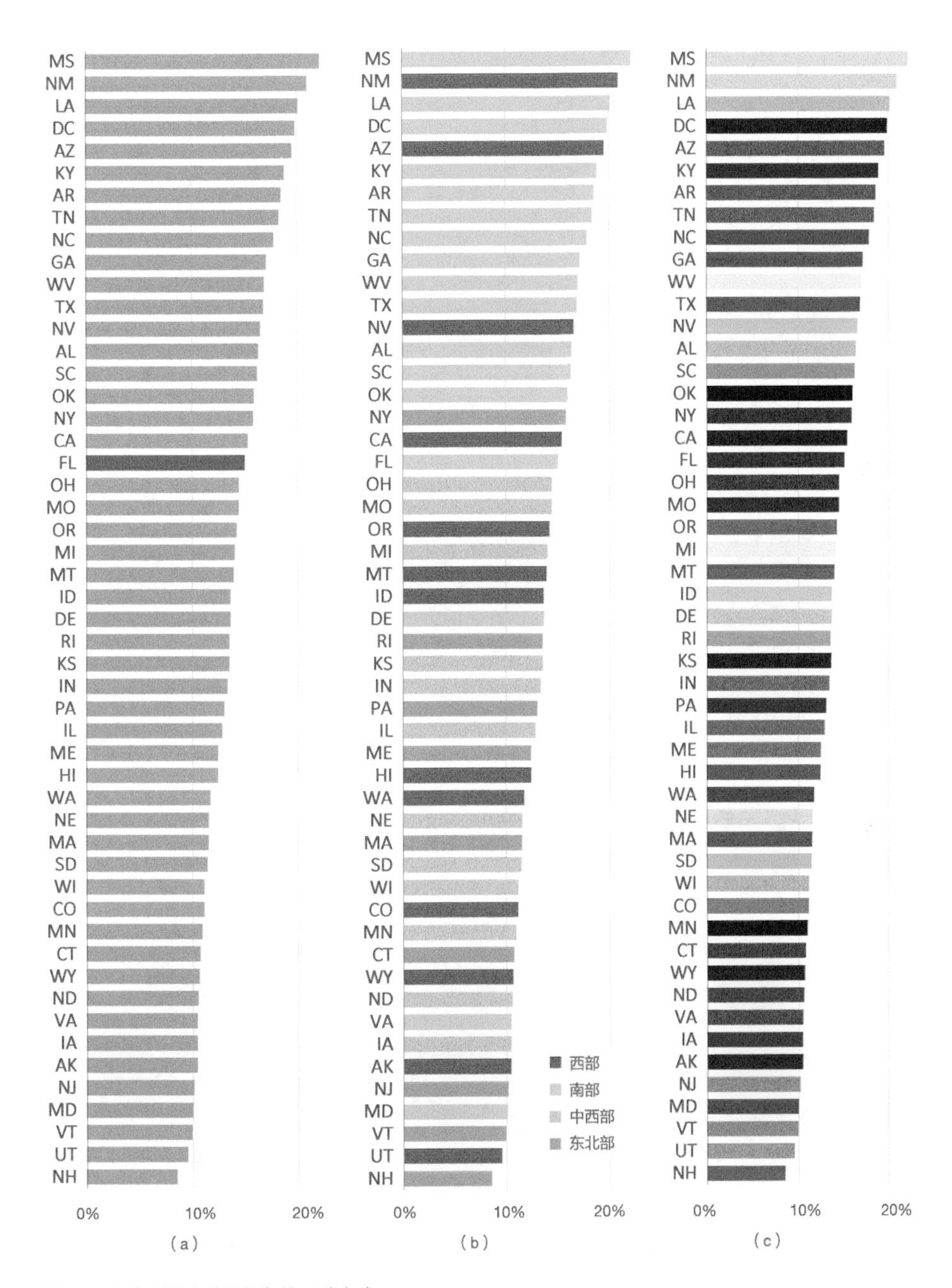

图 8.4　在条形图中使用颜色的三种方式

资料来源：U.S. Census Bureau

图 8.5 按照三种排序标准显示了美国每个人口普查分区的人口密度情况。即使图 8.5a 中只有 9 个数据点，但由于前四名中的 3 个值异常接近，因此我们也很难为其排名。如果像图 8.5b 那样，按照人口密度来进行排序，就一目了然了。节约的宝贵的认知资源可以应用到更有意义的任务中。

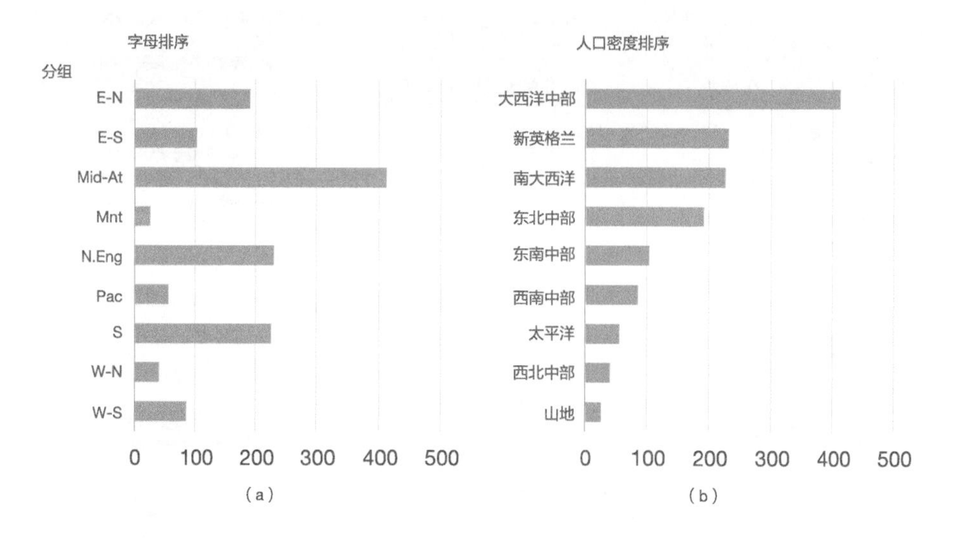

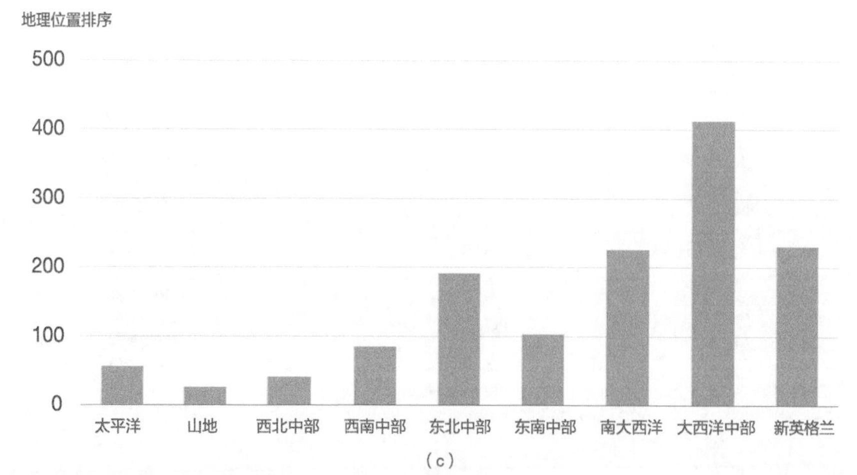

图 8.5 排序键（图中数字单位为每平方英里[①] 人口数）

资料来源：U.S. Census Bureau

① 1 英里 =1.61 千米。——编者注

在图 8.5c 中，横轴上的地理位置从西向东排列。我们很容易得出，美国东部的人口密度要比西部大很多的结论（尽管将阿拉斯加排除在外会使太平洋分区中的人口密度变得更高）。

当存在多个系列时，并没有预先定义的对数据点进行排序的好方法。每个排序键都可能揭示未知的结论，因此最好多试几个键。按字母表顺序排序通常达不到预期目标，因此除非在分类名称和数据之间具有某种神秘的关系，或者你的目标是希望受众聚焦于单独的数据点，否则不要使用字母表来排序。

图表大小

图表的大小经常会比传达信息所需的尺寸更大。如果我们做好要丢失一些细节的准备，那么具有特定结构的 3D 条形图可能会与精心设计的多张图表占用相同大小的空间。要创建一幅图形景观，每张图表都应该尽可能小而紧凑，且在观看舒适度、读者、背景信息以及要显示的详细信息类型和层级等限制条件下创作。

由于极高的准确度，条形图可以显著压缩，而不会损失重要信息。图 8.6 显示了 38 个国家（或组织）GDP 变化的百分比。爱德华·塔夫特设计了这些“单词大小”的图表，并称其为“迷你图”。

正如图 8.6 所示，2008 年的全球金融危机影响了列表中的所有国家或组织（红色竖条标记负增长），因此如果那是核心信息，则这些迷你图就刚好符合要求。但图 8.6 也显露出迷你图的一个主要缺点：难以管理纵坐标。图 8.6a 使用了相同的纵坐标，这几乎将条形图变成了虚线序列，但可以更好地比较不同国家或组织之间的情况。图 8.6b 使用了特定的坐标，这提高了解析度，却无法在国家或组织之间进行比较。

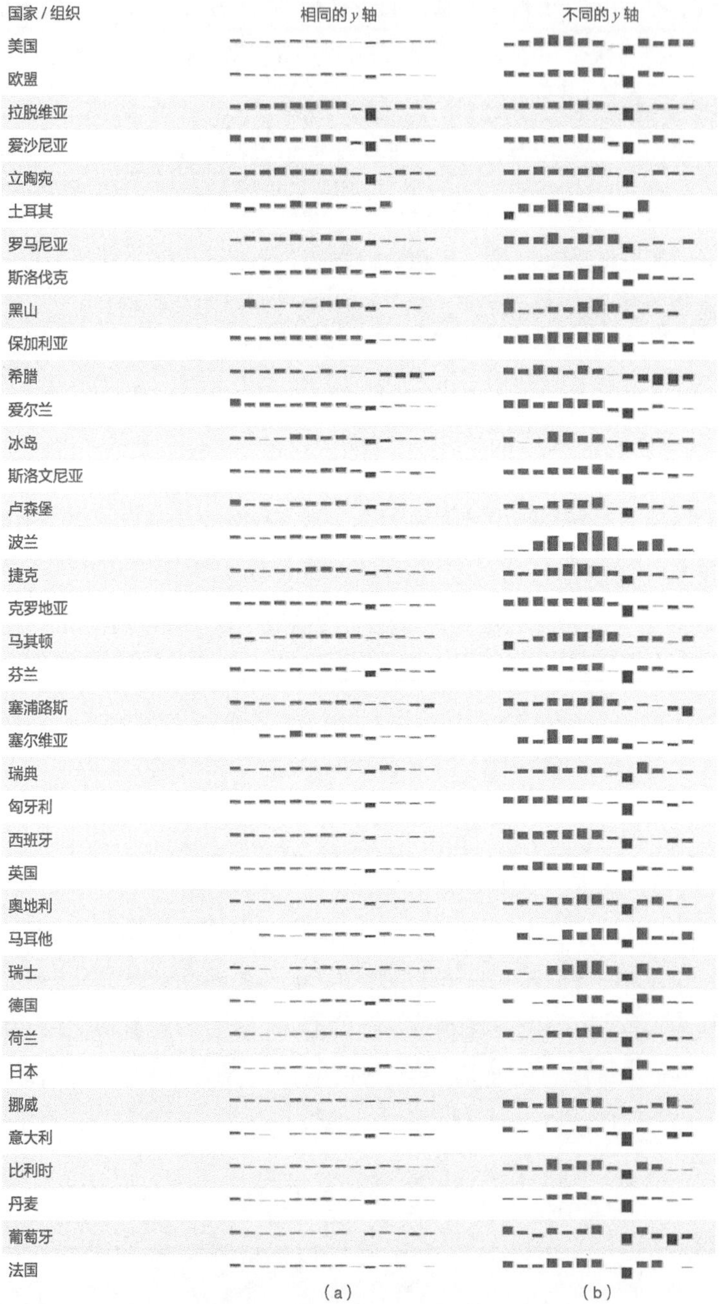

国家 / 组织	相同的 y 轴	不同的 y 轴
美国		
欧盟		
拉脱维亚		
爱沙尼亚		
立陶宛		
土耳其		
罗马尼亚		
斯洛伐克		
黑山		
保加利亚		
希腊		
爱尔兰		
冰岛		
斯洛文尼亚		
卢森堡		
波兰		
捷克		
克罗地亚		
马其顿		
芬兰		
塞浦路斯		
塞尔维亚		
瑞典		
匈牙利		
西班牙		
英国		
奥地利		
马耳他		
瑞士		
德国		
荷兰		
日本		
挪威		
意大利		
比利时		
丹麦		
葡萄牙		
法国		
	(a)	(b)

图 8.6 迷你图将数据放置在一个小空间中

资料来源：Eurostat

图 8.6 还说明了可以创建非常小的图表，同时保留很多信息。但这并不意味着必须这么做。其中的窍门是先创建正常大小的图表，然后再将其缩小。如果图表看上去开始变得杂乱，可以改变字体大小或删除一些内容。重复这一过程，直到再删除或修改任何内容都会影响到信息的可接受程度为止。

坐标截断

从图 8.7a 中可以得出结论，我们花在交通上的钱要比花在食品上的钱多得多。图 8.7b 也确认了前者比后者要多，但之间的差距看上去并不像图 8.7a 显示的那样显著。两幅图表中的数据是相同的，因此差别一定来自于其他方面。

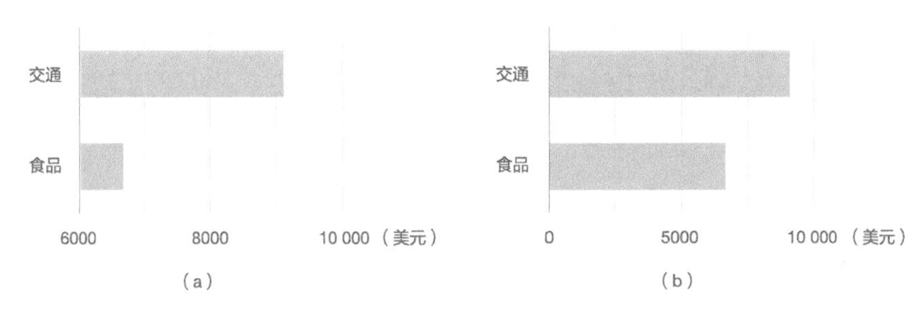

图 8.7 坐标截断导致误读
资料来源：Bureau of Labor Statistics

图 8.7a 的坐标并不是从 0 开始的。在条形图中，我们比较长条的高度，而在图 8.7a 中，它们的变化与数据的变化不是成比例的。我们知道，认知任务应该作为知觉任务的补充，而不是修正。在这种情况下，不这样做是对图表信息进行操纵的一种最常用的技术。

当从坐标中移除了一部分时，就是进行了坐标截断。在图 8.7a 中，坐标在底部被截断，因此不是从 0 开始的。实际上可以移除坐标的任何部分。幸运的是，在 Excel 中只能从底部开始截断（但有窍门可以模拟其他截断）。

原则上说，应该避免截断坐标，因为这会使阅读并比较从轴到数据点的距离毫无意义。在不会从视觉上将轴和数据点联系起来的图表类型，例如折线图中，这个问题并不明显，但对于条形图则至关重要。

在某些情况下，会对坐标进行恶意截断，但我们不应该这样做。我们进行坐标截断是为了提高分辨率，也就是说，为了看到非常相近的数据点之间更多细节的区别。以 GDP 为例，我们通常不会看标有 GDP 绝对值的图表，因为仅在非常极端的情况下才会有令人印象深刻的变化。2% 的变化可能几乎不会被发现，也很正常，但这些细小的变化对经济却有重大的影响。这就是我们使用变化而不是绝对值的原因。

修改度量值以避免截断坐标

遗憾的是，将坐标设置为从 0 开始是创建无趣图表的罪魁祸首，这包含两方面的含义：无聊和几乎看不出变化。解决方案并不是截断坐标，而是应该寻找其他度量值来展示信息。

以图 8.8 中爱尔兰的 GDP 绝对值为例。尽管在超过 10 年的时间里它始终保持增长，但只有极少数非常敏锐的人才会关注到每一年之间较小的增加额。它们很重要但难以量化，多几百万或少几百万的意义是什么呢？

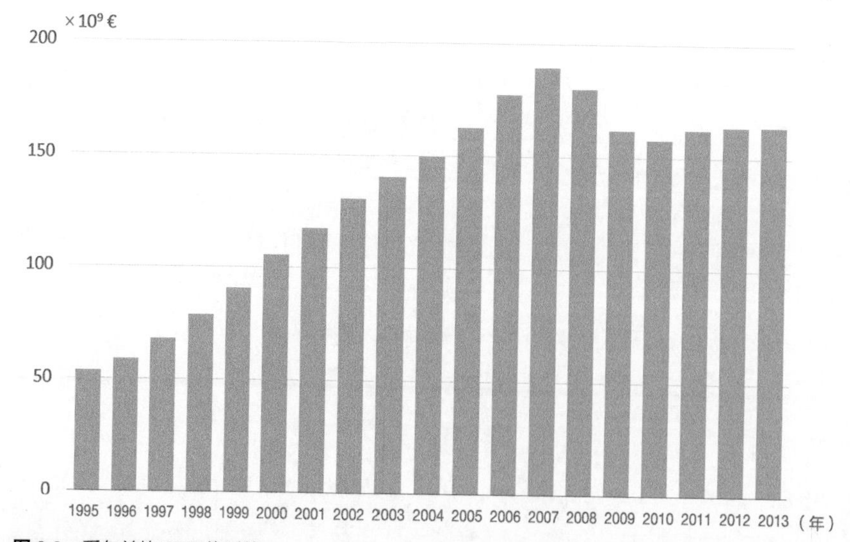

图 8.8 爱尔兰的 GDP 绝对值

资料来源：Eurostat

图 8.9 讲述了另一个内容更丰富的故事，它表示了同样时间段中的年度变化。我们在图 8.8 中所感知的内容在这里变得很清晰。为了使图表看上去更明显，我们增加了一个参考值（欧盟的变化）和两段注释（欧元时代的阴影区以及对负增长使用的反色）。

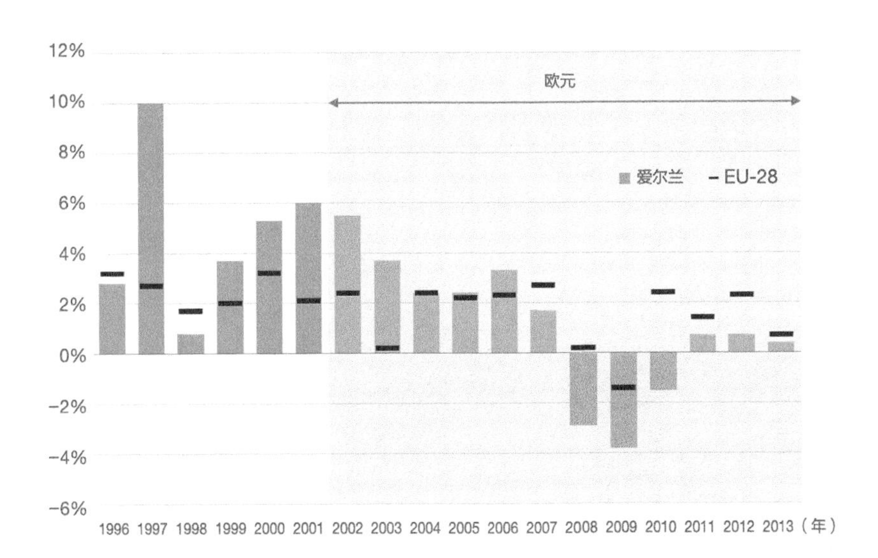

图 8.9　改变为相对值使图表更有趣

资料来源：Eurostat

这种视角的变化帮助我们更好地使用条形图但不用截断坐标，同时又能理解这些年 GDP 的变化。

演变与变化

演变的概念表明在一段连续的时间内具有一定程度的稳定性，在使用折线图时会生成可识别的模式。如果变化不稳定，则更难检测到模式的存在。在选择使用条形图还是折线图时要记住这个区别。当上升和下降都非常显著，不能检测到模式或趋势时，应该使用条形图。如果瞥一眼就能看出模式，应该使用折线图。

一种特殊的条形图：人口金字塔

传统的人口金字塔包含一些令人困惑的特性。例如在图 8.10a 中，两性分别在轴的两侧。首先，这使得在不同性别之间无法进行准确比较。其次，还显示出使用条形图本身的作用不大，因为很难在其中增加更多系列。最后，因为不同性别的数据分别位于轴的两侧，为不同性别使用色彩编码就显得毫无价值。

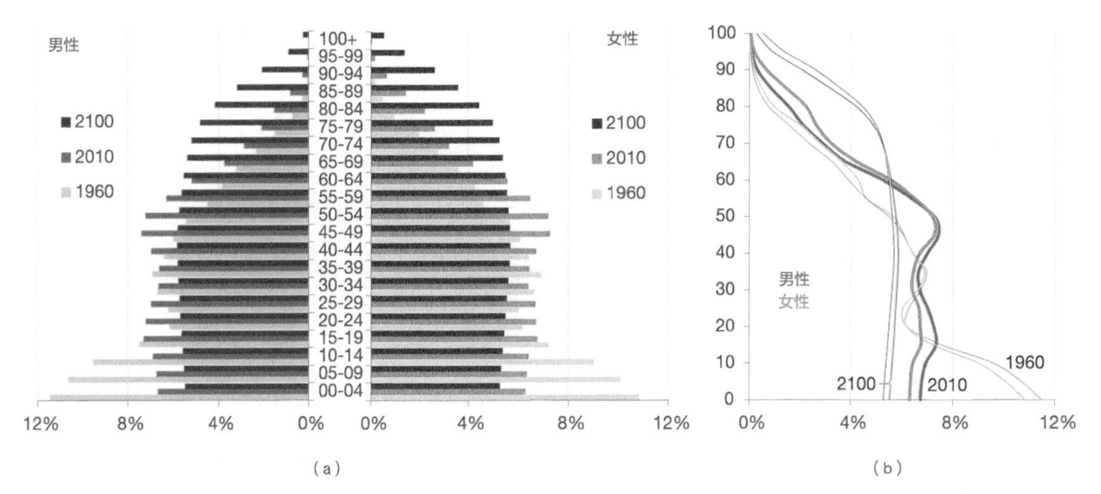

图 8.10 使用条线和直线构建人口金字塔

资料来源：United States Population Division

让我们来比较图 8.10a 与图 8.10b。图 8.10b 是一种将条形替换为线形的新图。图 8.10a 给人感觉非常繁忙，几乎没法从中提取出任何有意义的信息。图 8.10b 能够识别出人口概况，可以更好地对比性别，因为坐标轴被折叠了。可以看到，在 2010 年低年龄组中男性更多，只有在 50 岁及以上年龄组中女性才更多，而图 8.10a 则很难看出这一点。在不同的年份之间比较人口概况也很容易。图 8.10b 还更节省空间。

在图 8.11 中，我们将折线图的概念发挥到了极致，它总结了马尔代夫群岛在 1985—2050 年（预计）的人口年龄结构，每种性别有 66 个系列。请注意与时间序列中第一年对应的深色调，画出了典型的金字塔。同时还要注意，随着时间的推移人口逐渐老龄化，在金字塔顶部占比更大，而在底部占比较小。

图 8.11 在美观的同时也保持了较高水平的有效性，我的真正目标是要说明，创建美学意义上令人愉悦的 Excel 图表与有效性并不矛盾。还有更有效的方法说明人口变化的趋势（例如创建一段动画或者每十年绘制一个小的金字塔图），图 8.11 在美学和有效性之间达到了一种较好的平衡。

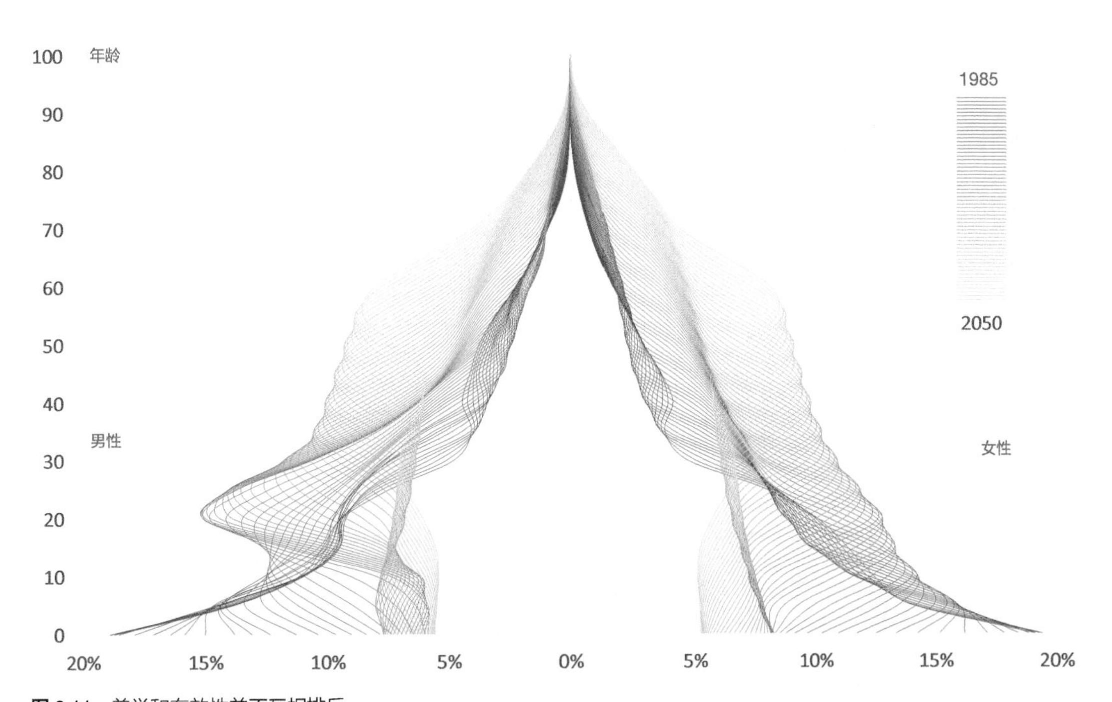

图 8.11 美学和有效性并不互相排斥

资料来源：U.S. Census Bureau

也许，现在应该稍微休息一下了。如果可能，来一杯柠檬冰沙，闭上眼睛几秒钟，准备感受一些柔和的刺激吧。

散点图

散点图是条形图很好的替代品，它避免了杂乱无章以及截断坐标的问题。

试着用散点图而不是条形图来重构图 8.4。可以肯定的是，看起来不会那么混乱。视觉混乱是条形图最大的问题。使用长条来表示单独的数据点显然是过度了，导致没有空间呈现更多的数据。有时候，这将会使我们忽略不那么明显的信息。人口金字塔图就是这种情况的例子。

但是散点图并不仅仅能够减少混乱和避免过度刺激。因为不需要比较高度，所以散点图可以截断坐标以提高分辨率，这与条形图相比是很大的优势。

注意，图 8.12 中华盛顿特区的人口密度是一个很大的异常值。图 8.12 保持分辨率在合理范围内的方法是移除异常值，并使用一个插图来说明为什么要这样做。插图显示了最大值和最小值之间的范围要远小于最高值（新泽西）和异常值（华盛顿特区）之间的差距。插图的使用不仅保障了较高的分辨率，同时也突出了华盛顿这个异常值。

如果想要更有趣，使用没有长条的条形图，可以试着给点加上一条尾巴（使用误差线），所得到的图表就是安迪·科特格里夫（Andy Cotgreave）命名的“棒棒糖图”。在图 8.12 中，我给马里兰州的数据加上了“尾巴”。需要注意，在棒棒糖图中不能截断坐标，因为它的棒实际就是一根很细的长条。

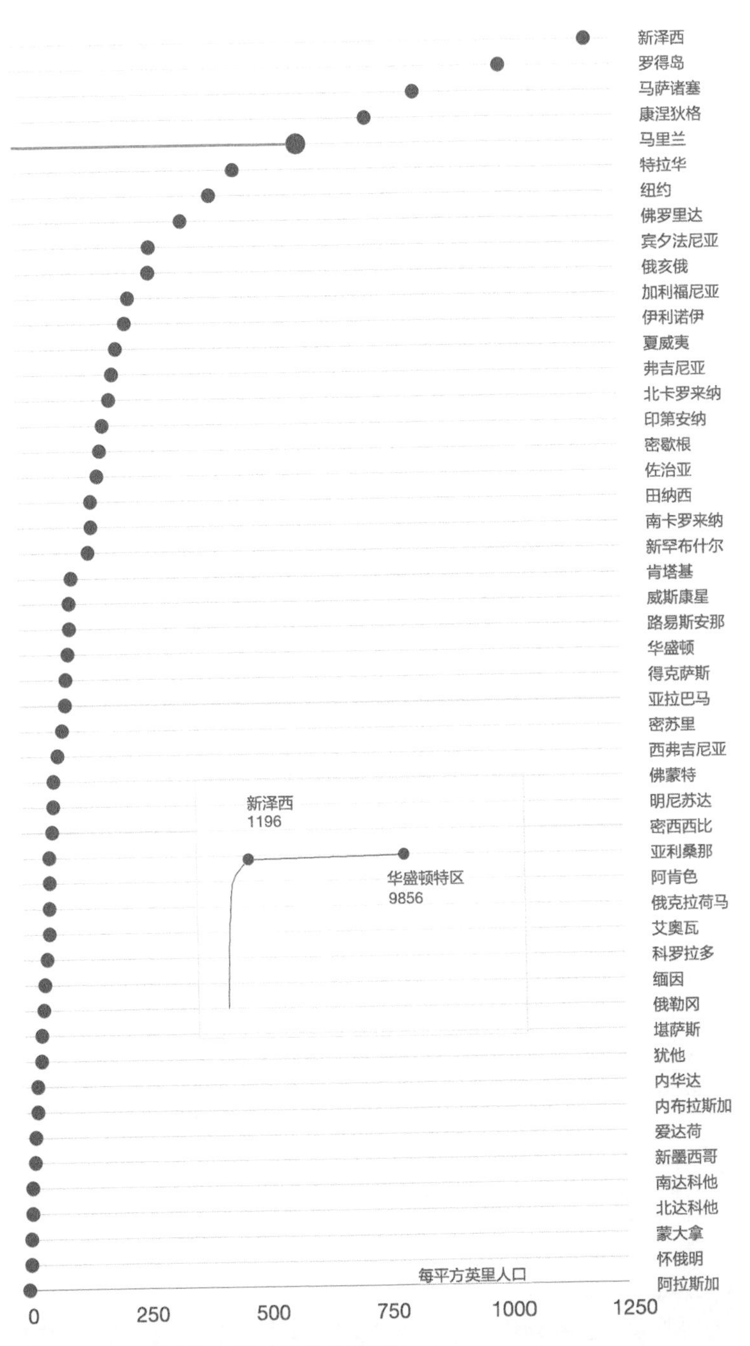

图 8.12 点、棒棒糖，以及如何处理异常值

资料来源：U.S. Census Bureau

斜率图

图 8.13 显示了税前收入最低的 20% 人群和收入最高的 20% 人群在一些开支项目上的不同占比，例如住房、食品、保险 / 年金等。

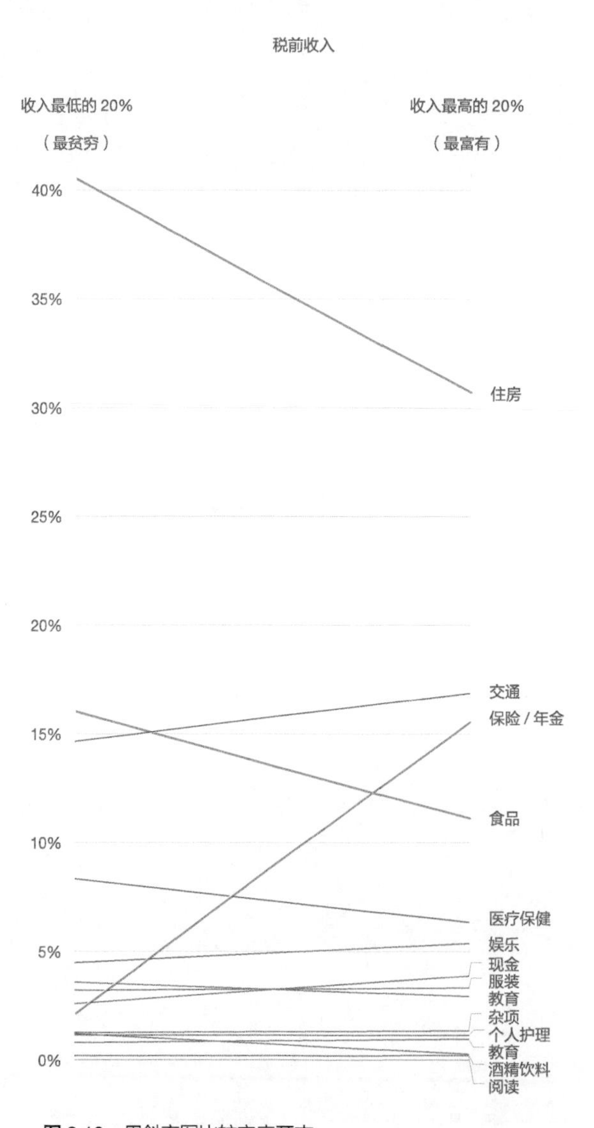

图 8.13 用斜率图比较家庭开支
资料来源：Bureau of Labor Statistics

如果使用条形图，我们又将面临如何对数据排序的问题，甚至还有一个更严重的问题，因为有两个系列需要选择。我们可以使用斜率图来避免这一问题。

我们对斜率图并不陌生：在图1.17中，我们使用它来取代饼图，现在再次使用它来代替条形图。那时比较的是两个日期，而这里比较的是两个分类（收入最高的20%人群和收入最低的20%人群）。我们可以看出，斜率图并不是短的线图，其中的线也不应该被看作表示趋势。斜率图的目的是表示在两种状态之间的变化，可以为两个日期，也可以是其他种类对。传统上有一种观点认为不应该在两个分类之间画线，因为在它们之间没有中间状态。这个规则现在很灵活，我们不仅可以使用线来显示随着时间变化产生的差别，而且还可以在很多情境下使用。

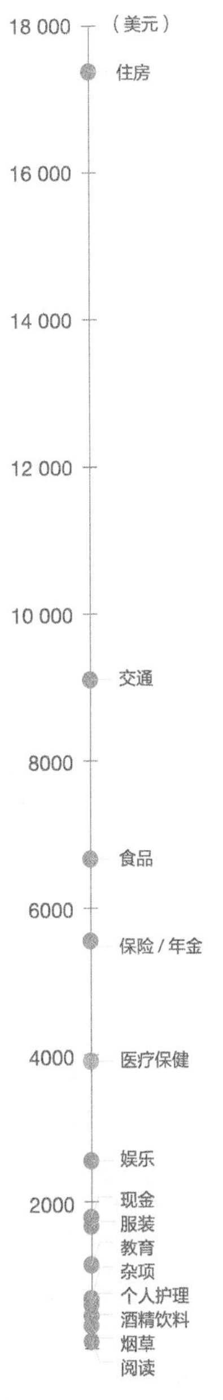

图 8.14 带状图：最紧凑的图表？

带状图

从本书的最开始，我就提到了带状图（或一维散点图），这可能会让你猜想我是不是对它存在某种形式的偏爱，事实的确如此。带状图是所有一维图表的基础，它与条形图和散点图的区别在于：点相对于另一条坐标轴没有发生偏移。

图8.14中的带状图是图8.1的一维版本。

带状图本来就是排好序的，我们不必再担心排序问题。尽管标注起来不太容易，但带状图比同等的条形图占用的空间更小。只要我们摆脱标注每个独立数据点的需求，带状图就很受欢迎（交互将会提供按需标注，使我们可以专注于更感兴趣的数据点或点簇）。

转速表

驾驶一辆车就好像管理一个组织。但你不能把这句话太当真。简单搜索一下“仪表盘”，你会发现，汽车仪表盘做得真是太复杂了（图 8.15）。

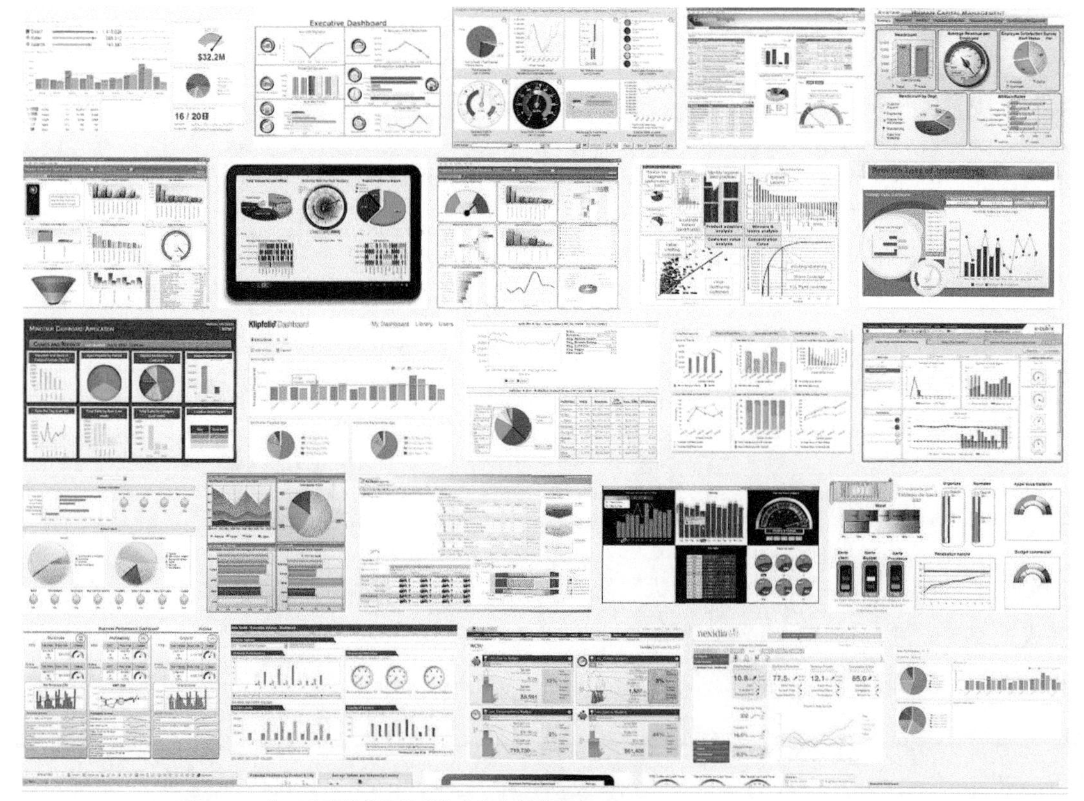

图 8.15　你不会真的想用这些仪表盘来经营一家公司

汽车仪表盘应该以最简单的方式显示你需要掌握的所有信息，你应该集中精力在驾驶上。忘掉仪表盘上的数据吧，早晚会有红灯告诉你车应该加油了。

当使用汽车仪表盘的比喻时，设计者常常会忽略时间维度，可能是因为汽车仪表盘中没有相应的对象。

时速表通常比图 8.16 看上去更为复杂，但它们的本质是一样的：指针表示数据值，颜色辅助阅读。时速表可谓低数据密度之王。

图 8.16 用甜甜圈图制成的 Excel 时速表

子弹图

如何可视化关键绩效指标（KPI）呢？斯蒂芬·菲尤建议使用他所称的“子弹图”。从本质上说，子弹图是一张标注实际值和目标值的带状图，同时将参考值作为灰色阴影放在坐标轴上。

图 8.17 是我在 Excel 中对菲尤的规格标准进行翻译和说明的结果。在一些例子中，菲尤将子弹图和警告值相结合，使它们看起来融为一体。

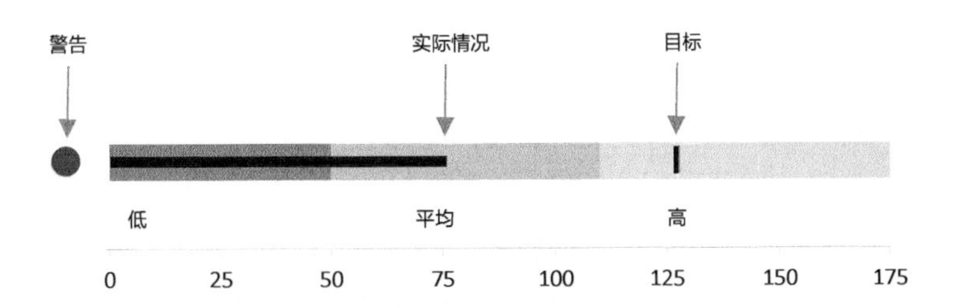

图 8.17 子弹图是显示 KPI 的紧凑图表

如果能够透过表面看到本质，就会很容易发现子弹图要比时速表好很多：子弹图更为紧凑，同时又能显示两个数据点。当需要比较多个 KPI 指标时，还可以将子弹图堆叠起来，比较起来更为容易（图 8.18）。

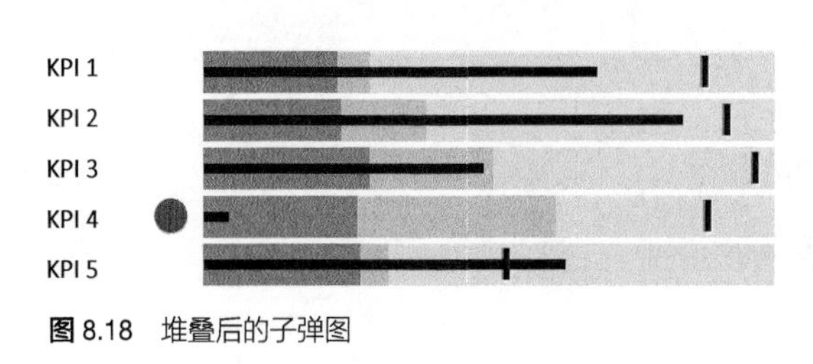

图 8.18 堆叠后的子弹图

子弹图和时速表确实都存在指针两极化的问题，在比较多个指标时，应该共用相同的极性。否则，必须有视觉线索提示读者存在极性反转的情况。

警告值

警告值通常是一个点。在图表的分类中将“一个点”包含进去似乎有点奇怪。事实上，警告值并不是一张图表，但它在视觉监控任务中所扮演的角色非常关键，这个点表示了与正常状态之间的对比。

再来看一下图 8.18。图中显示了 5 个子弹图，但其中只有一个需要更多注意，因为可能需要马上采取行动。警告值并不是总结，在正常可接受范围内变动的值不应该与警告关联起来。

图 8.19 显示了一些在 Excel 中可以作为条件格式来使用的警告类型。警告的设计要确保在前注意过程中能够触发突出性，如果对所有数据点使用色彩编码就会失去作用。

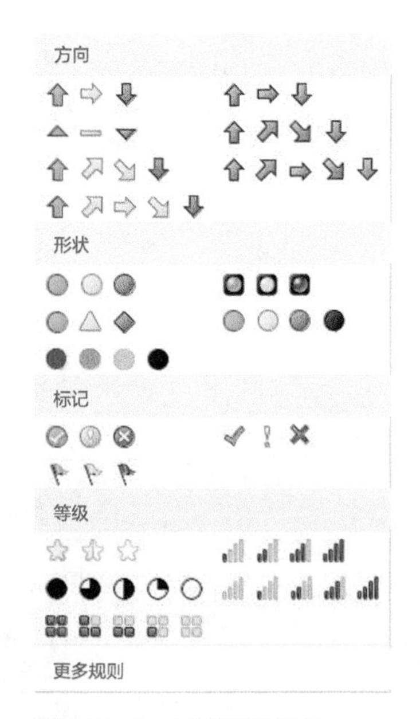

图 8.19 Excel 中的警告标志

管理者通常希望警告更为显著，但同时会建议使用正面的警告（绿色），以消除红色警告的负面影响。如果需要，可以进行折中，但不要忘了，从定义上说，警告是很少的。

本章小结

- 在比较数据点时，大多数图表都需要强制选择一个排序键。应该选择与任务相一致的键。按字母顺序排列是随机的，不建议使用这种方式。
- 我们对条形图的感知非常准确。利用这一点，可以尽可能对其进行压缩以节省空间。
- 在条形图中不要用截断坐标。如果有很高的绝对值且变化不大，可以切换坐标显示相对变化。
- 斜率图、连线散点图和散点图对所选的排序键或坐标的截断不那么敏感，从而在出现这些问题时可以适当选用。
- 当需要展示一个或多个 KPI 指标时使用子弹图，需要显示多个阈值时更为适用。
- 尽可能少地使用警告值，只有在数据需要时才使用。不要使用黄色或其他颜色的警告来表示中间状态。

第9章

组成

所有的父母都知道，天下没有两块蛋糕是完全一样的。在孩子们的眼里，自己的那块蛋糕总是比别人的小，这必然会引起他们的哭喊："这不公平！"评估每块切片的实际大小非常困难，这就像评估自己痴迷的事情是否有价值一样[①]。

我们对比例有一种永恒不变的爱。有些图表非常抽象，而另一些图表则很像生活中接触的东西，几乎不需要学习就能掌握它们所代表的含义。显然，我们更喜欢后者。几乎没有人知道扇形图的具体含义，但我们很熟悉它的形式，因为我们很熟悉比萨。扇形图其实就是饼图，只不过名字更学术罢了。

---

① Few, Stephen. "Our Irresistible Fascination with All Things Circular." *Visual Business Intelligence Newsletter*. El Dorado Hills, CA: Perceptual Edge. 2010.

在考虑成分时，目标是要理解整体是如何组成的，每个部分对整体的贡献是多少。组成是指通过绝对值或相对值来描述整体，而比例是一个子集，所有切片加起来为 100%。最常见的表示组成的图表是堆叠条形图，最常见的表示比例的图表是饼图（图 9.1）。如果按照谷歌搜索的结果来看，饼图也是大众最为熟悉的图表。

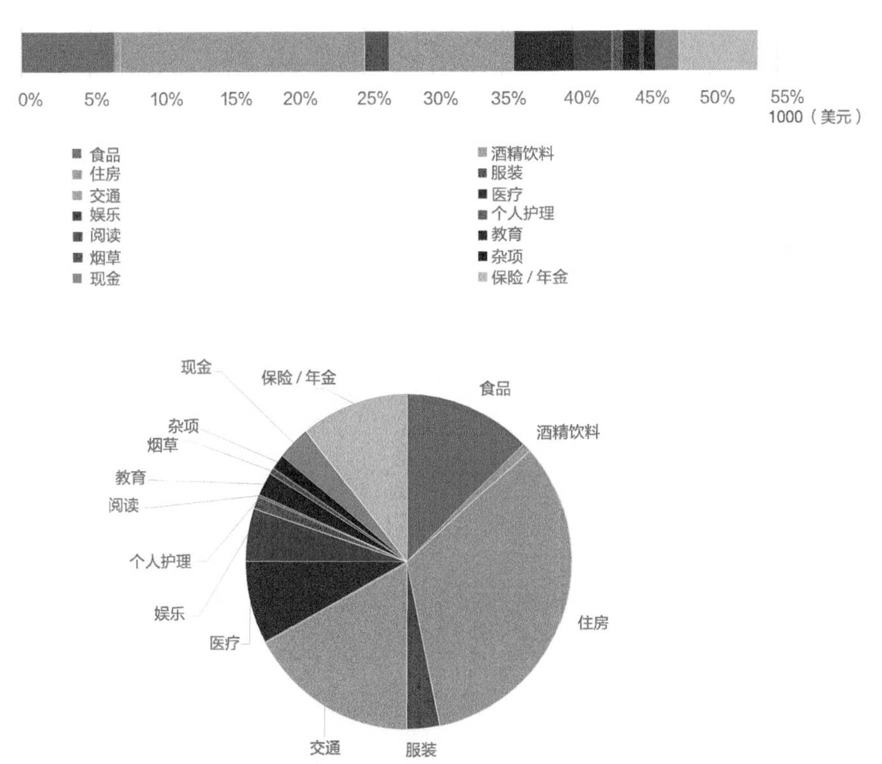

图 9.1 以堆叠条形图和饼图显示各项消费支出

资料来源：Bureau of Labor Statistics

组成图表（尤其是饼图）是极具争议的。普通用户非常喜欢（客户都喜欢饼图），但很多专家嗤之以鼻（从很多层面上说，饼图都是错误的）。如前所述，降低饼图以及其他组成图表的使用率，是数据可视化逐步走向成熟的标志。

什么是组成

不管是用绝对值还是相对值来表示，“整体”在任何组成图表中都是核心。在每个组成图中，都必须显示整体。有意义的整体既不神秘也不复杂：它是所有部分彻底、独立的和值，其中“独立”是指各部分之间没有重叠。

我们来看看隐藏整体会有什么样的危害。在图 9.2a 中，大约 90% 的工业制造业出口产品是中高科技产品，但直到你真正阅读纵轴才会认识到这幅图欺骗了你：它的顶部和底部都被截断了。负责任的制图者永远不应该这么做。在修复了坐标并显示整体后，你会发现真实的情况。图 9.2b 显示在总出口中，中高科技的产品出口并不是占 90%，而是略微超过 60%。

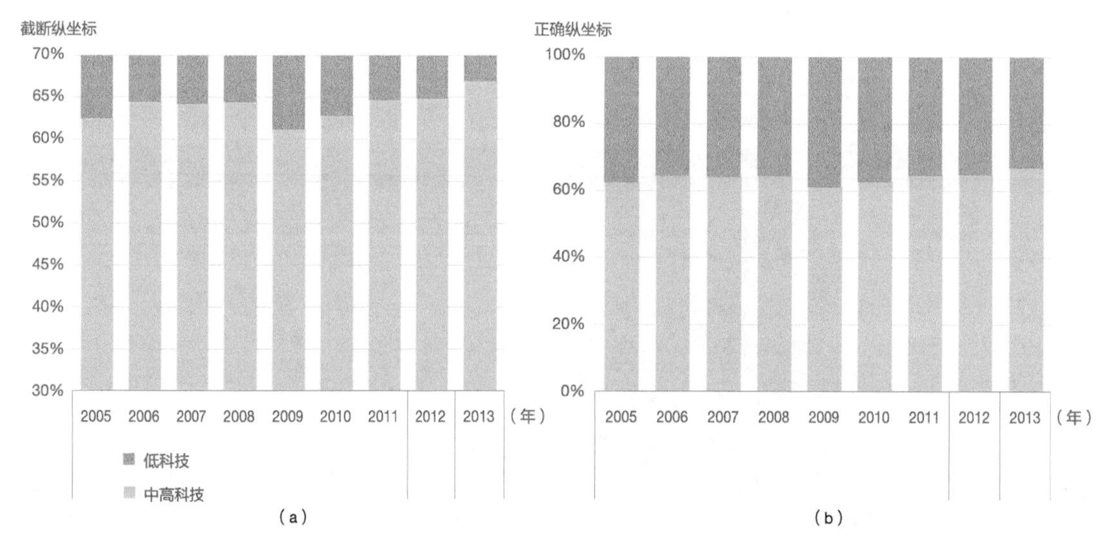

图 9.2 出现严重错误后纠正垂直坐标
资料来源：Portuguese State Budget 2013

组成还是比较

让我们从一种正确但十分荒谬的角度来看待组成问题。如果一幅组成图展示了整体的各个部分，那么整体将是所有部分必然会与之相比较的一个值。例如，一幅饼图可以告诉我们，我们产品的市场份额是 25%。然后，我可以检查竞争对手产品的市场份额，但我无法对两者进行比较（正确但十分荒谬的角度）。

如图 9.3 所示，组成图必须按顺序阅读。当开始比较两个市场份额时，不知不觉中，我从一个组成任务切换到了比较任务。

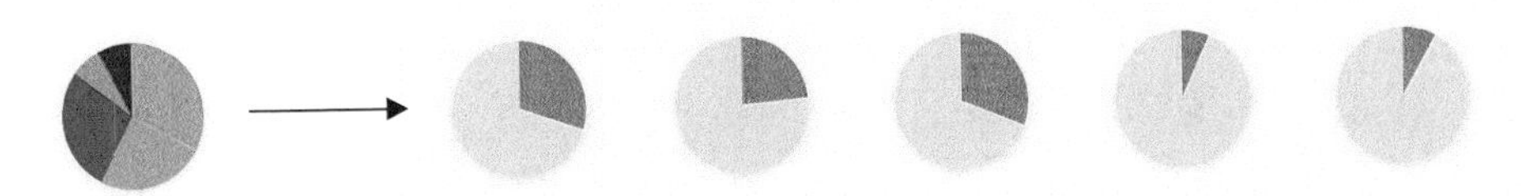

图 9.3 按顺序阅读饼图，将每个部分与整体进行比较

在这种极端看待组成图的方式中，除非某个切片是“锚定点”[②]（图 9.4），否则很难比较切片的实际大小。如果切片不是从界限清楚的角度开始的，则更难比较。因此，只有在极其简单的情况下，组成图才会真正有效和相对准确。

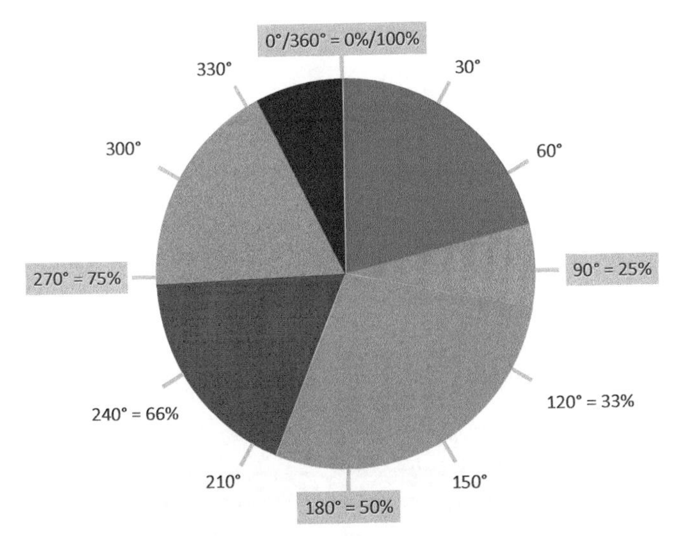

图 9.4 饼图中的角度及其百分比，由此可以识别“锚定点”

② Simkin, David and Reid Hastie. “An Information-Processing Analysis of Graph Perception.” *Journal of the American Statistical Association*. 82:454–465, 1987.

还记得韦伯定律吗？要确定两个没有对齐的长条哪个更长是多么困难。遗憾的是，组成图也可能出现类似的情况。在进行比较时，组成图不是好的选择。

图表的选择最终归结于两个因素：任务的类型和你所愿意接受的取舍。

组成图是与某个结构（整体）进行比较。从理性的角度分析，我们并不需要这种结构。你可能会争辩说，人们喜欢看到饼图，也许你是对的。问题是，使用饼图需要在有效性和对数据点的准确评估方面付出代价。你需要决定是否愿意付出这样的代价来吸引读者的注意。

斯蒂芬·菲尤在其批判性文章《将派留作甜点》[3] 中也承认，在需要比较分组值时，饼图比其他图表更好。图 9.1 很清楚地显示了食品和住房几乎占了总支出的 50%，使用条形图将很难看出这一点。在条形图中，需要首先读出坐标，然后进行心算。

饼图

饼图是一种圆形图，其中每一个值被编码为一定比例的切片，可以使用面积、角度或弧长来衡量（图 9.5）。饼图可以看作堆叠条形图的变体。按照其变化形式来衡量，饼图是距离原型图最远的一种图表。饼图也经常会被修饰，使其看起来更像一个真实的饼（图 9.6）。

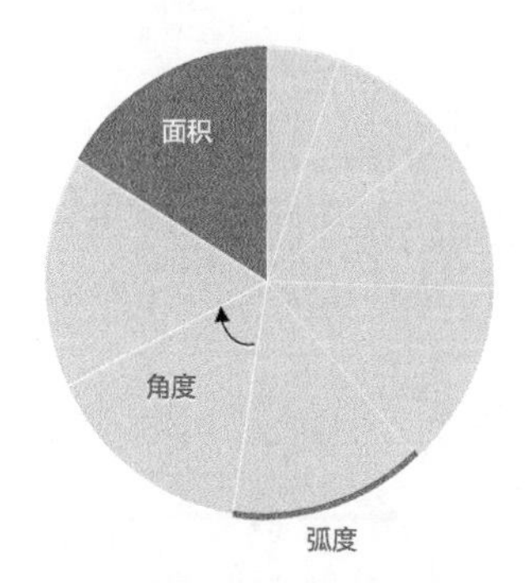

图 9.5 饼图用弧长、面积或角度来衡量切片

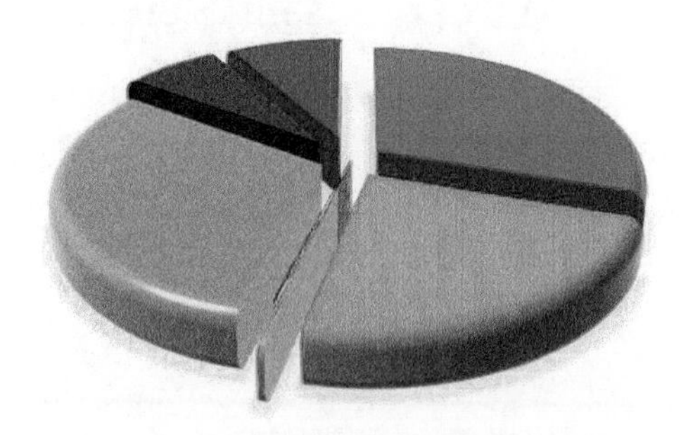

图 9.6 使用饼图的一种危险是，它很容易被看成一个真实世界的对象

③ Few, Stephen. "Save the Pies for Dessert." *Visual Business Intelligence Newsletter.* El Dorado Hills, CA: Perceptual Edge. 2007.

对饼图的批判

饼图是一个容易被攻击的目标。爱德华·塔夫特说："我们不应该使用饼图，因为它们缺少一个实轴。几乎没有比饼图更糟糕的设计了。"④ 斯蒂芬·菲尤也不使用饼图，建议他的读者也不要用⑤，他认为派应该"留作甜点"⑥。菲尤对饼图的批评主要是它很难对切片进行比较，尤其是在使用 3D 效果和光滑纹理产生了物化效应之后更难比较。

我的观点与伊恩·斯彭斯（Ian Spence）的看法相近⑦。斯彭斯强调，值得批评的是那些"制造了丑陋"的人。饼图只能"在展示很少的比例时使用"。不要太认真地对待饼图，将它看作数据可视化的"漫画字体"即可。理论上我并不排斥使用饼图，因为我相信在某些特定的情况下它们是有效的，但实践中我总是尽量去寻找更适合的图表。

我们可以将饼图看作读图能力较低的信号。爱因斯坦说过："任何事情都应该尽可能做到简单，简单到不能再简单。"饼图是一个过度简单的例子。如果一个商业组织使用了太多的饼图，要么他们根本不重视数据可视化，要么他们没有真正认识到所处理问题的复杂性。

---

④ Tufte, Edward.（*The Visual Display of Quantitative Information*）, 2001. Cheshire, CT: Graphics Press, Second Edition.

⑤ Few, Stephen. *Show Me the Numbers: Designing Tables and Graphs to Enlighten.* Burlingame, CA: Analytics Press, Second Edition. 2012.

⑥ Few, Stephen. "Save the Pies for Dessert." *Visual Business Intelligence Newsletter.* El Dorado Hills, CA: Perceptual Edge. 2007.

⑦ Spence, Ian. 2005. "No Humble Pie: The Origins and Usage of a Statistical Chart." *Journal of Educational and Behavioral Statistics.* 30-34: 353–368, 2005.

损害控制

图 9.7a 是一个“我们想要愚弄你”的例子。图 9.7a 显示了城市预算，但如果你将所有切片加起来，会发现并不等于所显示的总值。缺少切片的秘密要在阅读了注释之后才会发现。

图 9.7b 复制了图 9.7a 的内容，加上了缺失的切片。现在，其他切片都变小了一点以容纳新增的一块。奇怪的是，这看上去并没有什么影响。要逐一检查每块切片，并比较两幅饼图中它们的大小需要做太多工作。增加了如此明显的一块切片，却没有引起知觉上的关注，表明在使用饼图时我们对变化的反应是多么迟钝。

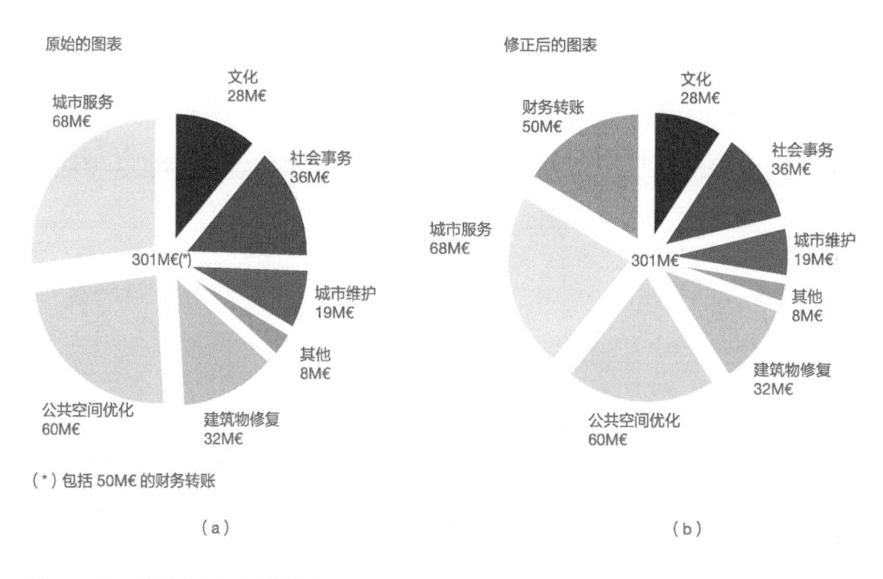

图 9.7 修正饼图会有什么不同吗?

如果你所在的商业组织已经产生了很严重的“饼图依赖”，第一步就是要认识到这是一个问题。认识到问题是打破惯性的开始。你可以从如下角度思考。

- 对任何组成图，整体必须明显并有意义。如果缺少了一些切片，而其他的切片看起来并不完整，那读者就会猜出这是一个经过挑选的值。
- 将所有分类相加有意义吗？不要用饼图来表示时间序列。
- 所有度量值能相加吗？饼图不能表示平均数或增长率。
- 数据中的百分比与图表中的比例一致吗？核实一下它们加起来是不是100%。相加得到 100.1% 或 99.9% 是可以接受的，其他所有的值都是错误的。
- 我不知道怎么将负数比例加入到饼图中，但即使你找到了一种方法，也不要那样做。
- 当一些值具有某些共性时，对它们在视觉上进行分组（如使用相近的颜色）。
- 在每一个分组中对值按降序排列。
- 不要使用特效或 3D 效果以及爆炸切片。可以使用色彩对比来表示强调。
- 不要使用图例。饼图可以直接标注。如果标注出现了重叠，可能是因为显示了太多切片。

你应该认识到没有直接的替代图表可以用来显示比例，因为最有效的替代图表实际上是显示其他内容的。问题在于，我们是否需要比较比例。

扇形图

我一直有一个想法，想要更准确地阅读饼图，使得切片可以与整体进行比较，切片之间也可以比较，同时还让它保持“饼图”的样子。于是，我想到了扇形图。我现在仍然将扇形图看作“有趣的饼图”。换句话说，扇形图的有效性还很低。但我们可以在 Excel 中制作扇形图，解决一些特定问题。

在图 9.8 中，饼图显示了美国和巴西的年龄结构。然后，在每一个饼图下方我各加上了一幅扇形图。在扇形图中，所有的切片都从 0（垂直位置）开始，它们不是堆叠的。美国和巴西的成年人口比例几乎是一样的，大约占三分之二。两国最大的区别是儿童人口的比例（巴西要大得多）和老年人口的比例（美国要大得多）。使用扇形图，比较儿童和老年人口在美国的比例就要容易得多。

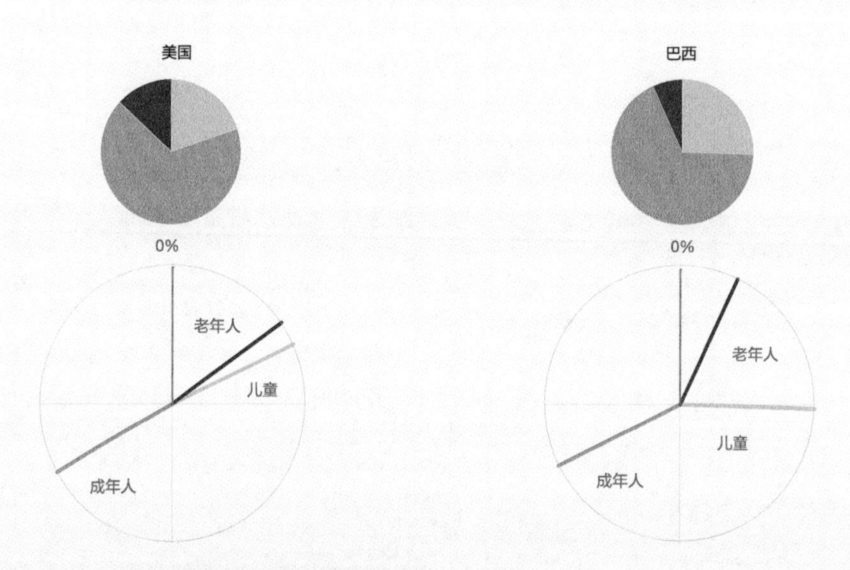

图 9.8 使用扇形图比较美国与巴西的年龄结构（2010 年）
资料来源：United Nations Population Division

在图 9.9 中，每幅图代表各大洲中的每个国家某个年龄组的人口所占的比例。图 9.9 揭示了非常不同的人口统计学概况（例如将欧洲与非洲进行比较），而对于亚洲则需要进行次大陆级的进一步分析。在进行数据探索的过程中，加入交互性会非常有用，至少可以将每条线的长度调整为人口的绝对值，从而可以将印度这样的人口大国与某个很小的太平洋岛国区分开。图 9.9 可以做到这一点，并因此引入了第二个度量值，这在比例图表中并不常见。

每一种新的图表类型都应该受到一定程度的支持和怀疑。一种新的图表可能为之前无法解决的可视化问题提供了解决方案，也可能迫使你从另一个不同的角度来看待数据。一种新的图表回答了之前没人回答过的问题。如果出现新的问题，这种新的图表能比其他类型的图表更有效地回答吗？最重要的是，这种图表会尊重数据本身吗？

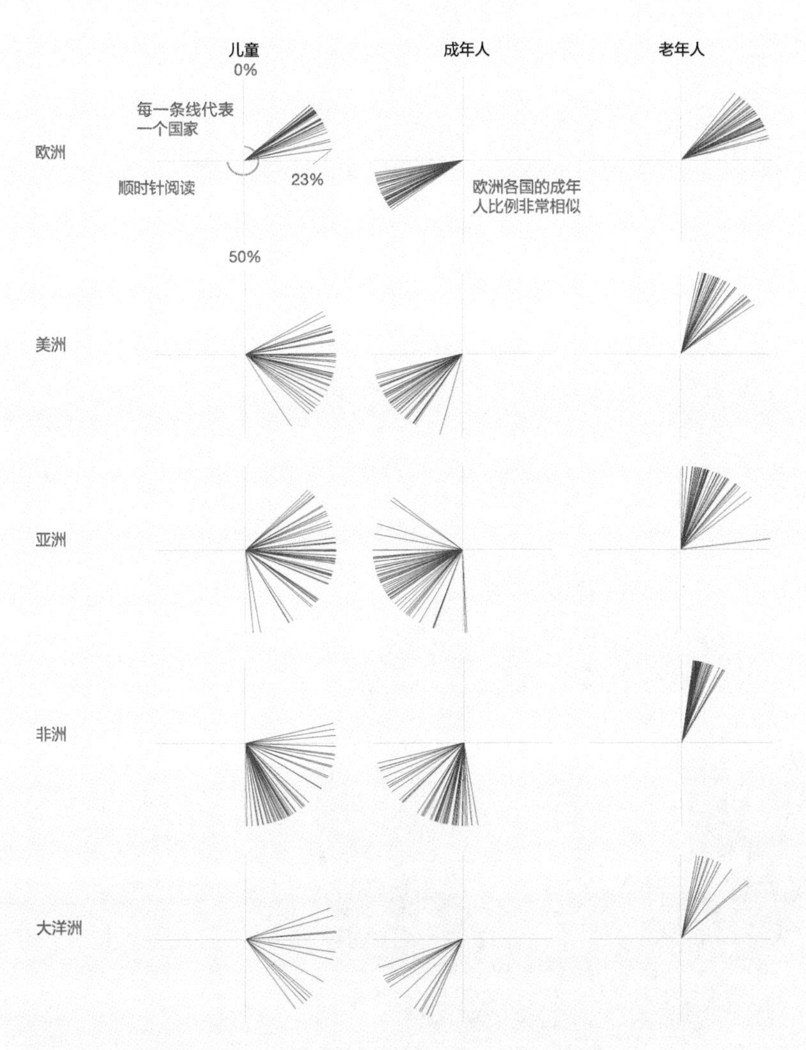

图 9.9 使用扇形图比较各大州人口的年龄结构（2010 年）

资料来源：United Nations Population Division

甜甜圈图

尽管饼图遭受了激烈的批评，但甜甜圈图几乎被忽略了。为什么呢？因为甜甜圈图被看作一种小型分支图表。饼图的所有缺点都可以显现在甜甜圈图上，而且它还有一些其他不足：由于缺少可见的圆心，使得在不同切片之间比较更为困难。

甜甜圈图与饼图相比的一个优势在于它可以比较多个系列，一个环一个系列，这使得它成为圆形版本的堆叠条形图。但实际上这样做的价值很低，因为就像堆叠条形图那样，它只是在比较每个系列中的第一个值和最后一个值时才有帮助。

图 9.10 是甜甜圈图在比较两个或多个系列时的典型应用，每个环表示一个系列。请回答我的问题：妇女在休闲和运动方面比在工作上花了更多的时间吗？正确的答案是“是的”，但你需要花一些（太多）时间来比较每个环中的各个部分才能得到答案。对其他绝大多数类型的比较来说也是如此。

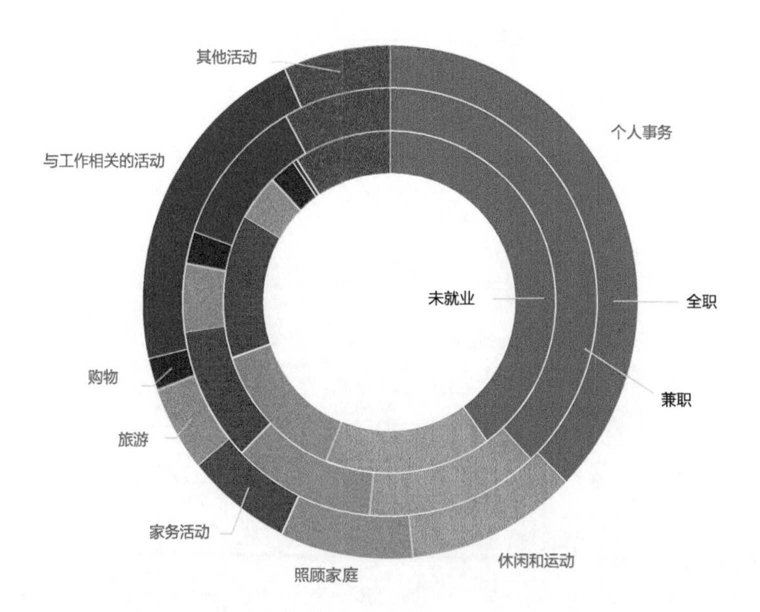

图 9.10 典型的甜甜圈图：比较三个独立的环
资料来源：Bureau of Labor Statistics

在图 9.11 中，这些结论更为明显。在甜甜圈图中，用来工作的时间仅仅是每个环中的一小段，而在斜率图中这一点就变得非常明显，使得我们可以读到更多的其他信息。

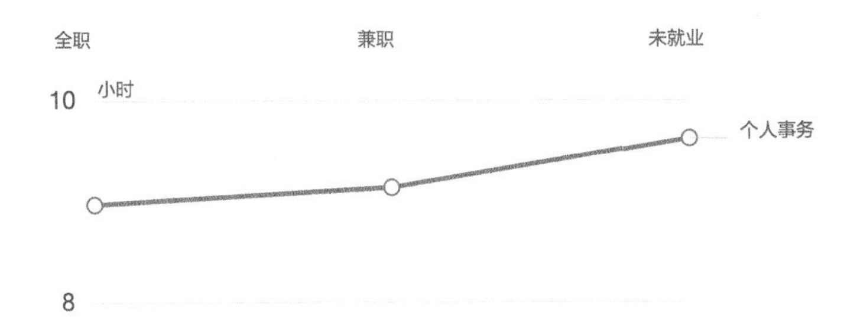

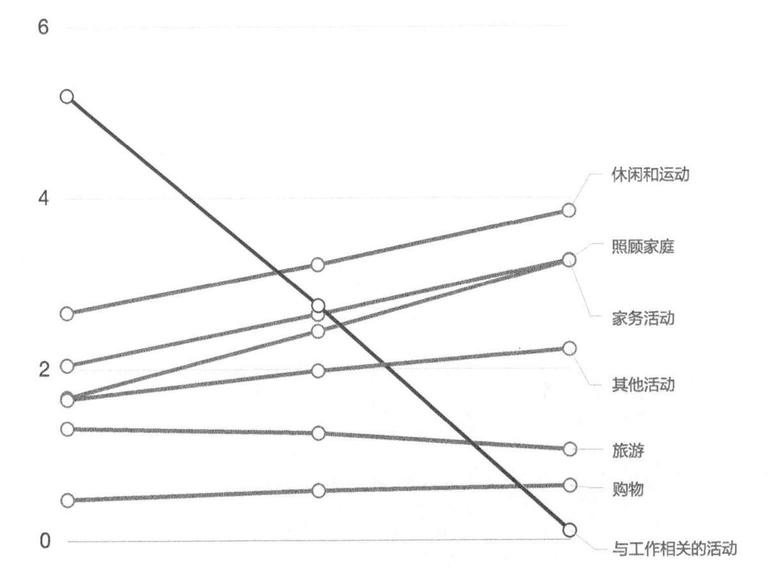

图 9.11　再次求助斜率图
资料来源：Bureau of Labor Statistics

用作多层饼图的甜甜圈图

尽管与饼图之间非常接近的关系对甜甜圈图来说并不是一个很好的标志，但也不是毫无益处。用甜甜圈图改进饼图，最简单的做法是聚合切片，但首先需要去除甜甜圈图中间的洞，将它变成多层饼图。

图 9.12 的甜甜圈图使用三级分层结构显示了美国的家庭支出结构。我们可以看到每个大的分类占总额的比例以及每个子分类占所属大分类的比例。为了更充分地利用这样一幅图，需要加入交互性，以便可以及时识别每一个条目及其子项，因为我们不可能为每一个条目都加上标注（在 Excel 中，可以通过鼠标悬停来识别其中的某一段）。

图 9.12 表明，尽管一般不应该用甜甜圈图来比较各自独立的系列，但当它们之间具有层级关系时是可以的。

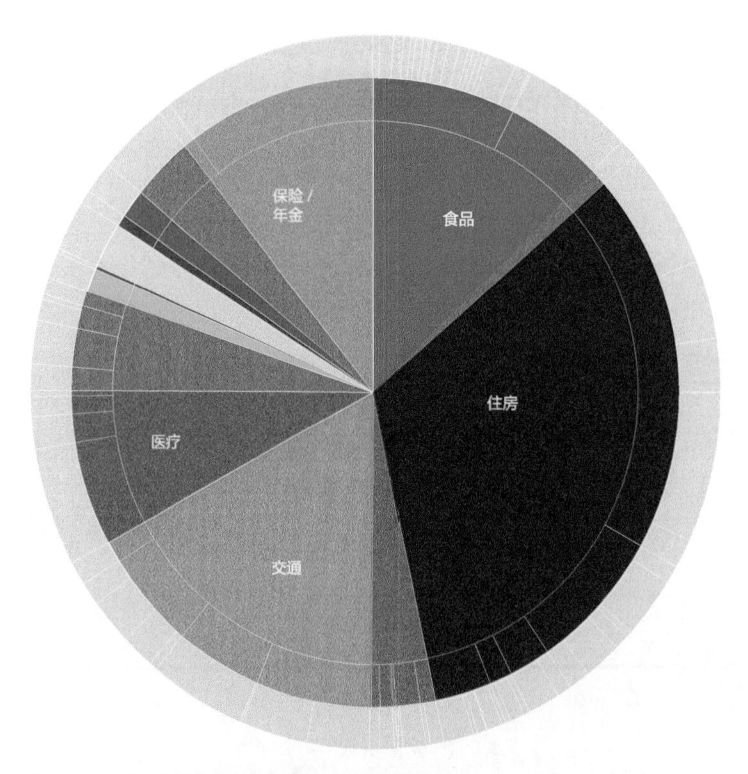

图 9.12 饼图和甜甜圈图组合而成的多层饼图

资料来源：Bureau of Labor Statistics

这里需要再次强调制作图表时的编辑维度问题。我们建议将比例图中的切片个数限制在 2~6 片。图 9.12 中包含 76 个种类，远远超出了可以接受的范围。但因为它的结构允许在不同层之间切换，我们不必拘泥于简单定义的切片个数限制值，而是可以考虑数据组织和展示的方式，突破这个限制。

旭日图和树状图

从 Excel 2016 开始，Excel 可以制作真正的多层图表，而不再需要借助特殊的技巧。图 9.13 和图 9.14 分别使用新的旭日图和树状图展示了同样的家庭支出数据。

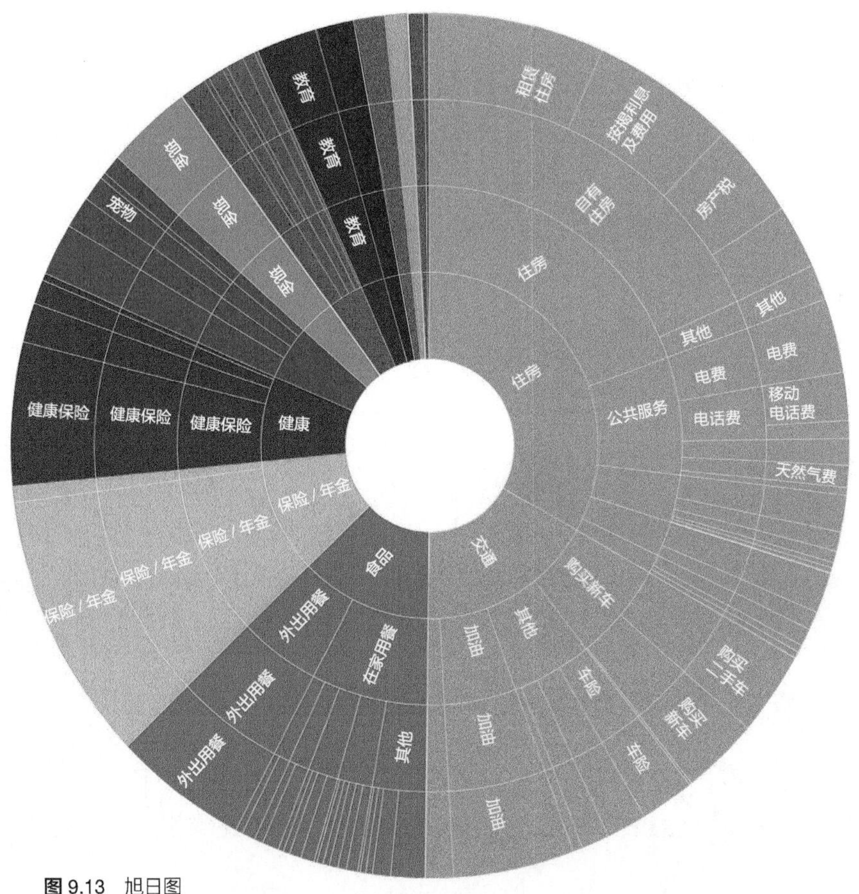

图 9.13 旭日图

资料来源：Bureau of Labor Statistics

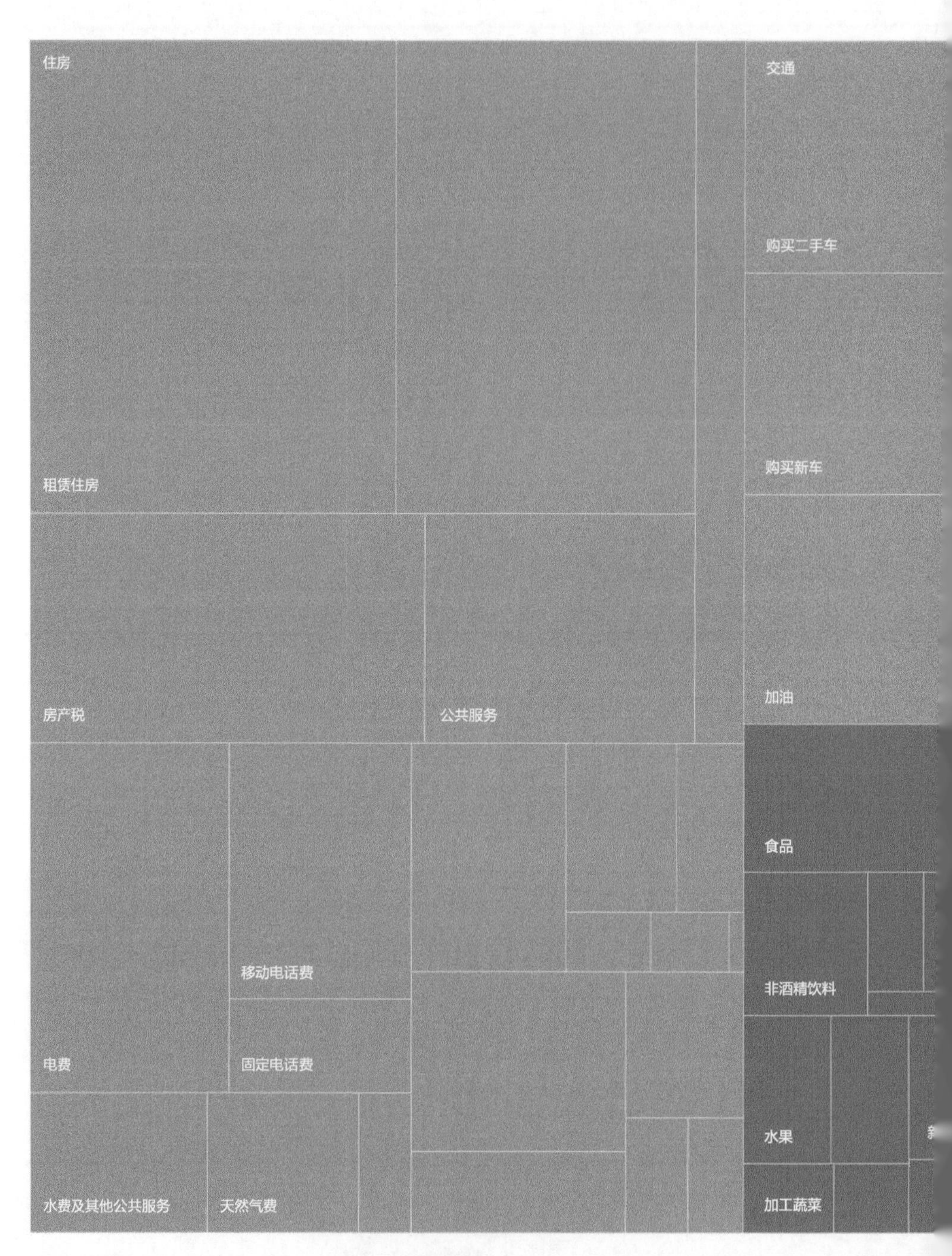

图 9.14　树状图

资料来源：Bureau of Labor Statistics

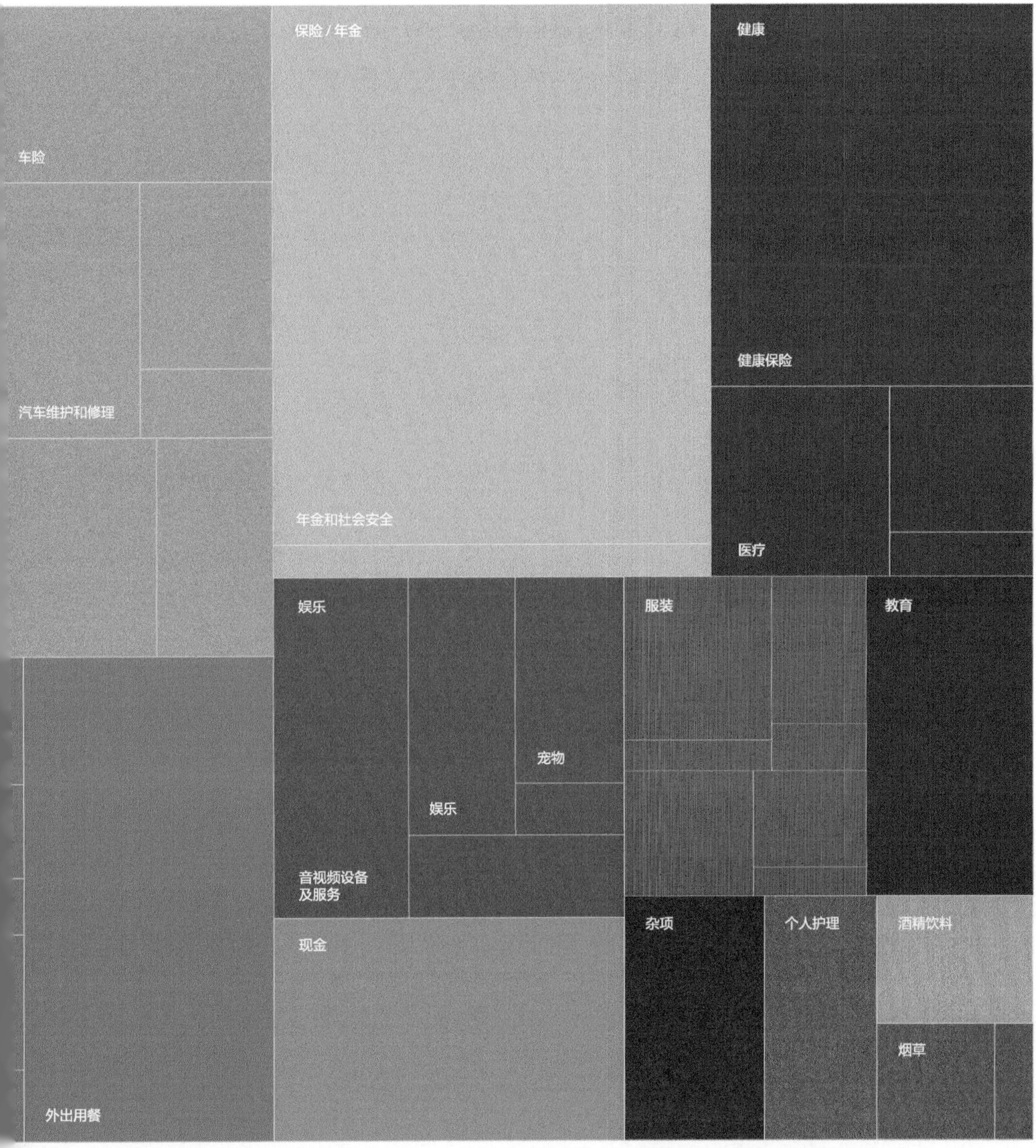

车险
汽车维护和修理
外出用餐
保险 / 年金
年金和社会安全
健康
健康保险
医疗
娱乐
音视频设备
及服务
娱乐
宠物
服装
教育
现金
杂项
个人护理
酒精饮料
烟草

这些新的图表是对 Excel 图表库的有益补充，尤其是树状图。与其他 Excel 图表不同，在树状图中数据的组织和排序并不是很重要，因为每个层级都会由算法进行排序。但你需要注意数据表的结构，Excel 必须知道标注和值之间的对应关系，因此不能有汇总值。图 9.15 展示了食品部分的表的结构。对于旭日图和树状图，可以使用同样的表结构。

标准 1	标准 2	标准 3	标准 4	美元
食品	在家用餐	谷类及烘焙食品	谷类及烘焙食品	176
			面包	343
		肉、家禽、鱼和蛋	牛肉	232
			猪肉	177
			其他肉类	123
			家禽	172
			鱼和海鲜	129
			鸡蛋	58
		乳制品	鲜奶油	147
			其他乳制品	276
		水果和蔬菜	新鲜水果	274
			新鲜蔬菜	240
			加工水果	109
			加工蔬菜	133
		其他食品	糖和其他糖果	139
			油脂	115
			各种各样的食品	702
			不含酒精的饮料	375
			食品包装	51
	外出用餐	外出用餐	外出用餐	2787

图 9.15 Excel 2016 层级图表的表的结构

可能由于是新的呈现方式，旭日图和树状图给人的感觉还不像是真正的 Excel 图表，对于细节的控制还不像在其他图表中那样精准。树状图的实现还非常基础，仅仅是旭日图的长方形版本。树状图通常会包含两个变量：一个是长方形的大小，另一个是长方形的填充颜色。最常见的组合是大小和增长率，其中增长率通过颜色渐变来表示。在 Excel 2016 中，这是树状图初级实现中缺少的一个重要特性。此外，能够移除旭日图中的空洞也是一个非常好的改进。

堆叠条形图

图 9.16 中的堆叠条形图来自欧洲委员会的一份报告。图 9.16 有很多问题，包括熟练程度的颠倒顺序、图表中间的侵入式注释、色彩配色以及缺失数据等。除了这些问题之外，图 9.16 显示了在堆叠条形图中阅读和比较中等长条是多么困难。这一问题存在于所有超过两个分类的组成图表中。

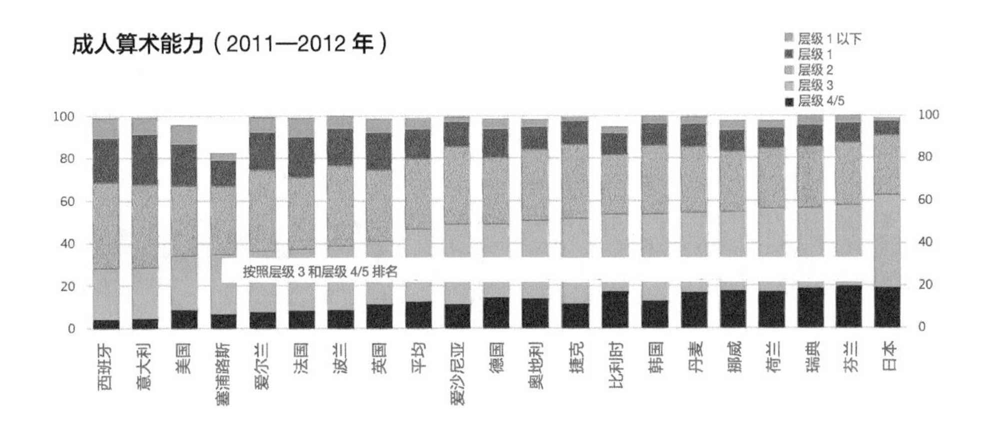

图 9.16　堆叠条形图中的多种问题
资料来源：OECD Skills Outlook 2013

在大多数情况下，我们对将数据点与整体相比并不感兴趣，而对比较多个数据点更为感兴趣，如图 9.17 所示。

图 9.17 是平板图[⑧]，除了不需要使用色彩编码来区分层级外，还显示出只有当系列互相对齐时才能看出的变化。图中使用色彩来突出显示东欧国家，可以看出，它们通常在层级 2 和层级 3 上具有较高的值，而在层级 4/5 中水平较低。

⑧ 我们将在第 13 章中讨论平板图和类似的图表类型。

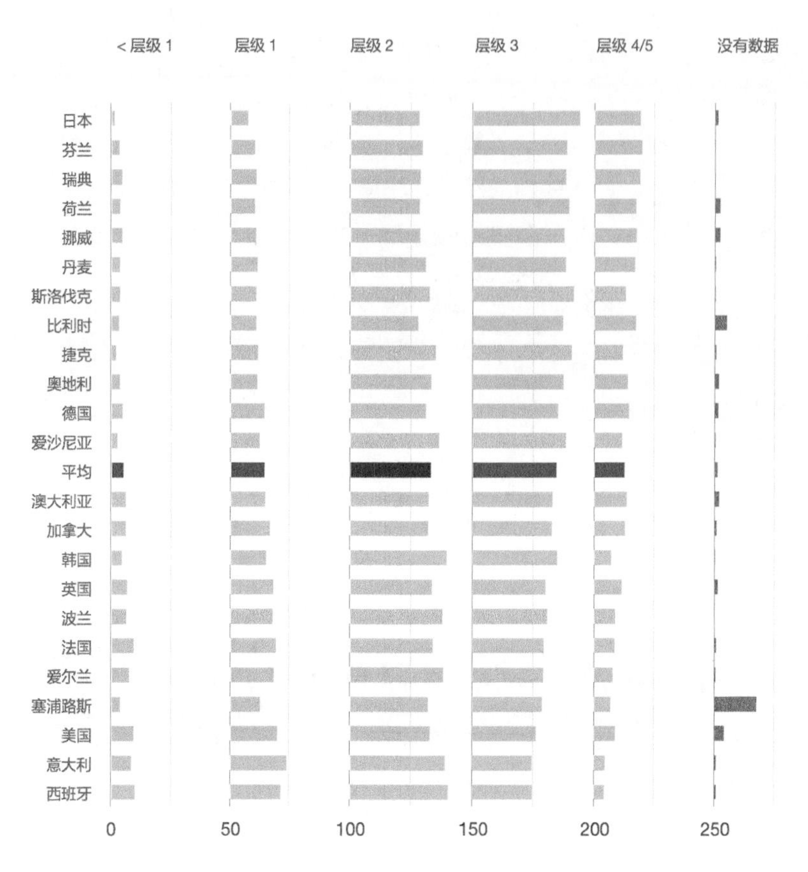

图 9.17 同样的基线更易于对中等水平进行比较

帕累托图

在大多数情况下，一个组成任务实际上是比较任务，显示整体并不重要，因此通常建议将条形图作为比例图的替代物。但这会留下一个问题：如何显示累计值。有没有既可以显示比例值，也可以比较不同分类的图表呢？答案是帕累托图。

帕累托图得名于帕累托法则。帕累托法则的内容是：80% 的影响是由 20% 的原因所导致的（也称 80/20 法则）。帕累托图可以比较每种分类的相对权重以及它们的累计效应。使用按降序排列的垂直长条来显示每个分类的单个值，而用一条线来显示累计值。

图 9.18a 清楚显示了主要欧盟国家和其他欧盟国家之间的人口差距。此外，累计线使得这一点更为明显：欧盟有 28 个国家，但超过一半的人口集中在 4 个国家（德国、法国、英国和意大利），而 9 个国家就占了欧盟国家总人口的 80%。

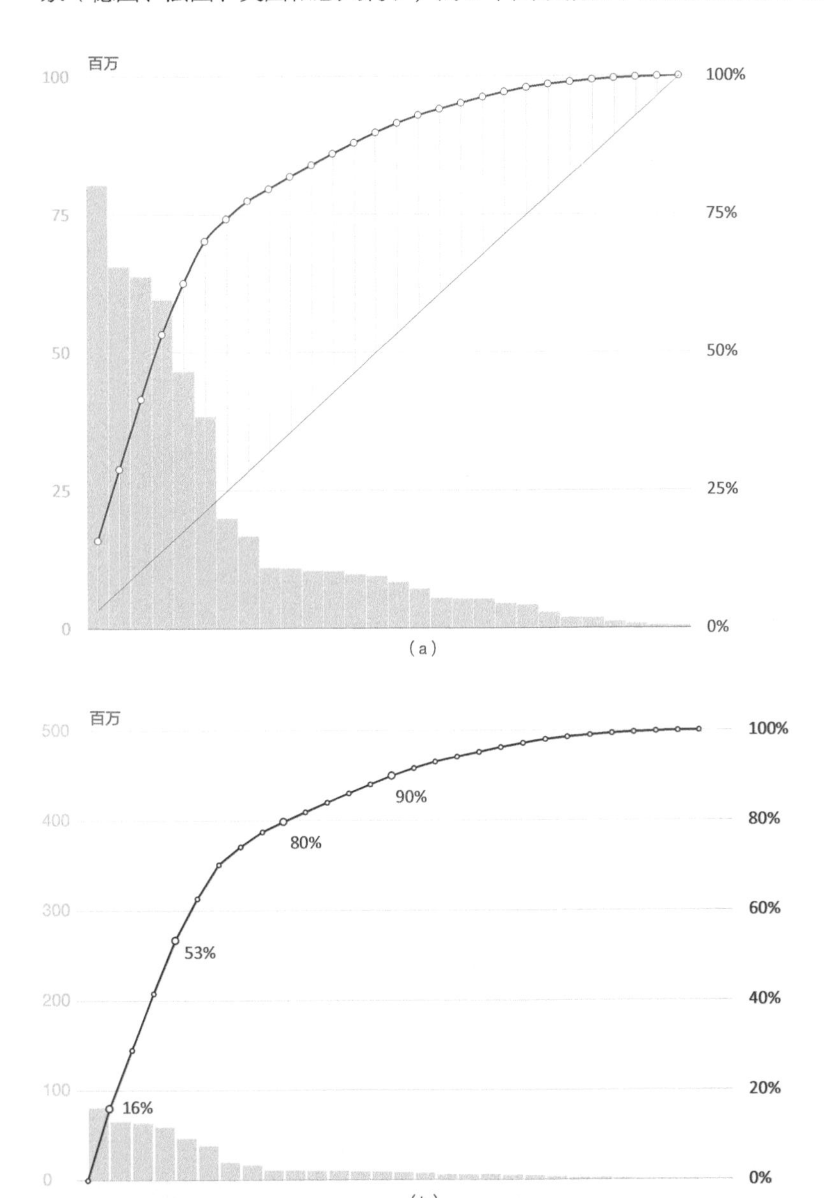

图 9.18　用帕累托图表示人口比例的变化

资料来源：Eurostat

图 9.18a 显示了两条异步轴：左侧的坐标轴表示各自的绝对值，而右侧的坐标轴显示累计百分比。通常来说应该避免使用双轴，但在帕累托图中，变量的阅读很清晰且又各自独立，读者不会有基于它们的关系而得出结论的风险。尽管如此，确保读者使用正确的轴来阅读各个系列是重要的原则。我们可以使用相同的原则来引导读者。

图 9.18b 使用了两条同步轴。它们在每一个网格中显示同样的数量值，只是其中一个表示绝对值，另一个则表示相对值。这种方式的问题在于它会降低分辨率：图 9.18b 缺少了图 9.18a 中很清晰的国家之间的分隔。当有多个分类时，最终可能会形成一幅平面图，无法区分每一个分类，因此可以分别试试两种方案，看看效果。

有一些从事质量控制的作者提出，Excel 用户设计帕累托图的方法不完全正确：在第一个长条中，线应该从左下角开始到右上角，而不是从长条中间开始。关于这一条以及其他似乎存在争议的规则，我乐意了解更多。但作为一种练习，我在图 9.18b 中遵守了这一原则。我使用了散点图，是因为通过它来创建该图表比创建条形图 / 折线图相结合的图表更为容易。

本章小结

- 组成图或比例图的特色是显示整体，也就是可以显示所有分类的累计值。组成图最常见的例子是堆叠条形图、饼图和甜甜圈图。
- 组成成分应该被看作数据可视化中的次要任务。从极端的观点来看，在使用组成图时，我们所能做的事情是将单独的数据点与整体进行比较。
- 在几乎所有情况下，尤其是在处理相对值时，组成分析实际上是比较分析，其中的整体并不重要。
- 使用饼图或堆叠条形图时很难比较中间的分类。
- 尽管在有些应用场景下饼图很简单，也为读者所熟知，但频繁使用饼图应该看作一个商业组织计算能力和读图能力较低的标志。
- 总的来说，饼图最好的替代者是帕累托图，它允许在各个独立的数据点之间进行更为有效的比较，同时累计值也可以显示整体。

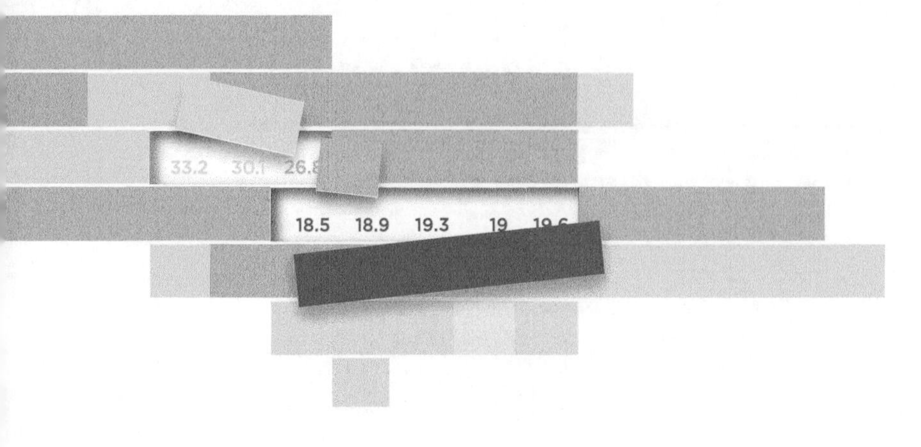

第 10 章

分布

亨利·福特曾经说：“我一半的广告费都白花了，但我不知道是哪一半。”在数据可视化中，可以说有一半的数据是噪声，但我们也不知道是哪一半。在一个数据集中总是有信号（有效信息）和噪声（不相关的信息）。我们不仅分不清彼此，而且信号和噪声本身的界定也是随着任务和用户而变化的。

在追求简化和好形式的过程中，如果能够将整个数据分布归纳为一个单独的指标，同时信息的丢失率在可接受的范围内，那将是非常理想的。我们可以找到这样的变量，但通常会缺乏相应的变化，最终导致它们毫无用处。

我们可能比亨利·福特更幸运。所有的分布都具有形状（或形式），只要知道形状，就可以清理噪声，同时尽最大可能保持形状完整。

学习分布的传统方法是大量使用描述性统计。但是如果你认为学习统计学可以发现分布形状，可能就过于乐观了。我给你看一个数据可视化社区中非常有名的例子，你就知道我要表达的意思了。

图 10.1 中 4 幅图的数据集是完全一样的。至少你应该能够推断出，我在这 4 幅图中隐藏了其他内容，而只是展示了每个数据集的一些最常见的统计值，例

如平均数、方差、相关度以及线性回归。这些度量对于 4 幅图都是一样的，但即使是仅仅瞥一眼就会发现，每个数据集中的值是完全不同的。

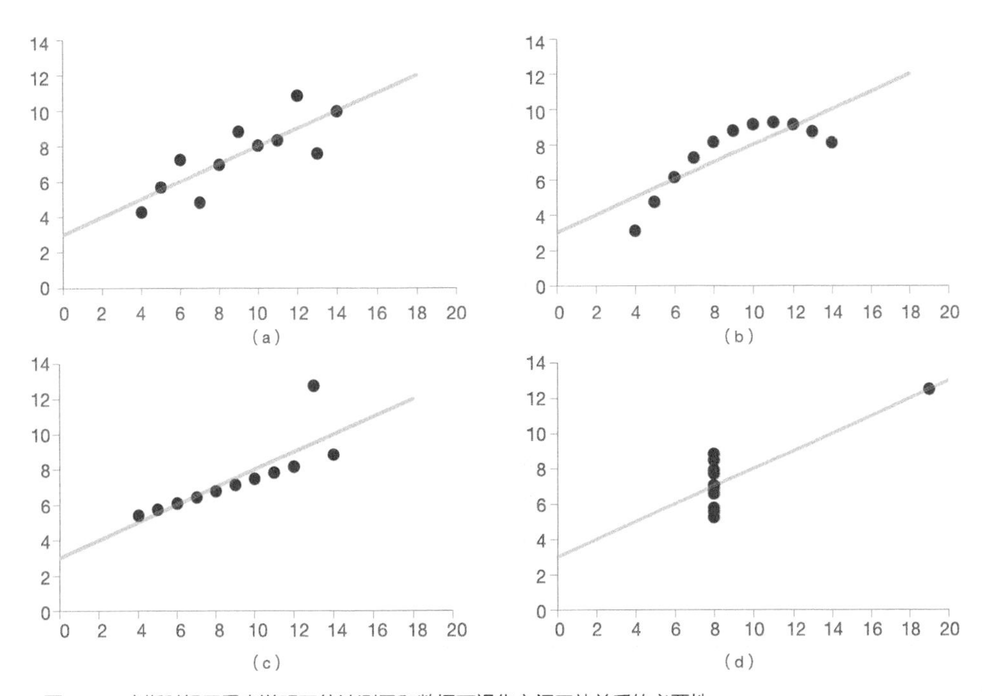

图 10.1 安斯科姆四重奏说明了统计测量和数据可视化之间互补关系的必要性

这 4 幅散点图被称为安斯科姆四重奏，名称来自于其作者英国统计学家弗朗西斯·安斯科姆（Francis Anscombe）。安斯科姆想要说明的是，具有相同统计学属性的数据集可能对应于完全不同的分布（他成功了）。

安斯科姆四重奏说明了需要进行数据可视化的原因：数据可视化并不是想要代替或弱化传统的统计方法，而是要认识到它们之间的互补关系，两方面都很重要，只有任务的本质才能告诉我们应该怎样将二者结合起来，取得最佳效果。

这种互补的关系可以有多种形式。将分布中的所有点绘制在一幅图时，就具有了非常详细的图形——要比从统计度量值中得到的信息详细得多。但这样做有两个问题。首先，你可能会迷失在这些细节中，而无法“顾全大局”，因为所有噪声抵消了信号。其次，需要有一个量化值来作为参考，例如“销售增加了 10%”而不是“将这个点从这里移到那里”。

对数据集进行可视化还可以帮助我们选择最优的统计度量值。例如，在图 10.1d 中，除了一个很大的异常值之外，x 轴上并没有变化。如果必须在平均数和中位数之间做出选择，中位数将会更好地描述分布情况，因为它不会受异常值的影响。

本章将探究数据可视化和统计学之间错综复杂的关系。我们的讨论将不会超出基本的描述性统计学范畴，但这对于理解数据可视化和统计学相辅相成的关系已经足够。通常人们会从单纯的可视化观点进化到更为平衡的方法，因为统计学为可视化的优化提供了实体框架。反之亦然，很多统计学家都认识到，需要使用数据可视化来实现更好的统计分析。

我必须承认，我还清楚地记得自己当时无法理解箱形图的情景。我想可能需要花几个小时来破译它。直到有一天，我看到它在数据点上出现重叠，花了不到一分钟就认识到箱形图是如此简单，并没有什么需要破译的。箱形图其实就是一系列临界点的可视化列表。有时候，正确的图表可以帮我们迅速理解某个事物。

数据

我可以断言，如果在美国各个州对住房、汽车或医疗的分布情况进行可视化表征，将会得到非常类似的图表或地图。预见到这一点并不需要拥有占卜的天分。这些分析都是与人口密切相关的。这些图表和地图都基本显示出了人口的分布情况。更有意义的分析是衡量这些变量与人口分布之间的实际偏离程度。

所有数据都有与之相关的知识、观点和误解，这都是不可避免的。但我想使用最小化的数据集。在这本书中，我可以自由选择任何数据集，而 2012 年美国农业人口普查数据（图 10.2）看上去是一个不错的选择。当然，这意味着你将了解到山羊或蜜蜂的分布情况。在选择这个数据集时，我假设它们与人口分布的相关性较弱甚至是负相关的。我将人口也作为一种变量加了进来，从而可以对人口进行分析。

（×10³）

州	牛	肉牛	奶牛	猪	绵羊	山羊	蜜蜂	肉鸡	火鸡	马	人口
亚拉巴马	1236.5	722.8	9.1	142.6	21.1	52.7	11.6	172 955.4	7.4	63.7	4822.0
阿拉斯加	10.7	3.4	1.1	1.0	0.8	0.6	0.5	1.9	3.0	1.6	731.4
亚利桑那	911.3	197.9	193.6	169.6	180.6	71.7	58.5	8.5	2.5	92.4	6553.3
阿肯色	1615.8	813.3	9.0	109.3	18.8	41.6	23.3	170 380.4	8821.8	61.1	2949.1
加利福尼亚	5370.5	583.6	1815.7	111.9	668.5	140.0	945.6	42 268.5	4532.3	142.6	38 041.4
科罗拉多	2630.1	683.3	130.7	727.3	401.4	34.8	34.8	19.6	3.8	110.4	5187.6
康涅狄格	48.3	8.1	17.7	4.7	6.1	4.4	5.6	79.6	9.4	17.4	3590.3
特拉华	18.2	3.8	4.5	5.9	1.0	2.0	0.8	43 206.5	0.8	6.2	917.1
佛罗里达	1675.3	982.8	123.2	14.9	18.2	52.1	206.7	11 031.7	5.6	121.0	19 317.6
佐治亚	1033.7	469.9	79.5	153.7	21.8	71.7	64.2	243 463.9	2.7	69.9	9919.9
夏威夷	134.0	73.2	1.5	11.4	21.9	13.0	8.6	3.4	0.1	5.1	1392.3
爱达荷	2397.5	485.0	578.8	45.1	231.1	18.1	103.6	9.6	6.7	61.4	1595.7
伊利诺伊	1127.6	344.0	98.8	4630.8	54.7	31.5	10.0	115.9	739.7	62.7	12 875.3
印第安纳	821.3	182.6	174.1	3747.4	52.2	38.6	13.0	6238.6	5084.8	97.4	6537.3
艾奥瓦	3893.7	885.6	204.8	20 455.7	165.8	56.2	30.0	1949.0	4383.2	62.2	3074.2
堪萨斯	5922.2	1270.5	131.7	1886.2	62.5	42.3	10.7	17.9	131.2	74.9	2885.9
肯塔基	2270.9	985.1	71.8	313.4	54.6	64.1	12.7	51 189.7	34.6	141.8	4380.4
路易斯安那	789.0	434.3	16.1	6.8	9.8	18.8	34.9	25 061.5	1.4	59.8	4601.9
缅因	86.3	10.5	32.1	8.9	11.9	6.4	14.5	47.3	5.6	12.0	1329.2
马里兰	194.5	39.2	50.9	19.9	19.3	10.7	7.9	64 192.4	77.4	28.7	5884.6
马萨诸塞	35.7	6.2	12.5	11.2	12.5	8.6	4.7	18.1	12.1	20.3	6646.1
密歇根	1130.5	108.1	376.3	1099.5	86.5	27.1	79.0	1125.6	2190.5	88.0	9883.4
明尼苏达	2412.7	357.8	463.3	7606.8	126.5	33.7	101.4	7765.2	19 450.0	66.4	5379.1
密西西比	921.5	495.4	14.5	401.9	13.0	24.5	36.1	134 479.9	1.5	58.7	2984.9
密苏里	3703.1	1683.7	93.0	2774.6	92.0	103.7	14.6	46 880.7	7572.5	117.3	6022.0
蒙大拿	2633.7	1439.7	13.9	174.0	236.6	10.3	119.0	89.9	20.2	97.9	1005.1
内布拉斯加	6385.7	1730.1	54.6	2992.6	71.8	25.8	44.9	909.0	195.6	64.3	1855.5
内华达	420.3	220.2	29.5	2.7	91.9	21.4	10.2	3.8	1.3	22.5	2758.9
新罕布什尔	33.4	4.1	13.5	3.3	8.1	4.9	2.9	28.9	2.6	9.1	1320.7
新泽西	31.4	9.5	7.2	7.9	14.9	8.3	13.3	19.9	13.7	27.7	8864.6
新墨西哥	1354.2	461.6	318.9	1.3	89.7	31.0	15.1	3.9	6.4	50.7	2085.5
纽约	1419.4	86.0	610.7	74.7	86.3	36.4	70.6	591.6	143.5	90.2	19 570.3
北卡罗来纳	829.7	348.2	46.0	8901.4	29.2	66.4	24.2	148 251.5	17 191.3	66.9	9752.1
北达科他	1809.6	881.7	17.9	133.7	64.6	4.7	370.5	24.7	419.3	45.3	699.6
俄亥俄	1242.3	277.9	267.9	2058.5	112.0	51.6	21.4	12 194.0	2096.4	114.1	11 544.2
俄克拉荷马	4246.0	1677.9	45.9	2304.7	53.7	89.1	21.0	38 430.0	102.1	158.9	3814.8
俄勒冈	1297.9	504.3	125.8	12.7	214.6	33.2	82.2	3294.8	4.8	70.4	3899.4
宾夕法尼亚	1626.4	148.2	532.3	1135.0	96.6	50.2	32.0	29 248.1	2956.0	119.9	12 763.5
罗得岛	4.7	1.4	1.2	1.8	1.8	0.9	0.7	13.4	6.3	2.4	1050.3
南卡罗来纳	297.3	166.7	16.0	224.1	12.7	38.7	10.1	44 296.2	6999.6	52.4	4723.7
南达科他	3893.3	1610.6	91.8	1191.2	257.7	16.5	210.4	57.6	2449.8	68.9	833.4
田纳西	1856.3	874.6	48.0	147.8	43.8	91.7	14.2	30 400.7	4.0	96.5	6456.2
得克萨斯	11 159.7	4329.3	434.9	800.9	623.0	878.9	136.8	107 351.7	1747.5	395.8	26 059.2
犹他	776.8	369.7	90.4	731.7	287.9	14.7	26.1	5.6	2894.9	59.0	2855.3
佛蒙特	274.3	11.5	134.1	3.9	18.8	10.6	8.6	48.5	3.8	11.7	626.0
弗吉尼亚	1631.9	657.3	94.1	239.9	85.0	50.8	14.3	38 386.3	5160.8	86.8	8185.9
华盛顿	1162.8	211.9	267.0	19.9	44.9	27.1	96.7	7511.1	5.3	64.6	6897.0
西弗吉尼亚	414.9	191.4	10.1	5.9	31.6	18.8	9.3	14 781.3	1817.3	26.5	1855.4
威斯康星	3494.1	248.3	1270.1	311.7	80.1	61.1	49.7	7818.7	3468.5	103.5	5726.4
怀俄明	1307.7	664.3	6.2	85.4	354.8	9.2	45.0	4.9	0.9	72.5	576.4
总计	89 994.6	28 956.6	9252.3	66 026.8	5364.8	2621.5	3282.6	1 506 276.8	100 792.2	3621.3	313 281.7

说明：肉牛是为了生产肉类而饲养的牛，奶牛是为了产生牛奶而饲养的牛。这两列是第一列牛的子集。

图 10.2　本章数据集：牲畜和人口

资料来源：USDA Census of Agriculture and U.S. Census Bureau

当数据具有空间维度时，我们很自然想知道是否具有某种空间模式。事实上，应该试图寻找这些模式，如果经过证实它们并没用，也就不用费心来制作地图了。尽管在 Excel 2016 中有所简化，但在开箱即用的 Excel 安装版本中制作地图并不容易。作为额外的福利，本书将在 Excel 制作地图的内容中使用这些数据。

分布

“分布”指的是变量如何按照表中的值所计算出来的距离比例沿某数据轴放置。在描述性统计中，有两种互补的方法来研究分布：搜寻共性（衡量集中趋势）和寻找差异性（衡量离差）。

沿坐标轴画出变量的每一个独立点，会得到一幅与原型图表具有相似特征的折线图。我们必须加上标题和标签，有可能变化很小，但即使有所重叠，也要确保所有的点都可见。

显示所有事物：透明与抖动

让所有数据点都可见能够保证准确性，但有时候也会产生过多的噪声，使读者难以得出结论。

当有很多类似或完全相同的数据点时，它们就会重叠，我们无法衡量其中集中了多少个数据点。一个点可能会隐藏很多其他数据。非常高的集中度以及很宽的范围使得这个问题更严重。这就是一个异常值就能够毁灭本来可接受的分辨率的原因。

如果在改变记号大小和类型、图表尺寸或坐标范围之后，仍然会有很多重叠的数据点，则可以有几种选择（图 10.3）：为标记选用暗色调，且设置较高百分比的透明度有助于建立密度感；也可以去掉填充色，使用简单的形状，例如环形。

如果所有这些尝试都失败了，那就需要添加非常少量的随机变量（“抖动”）来分隔这些点，这是减少重叠而不影响阅读数据的方式。当使用抖动时，加上注释是非常明智的做法。

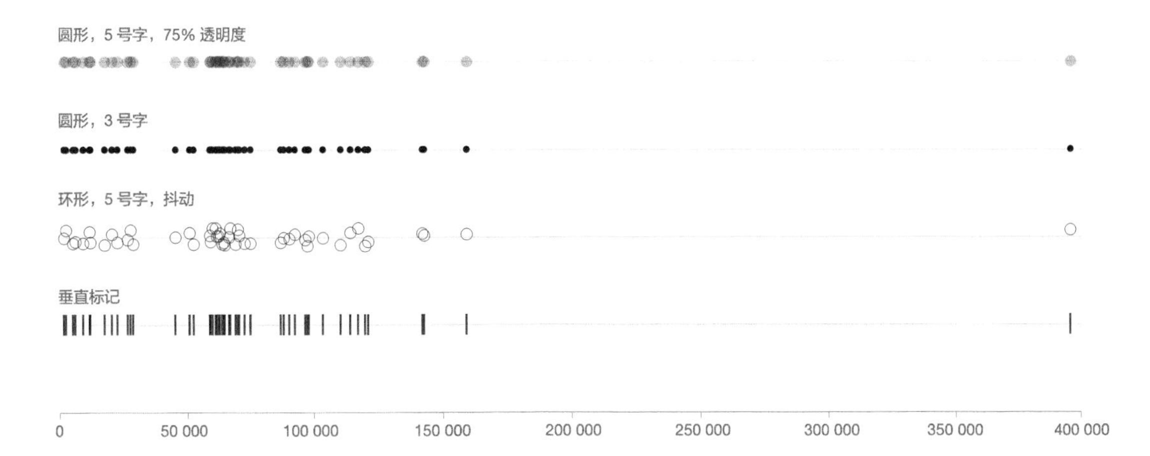

图 10.3　如何避免数据点重叠
资料来源：USDA Census of Agriculture, 2012

对印象进行量化

如图 10.2 所示，在马的分类中我们首先注意到的是一个远高于其他所有州的、极大的异常值——近 400 000。剩下的州看上去可以较为宽松地分为三类。平均数应该位于中间的分类中，约 70 000。

对印象进行验证和量化将会很有用：分布的中心究竟在哪里？多大的偏差应该被认为是“正常的”？能否有一个量化的极限值？高于或低于极限值可否被看作异常值？关于这些，图 10.4 可以告诉我们更多信息。我们可以先移除异常值，使图表具有更高的分辨率。

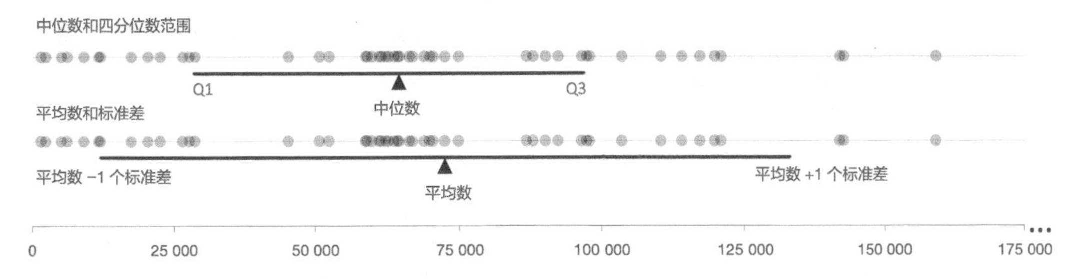

图 10.4　比较中心点与偏移量
资料来源：USDA Census of Agriculture, 2012

在图 10.4 中，两个三角形的位置分别表示了中位数和平均数。很显然，中位数位于平均数的左侧，更靠近较暗的区域。

平均数与标准偏差

当偏差很小且值在其左右分布对称的情况下，平均数是很有用的。图 10.4 第一眼看上去并不是这样：即使不算异常值，右侧的三个值也使得分布出现偏离，并影响到平均数。因此，平均数似乎被抬高了，并不是表示这个分布中心点的最佳值。水平深色红线标记出了平均数的标准偏差（离差），很显然平均数受到了大于 130 000 的值的影响。

中位数与四分位差

中位数是排序后的一系列数据点的中间点。例如，在（1，2，3，4，5）的序列中，中位数为 3。由于中位数更多考虑的是数据点的位置而不是实际的值，因此它不会受到异常值的影响。如果不是（1，2，3，4，5）而是（1，2，3，4，500），中位数还是 3。这就是为什么在马的例子中，中位数要比平均数低。当分布对称时，平均数和中位数相同。

中位数并不是将所有数据考虑在内的计算值，而是将分布分割成两部分的分界点。你可以使用这一逻辑在其他地方对分布进行分割。一种常见的分割方法是用三个点，分成四个部分，或称为四分位。每一个四分位中包含一定百分比的数据点：Q1 包含 25%，Q2 包含 50%，Q3 包含 75%。50% 的数据点位于 Q1 和 Q3 之间。这被称为四分位距。在图 10.4 上图中，通过红线来表示。不同于左右两侧标准偏差相等的平均数，中位数并不一定在四分位距的中点上。中位数不在中心点上的这种现象体现了分布的偏态。

异常值

在图 10.5 中，我临时将异常值设置为 0。将图 10.5 与图 10.4 进行比较，就会发现它对中位数和四分位数的影响是微不足道的（确实改变了一点点，因为值向列表的底部移动了），但平均数变得离中位数更近了，标准偏差大大减小。

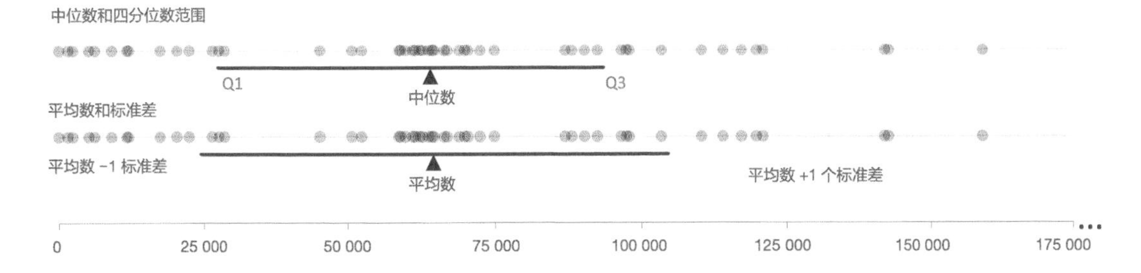

图 10.5　异常值对平均值和标准偏差的影响
资料来源：USDA Census of Agriculture, 2012

在对分布的分析中，异常值的处理越来越受关注。一个异常值可能对应一个错误。异常值可能是某些特定分布中的常见特征，也可能是其他需要进一步调查研究的内容。不管是哪种情况，异常值都是很有趣的，不应该被忽视。

识别出异常值似乎很简单，但定义可接受的阈值范围很难，因为在很多情况下，什么样的值应该被看作异常值并不明显。

没有一种孤立的方法来定义和计算异常值。图 10.6 中显示的红色标记线，对应于四分位范围（上方）和平均数的标准差（下方）。图 10.6 中的较细淡红色线是一个过渡区，超出这个范围的值被认为是异常值。过渡区的范围计算方法如下：

- 对于中位数，将四分位距乘以 1.5，然后加上 Q3，再减去 Q1。
- 对于平均数，加上或减去两个标准差。

如果没有异常值，过渡范围的极值是最大值和最小值。上述两种方法都约定，在分布中存在异常值。

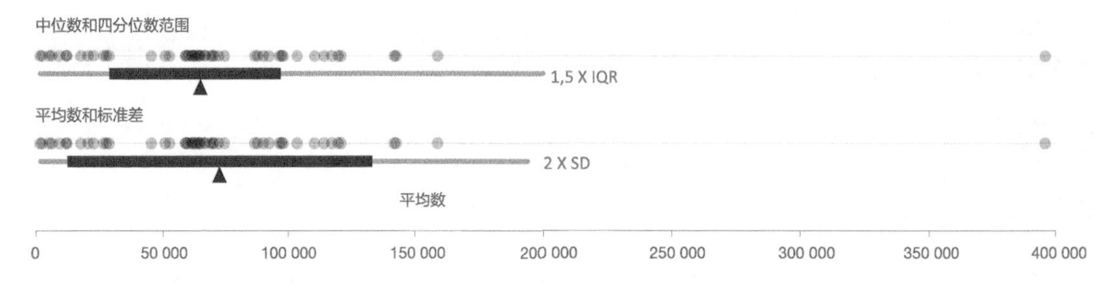

图 10.6 计算异常值的两种方法
资料来源：USDA Census of Agriculture, 2012

箱形图

带状图准确地画出了数据点沿坐标轴的分布情况。但是，很容易就能感觉到，这样并没有抓住核心内容。我们需要对这些值汇总，同时提供一些锚点来帮助阅读分布。这就是加上度量值的原因。

现在我们对分布已经有了很好的了解，可能对显示所有数据点有些过度热情了。也许应该简化，只强调关键点，找到一种比较表中所有系列的方法。这样是对认知资源的一种更好的分配。

最好的方法是使用箱形图。如图 10.6 所示，“箱”是粗红线（四分位范围），而亮红线是从中延伸出来的，用来定义异常值的阈值。

我的一个客户曾经并不太喜欢使用中位数而非平均数的建议。他不太确定用户是否会认识到这两个度量值之间的区别。如果我们的数字认知在这个水平上，那么箱形图可能并不是最好的可视化表征形式，因为它过于抽象，使用了不太常见的统计量，例如四分位差。但是，箱形图值得进行一些研究，因为在大多数情况下，可以用它来描述分布情况，效果令人满意，对细节的损失也可以接受。

对于在中位数两侧有非常密集的区域、在图表中呈现不可见的双极分布的情况，箱形图可能无法给出非常准确的图像。但是，我们可以通过数据点的密度调整盒子宽度，也可以采用创新性的解决方案，如使数据点保持可见来弥补不足。

Z 分数

比较不同的分布情况很重要，但看一眼图 10.2 可能会让我们重新考虑这一问题：我们不能用 16 亿只肉鸡与几百万匹马相比较。

要使它们具有可比性，需要对数据进行转换。实现转换的常用方法是计算 Z 分数，平均数设为 0，标准偏差设为 1。根据其位于平均数之上还是之下，将每个分布中的所有数据点转换为正数或负数。

计算出 Z 分数之后，可以对分布进行比较（图 10.7）。我们很清楚地看到，它们都具有很大的异常值。变化分为多种情况。例如，山羊的变动性要比马小很多。

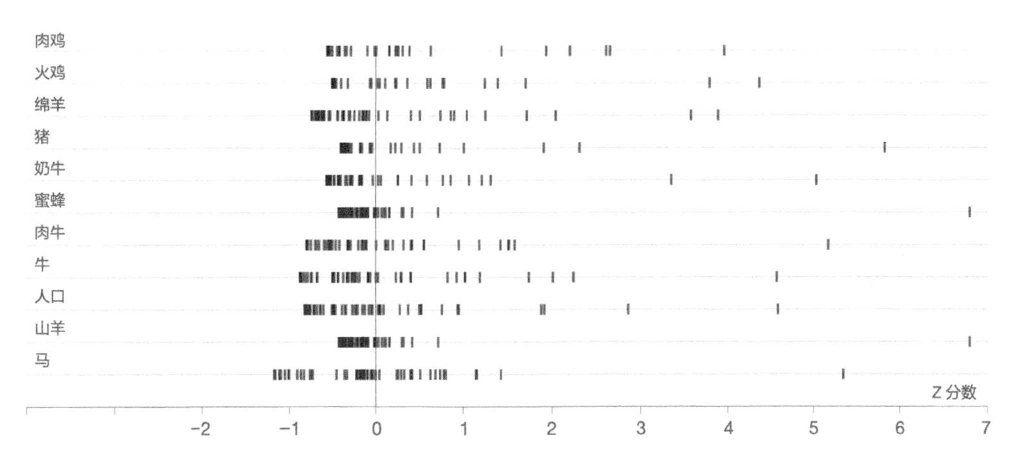

图 10.7 使用 Z 分数比较分布

资料来源：USDA Census of Agriculture, 2012

如图 10.8 所示，我们可以使用多个箱形图来比较分布①。它们按照中位数进行了排序，其他很多细节也很清楚。在下面其中的两个分布中，山羊的变动性比马要低很多，但它的异常值则要大得多。在几个分布中，确定一个数据点是不是异常值并不像在马的分布中那么容易，但箱形图为我们设置了可以参考的标准。

注意，我选择了保留所有数据点的方式，在通常情况下，箱形图只显示异常值。

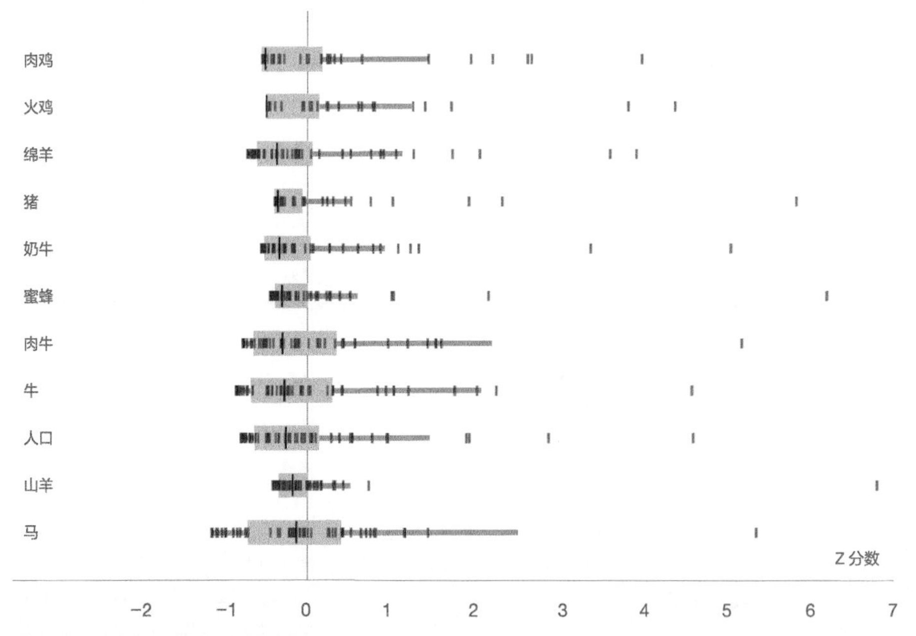

图 10.8 增加箱形图使比较更容易

资料来源：USDA Census of Agriculture, 2012

---

① 微软在 Excel 2016 中实现了箱形图。像其他新的图表一样，它们并不像图表库中现有的图表那么灵活。例如，在当前的版本中，并没有创建水平箱形图的选项。图 10.8 中的图形是通过散点图来绘制的，非常耗费时间。

重温帕累托图

异常值和变动性给我们提供了另一种阅读分布的方法——分析其累计值。让我们再回到帕累托图。在帕累托图中，累计值的线总是位于上方的阴影三角形内（图 10.9），其中对角线表示最小集中度，而左上角的一个单独的数据点对应于最高的集中度（即所有的马都在一个州）。

你肯定想知道马的分布是否与其他物种的分布相似。答案是否定的，如图 10.9 所示，可以将猪的分布和马的分布进行比较。尽管在各处都可以找到很多马，但猪的分布要更加集中，一个州就超过了 30%。

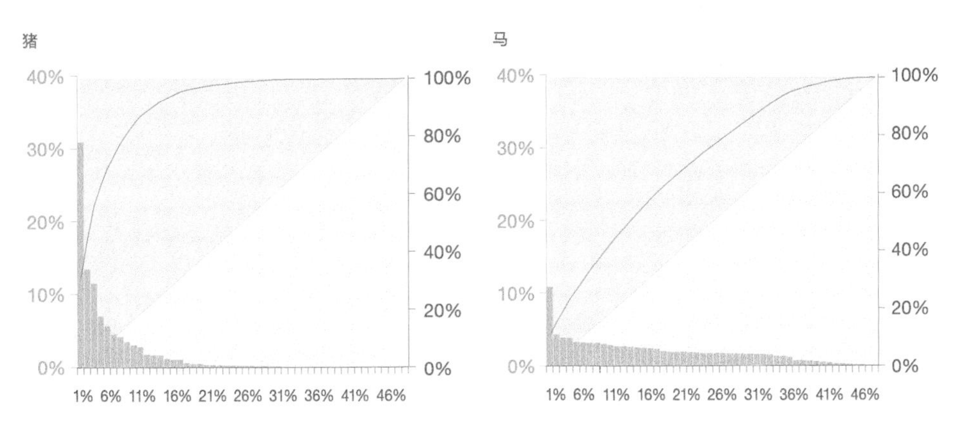

图 10.9　使用帕累托图来比较累计分布

在图 10.10 中可以看到每一个物种的帕累托图。图中左上角的三角形的一部分加上阴影，是显示累计值是怎样变化的。对于每个州，都记录了最小值和最大值。在 50% 和 80% 累计值的地方还添加了参考线。例如，火鸡符合帕累托法则，80% 的饲养量集中在 20% 的州中；而马则不符合帕累托法则，56% 的州饲养了 80% 的马。

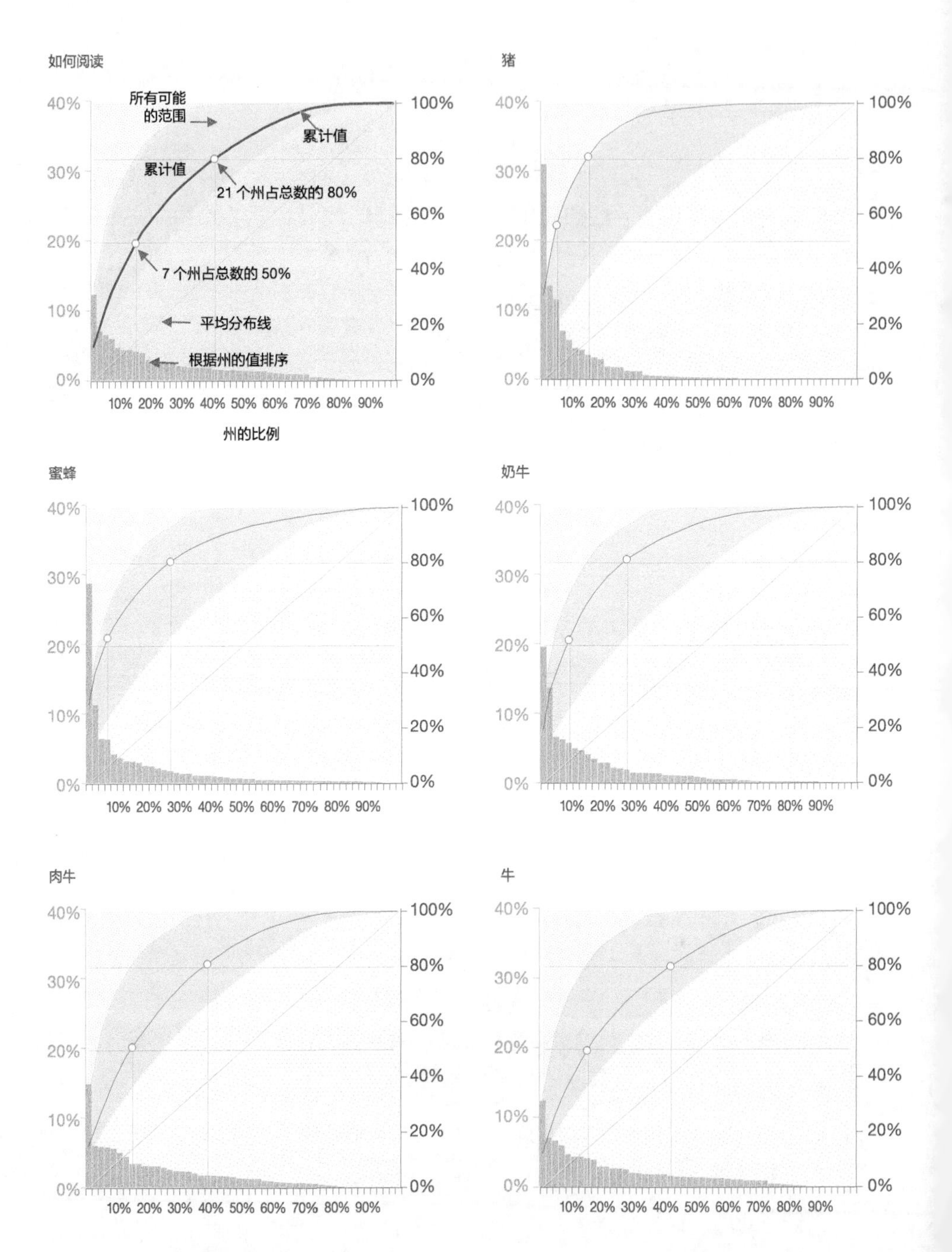

图 10.10 使用帕累托图来比较累计分布

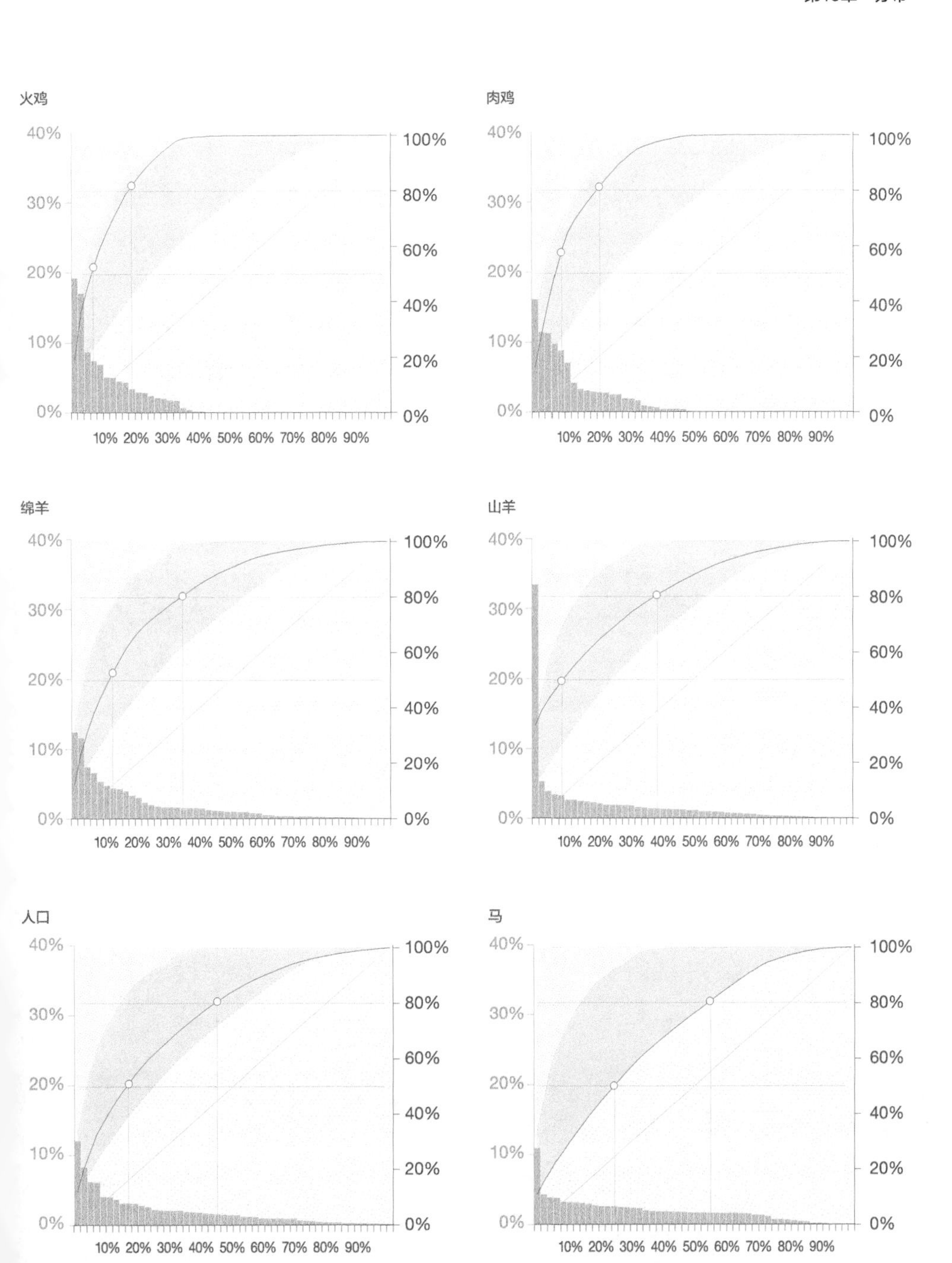
火鸡
40%
30%
20%
10%
0%
100%
80%
60%
40%
20%
0%
10% 20% 30% 40% 50% 60% 70% 80% 90%
肉鸡
40%
30%
20%
10%
0%
100%
80%
60%
40%
20%
0%
10% 20% 30% 40% 50% 60% 70% 80% 90%
绵羊
40%
30%
20%
10%
0%
100%
80%
60%
40%
20%
0%
10% 20% 30% 40% 50% 60% 70% 80% 90%
山羊
40%
30%
20%
10%
0%
100%
80%
60%
40%
20%
0%
10% 20% 30% 40% 50% 60% 70% 80% 90%
人口
40%
30%
20%
10%
0%
100%
80%
60%
40%
20%
0%
10% 20% 30% 40% 50% 60% 70% 80% 90%
马
40%
30%
20%
10%
0%
100%
80%
60%
40%
20%
0%
10% 20% 30% 40% 50% 60% 70% 80% 90%

Excel 地图

遗憾的是，长久以来基本的主题——地图在开箱即用的 Excel 安装版本中都没有。在 Excel 2016 版本之前，只能实现部分功能：

- 使用形状（每个州一个形状），并通过编程来填充颜色。
- 使用非常小的单元来画具有条件格式的、不需要编程的低分辨率区域。画出的地图看上去有点粗糙，但对大多数基本任务来说已经足够好了。
- 在画沃尔玛店面地图（图 5.22）时，我用了散点图来显示其郡和店面。

Excel 2016 中有了 3D 地图。这个名字很令人担忧，但你可以创建区域地图，而忽略其他选项。在图 10.11 中我使用 3D 地图来画家畜数据。我将分布划分到 5 个不同的箱子中，百分率分别为 20%、40%、60% 和 80%。

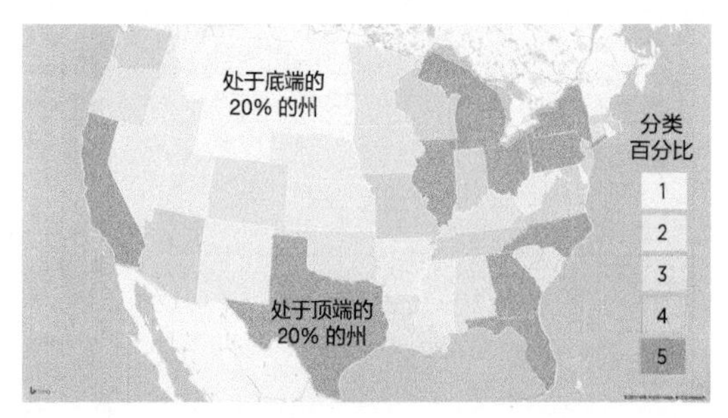

图例

肉牛

牛

火鸡

图 10.11　牲畜与人口的映射图

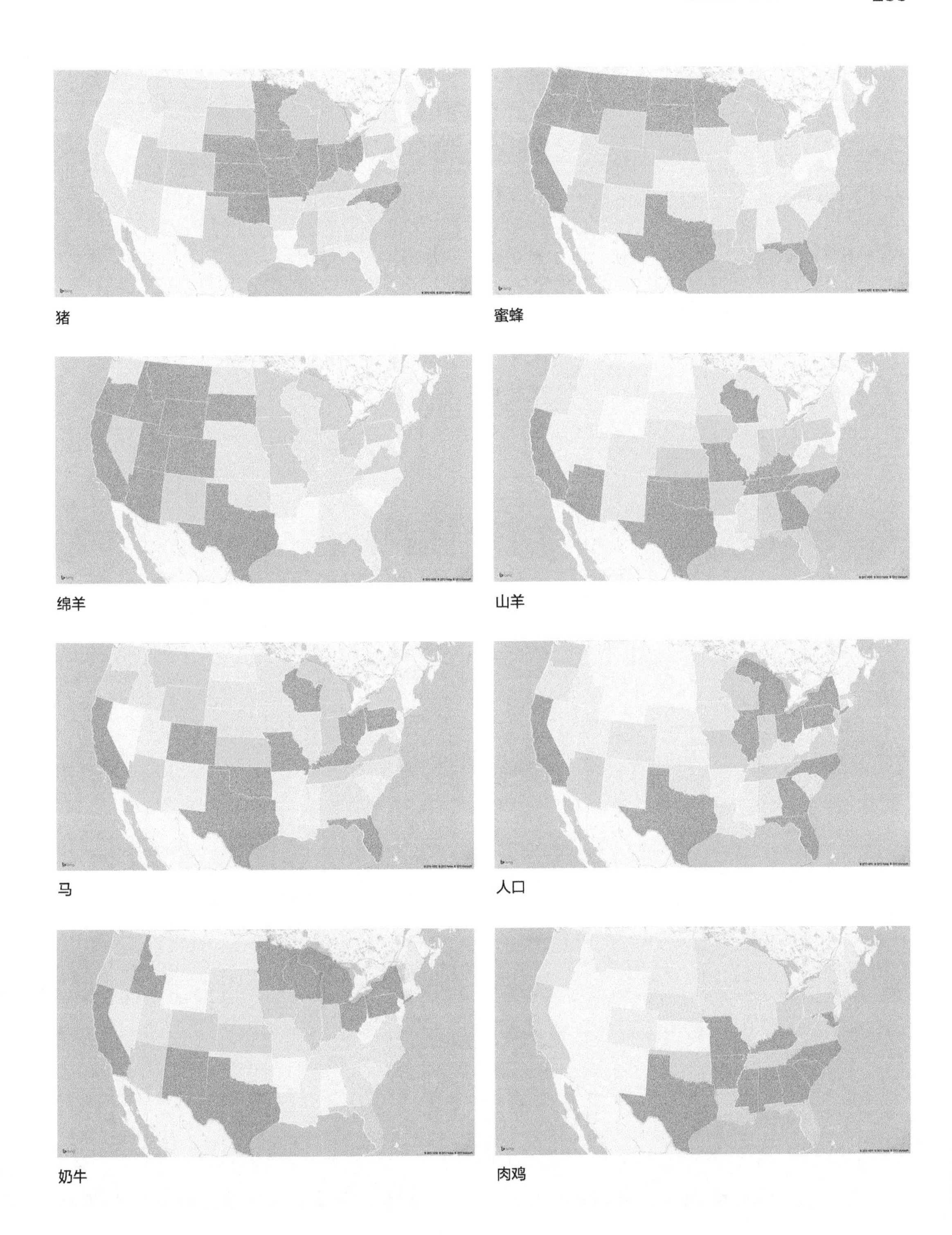

猪
蜜蜂
绵羊
山羊
马
人口
奶牛
肉鸡

有时候，我们把太多的注意力放在空间维度上，仅仅是因为可以创建一幅地图，但地图并不能揭示任何显著的模式。事实上，我们忽视了其他可以通过简单的非空间图形来显示的维度和关系。

直方图

图 10.12 和图 10.13 显示了美国的每一个县郡。数据点太多了，以至于需要应用垂直抖动来查看点的密度。在图 10.12[②] 中，这种技术应用得很好，考虑到了可接受的数据点分解。在图 10.13 中，分布过于偏态，唯一的补救措施可能是使用对数坐标。

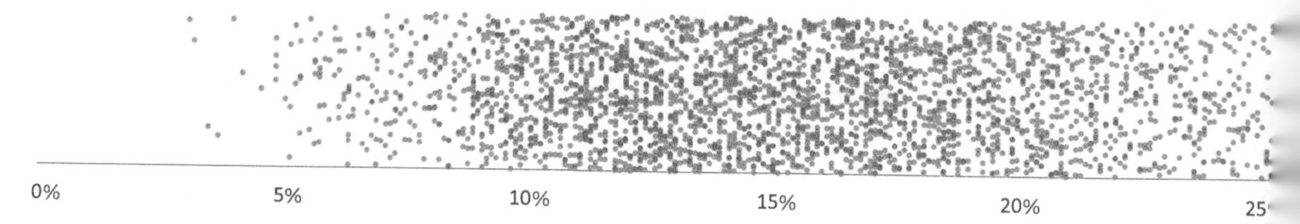

图 10.12 美国各县郡贫困率分布（2010 年）
资料来源：U.S. Census Bureau

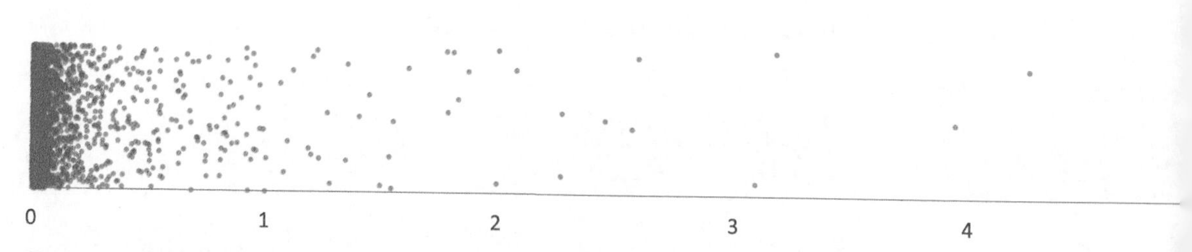

图 10.13 美国县郡人口分布（2012 年）
资料来源：U.S. Census Bureau

② 注意我们只是将县郡的数量考虑在内，而不管它们的人口数。在更深入的分析中，则必须考虑它们。

箱形图在对分布的一系列度量值进行综合分析时是非常有用的。但如果需要知道在一段间隔内有多少种情况，会怎么样呢？例如，有多少个县郡的贫困人口百分比在 15%~20% ？这是无法通过箱形图来回答的。

但是，直方图可以回答这样的问题。与箱形图不同，我们需要定义容器（种类或间隔）并计算每个容器中有多少种情况。问题在于并没有一种简单的方法来定义这些容器以及它们的边界点，这就为蓄意操纵打开了大门。图 10.12 和图 10.13 显示了需要不同的方法来对这些分布进行更好的描绘。

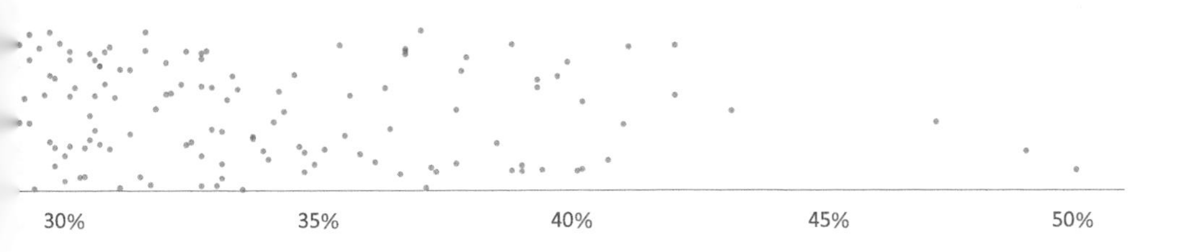

百万

6 7 8 9 10

容器编号与宽度

当在直方图中定义分类（容器）数量时，必须在分辨率和任务之间找到适当的平衡点。一方面，在不损失相关细节的前提下，容器的数量应该尽可能少；另一方面，任务可能有特定的目标，需要预先定义容器的数量或容器宽度。如果想知道有多少县郡的贫困人口在 15%~20%，就必须使用 5% 的容器宽度。但你需要确定这是否会影响整体形状以及是如何影响的。

没有一种简单的方法可以确定合适的容器数量，因为这个数量取决于数据的范围、数据点的个数（n）以及分布的概况。建议的范围是 5%~20%。如果使用公式计算，可以从下述两方面着手。

- 观察值的数量（n）。应用莱斯公式 ($2n^{\frac{1}{3}}$)，3143 个县郡得到 30 个容器。
- 容器宽度。应用弗里德曼—戴康尼斯公式 $2(\mathrm{IQR}(x)/n^{\frac{1}{3}})$，其中 IQR 为四分位差。人口统计数据的结果可以放到一个宽度为 7500 的容器中。使用 IQR 意味着结果不会受到异常值的影响。

不管使用哪种方法，都应该包含对容器数量的定性评估。弗里德曼—戴康尼斯公式似乎是一种折中，介于根据经验判断和使用复杂的公式之间。

按照贫困人口百分比画出的县郡分布图呈现对称的钟形曲线，同时具有几个不太显著的异常值。我们很容易就可以证明任何容器数量或宽度都是合理的。在图 10.14 中，所有的容器宽度都能够很好地显示出分布的形状。在图 10.14a 中，我计算了容器的数量，并将宽度取整设置为 2 个点。图 10.14b 和图 10.14c 分别使用 5 个点和 1 个点的容器宽度。2 个点的容器宽度不能显示有多少县郡在贫困人口比例为 15%~20% 的范围内，但如果容器宽度为 5 个点是可以接受的，那么就应该使用图 10.14b。

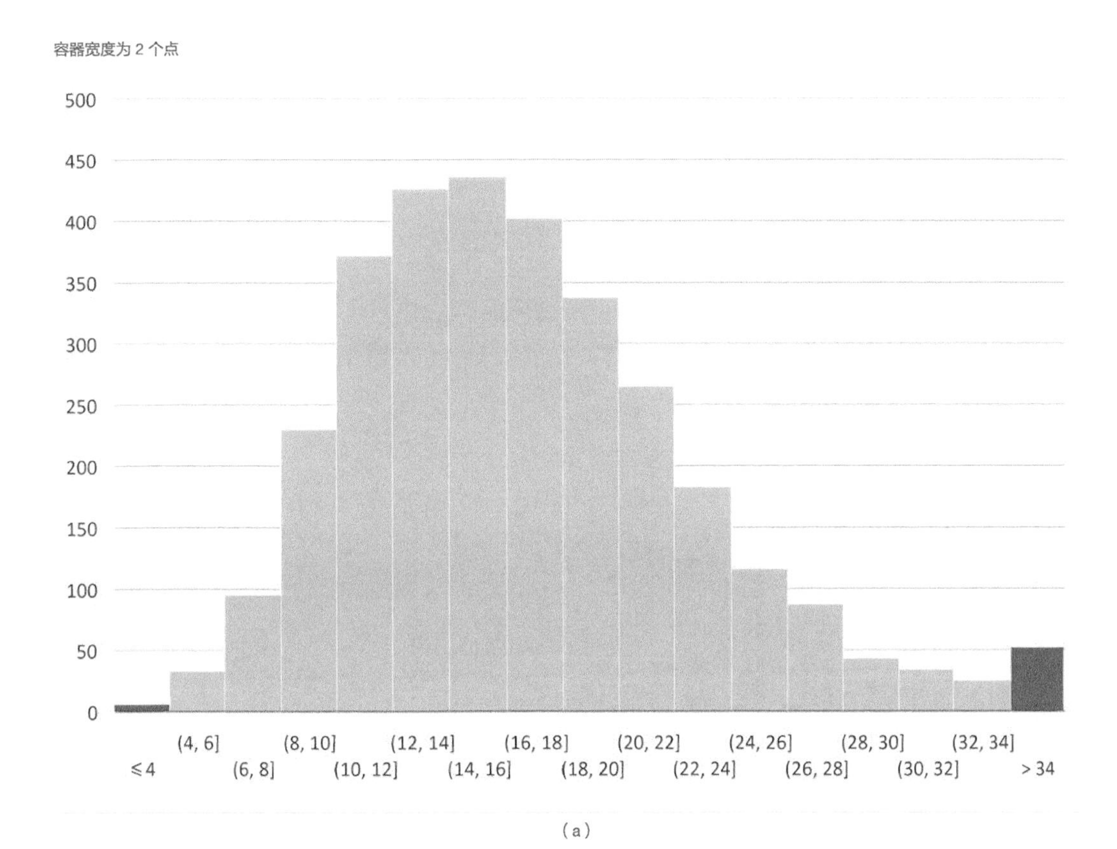

（a）

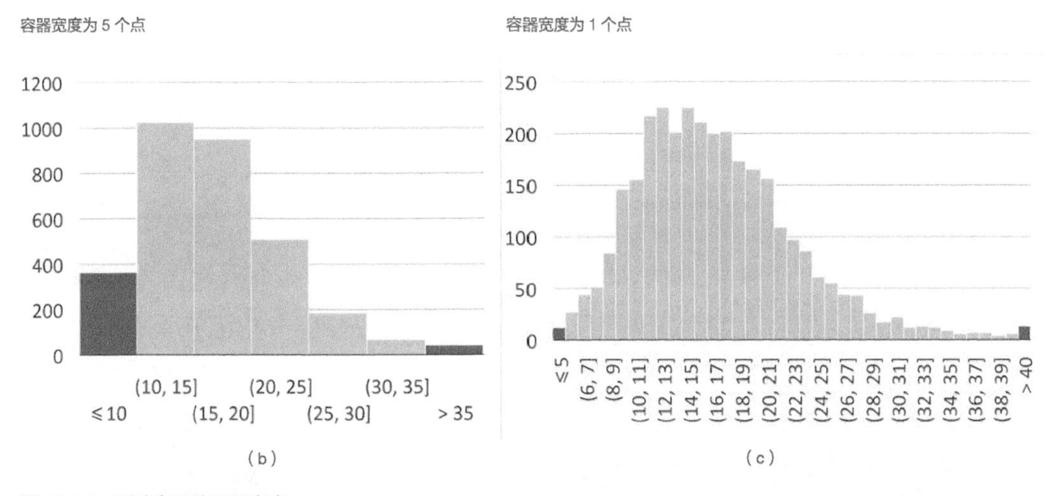

图 10.14　测试容器的不同宽度

人口统计直方图的设计更难（图 10.15）。由于使用了同样宽度的容器，因此总是会出现一个溢出的容器（最右侧的容器）。为了让溢出的容器中不含超过 10% 的县郡，因此分界点应该是居民人数大于 21 万人。如果将容器宽度设为 7500，将会得到 29 个容器，接近于莱斯的公式。

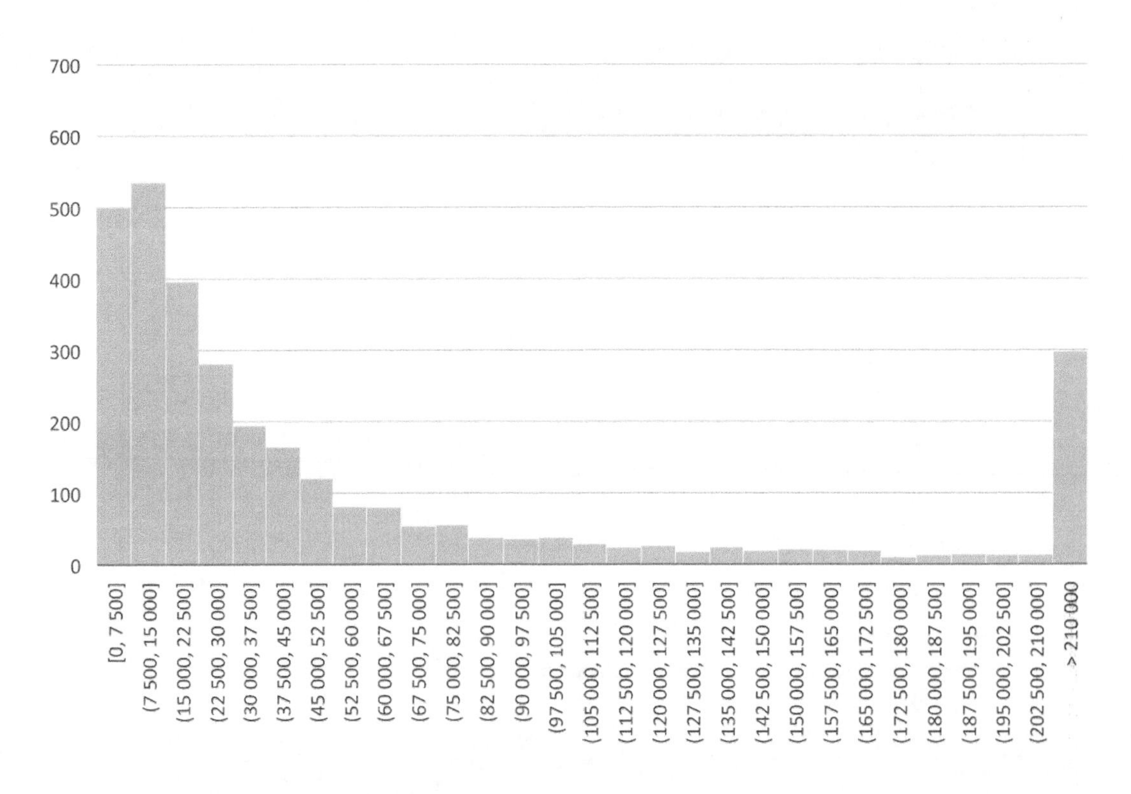

图 10.15 需要更多判断的分布

现在，你是不是认为有 2500 居民的县郡和另一个有 7501 居民的县郡是类似的呢？或者有 20 万居民的县郡和另一个 100 万居民的县郡区别也不大呢？如果你认为它们的特征有很大的区别，可能需要稍微改进一下容器宽度、数量以及溢出的容器，直到得到合适的结果。要确保所得到的信息与你的设计是一致的，它们都要与数据的总体形状保持一致。

直方图与条形图

澄清直方图和条形图之间的区别是非常重要的，因为它们看起来很相似。条形图按照任意的顺序展示分类值。为了显示在值之间没有连续性，长条之间应该留有空隙。

直方图是指在数量轴上的各个部分，其中一个容器的上限值就是下一个容器的下限值。在直方图中，长条之间并没有空隙。图 10.16a 是一幅直方图，其中很清楚地定义了各组的界限。图 10.16b 是一幅条形图，我定义了 7 个种类，可以对它们进行排名，这在直方图中是不行的。

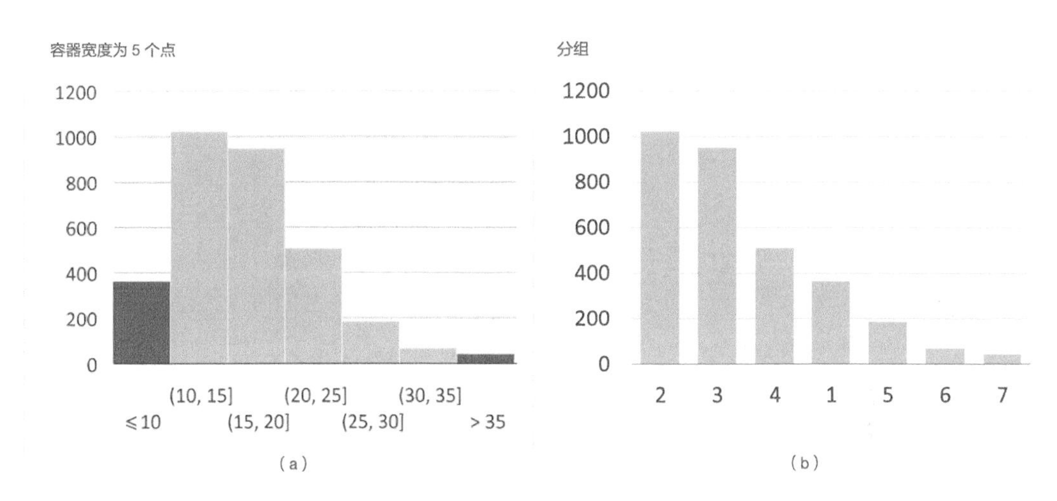

图 10.16 直方图与条形图的区别

Excel 2016 中的一种新图表就是直方图。这是一种极其简单且基本的实现形式，不允许有特别多的改动。我希望在将来的版本中，可以对直方图有更多的控制。

累计频率分布

在带状图中加上一点抖动有助于减少数据点重叠问题，使 y 轴具有更大的信息量。像帕累托图那样显示累计值怎么样？

图 10.17 显示了将美国县郡按照人口升序排列的结果，将纵轴设置为累计频率，横轴设置为县郡人口。因为范围很宽，横轴必须设置为对数坐标[③]。加上一幅插图，来显示如果使用线性坐标看上去会是什么样的。

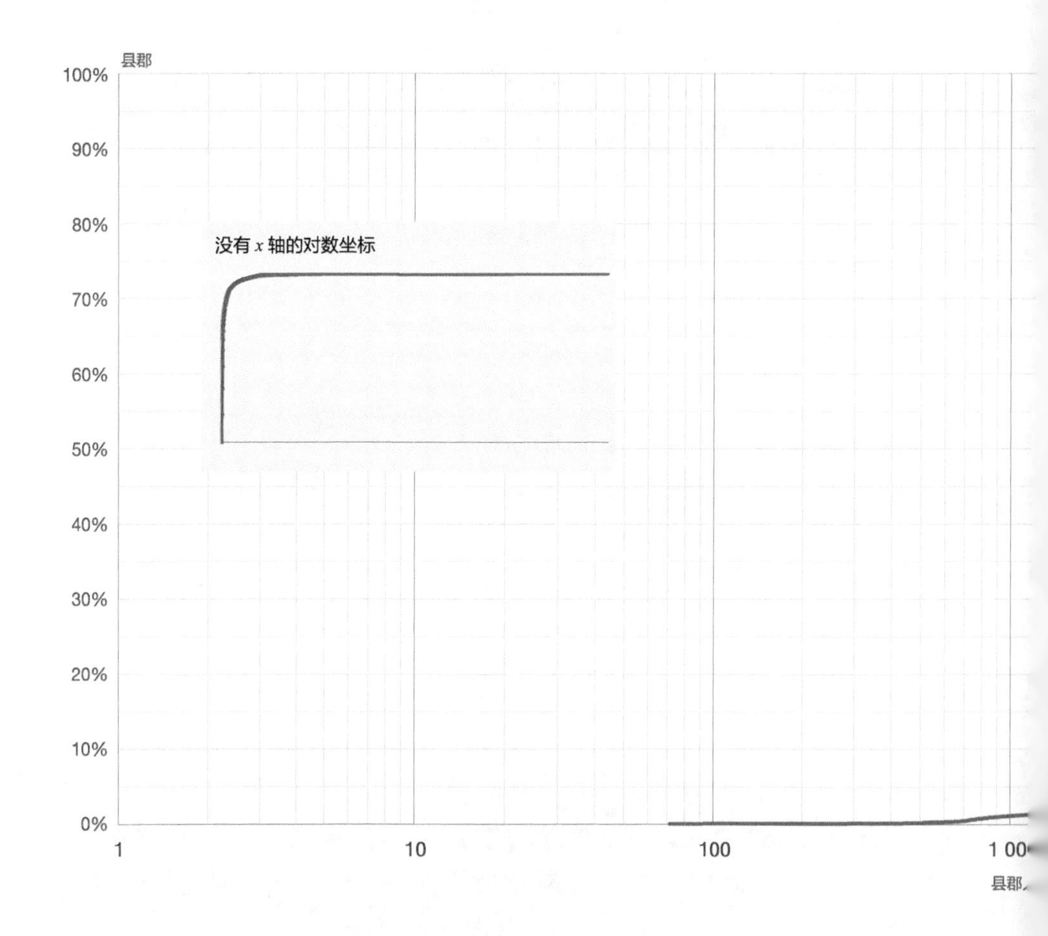

图 10.17 结合条形图和帕累托图可以比较每个累积百分比的县郡数

③ 对数坐标将在第 14 章中讨论。

具有二级网格线的对数坐标可以进行更精确的阅读。使用线性坐标无法确定每一个累计百分比所包含的县郡数。

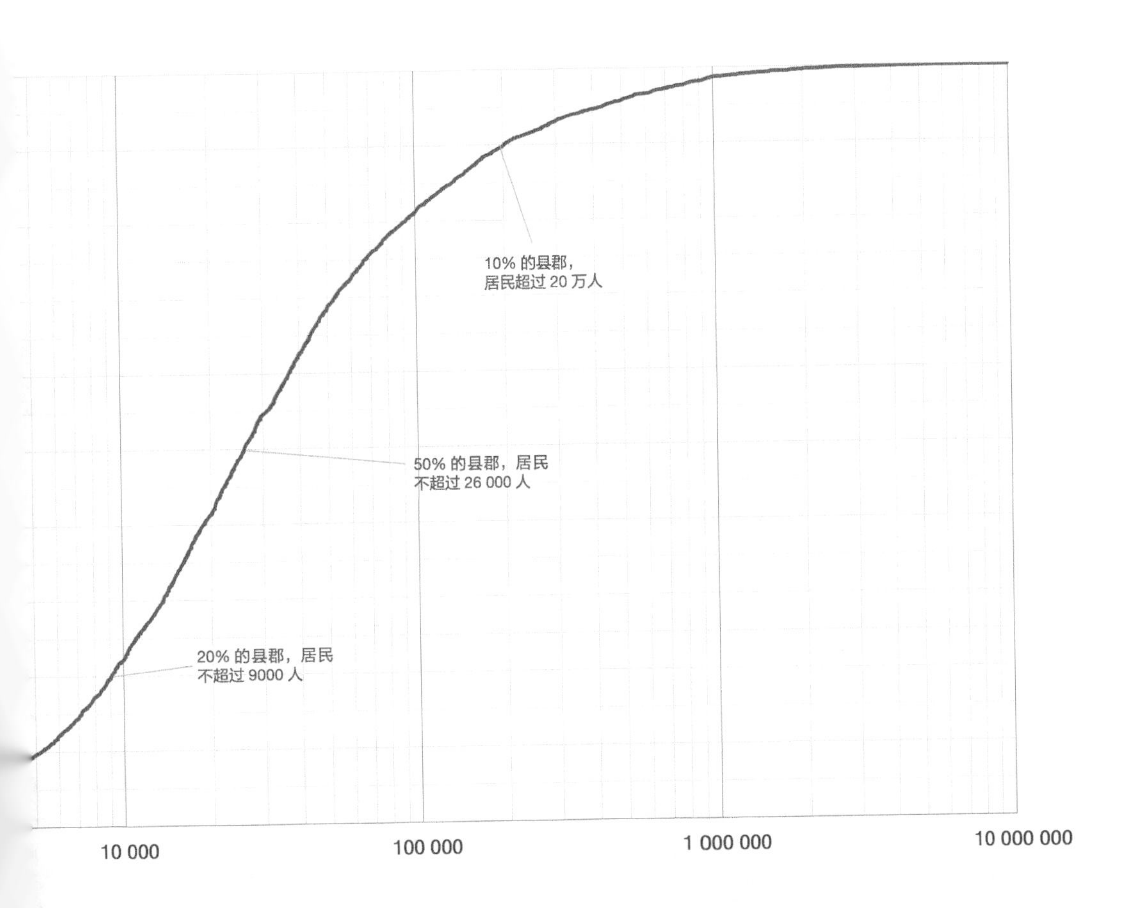

本章小结

- 统计学与数据可视化应该被看作互补的方法，二者相辅相成，各有优势。
- 画数据点时，可以通过选择透明度、环形、其他的标记大小等方式，减少数据点的重叠。如有必要，可以添加少量的随机变量。
- 分布通常都会过于嘈杂，以至于产生不了有意义的结论。在这种情况下，可以使用统计学方法来找到关键的锚点。
- 噪声并不一定是坏事。可以选择将它们保留在图表中，但保持静默。
- 要学会处理异常值，因为它们很有趣。
- 在比较分布情况时，箱形图是一种很好的图表。
- 使用帕累托图来显示分布的累计频率，以了解更多累计效应。
- 不同于条形图，直方图显示相邻值之间的连续性，因此在竖条之间没有间隙。
- 在使用直方图时，测试一下几种不同的容器宽度和容器数量，以找到适合相应任务的最佳选择。

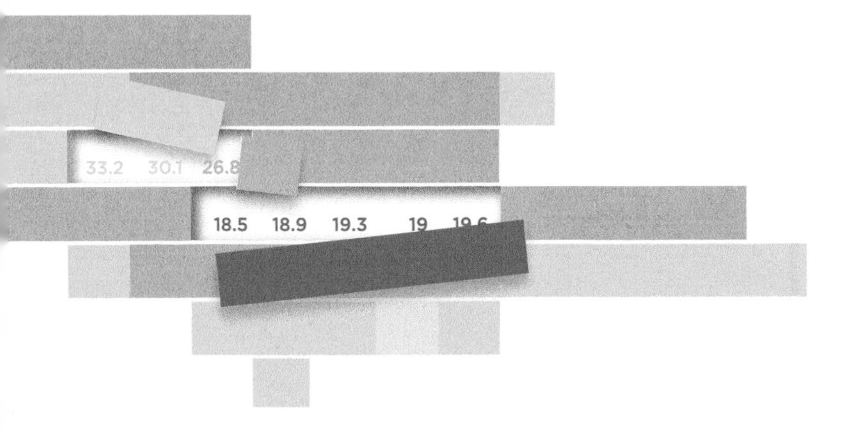

第11章

趋势

沃尔多·托布勒的地理学第一定律[①] 可以应用在时间和空间上。对于许多变量来说，从一段时间到另一段时间的变化遵循一定的平滑路径。任何异常变化都应该引起注意并进行研究。

将注意力集中在描述现在的事情是非常容易被接受的，但在大多数情况下，更大的时间范围可以帮助我们理解自己处于什么位置、为什么会在这里以及应该去向何方。时间的重要性还取决于我们所处的经济或社会系统的复杂性。当今，很多变量的变化程度都比50年前要大得多。过去的数据也并不是一致的：既存在几乎不可见的长期模式和周期（例如人口老龄化以及信用周期），也有更容易认识到的短期模式（例如失业率），因为它会立刻影响到我们的日常生活。

① 沃尔多·托布勒的地理学第一定律：所有事物之间都是相互关联的，但靠得近的事物比离得远的事物联系更为紧密。

重点关注流动性过程：折线图

大多数河流的流量都是相对平稳的。流量通常维持在某一个点上下，虽然在局部层面上，也可能突然改变流向（图 11.1）。

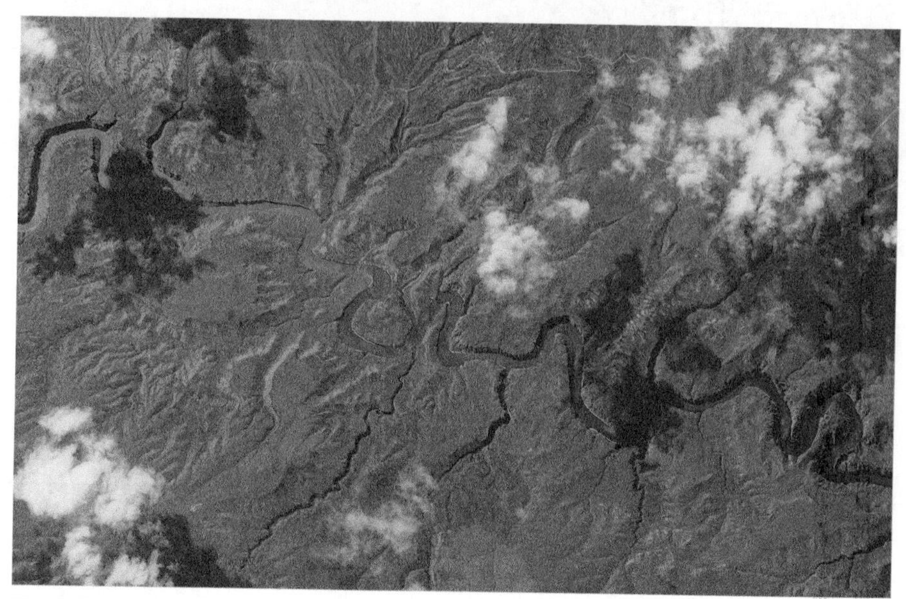

图 11.1 大角羊河
资料来源：NASA/ISS

至少从古希腊哲学家时代以来，河流就用作描述时间流逝的隐喻。因此，在数据可视化中，使用隐喻河流的一条线来作为时间的基本表示形式也就很自然了。我们也可以使用其他图表形式来表示时间，如用折线图来显示非时间性的数据，但时间序列与折线图的组合是非常有用的。它代表了时间的方向（从左到右），专注于流量，而流量可以被理解为有意义的趋势和模式（而不是单个的数据点）。

折线图是显示数据随时间变化的最好和最灵活的图表之一，但它也并不是完美的。一些细微的内容可能会被漏掉，有时候它也会使人得出并不存在的关系，因此我们也需要讨论其他的替代形式。

图 11.2a 很清楚地显示了西班牙居民旅游住宿的变化。非居民的变化更复杂；

从最开始的上升趋势变为指数增长，然后在21世纪最初的10年中进入稳定阶段，在最近的几年中又开始增长。

尽管在阅读折线图时我们关注的是流动性，但如果有办法让线上的数据点变得更显著，可以确定局部变量的值。

图11.2b使用了同样的数据，但提供了不同的方法。使用条形图不是为了说明模式或者趋势，而是为了成对组合分析（对比居民与非居民的情况）。

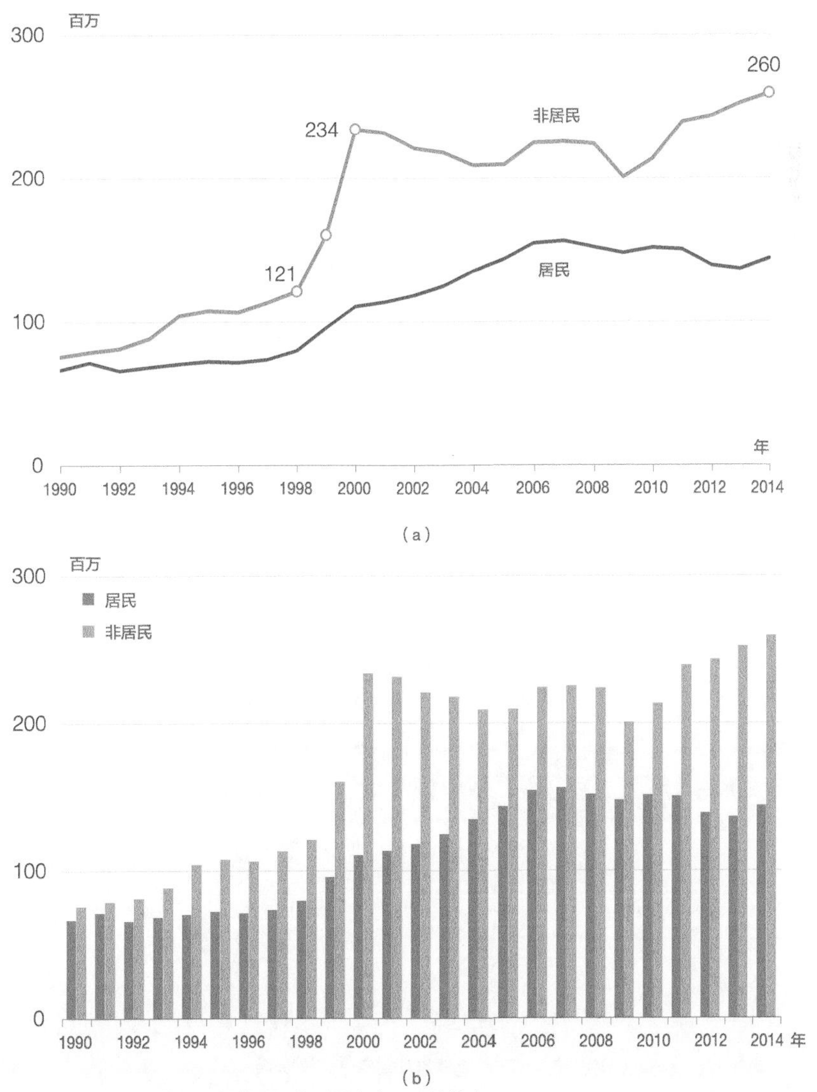

图11.2　使用相同数据，折线图和条形图产生不同的信息

资料来源：Eurostat

当阅读折线图时，可以对每一个系列讨论模式和趋势，但如果要对两个变量之间的关系下结论，就要特别小心。作为探索变量之间关系的一个例子，我们研究一下威廉·普莱费尔利用 18 世纪的数据创建的进口与出口关系图（图 11.3），当使用的是出口和进口的比值而不是绝对值时，普莱费尔揭示出 18 世纪前半叶经济的不景气。图 11.3a 和图 11.3b 两图互为补充——一幅补充了在另一幅中缺少的细节信息。

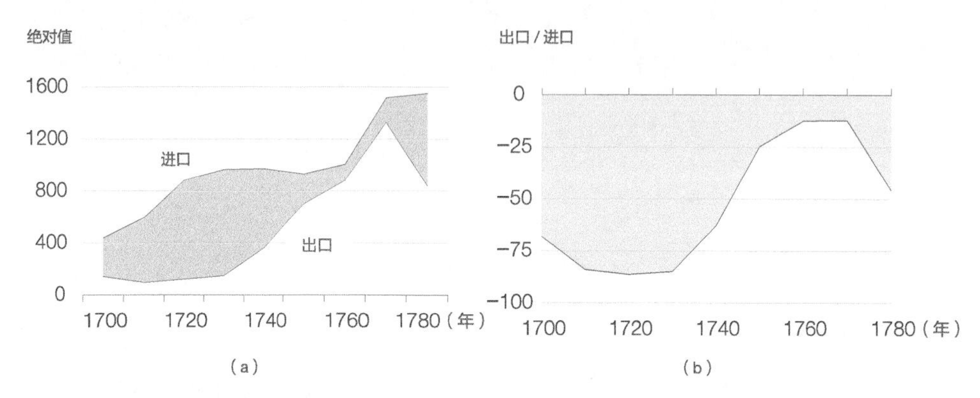

图 11.3 使用互补图揭示更多信息

比值还有一个额外的好处，就是使信息变得更清晰：在 2000 年和 2001 年，西班牙非居民在旅游地点住宿的次数是居民的 2 倍（图 11.4）。

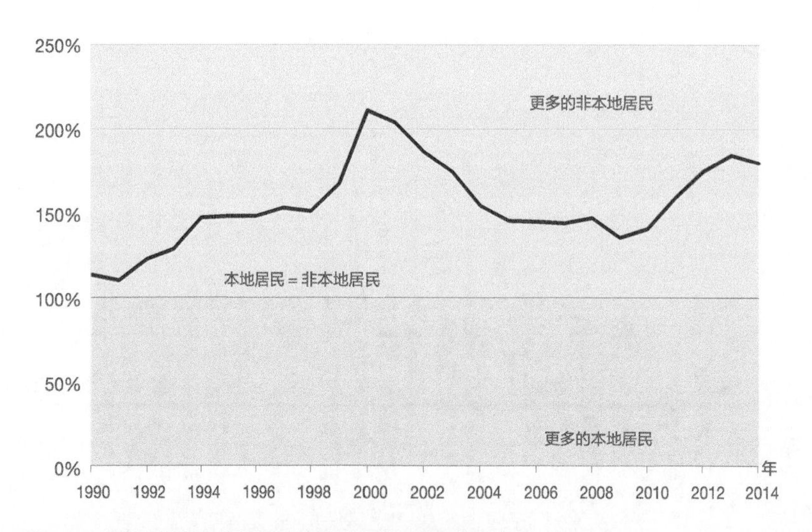

图 11.4 西班牙居民与非居民在旅游地点住宿次数的比率

使用比值是获取两个变量之间关系的简单常用的方法。有些变量通常是成对出现的，例如进口和出口、预算和实际支出、女性和男性等。呈现绝对值和它们之间的比率是有意义的。

坐标与宽高比

在处理坐标时，折线图要比条形图更复杂。在条形图中，我们会比较长条的高度，要做到这一点，唯一途径是保持坐标的完整（从0开始，中间没有间断）。不管你做什么，如果没有截断坐标，就一直可以正确地比较两个长条，并计算它们的绝对差或相对差。

折线图看上去应该是什么样的，或者“正确的”斜率应该是多少，并没有通用的规则。当改变了图的宽高比，也就改变了斜率。我们还可以通过改变坐标来实现这种操作。这意味着可以截断坐标，并通过定义介于数据点的最大值和最小值之间的坐标范围来提高分辨率。一种常用的方法是将平均斜率设置为45°。倾斜为45°由威廉·克利夫兰首次提出[②]。

折线图的斜率更多是一个设计问题，并非功能问题。一种斜率可能比另一种斜率更容易识别出模式，因此应该尝试调节宽高比和坐标，调整斜率。

不管角度是多少，斜率本身并没有意义，因为没有参考点（除了标记出上升或下降趋势的水平参考线）。斜率只有在相比较时才有意义。

图11.5讨论了美国最富有的1%人口的联邦税率。图11.5a显示税率急剧下降，图11.5b则显示税率基本保持稳定。这是什么原因呢？原因在于两幅折线图应用了不同的坐标。

② Cleveland, William S., Marylyn E. McGill, and Robert McGill. “The Shape Parameter of a Two-Variable Graph.” *Journal of the American Statistical Association.* Vol. 83: 289–300, 1988.

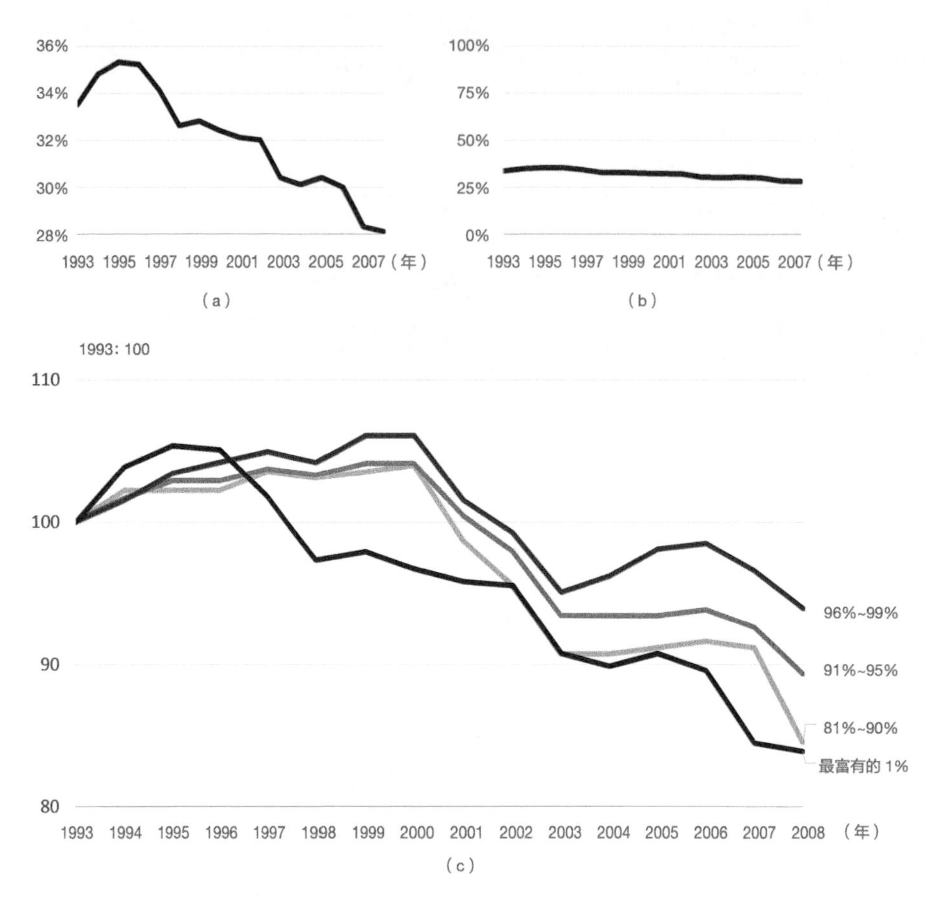

图 11.5 应用不同坐标的折线图

资料来源：Tax Policy Center

我们可以说图 11.5a 更好，因为它让我们看到更多变化的细节。但我们不能由此推断出针对超级富豪的税率急剧下降，也不能在阅读图 11.5b 之后说税率保持平稳。

唯一可行的解决方案是增加参照物，从而使这个系列的斜率可以与其他相似系列中的斜率进行比较，并使之有意义。

图 11.5c 可能会给我们一个答案。首先，我们需要显示的不是收入最高的 1% 的家庭，而是收入最高的 20% 人群中的 4 个分组。其次，我们需要知道的并不是每个组实际缴纳了多少联邦税，而是自 1993 年以来税率改变了多少。

现在，在展示数据时我们可以说，一个家庭越不富裕，它所缴纳的税款越少（与1993年相比）。这与96%~99%、91%~95%和81%~90%三个分组都非常吻合，但对收入最高的1%的家庭来说并不是这样，他们的税率比其他所有人都更高（开始得也更早）。尽管你还是不能判断斜率的意义，但可以肯定地说，其中的某个分组相比其他分组受到了优待。

当有不只一个系列时，可以更灵活地修改宽高比或纵轴的坐标，我们应该利用这一点来提高分辨率或者使模式更清楚。当只有一个系列时，如果只有少数几个数据点，不需要截断坐标就可以有很好的分辨率，那么可以考虑使用条形图而不是折线图。最重要的是，要确保受众不会基于某一个单独的斜率而过早下结论。

重点关注关系：连线散点图

我们可以将折线图看作一种特殊形式的散点图，在纵轴上的变量值和相对应的横轴上的时间序列之间建立了关系。折线图中的变量独立变化，意味着如果有两个或更多变量，我们将无法推断出它们之间的关系，即使它们看上去具有相同的变化方向。当我们在散点图的变量之间建立关系时，就失去了时间维度，而只能留下当前的快照。

其实并不一定是这样的。在有些情况下，相似的演变过程会隐藏相互关系的深层次变化；在另一些情况下，我们可以检测到变化，却不知道它们的重要性。

图11.6是《时代周刊》2013年11月4日国际版刊登的一幅图表，揭示了美军人数与军费预算的关系。使用双轴和左侧的坐标截断意味着作者想要强调两个变量演变之间的关系。但是，在第14章中我们将会讲到，在这种情况下不应该使用双轴坐标。

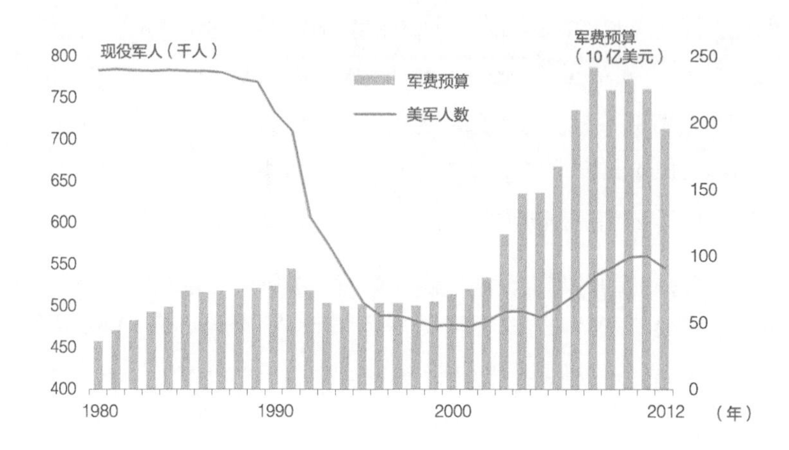

图 11.6 比较三个变量的更好方式

如果我们确实想知道两个变量之间随时间变化的关系，则必须把两者都画出来。每个数据点上标出在某个时间段两个变量各自的值，然后再将这些点连接起来，就可以看到它们的关系随时间的变化情况了。

图 11.7 使用了图 11.6 中的数据，制成了连线散点图，其中很清楚地显示了美军人数和军费预算之间的关系经历了 4 个阶段：

- 里根总统不断增加军费预算，但军队人数保持不变，结束了冷战。
- 冷战结束后，美国在长达 10 年的时间内持续裁军，即使是在战争期间也不例外（如 1991 年的海湾战争）。
- 接下来的 10 年中，相继发生了“9·11 恐怖袭击”事件、阿富汗战争和伊拉克战争，军费显著增加，但军队人数只是略有增加。
- 2008 年金融危机之后，军费呈现下降趋势，但军队人数保持不变。

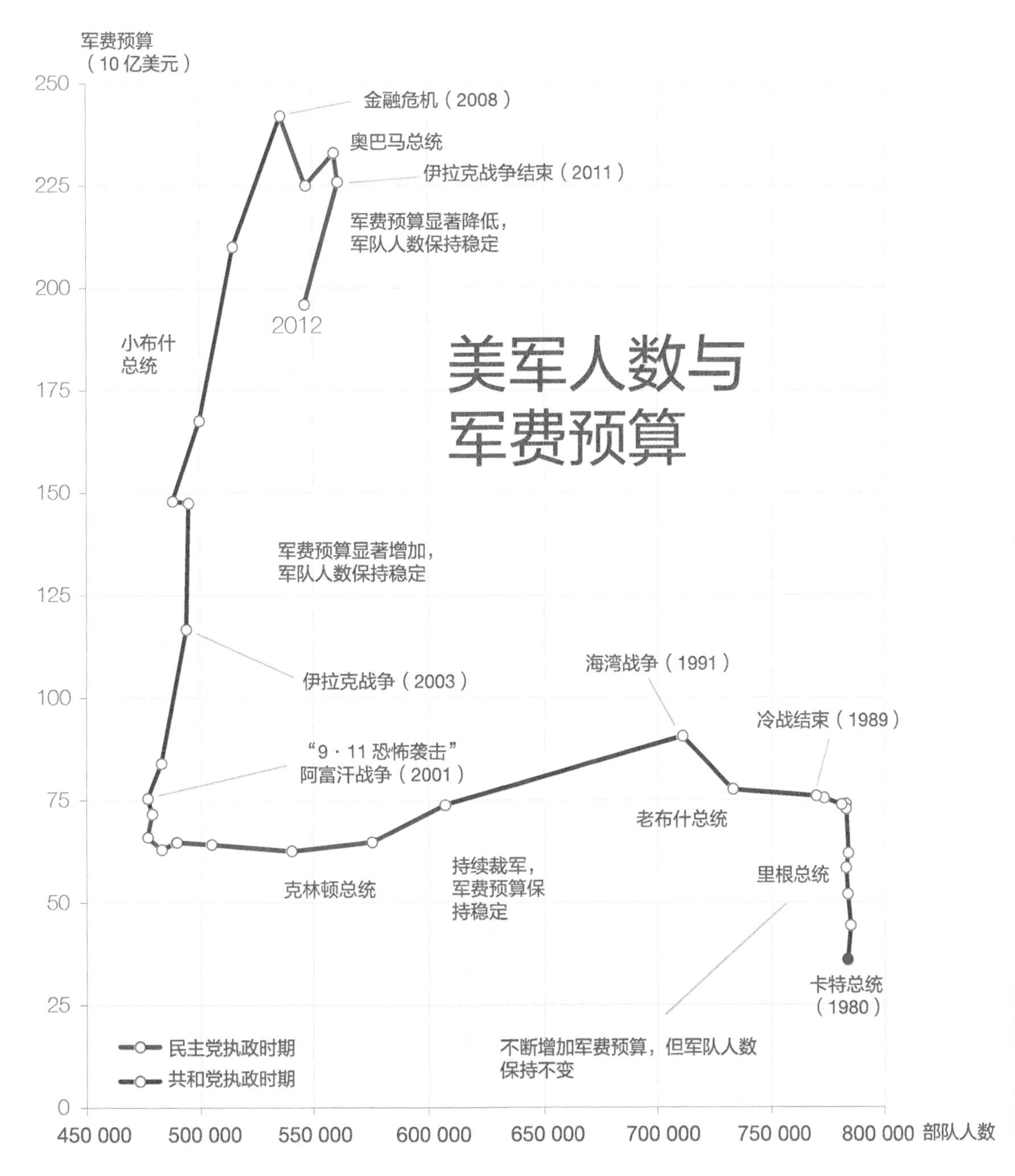

图 11.7　连线散点图揭示有趣的关系

图 11.7 清楚地揭示了在每十年的时间内，美国军队人数和军费预算之间的关系发生了怎样的变化。可能由于各种质疑和技术的进步，现在已经看不到冷战期间那样的多次扩军了。

在任何时候我们都应该试着去理解变量之间的关系，而不仅仅是将它们各自独立地画出来，散点图是我们所能用到的功能最强大的图表。刚开始阅读连线散点图并不容易，但我强烈推荐你尽快熟悉它。至少在探索阶段，用于检测相互关系的相关形状。任何时候你感觉需要使用具有两个独立变量的双轴图表时，都应该首先尝试连线散点图。

突变：阶梯图

在大多数情况下，一个阶段到另一个阶段的演变都是连续的、平缓的，这种假设很合理。如果某产品在某个月销售了 100 个，在接下来的一个月销售 110 个，则增加的销售量可能平均分布在整个月中。基于月中销售量的变化，可以估算出最终的销售量。

在另外一些情况下，变化非常突然，中间没有过渡。一支足球队的排名只能是整数。某些种类的商品，价格可能好几个月甚至若干年保持不变，而由于某些原因突然飙升。标准的折线图并不是展示这种缺少中间阶段的变化的理想图表，因为折线图表示的是斜率而不是垂直线。

从 1998 年开始，欧洲的几家邮政服务公司在欧盟的规则下，都经历了重组和私有化。我们只需要看这些服务公司的价格指数就能猜出它是在什么时候私有化的。图 11.8 显示了邮政服务的价格指数在之前的若干年几乎没有什么变化，只是在每年 1 月进行微调。在私有化之后，频繁地涨价变成了新常态。图 11.8 是一幅阶梯图，橙色系列比标准折线图更能体现邮政服务价格指数变化的本质。

如果再仔细看图 11.8，你会看到全部商品价格指数（灰色线）也是呈阶梯变化的。但是，这个数据使用阶梯图显然没有抓住要领，因为价格指数只在很少的情况下在月份之间没有波动。

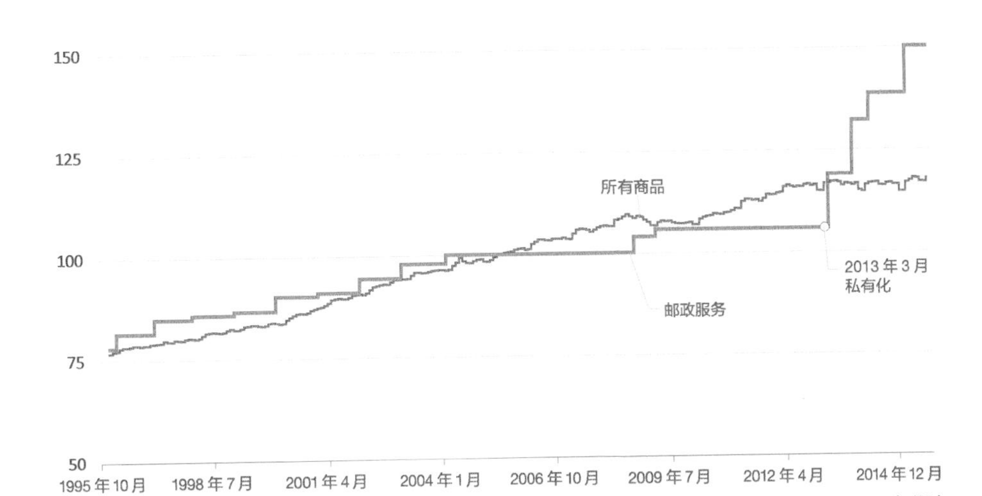

图 11.8 使用阶梯图显示突变

资料来源：Eurostat

阶梯图介于折线图和条形图之间。它既可以像折线图那样显示趋势，同时由于有垂直线，也会迫使你像条形图那样关注数据点之间的变化。阶梯图可能是二者的最佳结合，但图 11.8 同时证明了必须要有适当的数据和合适的变化，才能创建出有效的阶梯图。

季节性：周期图

简单表示时间流逝是显示变化最显著的方法，但在有些情况下可能并不合适。例如，在美国可能需要把 11 月火鸡的销量与前一年 11 月的数据相比较，而不是和当年 10 月比较。如果是一个三明治餐馆的老板，可能想要比较一周中每天 12: 00 到下午 1: 00 的就餐人数。

旅游业是体现季节性的一个很好的例子。图 11.9 显示了意大利的旅游业周期性变化有多强。我们可以看到非居民旅游居住的住宿数在 5000 万左右达到稳定，而居民的住宿数则不断增加。

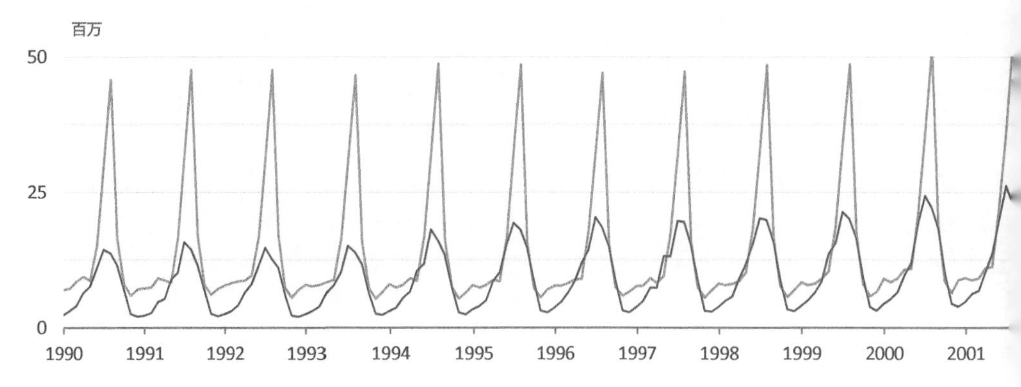

图 11.9 除确认了夏季峰值的循环模式，看不出其他更多内容
资料来源：Eurostat

当数据以图 11.9 的方式呈现时，就无法看出更多内容。当数据中存在清晰的周期时，我们不得不收集并分析周期中每一时刻的所有数据，以找出其底层结构。看看当对每 12 个月的数据进行对比时发生了什么（图 11.10）。周期性仍然存在，但现在能看到更多的细节：

- 居民在最近几年 7 月和 8 月的旅游住宿有很大增长；
- 居民旅游住宿比非居民要高的那几个月；
- 居民和非居民在 8 月的巨大差距；
- 最近几年非居民旅游住宿下降；
- 2002 年旅游住宿突然下降（关于这一点我没找到很好的解释，但我不想在没有进一步调查研究的情况下就假设这个数据有误）。

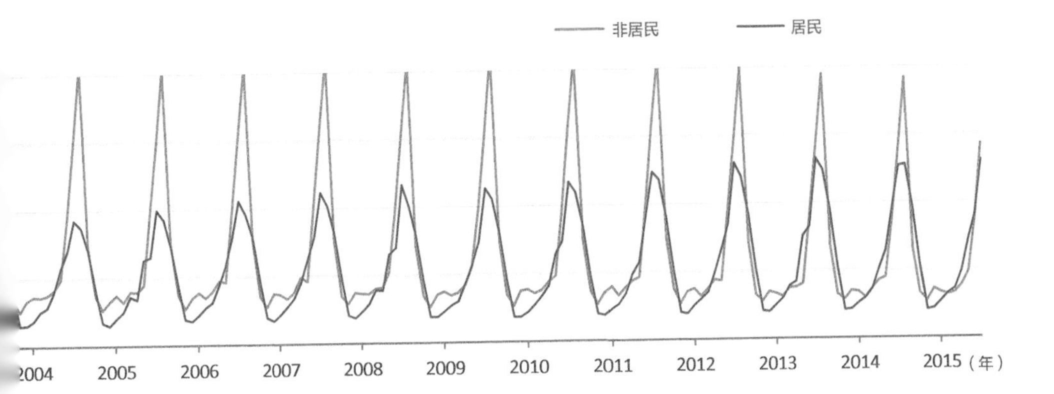

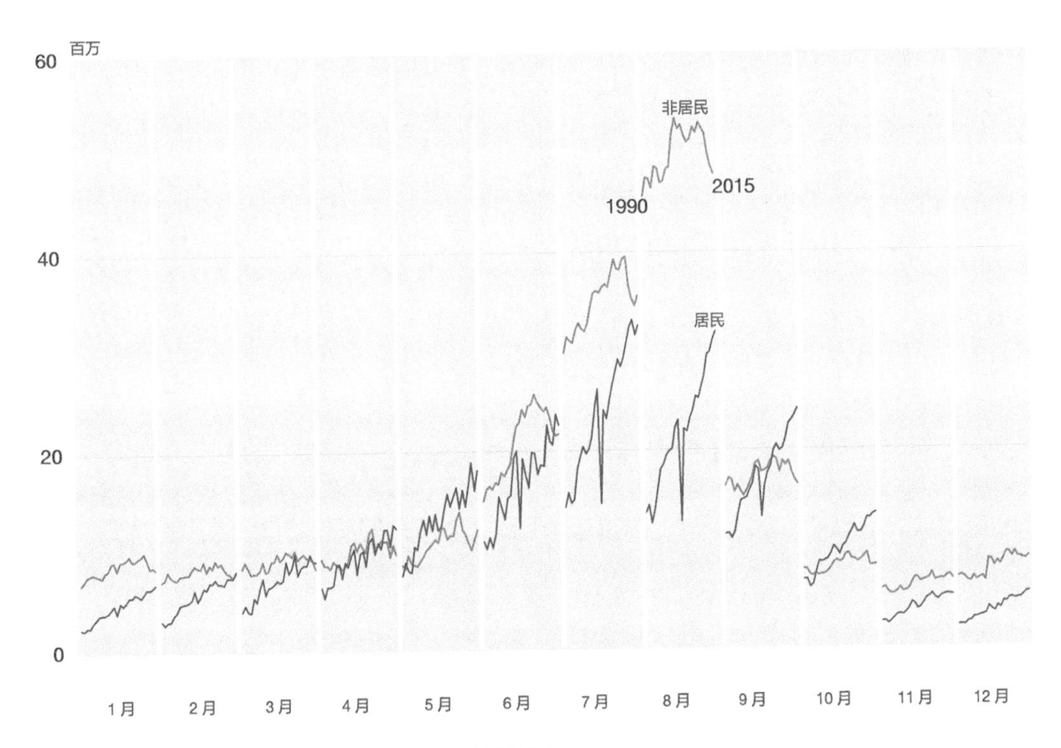

图 11.10　利用周期图可以看到整个周期及其每个时刻的变化

资料来源：Eurostat

迷你图

迷你图一词是爱德华·塔夫特创造的，用来指代“紧凑、简单、单词大小的图形”，也就是说，可以集成到文字中显示。如  ，表示西班牙皇家马德里足球队在2014—2015赛季的比赛结果变化情况（红：败；黑：胜；空白：平）。

正如其名字所暗指的那样，迷你图最开始就是非常小的折线图，条形图或面积图也可以被用作迷你图。迷你图最显著的特征是其尺寸大大减小，通过去除所有辅助元素和使数据编码对象微型化实现了紧凑性。

除了塔夫特的书，我没有找到更多像塔夫特所建议的那样，将迷你图集成到文字中的例子。但一些包括微软在内的软件厂商，都将迷你图加到了自己的产品中。现在在仪表盘中经常会见到迷你图，尤其是当空间比较紧张时。你还会时常发现体育报道中的迷你图（图11.11）。

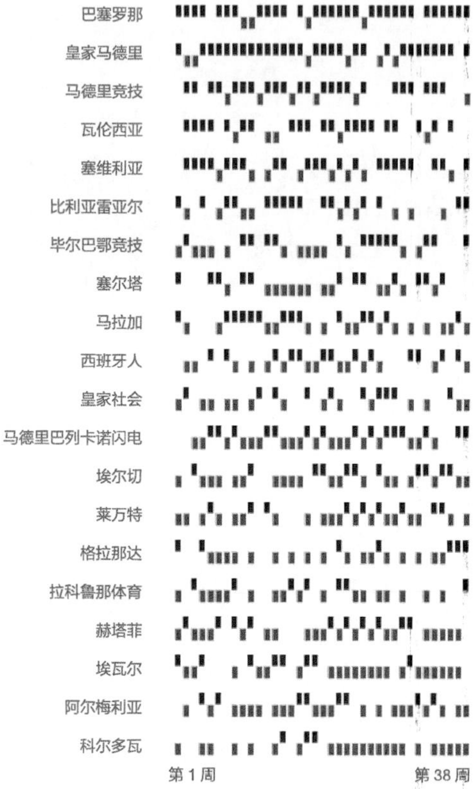

巴塞罗那
皇家马德里
马德里竞技
瓦伦西亚
塞维利亚
比利亚雷亚尔
毕尔巴鄂竞技
塞尔塔
马拉加
西班牙人
皇家社会
马德里巴列卡诺闪电
埃尔切
莱万特
格拉那达
拉科鲁那体育
赫塔菲
埃瓦尔
阿尔梅利亚
科尔多瓦

第1周　第38周

图例　黑：胜
红：败
空白：平

图 11.11　西班牙足球联赛2014—2015赛季比赛结果。平局在比赛中很常见，应该用一个符号（比如点或下划线）来表示，以确保其数量被正确计算

资料来源：La Liga

使用迷你图可能并不像看上去那么简单，必须确保变量尽可能清晰。图 11.11 代表了一种最佳应用场景：只有三种可能的状态（胜、败、平）意味着不需要担心细节层次或如何选择正确的坐标，使用颜色就可以区分正值和负值。

迷你图是个有趣的概念，但其极度微型化也会带来几个问题，如移除了纵轴由此产生的缺少定量参照等问题。

图 11.12 展示了 1976 年 1 月至 2015 年 5 月美国各州的失业率。前两列是真实的失业率，后两列是各州失业率与全美失业率之间的比值：红色表示“在全美失业率之上”，蓝色表示“在全美失业率之下”。在每一组中，第一列的迷你图是具有可比性的，因为它们共用 y 轴，而第二列中各州的值却不具有可比性，因为每一幅迷你图都具有独立的坐标，以获得更好的分辨率。这两种选择都是很合理的，但读者可能更倾向于对迷你图进行比较。你需要搞清楚当前应用的是哪种选项，有可能的话，让读者自己选择。

塔夫特提出了一些能最大程度减少“多个独立坐标与一个共用坐标问题”的方法，例如可以明确一些相关点的值，也可以重叠典型值的波动范围，强调位于这个波动带范围之外的点。

斯蒂芬・菲尤力图解决坐标的问题 ③，从而提出了“带线”的概念 ④，其中背景色对四分位数进行编码，以试图找到独立坐标和共用坐标之间的中间地带。

---

③ Few, Stephen. “Best Practices for Scaling Sparklines in Dashboards.” *Visual Business Intelligence Newsletter.* El Dorado Hills, CA: Perceptual Edge. 2012.

④ Few, Stephen. “Introducing Bandlines: Sparklines Enriched with Information about Magnitude and Distribution.” *Visual Business Intelligence Newsletter.* El Dorado Hills, CA: Perceptual Edge. 2013.

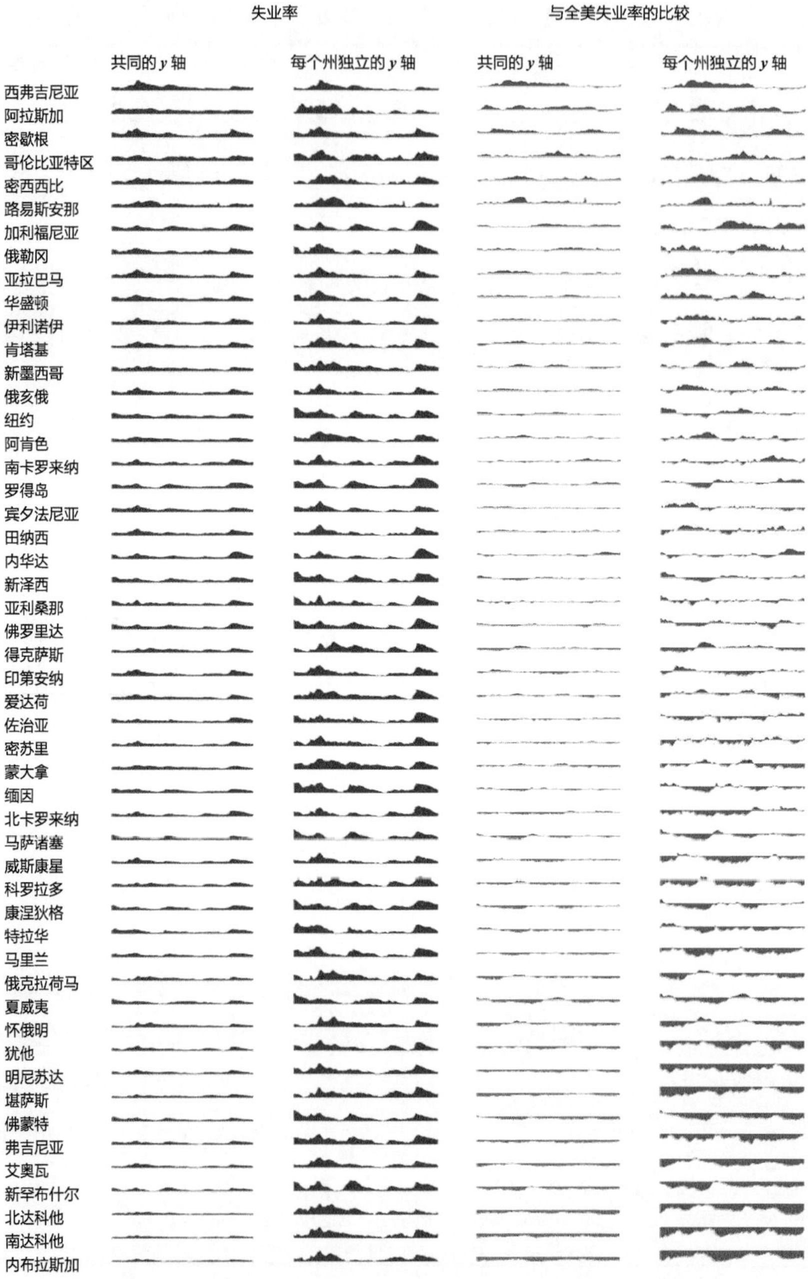

失业率　与全美失业率的比较

共同的 y 轴　每个州独立的 y 轴　共同的 y 轴　每个州独立的 y 轴

西弗吉尼亚
阿拉斯加
密歇根
哥伦比亚特区
密西西比
路易斯安那
加利福尼亚
俄勒冈
亚拉巴马
华盛顿
伊利诺伊
肯塔基
新墨西哥
俄亥俄
纽约
阿肯色
南卡罗来纳
罗得岛
宾夕法尼亚
田纳西
内华达
新泽西
亚利桑那
佛罗里达
得克萨斯
印第安纳
爱达荷
佐治亚
密苏里
蒙大拿
缅因
北卡罗来纳
马萨诸塞
威斯康星
科罗拉多
康涅狄格
特拉华
马里兰
俄克拉荷马
夏威夷
怀俄明
犹他
明尼苏达
堪萨斯
佛蒙特
弗吉尼亚
艾奥瓦
新罕布什尔
北达科他
南达科他
内布拉斯加

图 11.12　当有连续纵坐标时很难用迷你图表示

动画

我曾提到汉斯·罗斯林的 TED 演讲，“那是我所见过的最好的统计学视频”。如果你还没有看过，那么现在可以去看一下。罗斯林的演讲是使用数据进行良好沟通和正确使用动画的一个极佳例子。他使用了 Trendalyzer，你可以找到在线互动版本，并使用一些数据集在 Gapminder 的页面上进行一些尝试。

什么是“动画”？如果你是一位 PowerPoint 的用户，就会知道动画是高级菜单选项之一。如果你不是一个富有想象力的人，也可以使用一些效果来使对象暂停、摇晃、旋转、渐增、收缩、转动、弹跳、飞入、飞出或淡出。Keynote 中的动画更酷，包含烟花和焰火。

但数据可视化中的动画并不是这些。在数据可视化中，当长条变短、数据点改变位置或折线图的斜率随时间而变得更为平滑时就会产生动画。这些变化都是底层数据变化的结果，通常是当在时间序列中选择了新的时间段引起的。

如果停止动画播放，就可以看到静止的画面——例如一头驴正在与具有漏斗状耳朵的巨大绿色生物对话。但你并不知道它们为什么会对话，接下来将会发生什么。只有在观看一系列的图像帧之后，才能知道这些问题的答案。

数据可视化中的动画也是这样。在罗斯林的演讲中，如果他正在展示某一年的数据时你按了暂停，就只能看到当前画面上所显示的数据。但在你看了整个演讲之后，就会看到各个国家在某个特定方向的全球运动，即使这些运动在每一个个案中并不是那么线性的。

我们需要一张地图来探索空间模式，同样需要一个序列来探索时间模式。动画不仅可以帮助探索模式，也是表示随时间变化的一种非常酷的方法。如果配以卓越的口头沟通技巧，可以实现令人难以忘怀的展示效果。

但这里有一个棘手的问题。动画本身并不是展示一种模式，而是你使用看到的连续画面在大脑中创建了一种模式。在这个过程中，大脑的工作内存扮演了积极的角色。工作内存较小的存储空间和易变性限制了动画的使用，当数据随时间显示多个复杂模式时，在数据可视化中就不能使用动画。在罗斯林的演讲中，我们可以看到国家仅仅是从右下角向左上角移动，并没有其他模式出现。如果想要展示一段动画，必须要确保其中的模式很简单，容易被识别，其流动应该尽可能平滑。

如果并不是呈现一段固定的序列，而是给受众一种互动工具来播放，就会变得极为有趣。这种工具并不需要像 Trendalyzer 那样复杂，但至少应该允许进行基本的交互，具有暂停、快进、快退和重播等按钮。

不管出于什么原因，如果不能使用动画，那使用一系列小的图表（也称为“多张小图”）也是一种很好的选择。图 11.13 包含了 31 幅小的人口金字塔，显示了 1950 年以来美国人口结构的变化情况，直到对 2100 年的预测。其中的模式很清晰，很适合制作动画。但使用多张小图，可以看到更多变化的细节。将当前的年龄结构在每一幅图的背景中使用亮色固定下来作为参考，可以帮助我们更好地评估过去和未来的变化情况。

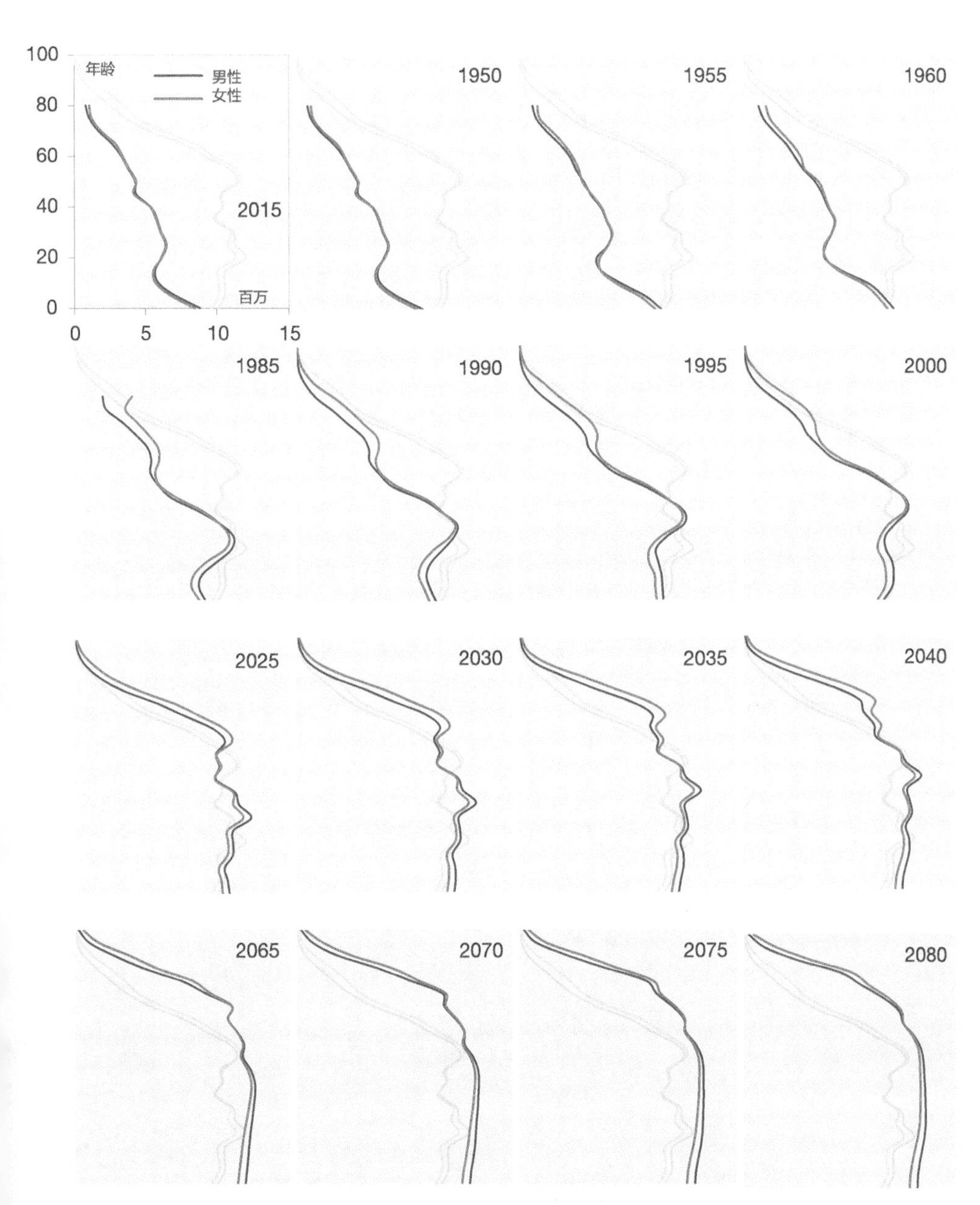

图 11.13　使用多个小图，就像动画中的帧，反映了人口老龄化的趋势

资料来源：United Nations Population Estimates and Projections 2015

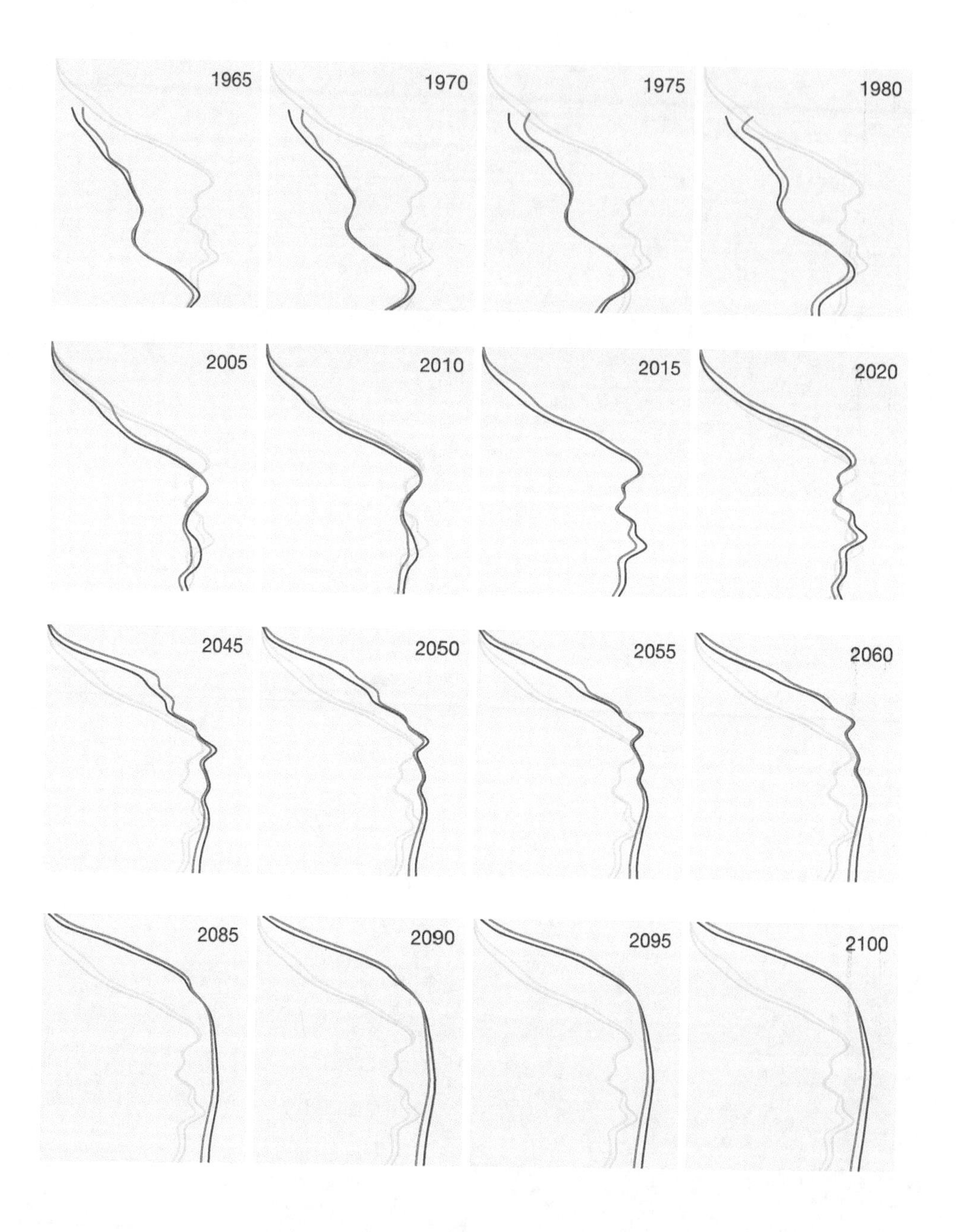
1965
1970
1975
1980
2005
2010
2015
2020
2045
2050
2055
2060
2085
2090
2095
2100

本章小结

- 时间是数据分析的基本维度之一，在任何可能的情况下都应该展示时间。
- 折线图是对时间序列进行可视化时的默认图表，因为折线条强调了流动性，从而也就强调了趋势。如果需要比较数据点，则可以使用条形图。
- 在折线图中不一定需要使用标记，但在重要的转折点、异常值或其他有意义的情况下应该使用。
- 不要因为两个系列看上去具有类似的变化方式，就假设它们之间具有直接的关系。更好的做法是将它们都展示出来。
- 应该展示一对变量（男/女，进口/出口）的比例，而不是变量本身。更好的做法是将它们都展示出来。
- 为了更好地观察两个变量之间的关系随时间演变的趋势，需要使用连线散点图。
- 当一个变量显示出很强的周期性模式时，很多详细信息就被周期性掩盖了。应该对它进行切片，并展示在周期中的每一个时刻随时间的变化情况。
- 在折线图中比较的是斜率而不是高度，我们可以合情合理地截断纵轴坐标。
- 尝试改变图表的刻度和宽高比以得到45°的斜率，然后核实这是不是展示这种模式的正确格式。
- 要避免创建一个系列的折线图，可以增加一些参考线，甚至考虑使用条形图。
- 对于某些变量，变化是非常突然的，而不是平缓的。阶梯图对这种突然的变化描述更为准确。
- 当具有单个的简单模式时，动画的效果最好。当不能使用动画或需要读者平静地仔细检查细节时，可以使用多张小图来展示同样的序列。

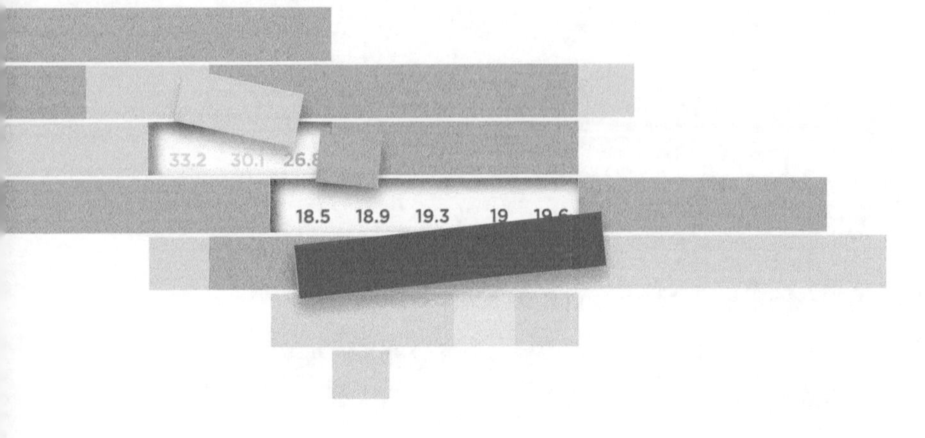

第 12 章

关系

解释这个世界就是去寻找所观察到的事物之间的关系。你可能会认为迈出第一步很简单，但要回答“为什么”，在大多数时候不那么容易。

发现关系是构建知识体系中非常关键的一步。数据可视化是揭示“为什么具有某种关系”的有力工具。但事实上，这最多只说对了一半。当我们看到一幅折线图中两个系列具有相同的变化方向时，可能会倾向于得出结论：它们之间具有直接关联。但是，正如在第 11 章中学到的那样，事实可能并非如此（即使作者试图通过调整纵轴的刻度来证明这一点）。

只有在将两个变量画在一起并对结果进行衡量时，我们才能判断出它们之间的相关性是否存在以及是什么性质的。但两个具有类似变化的变量，并不一定意味着它们之间有因果关系。

在社交媒体中非常流行的一幅图显示出在巧克力的消耗量与诺贝尔奖获奖人数之间存在很强的线性关系（图 12.1）[①]。这并不是应该吃巧克力的有力证

① Franz H. Messerli, M.D. “Chocolate Consumption, Cognitive Function, and Nobel Laureates.” *New England Journal of Medicine.* 367:1562–1564, 2012.

明。一个国家的富裕程度以及其他一些相关因素，使得巧克力的消费量更高，同时在科研上的投入也更高。诺贝尔奖获奖人数多并不是因为在巧克力中发现了某种具有神秘力量的黄酮醇，而只是该国综合国力更强而已。

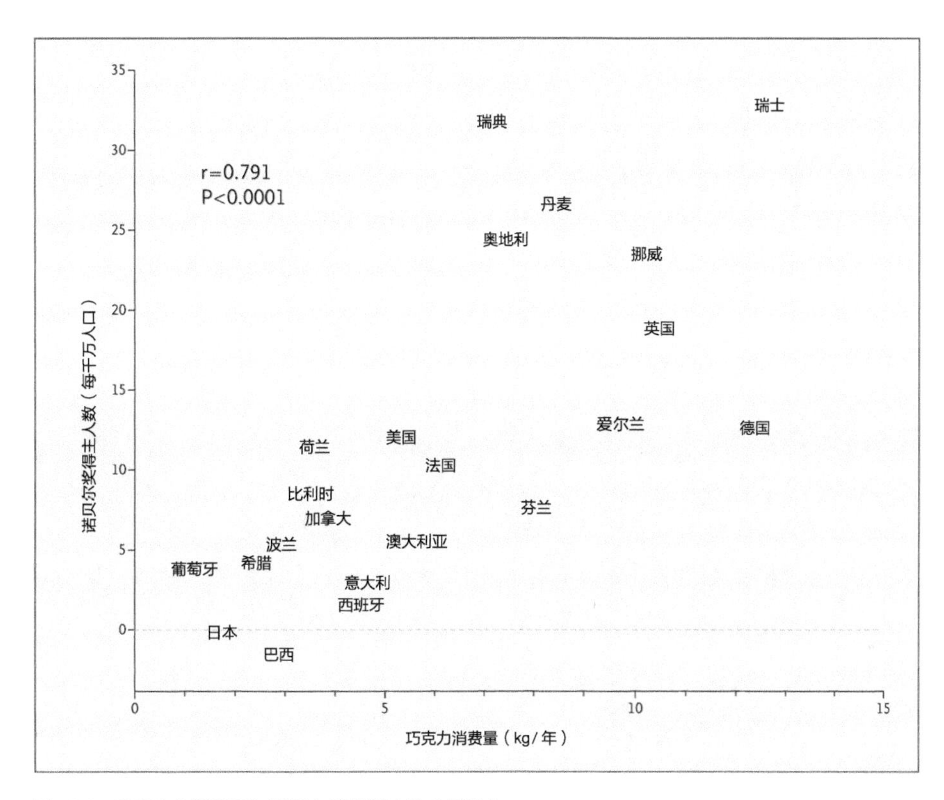

图 12.1 巧克力的消耗量与诺贝尔奖获奖人数（错误）

对两个变量之间相关性的分析非常重要，可能存在几种结果。如果 A 变化而 B 也随着变化，则很自然地假定 A 是导致 B 变化的原因。从政治演说到关于饮水机的争论，很多论断都隐含了这种假设。在真正的因果关系中，变量之间确实存在很强的相关性，必须进行分析，以确保得到的是正确的因果关系（孰因孰果并不总是那么清晰）。

理解关系

关系是很复杂的。一个行为有时候触发了预料中的反应，有时候则触发相反的反应，有时候则毫无反应。我们对了解“一个行为将引起什么反应”很感兴趣，至少我们想要缩小可能产生结果的范围。

图 12.2 总结了常见的相关关系。

- 方向。正相关或直接关系，意味着两个变量之间的变化具有相同的轨迹：其中一个上升，另一个也上升；一个下降，另一个也下降。完美的正相关关系的相关系数为 1。负相关或相反关系，具有相反的轨迹：其中一个上升，另一个下降。完美的负相关关系的相关系数为 −1。如果没有相关关系，相关系数为 0。
- 强度。如果结果的范围非常窄，变量之间就具有很强的相关性（相关系数接近于 1 或 −1）。如果范围变宽，相关关系就变弱，相关度趋近于 0。当范围非常宽以至于反应值看上去就是一个随机值时，它们之间没有关系，相关度为 0。强相关性对不同的人具有不同的意义：物理学家会寻找相关系数高于 0.9 的关系，而心理学家认为相关系数 0.6 就足够了。
- 非线性形状。在其最简单和最常见的模式中，关系是线性的：其中一个变量的变化触发了另一个变量按比例的变化。倒 U 形时，关系的性质可能会变化[②]。
- 可视化。如果没有将相互之间的关系通过散点图可视化，则有一些关系很难被发现。可视化在发现数据点的聚簇关系、显示差异和确定亚种群时很有用。异常值会影响到一些统计度量值，快速发现异常值对于选择正确的度量值或正确的分析方法尤为重要。例如，当分析收入与另一个变量之间的关系时，如果将数据按照性别进行划分，之前较弱的关系可能就会有所显现——一旦显示了数据，有些事情看起来就可能很自然了。

② 拉弗曲线是 U 形关系的一个例子，显示税率和税收之间的关系。税率越高，税收额也就越高。但超过一定的水平之后，它们之间的关系就变为负向的，税率的高涨实际上会导致税收的下降。

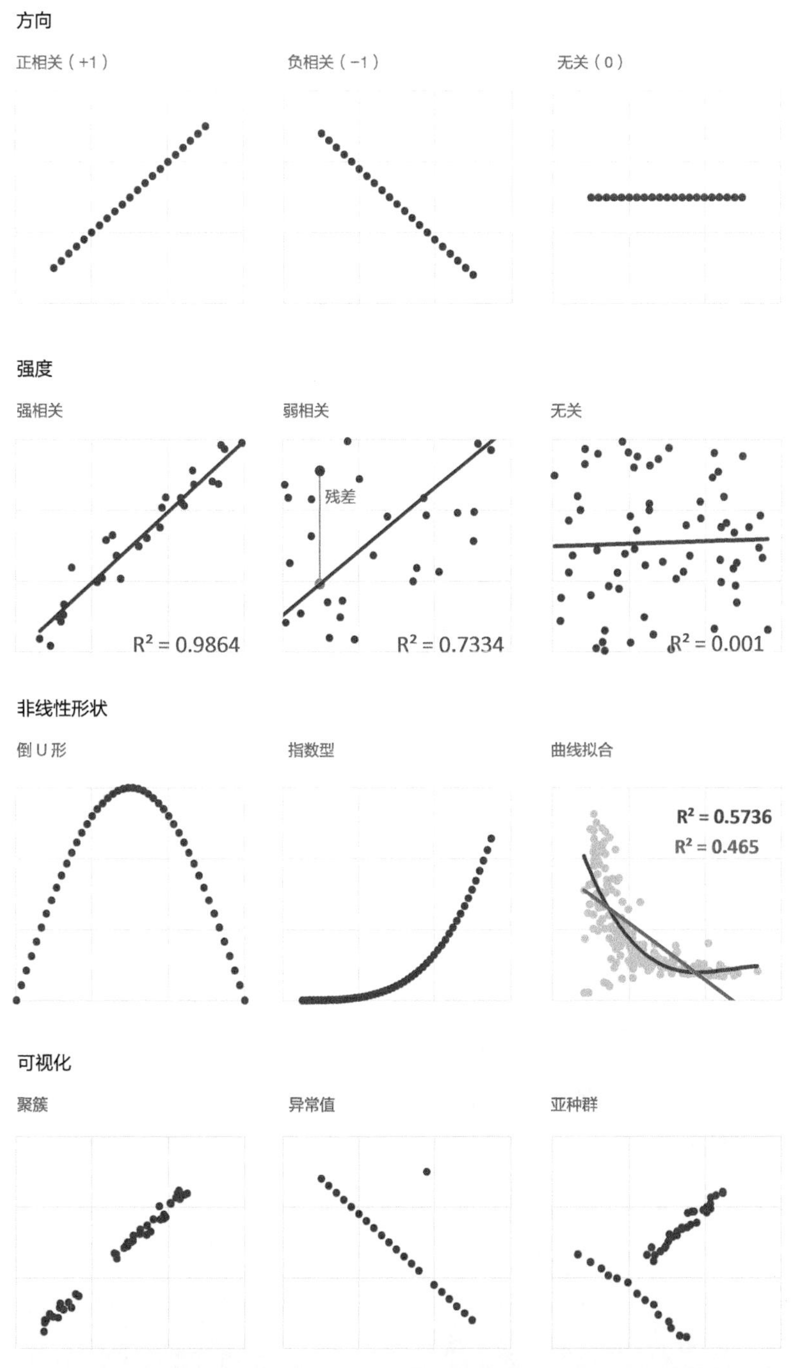

图 12.2 如果了解方向、强度和形状，可以更好地理解关系，可视化可以关注到不明显的特征

曲线拟合

如果阅读一幅散点图的理想结果是理解其关系的本质，那么可能事实会证明，这是很难捉摸的结果。我们很容易迷失在数据点的森林中，而看不到整体的模式。

请看图 12.2 中非线性形状子项下的第三幅图。现在想象一下，施加一种非常强的力量将所有数据点压缩，直到其成为一条直线。这就是对数据的最佳描述或者说最佳拟合。原始点离这条直线越近，拟合度就越好。值 R^2 被称为测定系数，它告诉我们 y 的变化有多少是由 x 来描述的，并在 0 和 1 或 0% 和 100% 之间变化。我们可以很容易地看到，红色曲线对数据的拟合度要比蓝色更好，更高的 R^2 值也确认了这一点。

有很多种方法可以提升曲线的拟合度，但在某些点上曲线变得仅适用于所使用的特定数据，以至于无法生成模型（以用于其他数据），因此要小心过度拟合。要改进模型，就应该同时画出剩余误差——观测到的值与由曲线估计出的值之间的差，并进行解释。

这是通常的数据可视化变成视觉统计学的时刻。在本书中将不再继续论述下去，但我强烈建议你去学习更多关于同时使用数据可视化和统计学的方法，这将能够极大提升数据分析能力。

散点图

有些图表类型与原型图表之间有很多变化，要将它们变成可识别的物理对象，需要读者对其有一定的熟悉度。饼图就是最典型的例子。显示关系的图表有可能被过度设计，但它们比其他图表类型更有弹性。散点图与饼图正相反，具有一定程度的抽象性。这使得它很难加上 3D 效果。

回到第 10 章关于物种的数据上。我很确定这些数据会继续使人联想起新的问题。我们分析了每一个物种的数据，但如果要问这些物种之间是否存在关系也在情理之中。例如，猪和家禽的高度集中能让我们得出这两个物种集中在同一区域的结论吗？要回答这个问题，就需要分析物种对之间的相关性。

散点图是显示两个变量之间共同变化的最佳图表，因此它也是验证变量之间相关度的最适合的类型。

接下来看下一马和山羊之间具有正相关性的情况。如图 12.3 所示，相关度为 0.86 时我们可以得出结论，在每个区域都能找出这两种物种之间的变化呈现正比例关系。

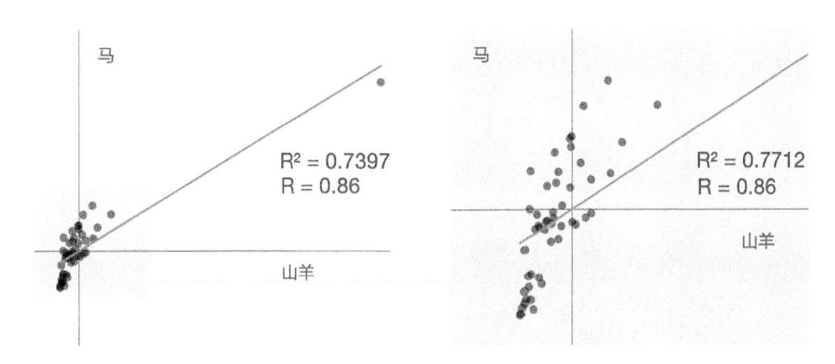

图 12.3　山羊和马之间关系的散点图（使用 Z 分数，每个点代表一个州）。左图显示了所有州，因异常值降低了分辨率，右图放大了左图中的灰色区域

与第 10 章的地图相比，我们也确认了这种相关性。在这个例子中 R^2 接近 0.74，意味着剩下的 0.26 取决于其他因素。如果在检查了散点图之后，你会感觉 0.86 的相关度太高了。你是正确的：如果将异常值排除在外，相关系数就达到 0.77。所以，一定要留意剔除异常值所带来的影响。

如果某些物种之间看上去具有正相关关系，其相反的方向强度则不会太高。肉鸡和肉牛之间的最小相关度只有 -0.08[③]。负值更大则表明与较大的肉鸡数量相关的是较小的肉牛数量，其他与此相当。这两种物种之间的情况，只有 4% 的变化是由另一个变量的变化描述的。

③ 根据美国农业部的说法，肉类加工用的肉牛数量增长了，牛奶加工用的奶牛数量也增长了。这两个都是分类“牛”的子类。在阅读本章中的图表时，应该将这一点考虑在内。

如图 12.4 所示，将变量对之间所有可能的关系显示在一个矩阵中，可以形成对这些关系的总体看法。注意有几个回归线接近水平，显示它们之间并没有相关关系。

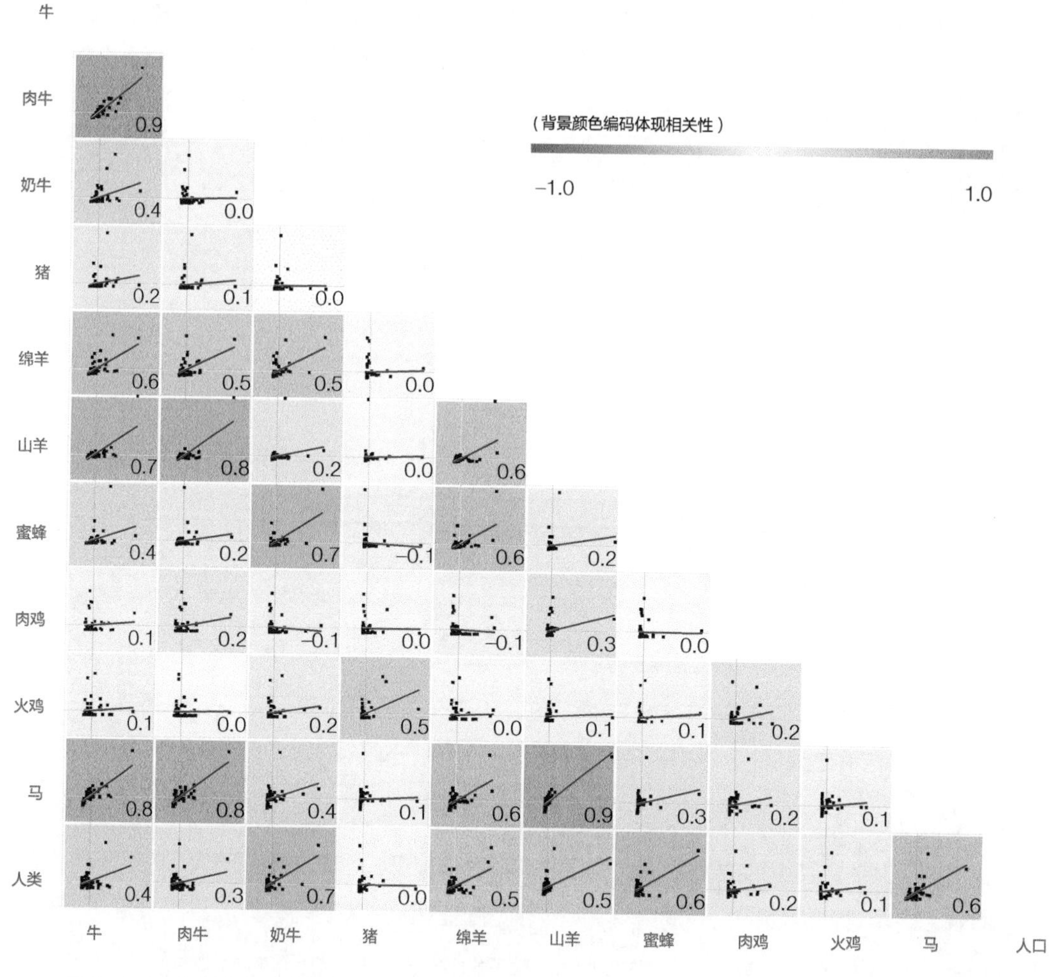

图 12.4　每对物种的散点图矩阵

在图 12.4 中，我们可以通过 Excel 中的两个条件格式定律来得出一些关于数据的结论。斜坡的范围设置为理论限值而不是从表中找到的值。在相关系数中，将中点设置为 0，将测定系数设置为 0.5。我们很快就认识到，正相关关系要比负相关关系强很多，几乎所有情况下的测定系数都很低。

图 12.5 总结了变量之间的关系，其中下三角为相关系数，上三角为确定系数。

	牛	肉牛	奶牛	猪	绵羊	山羊	蜜蜂	肉鸡	火鸡	马	人口
牛		0.79	0.15	0.05	0.40	0.53	0.13	0.01	0.01	0.63	0.17
肉牛	0.89		0.00	0.01	0.27	0.61	0.03	0.04	0.00	0.65	0.07
奶牛	0.39	0.03		0.00	0.29	0.05	0.47	0.01	0.03	0.13	0.44
猪	0.21	0.11	0.01		0.00	0.00	0.00	0.00	0.24	0.00	0.00
绵羊	0.63	0.52	0.54	0.03		0.32	0.38	0.00	0.00	0.40	0.28
山羊	0.73	0.78	0.23	0.03	0.57		0.03	0.08	0.00	0.74	0.28
蜜蜂	0.36	0.17	0.69	−0.07	0.61	0.17		0.00	0.01	0.07	0.41
肉鸡	0.09	0.21	−0.08	0.00	−0.06	0.28	−0.01		0.06	0.05	0.03
火鸡	0.09	0.02	0.18	0.49	0.04	0.06	0.08	0.24		0.01	0.02
马	0.79	0.81	0.36	0.05	0.63	0.86	0.27	0.22	0.10		0.38
人口	0.42	0.26	0.66	−0.01	0.53	0.53	0.64	0.18	0.13	0.61	

确定系数：0 — 1

相关系数：−1 — 0 — 1

图 12.5　每对物种的相关系数与确定系数

散点图的设计

在设计散点图时，目标是让两个变量之间的关系尽可能清晰，既包含总体相关水平，同时也能显示出聚簇和异常值。说起来容易做起来难。数据本身和一些较差的设计选择可能会使一幅散点图难以理解或具有误导性。

图 12.6 显示了一幅散点图的基本结构。如果是画两个变量之间的关系，最完美的情况下，所有数据点都在 45° 对角线上。这会将整个区域划分为上三角和下三角。在某些情况下，这是参考线，你的目标就是检测这条线和数据点之间的距离。

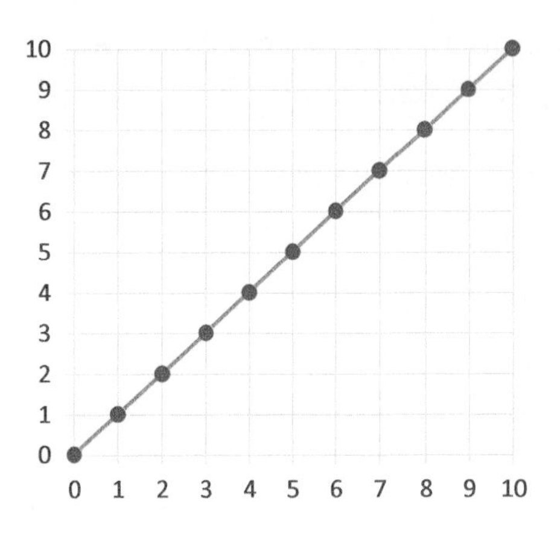

图 12.6　散点图

显而易见，散点图是正方形的，因为这样可以使 45° 对角线更明显，数据点之间保持同样的距离，可以同时维持其水平和垂直关系。两条坐标轴上都有同样的坐标。

如果我们在本书中遵守这些规则，就会得到图 12.7a 那样的分辨率非常低的图。但是，如果将空白区域裁掉，就会得到分辨率更好、同时也不会使比例失真的图 12.7b。由于没有使用条形或类似的对象，我们可以对坐标进行截断。

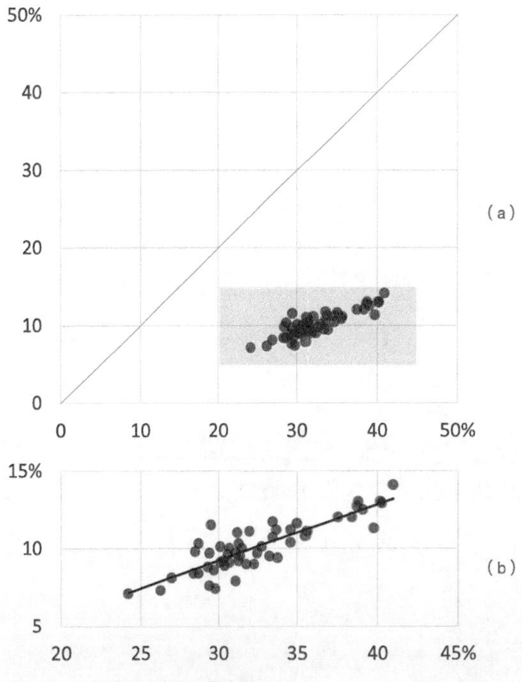

图 12.7　截断坐标以提高分辨率

在两条坐标轴上设置同样的坐标，需要的话，对坐标进行截断，只显示有用的区域，这是很理想的情况。如果你认为某条数据轴可以有更好的分辨率，那么应该加上提示，以确保读者能够接受这种变化。相对于图 12.8a，我们在图 12.8b 中截断了 y 轴（1∶2）来提升分辨率，保留了 45° 参考线，并增加了最佳拟合线。

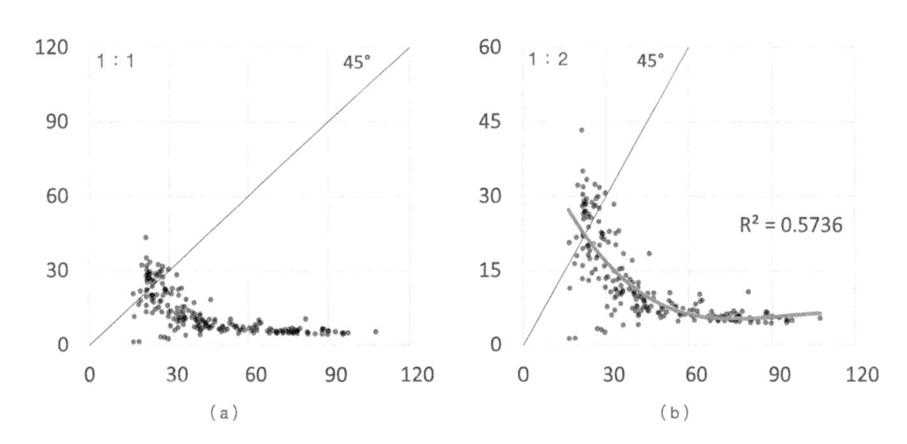

图 12.8　截断 y 轴提高分辨率

聚簇与分组

通常和两个变量之间关系同样有趣的是数据点聚集在一起的方式。在对欧洲国家的数据进行可视化时，可以预料到一些分组：西欧与东欧、波罗的海国家、北欧国家、地中海国家。有时候，根据格式塔接近定律，这些分组很明显。但在有些情况下，就必须进行探索，并加上更多的变量才能使这些分组显现出来。

类似地，在美国，我们预期很多变量状态有所不同，如西部各州和南部各州（根据美国人口普查局的定义）。在对高血压和糖尿病的关系进行绘图时（图 12.9），我们很清楚地看到，不仅两者之间具有很强的相关关系，而且当加上一个分类变量（地区）时，又揭示出一种空间模式。此外，很明显，美国南部地区具有脱离主流的聚簇。如何将这一点翻译为空间模式和空间连续性呢？

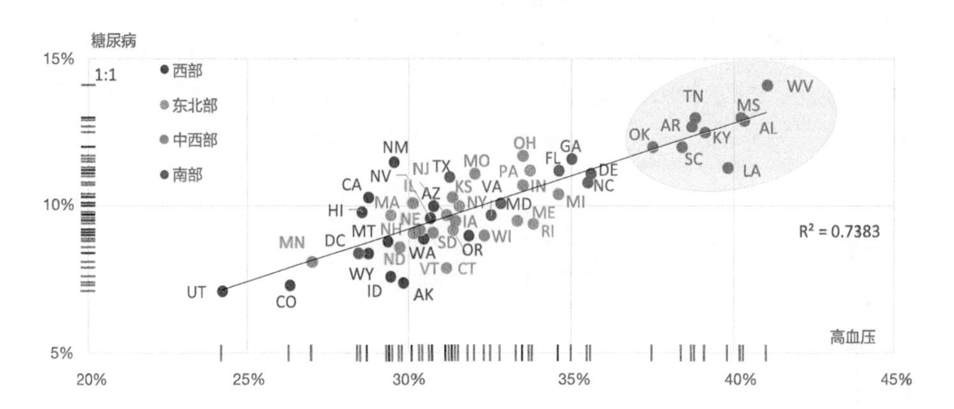

图 12.9　增加分类变量（地区）有助理解散点图

资料来源：Trust for America's Health

在创建散点图时，很容易忽视每个变量分布的细节。为了确保不会发生这种情况，可以为每条数据轴加上边缘分布。

多个系列与子集

每一幅散点图并不仅限于一条最佳拟合线。我们可以定义有意义的分组并进行分析，但不要忘了，不能将从分组中得出的结论直接推广到整个群体中。有意义的分组意味着不能只挑选能够验证信息的数据点。在图 12.10 中，每个区域都有自己的最佳拟合线，很容易就可以看到南部数据点（蓝色点）离最佳拟合线比更具多样性的西部（红色点）更近。总体来说，这种关系在南部地区更强，尽管对在每个区域中是否有足以得出正确结论的数据点还应打个问号。

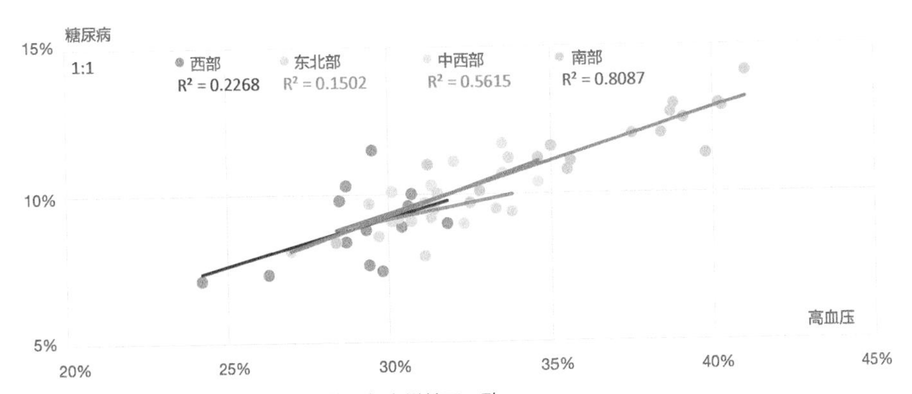

图 12.10　高血压与糖尿病的关系在美国各个州并不一致

资料来源：Trust for America’s Health

你还可以分析多个变量，例如在图 12.11 中，我们可以很清楚地看到，缺乏运动与高血压和糖尿病的关系类似，与肥胖的关系则较弱。

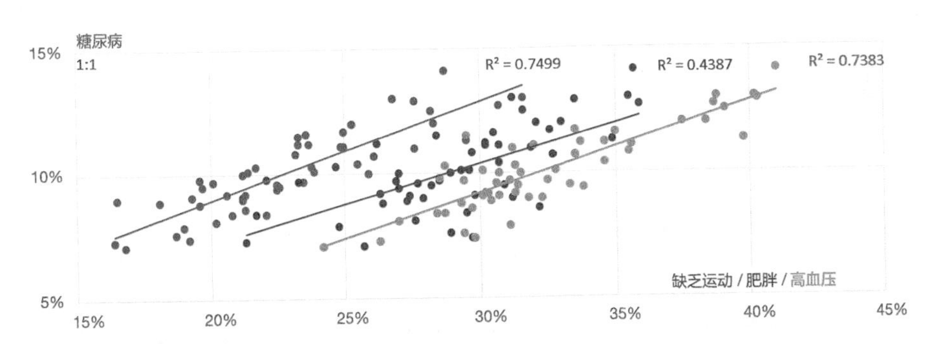

图 12.11　糖尿病与缺乏运动、肥胖和高血压的关系

资料来源：Trust for America’s Health

概况图

还记得第 3 章中的竹图（图 3.9）吗？它从一个总体值（全国平均值）开始，然后显示每个子分组与总体之间的偏差。图 12.12 的目标也是类似的：通过德国和荷兰进出口的总体情况比较，可以检验每个国家每个产品分组的情况。

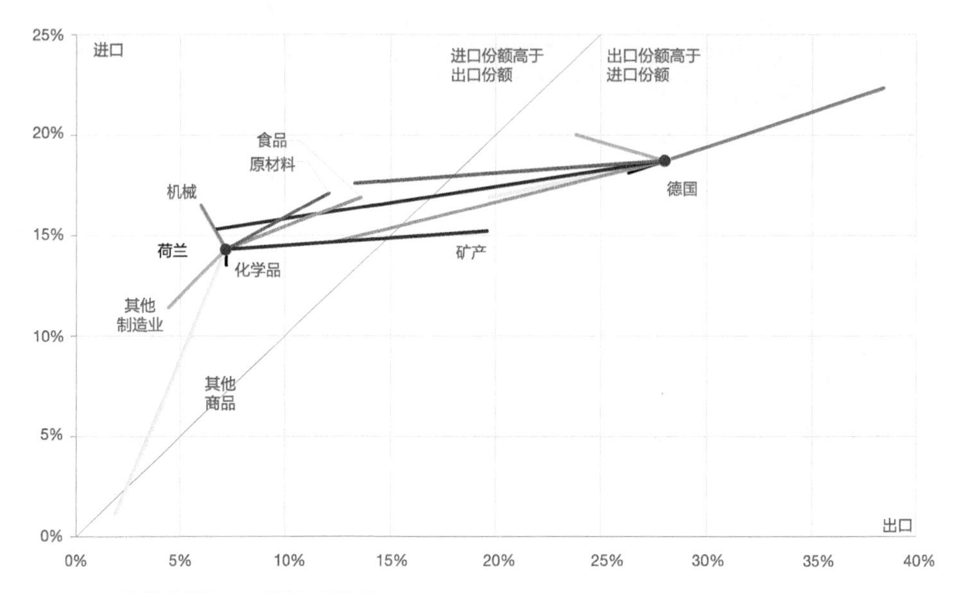

图 12.12　连线散点图显示整体份额的差异
资料来源：Eurostat

图 12.12 很清楚地显示出，德国与欧盟外国家之间的贸易量位于 45° 参考线的右侧，意味着出口远大于进口。这受到机械的影响，其出口份额为 38%。与之形成对比的是矿产，出口只有进口的 50%。荷兰的情况则不同，总体位置位于 45° 参考线左侧，但矿产出口份额要比进口大得多。

这种显示国家概况的技术可以在经济合作与发展组织（OECD）显示幸福指数的图表（图 12.13）中看到。OECD 使用了一种更复杂的、互动的、更美观的展现形式。每朵花代表一个国家，高度表示指数，每个花瓣的高度表示每一项在指数中的分数。用户可以通过修改每个花瓣的宽度来强调或弱化各项的相关度。

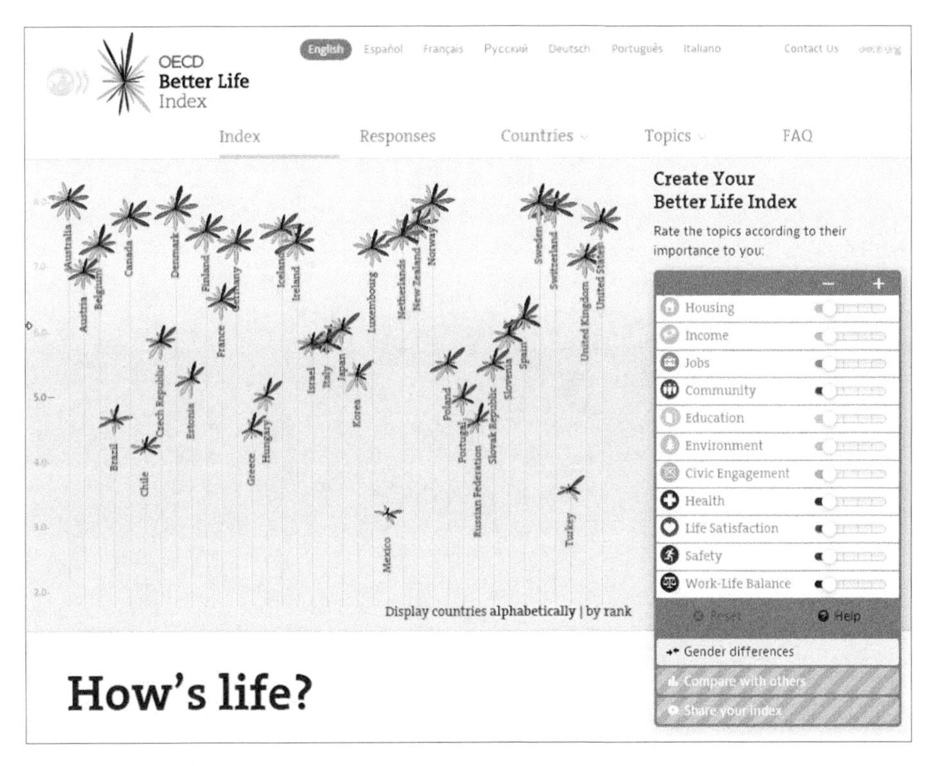

图 12.13　幸福指数

气泡图

我们可以将气泡图看作一种散点图，其中点（气泡）的大小量化了一个变量。因为面积更大了，可以使用颜色来加入第四个定量或定性变量。

在第 2 章中我们讨论了斯蒂文斯幂定律。定律说明我们会低估较大的面积而高估较小的面积。当应用到气泡图上时，这就意味着不能准确比较气泡的面积。但气泡图有一个很奇异的特性：它将低精度的视觉变量（面积）与高精度的视觉变量（x 和 y 位置）结合了起来。

不要因为不能准确阅读和比较气泡的大小就不考虑使用气泡图。相反，应将气泡图看作为数据加入更多含义的散点图，而不是增加了关键数据。在获得额外结论的同时，也要接受在比较气泡图时存在一定程度的不准确性。否则，就应该考虑其他的可视化选择。

图 12.14 中的气泡图重画了图 12.9，其中气泡大小表示总人口。为了提高精确度，位于气泡中心的点被保留下来。我们可以像阅读一幅散点图那样来读这幅图，但现在你会知道，美国三个较大的州的人口数较为接近。

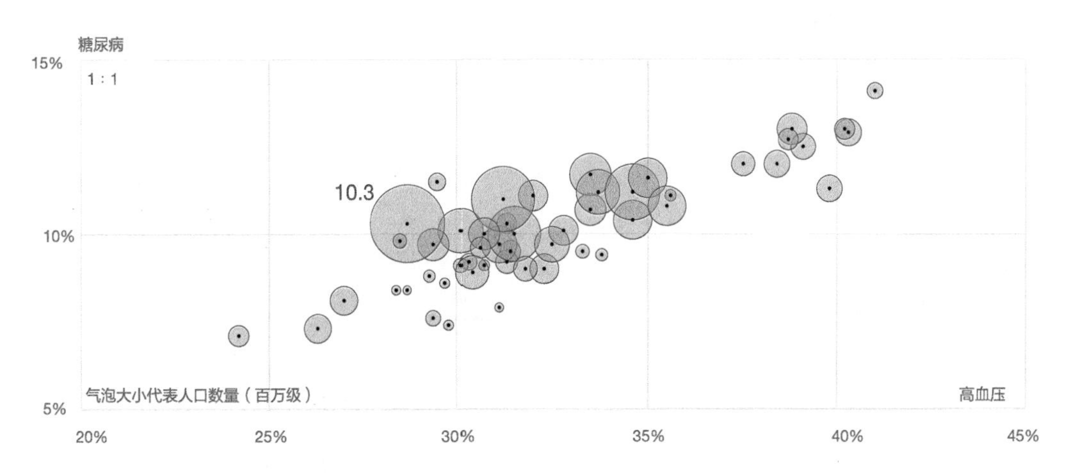

图 12.14 气泡图不能用于解读关键数据

资料来源：Trust for America's Health

注意气泡图至少会包含三个有意义的变量（x、y 和气泡大小），不应该与图 12.15 所示的氦元素图相混淆。我们可以猜测，对于所有有意义的目标，氦元素图缺少变量 x 和 y，因为它们并没有与数据表相关联。

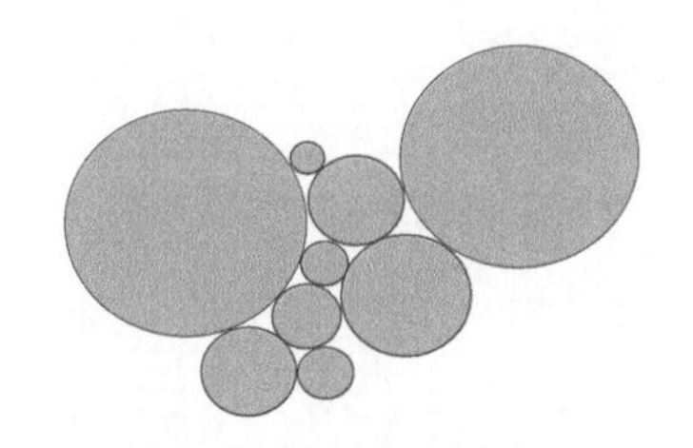

图 12.15 氦元素图

氦元素图通常是互动图表，可以对气泡进行拖拽。这很有趣，但几乎没什么用。因为唯一有意义的变量是气泡大小，氦元素图的本质是另一种形式的条形图，但并不具备条形图读取数量值的准确性。

本章小结

- 关系图表提供了最高水平的数据集成度，当将两个变量画在一起时，显示了变化的真实形状。
- 你的目标应该是减少噪声，直到关系的基本结构显露出来。可以尝试 Excel 的曲线拟合选项，但不要过度拟合。
- 将你所看到的图形与统计学度量值配合起来使用。
- 使用方向、形状、强度等术语来描述变量关系的特征。
- 永远不要忘了，相关性并不暗示因果关系。即使我们知道这一点，也很容易用隐含的因果关系来描述数据。
- 当在散点图中为两条轴使用同样的计量单位时，同时也使用同样的范围，以使图形保持正方形。然后再放大并选择相关部分，保持正确的比例。
- 使用参考线（如 45° 对角线），提高阅读的准确性。
- 使用气泡图时，强调位置，并使用气泡大小来表示相对次要的变量。
- 不要使用氦元素图，因为它只有大小是有意义的，不易阅读。

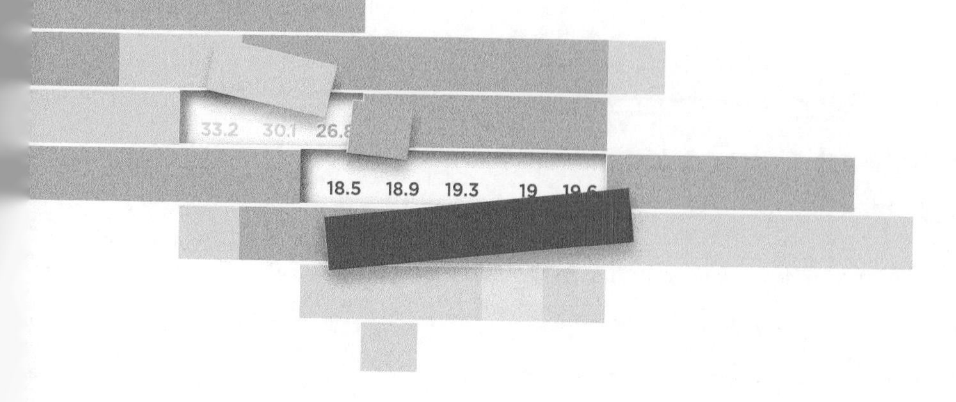

第 13 章

概况

为了引出本章的话题，我们首先呈现一幅让你能够认识到制作概况图重要性的图表：一幅包含大量数据点的图表将会受益于能够处理大量数据的结构。图 13.1 展示了在美国所有 3141 个县郡中，每一个年龄段（从 0 岁到大于 100 岁）的人数所占的百分比估算。行的高度表示县郡的人口总数大小，所有县郡按照年龄中位数排序。红色表示较高比例，灰色表示较低比例。

图 13.1 包含了成千上万个数据点。如果使用意大利的社区，而不是美国的县郡，将会得到一张包含 50 多万个数据点的表。在 Excel 中对大量数据点进行可视化，对于揭示可能隐藏的模式大有裨益。这并不是大数据[①]，但肯定比 250 年前使用的数据集大，那时候已经存在我们现在所使用的大多数图表了。

---

① 记住，大数据的一种诙谐但不太准确的定义就是，“不适合在 Excel 中使用的事物”。

图 13.1　美国县郡级各年龄组的人口百分比（2010 年）

资料来源：U.S. Census Bureau (American FactFinder).

问题在于，数据多不一定是好的。通常来说，低数据密度的 Excel 图表才是常规标准，因为低密度图表也更容易制作和阅读。我们应该经常提出这样的问题：“我还可以增加什么数据？”“更多的数据将会给分析带来什么样的影响？”“如果数据很多，我要如何来设计图表？”

也许在几年时间之内，仿真技术将会使现有的图表类型成为数据可视化的无声电影。在等待未来降临时（或直到一种新的市场时尚风取代大数据），应该思考如何加入更多数据并延展现有图表类型的寿命。如果考虑到这一点，本书中所讨论的很多想法都具有这种意外收获。

一种在图表中加入更多细节的方法是创建概况图。概况图是创建一组近似的图表来表示对象，其中包含两个阅读内容：一个是每个独立的概况，另一个是与其他概况之间的比较。这些图表之间的集成和互相依赖使得我们应该将其作为一个整体来对待，而不是将其看作多个独立的图表。图 12.4 中的散点图矩阵就是概况图。在后文中我们将再看几种其他类型的概况图。

需要解决的问题

我们现在面临一个有趣的难题。一方面，由于数据以及它们之间的关系更为复杂，每张图表包含的平均数据点需要增加，而更高的图表认知能力意味着更大规模的数据集和更复杂的可视化程度[②]。另一方面，读者并不希望阅读超出自身注意范围的可视化内容。

如果我们仅仅是向 Excel 图表库中的图表增加更多的数据，那么最终得到的结果可能是无法发现隐藏模式的意大利面条图或混乱的条形森林图。我们必须利用一种结构来使认知负担最小化，使读者可以毫不费劲地处理大量数据。概况图就是解决方法之一。

随着时间的推移，不同形式的概况图分别被冠以不同的名称：散点图矩阵；平板图；可重排矩阵；多张小图。这些概念之间具有细微的差别，但它们都源

② 不得不处理更大数量级的数据集的需求，可以使 Excel 用户认识到更好的数据可视化和数据管理技巧的重要性。

于同样的基本准则：并置多个对象，基于同样的标准来进行比较。

概况图的特性是，其中每张单独的图表位置不是任意的，而是由数据推断得出的，特别是可重排矩阵，其中的点要么沿着某一条数量轴排序，要么遵循并置标准的某种规则。

平板图

美国国家冰雪数据中心是美国一家专注于研究冰冻层的组织，它的主要工作内容是监测南极和北极地区的海冰。在该中心的网站上，可以看到图 13.2 所示的交互式图表，呈现了 1979 年以来的海冰范围。图 13.2 能告诉我们什么呢？显而易见的是，冬天的冰要比夏天多，每年都会有所变化。对美国国家冰雪数据中心这样的机构而言，这个结论是不是太简单了？

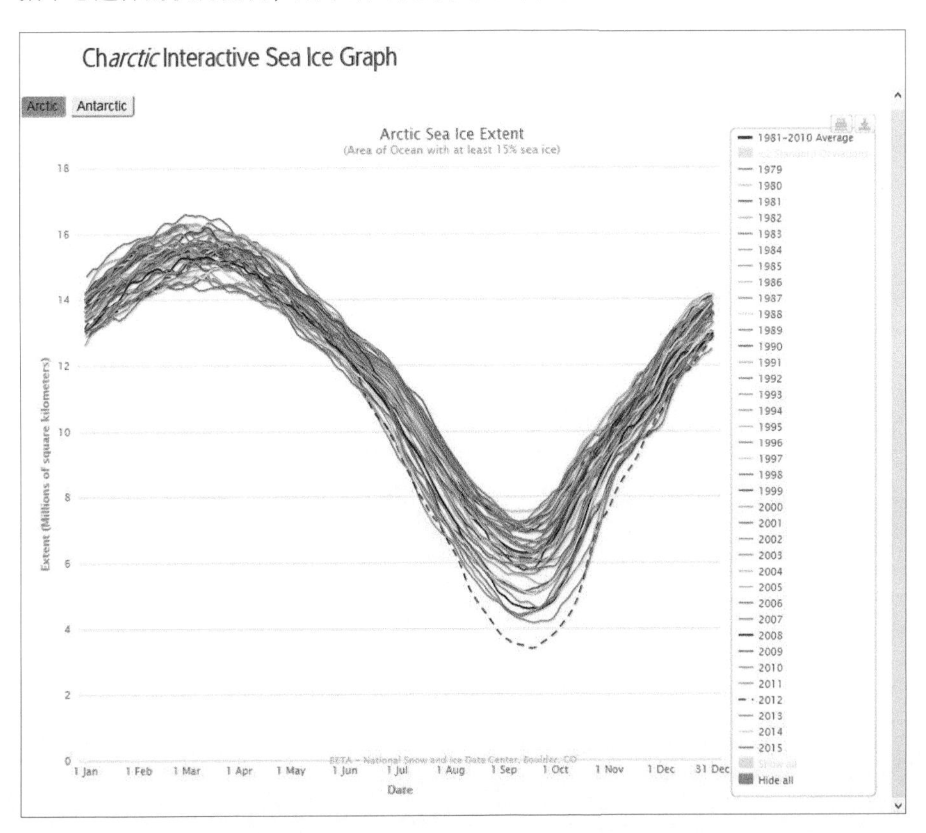

图 13.2 这幅图呈现出明显的季节性，但比较月份无用

图 13.2 使用了所有的数据，呈现出的却是一张体现不了任何内容的意大利面条图。你可能已经猜到，问题在于不同月份之间的比较毫无意义。分析这种数据的正确方法是在一幅周期性图表中画出每个月的概况。图 13.3 也同样显示出季节性，但它所体现的信息远不止于此。图 13.3 揭示出北极地区海冰范围随时间推移出现的严重缩小问题。它还显示出每个月中南极的变化更大，但北极的变化在夏季会增大。

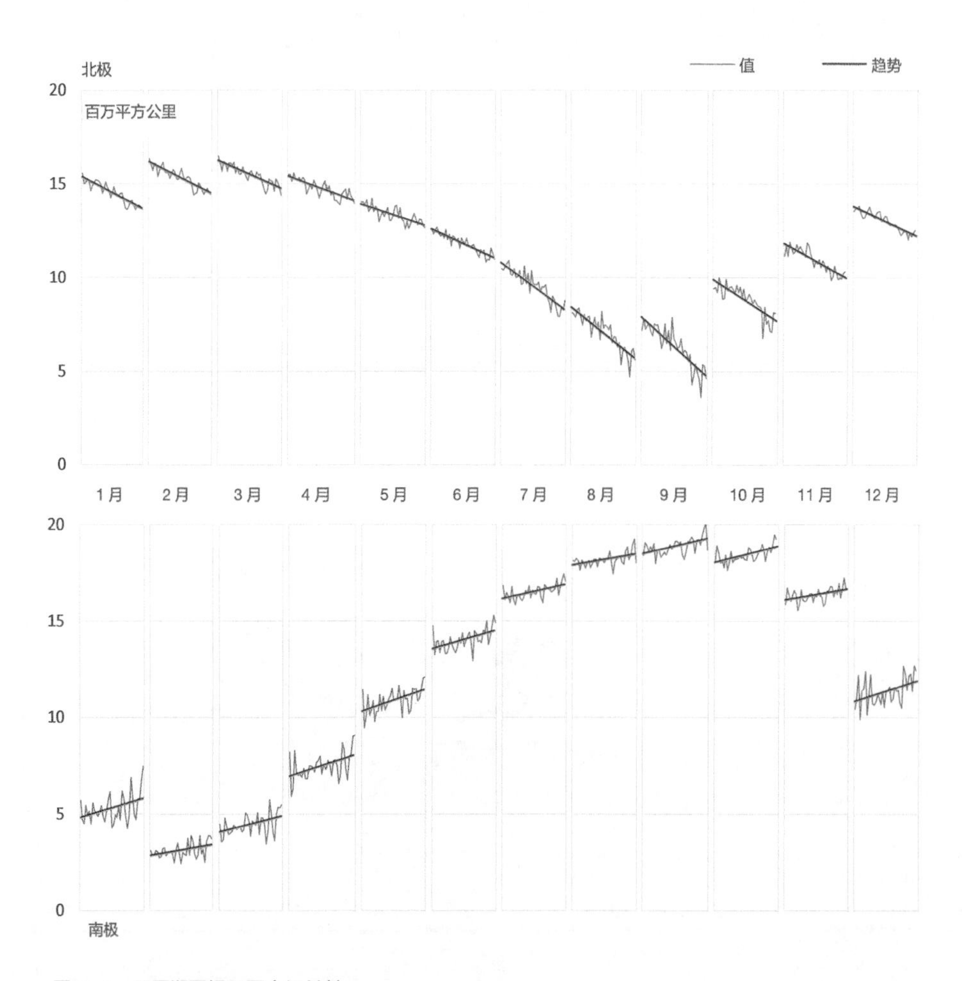

图 13.3 用周期图揭示更多相关性

资料来源：National Snow and Ice Data Center

概况图是从更大的图表中组织和获得见解的解决方案。概况图不仅将数据显示在一张单独的图中，而且还显示在并置的平板上。这样就创建了可以单个研读的个体和可以作为整体来进行比较的概况图。即使你关注的焦点是每个月的概况，还是可以观察季节性的数据演变。

分组条形图

图 13.4 的分组条形图显示了美国家庭的日常支出情况。我不想让你去比较不同的居家类型之间的各个支出分类，因此加上了垂直网格线，在它们之间起到感知壁垒的作用。隐含的意思是应该在每种居家类型内部进行比较或者比较居家支出概况。如果想要强调支出分类，则需要切换数据表，并按照支出分类分组而不是按居家类型分组。图 13.4 并不十分高效，因为存在太多分类，除了住房以外，其他的概况看上去都很类似。概况图假设在概况之间有相当大的区别，以确保对它们进行可视化是合理的。

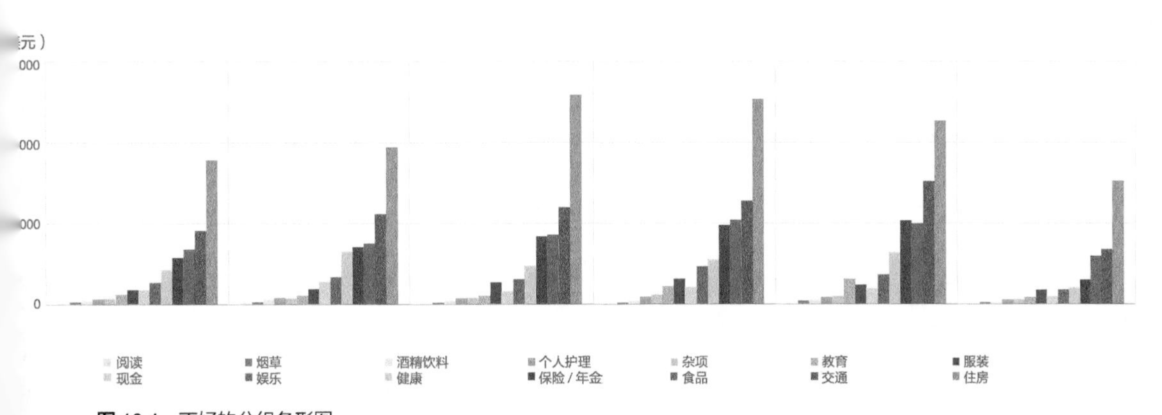

图 13.4 不好的分组条形图

资料来源：Bureau of Labor Statistics

为了解决这几个问题，图 13.5 将支出项分类集中到几个有意义的分组中。参考点的使用也使每一个支出项与总体消费结构之间的比较变得更简单，差距变得更明显。

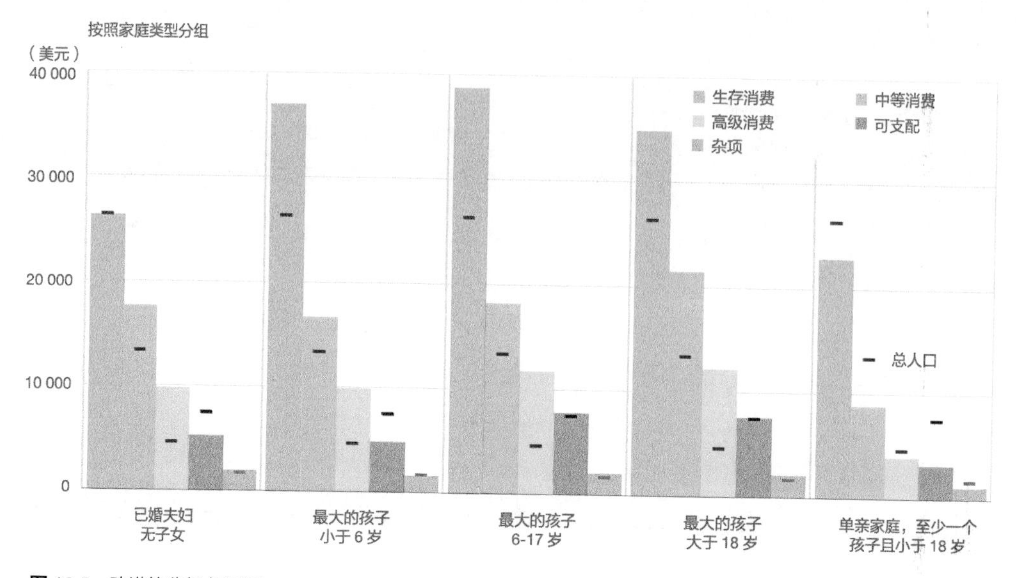

图 13.5　改进的分组条形图
资料来源：Bureau of Labor Statistics

水平图

图 13.6a 实际上只有一小部分用来显示数据。我们或许可以做点什么，因为显示越抽象，就可以加入越多的数据点。例如，因为一个变量可以具有正值和负值，但并不是同时具有正值和负值，所以在坐标轴的另一侧总是存在空间浪费的问题。我们可以将它“折叠”，使纵轴表示绝对值度量，使用颜色来表示正负（红色 = 正值，蓝色 = 负值）。图 13.6b 就是改变后的结果。在阅读时需要在变量的两个状态之间切换。这并不困难，图 13.6b 也没有比图 13.6a 多丢失数据。

如果使用不同深度的颜色来表示变化的程度，图 13.6b 会变成什么样呢？我们可以将坐标轴进行折叠，仅保持每个数据点的最高层级，并使用颜色来推断出数据点处于哪个层级。这样就得到了图 13.6c。杰弗里·黑尔（Jeffrey Heer）等人将这种设计称为“水平图”，并给出了详细的定义③。

这样做会不会损失感知精度呢？实际上是会的。这个问题在使用颜色表示量化数据时是不可避免的。折叠坐标轴也是一个有点奇怪的概念，需要花时间来适应。

③ Heer, Jeffrey, Nicholas Kong, and Maneesh Agrawala. “Sizing the Horizon: The Effects of Chart Size and Layering on the Graphical Perception of Time Series Visualizations.” *ACM Human Factors in Computing Systems* (CHI). pp. 1303–1312, 2009.

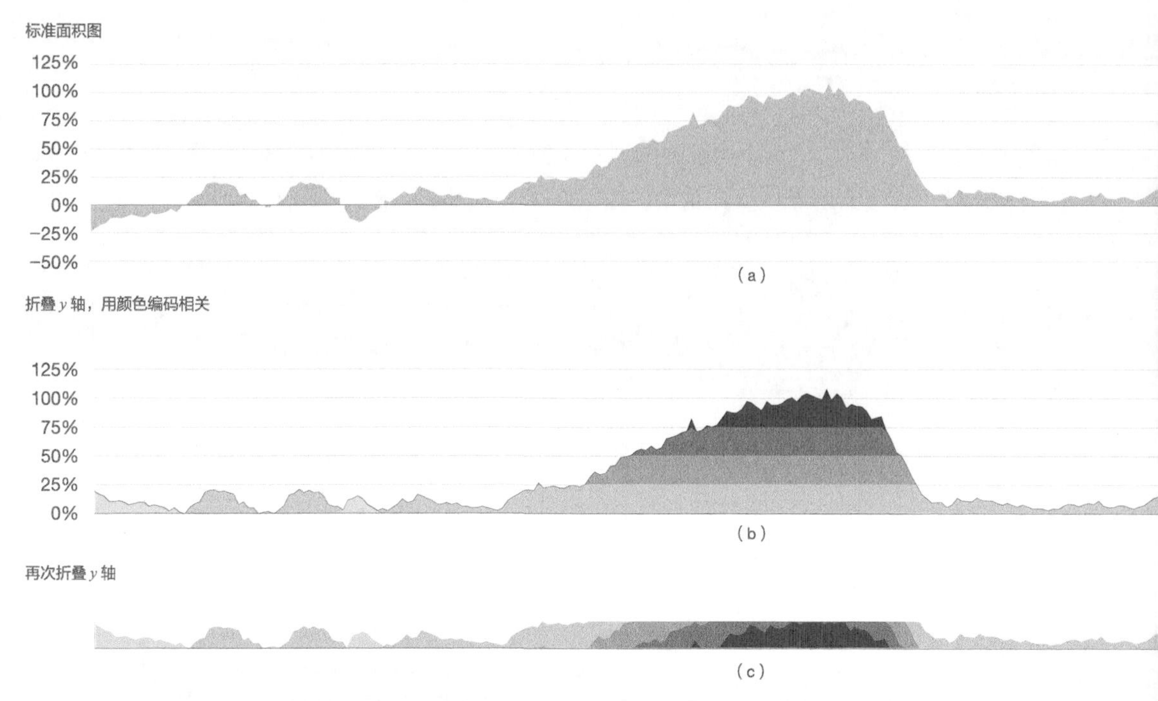

图 13.6　从标准面积图到水平图的演变

对于这种不甚理想的结果，似乎不值得费这么多心思。但我想，水平图的作者肯定不会只想得到长条形的色带。水平图真正的闪光之处在于将它看作概况图时的效果。图 13.7 显示了在 473 个月中，美国 52 个州各自的失业率概况。不管全美的失业率如何，有一些州的失业率一直高于全美平均水平。

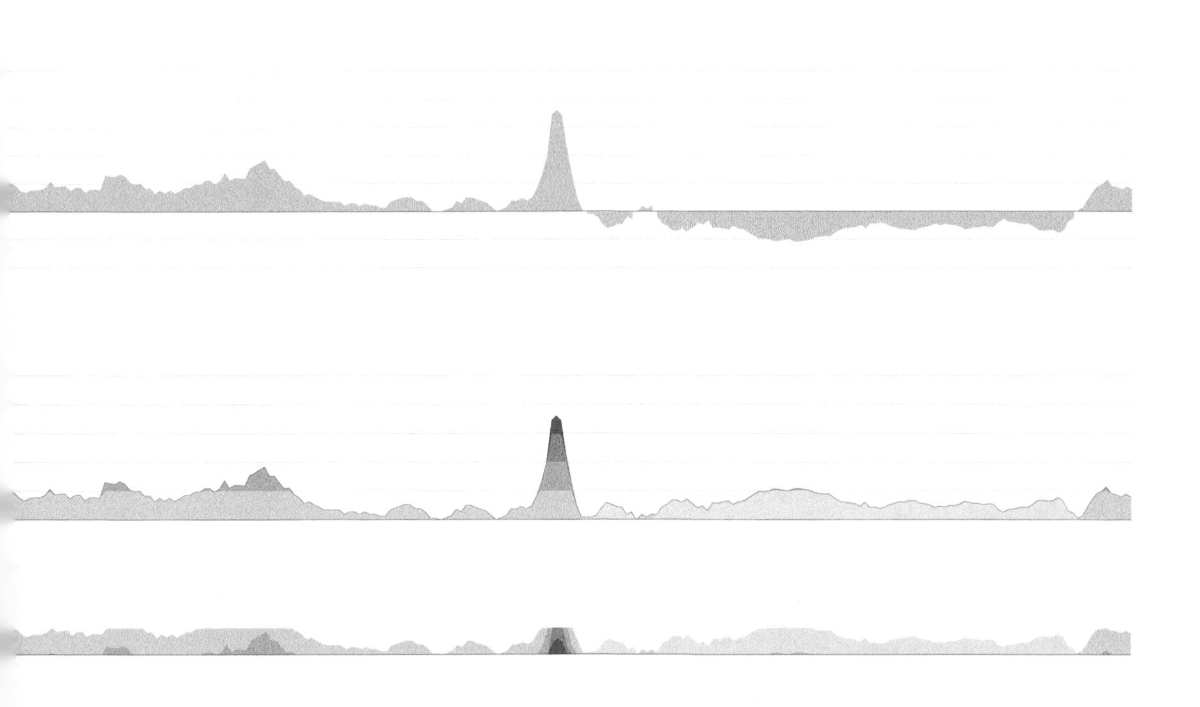

如果使用通常的面积图来显示同样的数据，将会得到比图13.7高7倍的图表，伸展到多个页面中。水平图特别简洁，这是它的优势：可以得到很多详细信息，但同时又可以拉远画面来获得整体信息。

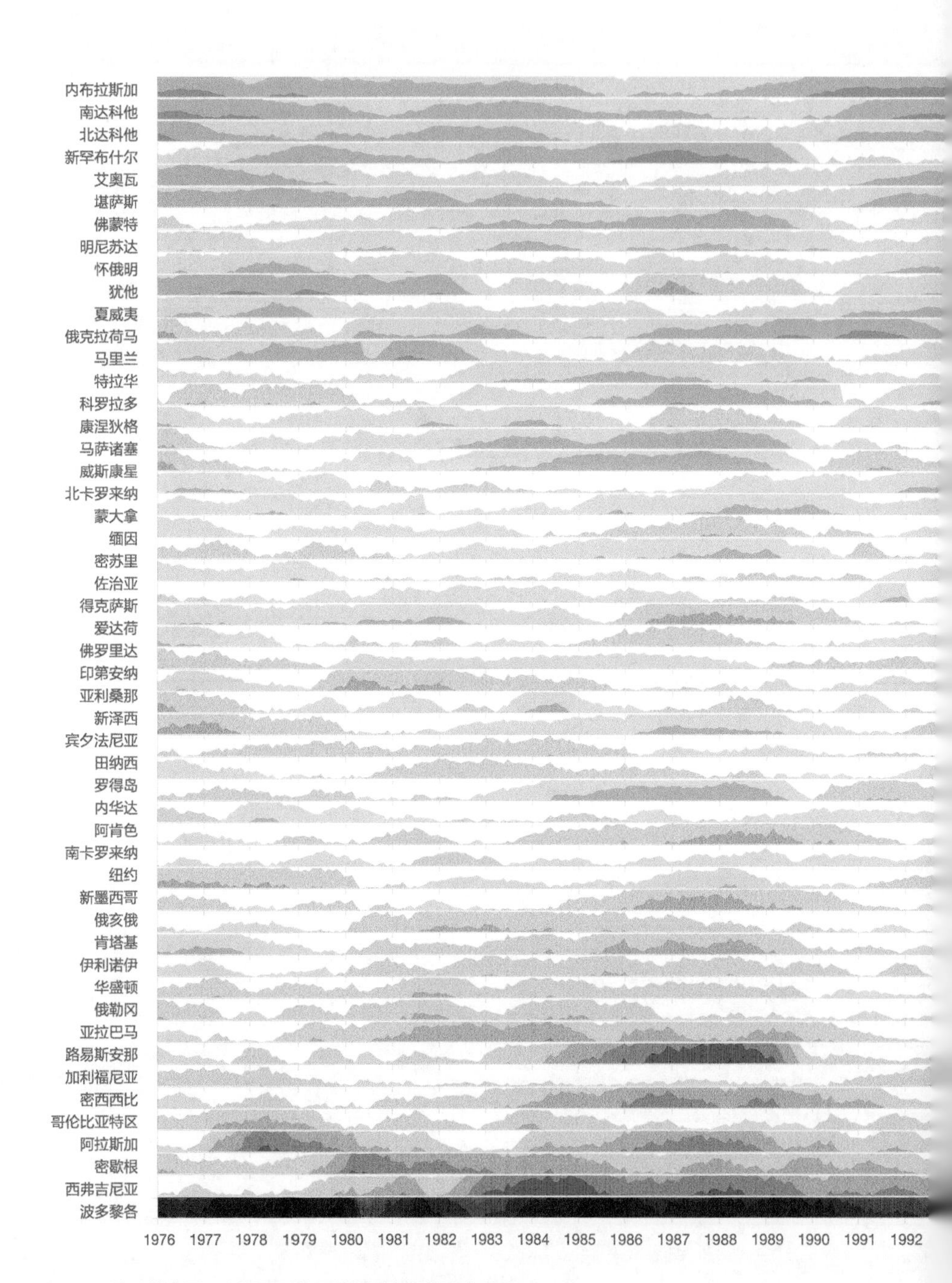

图 13.7 除了散点图，水平图可能是数据最密集的图表类型

资料来源：Bureau of Labor Statistics

25%
0%
1997
1998
1999
2000
2001
2002
2003
2004
2005
2006
2007
2008
2009
2010
2011
2012
2013
2014
2015
–125%
–100%
–75%
–50%
–25%
25%
50%
75%
100%
125%
150%
175%
200%
225%

可重排矩阵

在图 13.8a 中，用字母标识的一系列对象（位置）与一些特征联系了起来。从图 13.8 中要得出一些结论并不容易，因为特征和对象都没有按照一定的顺序来排列，也就不能有助于建立可识别的模式。在图 13.8b 中，对行和列都进行了排序，从而发现了一些特征与特定类型对象之间的联系。从这些关系中，我们可以识别出人类居住情况的三个层次。仅仅是对表重新排序就可以找出隐藏的模式，得到一条或多条斜线是可重排矩阵的典型结果。

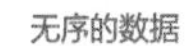

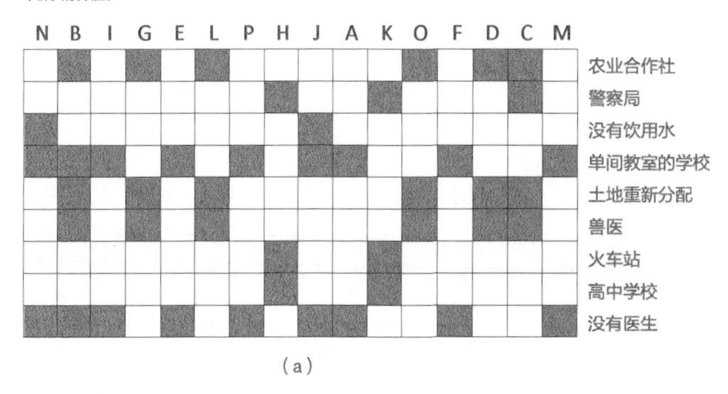

(a)

有序的数据

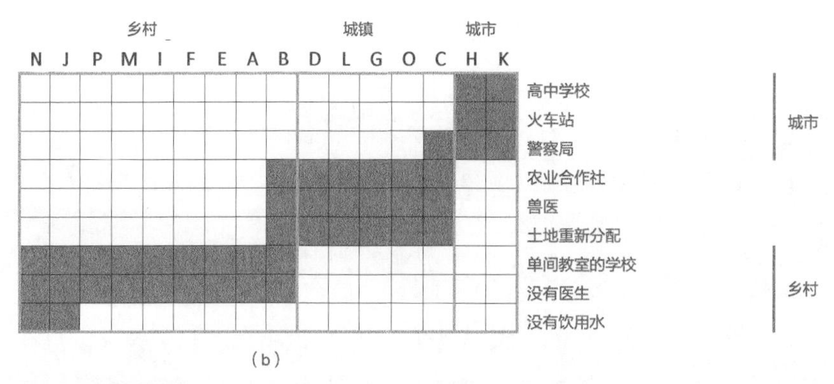

(b)

图 13.8　可重排矩阵

图 13.8 是由雅克 · 贝尔坦设计的、简化后的一个可重排矩阵的例子。使用真实的数据，模式可能没有那么清楚，也不容易识别[④]。

受可重排矩阵的启发，图 13.9 显示了美国零售业巨头沃尔玛在 1962 ~ 2006 年的店面扩张情况。各个州按照开店日期和店面数量来排序，颜色则对应于店面在美国人口普查中的区域。将分类和颜色结合起来，就可以揭示一些有趣的细节，如沃尔玛进入美国南部和中西部的平缓性、20 世纪 80 年代店面数量的急剧扩张以及自 1990 年以来在美国东北部和西部的急剧增加。与图 13.8 不同，图 13.9 只有州是可以排序的，因为横轴是一个时间序列。

可重排矩阵证明了为数据找到合适排序键的重要性。在简单图表中，总会有一个适当的排序键。在概况图中，对每一条斜线并没有单独的排序键。可能需要手工调整每一个行和列，来得到适当的分组。

④ 在 20 世纪 60 年代，可重排矩阵是通过卡片手工建立的，但现在有了在线的交互版本。

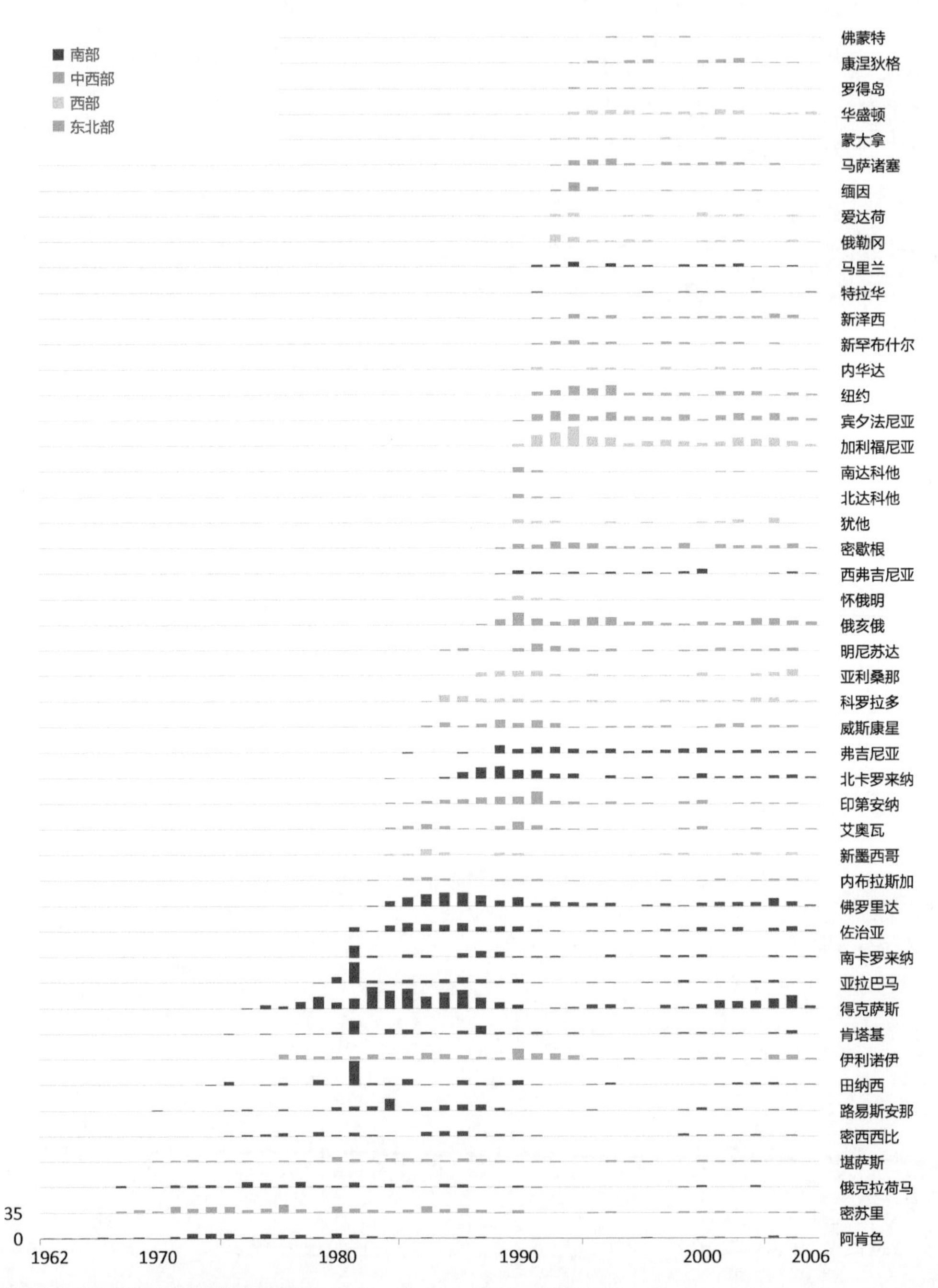

图 13.9　沃尔玛在美国各州的开店情况

多张小图

爱德华·塔夫特创造出多张小图（small multiples）这个词。与其他概况图表类似，多张小图的图表也具有网格状分布，其中的对象都具有相同的显示规则。在多张小图中可以使用任何形式的图表，尽管塔夫特本人非常讨厌在其中使用饼图。

多张小图最有趣的一种应用是用来代替动画。在这种情况下，每一张小图就是动画中的一帧，读者可以学习研究每一帧，并进行成对比较。

图 13.10 展示了沃尔玛开店的情况。排序是时间序列。每一年中都显示了已有的店面和当年开设的新店。背景中的灰色点表示店面所在的美国各县郡。

可重排矩阵和多张小图互为补充。请注意图 13.10 中店面网络是如何像病毒一样从一个中心点扩展开来的。而在图 13.9 中，更容易观察到每个州的进入和覆盖情况。

使用完全相同的数据，我们可以证明：有多种方法可以从数据表中获取知识，我们必须使用多种可视化类型来搜寻这些方法。

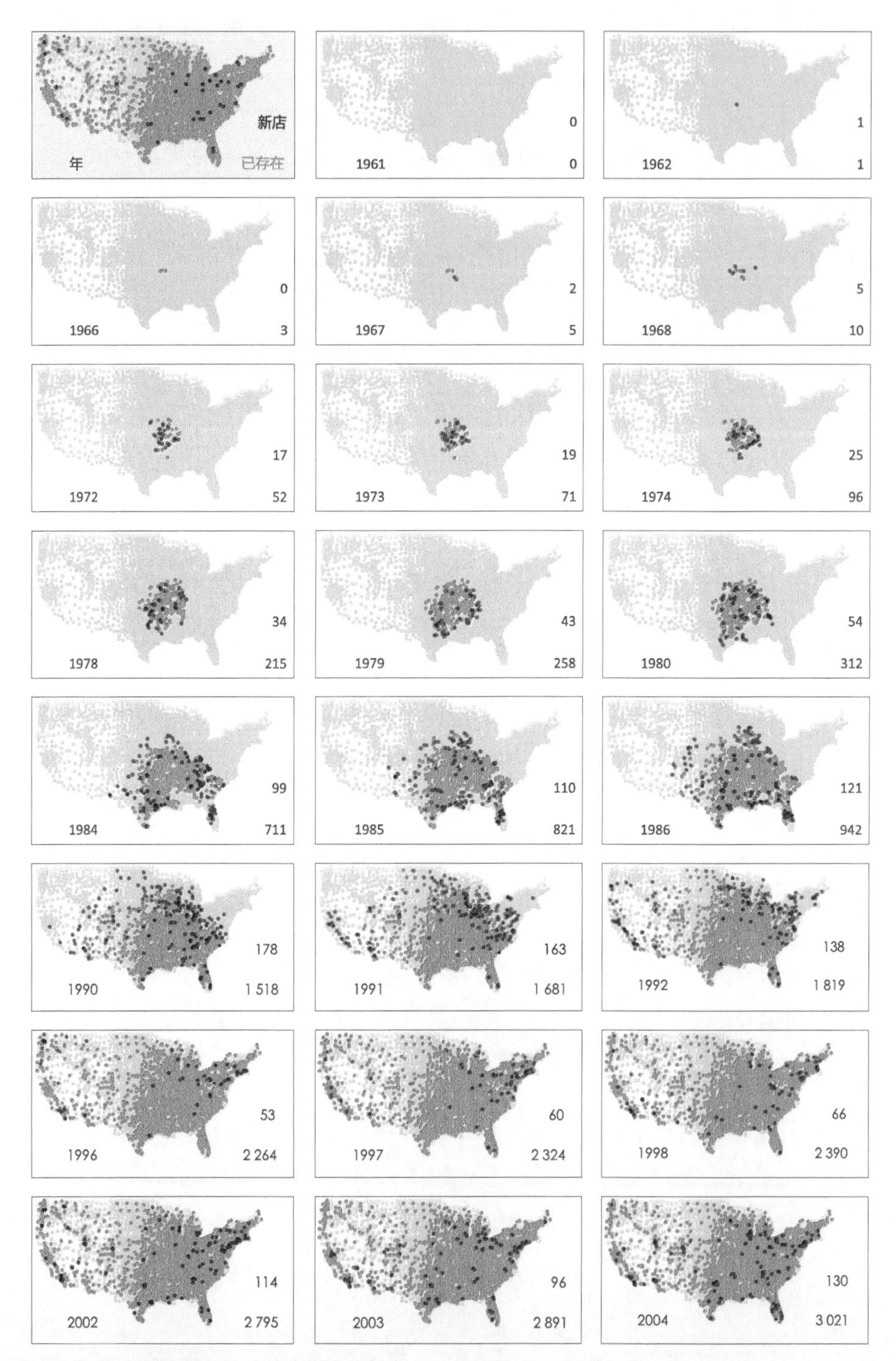

图 13.10 沃尔玛的扩张（1962—2006 年）

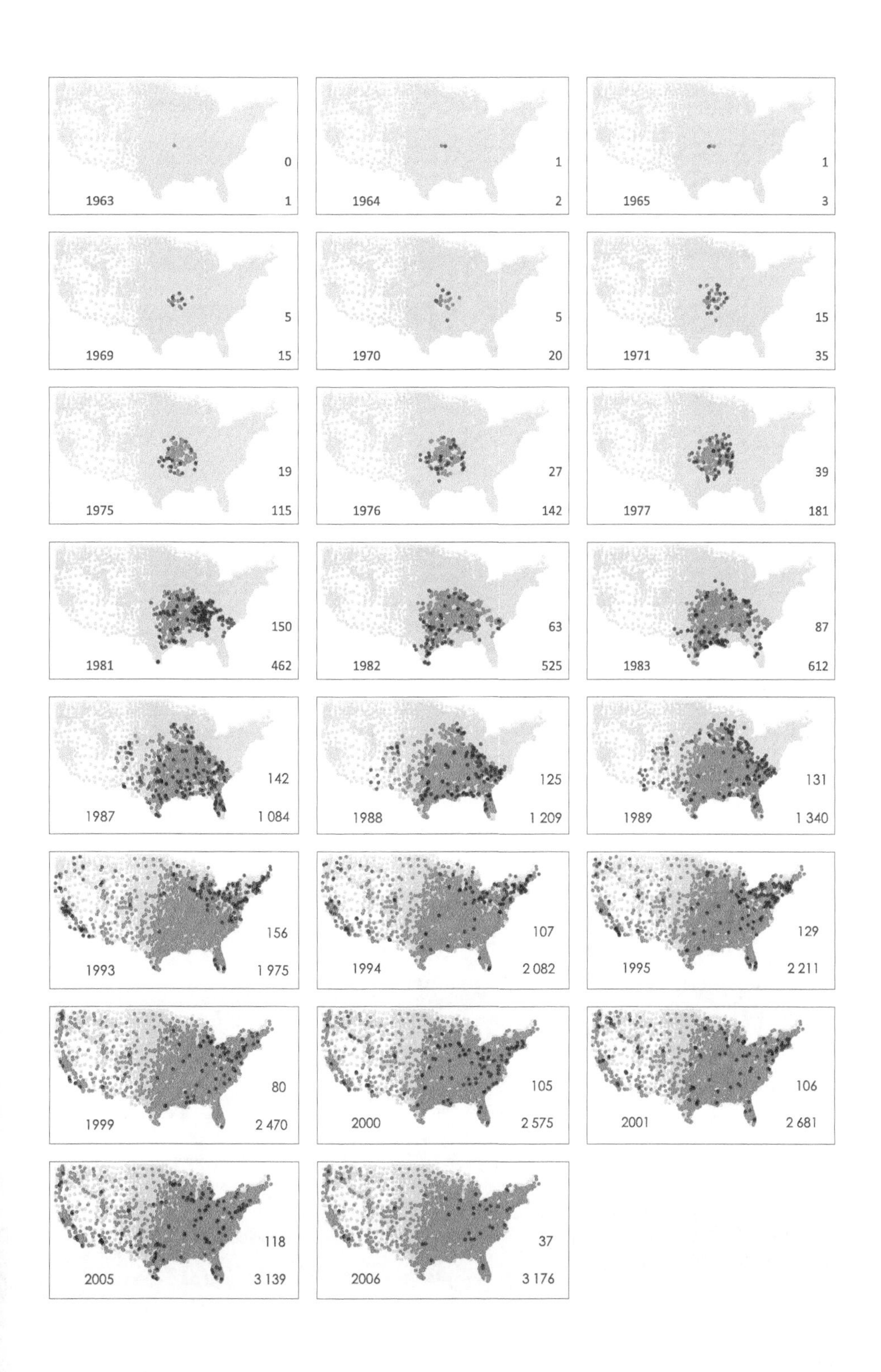

1963
0
1
1964
1
2
1965
1
3
1969
5
15
1970
5
20
1971
15
35
1975
19
115
1976
27
142
1977
39
181
1981
150
462
1982
63
525
1983
87
612
1987
142
1 084
1988
125
1 209
1989
131
1 340
1993
156
1 975
1994
107
2 082
1995
129
2 211
1999
80
2 470
2000
105
2 575
2001
106
2 681
2005
118
3 139
2006
37
3 176

Excel 中的概况图

在 Excel 中，可以选择一定范围的数据，然后将它拖到一个图表对象中，这将会作为新的系列添加进图表。如果可以将分类数据范围添加进去，然后自动分割数据生成多张小图，那么这是非常好的做法，但你并不能这样做。

当创建概况图时，首先要创建一张初始图表作为模型。尽可能确保这就是最终的设计，还要确保坐标覆盖了整张表中的最大值和最小值，并将其设置为手工模式，这样在改变分类时它们也不会变化。在生成最终版本之后，将它保存为模板，并用它来创建该系列中的其他图表。

使用其他数据可视化工具时，创建概况图非常简单，只需要将变量拖到适当的区域即可。当有几个变量具有潜在的分割可能时，这是非常有效的辅助手段。这也是 Excel 所缺少的最令我恼火的特性之一[5]。

注意，图 13.10 中所显示的地图是由散点图组成的，其中每一个坐标点都是地理位置坐标。大量的点使得我们可以识别出美国的总体形状。

位置变量无法表示除了点的地理位置之外的其他信息，替代方案就是创建多个系列，每一个系列通过一种颜色来表示。图 13.10 使用了三个系列：县郡用灰色表示，已有的店面用橙色表示，新店用蓝色表示。

---

⑤ 好消息是这个问题已经由微软在 Power BI 中解决了。如果经常有这样的需求，你可以尝试使用。

本章小结

- 在一张图表中加入的数据点越多，就越可能存在隐藏模式的风险。当将一张图表分割为多个剖面时，就会得到更具结构性的图示，也更易于阅读和解释说明。
- 在概况图中，为了具有可比性，所有的剖面共享同样的设计，尤其是宽高比和坐标。
- 一般来说，阅读概况图的每个剖面都应该像阅读整幅初始图表那样容易，但进行成对比较时，更难发现小的差异。增加参考点可以简化这一任务。
- 对剖面进行分类，可以看出总体模式。
- 通常可以使用多张小图来代替动画，应针对每个特定的可视化图表来权衡各自的利弊。
- 制作概况图的目的是将数据集按照分割变量的个数进行分割。如果所使用的工具允许且相对容易，应该尝试多个分割变量来对数据进行探索。

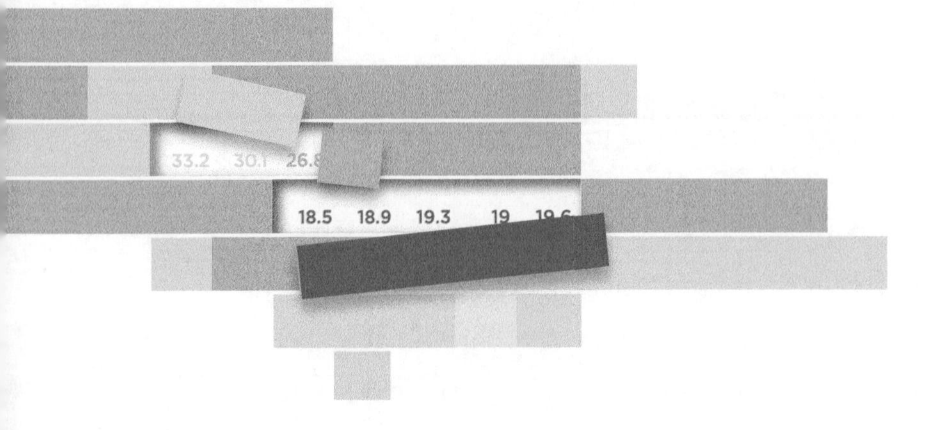

第 14 章

设计的有效性

“有效性”的含义很容易达成一致，但找到一种方式来对它进行衡量则困难得多。有效性本身并不存在，存在的是“对谁有效”（谁在哪里定义了参数）以及“对什么有效”（具体的任务）。

在数据可视化中，到处都可以看到“有效性”这个词，那么让我们尝试来理解一下它的范围。首先，想象一下你处于不同的角色。

- 科学家，正在与共事的其他科学家分享团队关于疫苗安全性的最新实验结果。
- 政策制定者，设法改变妈妈们对疫苗安全性的看法。
- 艺术家，创建一幅很美的数据艺术作品，引起公众对未接种疫苗儿童的关注。

现在，假设你需要为上述三种情况创建有效的可视化作品。在这些场景下，对于这三种角色你将重用部分数据，但信息不对称、任务、目标以及受众注意力持续时间等因素都是不同的。不能够简单地使用同样的图形，传递相同的信息。你认识到了这一点，并分别设计了三种不同的可视化图形。你确信每一幅图形都可以有效地完成任务。

但是等一下，假设在这个完美的场景下出现了一些严重的错误。你的日程表莫名其妙地出现了一些混乱，在各个会议上都使用了错误的图表：你尝试去改变美术馆内参观者的行为，但人家是来欣赏艺术的，而不想看疫苗非常安全的信息图；你向团队成员分享了一些艺术内容，而他们实际想看到的是困难的统计和复杂的图表；你和非常不情愿听的妈妈们讨论实验结果，而她们完全不知道这些散点图和回归分析到底意味着什么。在这种情况下，可视化图表是非常不成功的，激起了大量读者的不满。这些精心制作的信息本来对于原先设计的读者是正确的，但他们被打乱，你在会议上传递了错误的信息，它们所有的有效性都消失不见了。

为了避免这种类型的灾难发生，一定要再次确认向相应的读者展示了正确的图表。

问题在于，数据可视化的有效性是与任务和设计相关的（更不必说与数据相关了）。必须创建能够解决问题的可视化图表，并且必须以一种能够与所选择的读者进行有意义交流的方式来进行设计。有些人告诉你“见解”是应该用来衡量有效性的度量值。还有一些人坚称“参与度”才是正确的度量，需要通过对可视化进行美化来实现，这就使数据可视化走向了美学。

美学所扮演的角色和其重要性定义了一条分隔线，将数据可视化实践者分成两类。一方面，有大量不知名的实践者使用常见的软件工具，例如用 Excel 和 PowerPoint 来完成每日与数据相关的工作任务。另一方面，图形设计师创建的信息图越来越多地出现在媒体中。同时，很多企业也发现信息图是增加网站访问量的一种方法。这两组人群内部并不统一，但他们之间的区别是很清晰的。

由于图形设计师的可视化作品更容易被看到，并且在美学上也更具吸引力，因此他们也就很自然地被普通可视化实践者视为楷模。这种美学上的吸引力被软件提供商所利用，承诺可以通过他们所提供的特效来提升美学素养。

当一个商业组织的图表认知水平较低时，这些言论是很具有吸引力的，主要是因为能够适应组织需求的其他模型不存在，或者不为他们所知，或被认定为“枯燥乏味”。

很多新闻工作者和信息图设计师都反对过于强调风格而使可视化的内容变得难以理解。阿尔贝托·卡伊罗是一位新闻工作者，同时也是为媒体撰写数据可视化文章的首席作者。在他的《具有功能性的艺术》（*The Functional Art*）一书中，卡伊罗指出：“图形、图表和地图不仅仅是用来看的工具，而且应该用来阅读和审视。信息图的首要目标并不是漂亮，能吸引眼球，而应该是能够被理解，或者由于其较强的功能性而美丽。”[①] 卡伊罗并没有轻视美学的重要性，但他将美学放在可视化图形的功能性之后。即使是在读者期望具有更大创造性自由的信息图领域也是如此。

商业组织中的数据可视化遵循某个特定的模式（商业可视化），采用不适合的模式会对能够从数据中提取的价值产生负面影响。遵守本书中自始至终都在讨论的这些基本的可视化原则，不仅有助于创建更有效的图表，同时也能在组织中建立起一道安全防护网络，防止出现第 1 章中所呈现的饼图那样的美学灾难。

但是没有美学也就不是图表了。美学创造了一种情绪反应，我们的目标一直都是要抓住更多的注意力和兴趣，因为这是帮助读者获得知识的唯一途径。

美学维度

图 14.1 中的很多图表都是真实的，我的意思是，都是在某个人的分析和交流中实际使用过的。对于它们中的大多数，我们凭直觉无法判断出作者拥有的美学天赋，甚至看不出他们具有基本的图形设计技巧，他们只是直接使用了软件所提供的最浮华的选项。

---

① Cairo, Alberto. The Functional Art: *An Introduction to Information Graphics and Visualization.Berkeley,* CA: New Riders. 2013.

图 14.1　搜索“图表和图形”所获得的结果

当美学天赋不足时，常识就会使我们采用更为保守和中立的态度。从使用3D效果、亮色以及分解饼图的次数来看，我们可以得出相反的结论，至少作者意识到了美学维度的重要性。

糟糕的设计可能是水平不够、来自客户的压力以及软件自带的特效所产生的独特美感导致的。这样所带来的影响从搜索结果中就可以看出来。但是美学天赋并不是创建好的图表的必要条件。如果你每天的工作任务是分析数据，那么设计技巧并不是必需的。

在阐述了认知、环境和数据准备之后，我们在本书的第5章讨论数据可视化并非巧合。而在本章中讨论美学，这种结构是为了强调可视化中功能性的重要意义，降低所谓的美学天赋的影响。

错误的模型

如果不是用“图表和图形”（charts and graphs）而是使用“数据可视化”（data visualization）进行搜索，就会得到如图 14.2 所示的以图形设计为主的结果。很多图表都是很独特的，能够吸引注意力，还有一些像唯美的诗歌一样。

比较这两个搜索结果就会看出封装好的“令人难忘”的图表和很多真正具有天分的设计师作品之间的巨大差距。但我并不是要证明前一个搜索结果缺乏美感，我们还有一个更重要的目标，就是评估后者的数据可视化模型对我们是否有意义。下面是一些评判标准。

- 可以在商业组织环境中创建吗？作为独一无二的对象，这些可视化作品并不适合营销或市场部门的工作流程，而是更适合设计工场或媒体的创新过程。
- 它们有效吗？毫无疑问它们很好看，并且能够抓住读者的注意力。但不管是不同数据点的比较还是从模式识别上看，它们中有很多会产生严重的阅读问题。
- 它们是一致的和可识别的吗？任何图表类型都需要一个学习期，但商业环境并不适合需要不断对过程进行学习的持续创新性可视化作品。
- 它们能够适用于通常的办公工具吗？这些可视化作品是使用特定的编程语言和软件（例如 Adobe Illustrator）创建的，这些都是典型的办公室用户无法获取到的。
- 它们能够与办公室用户的技能相匹配吗？这些可视化作品强调图形设计技巧和美学天分，通常对于商业组织中的数据分析师职位来说，这并不是期望或必备的技能。

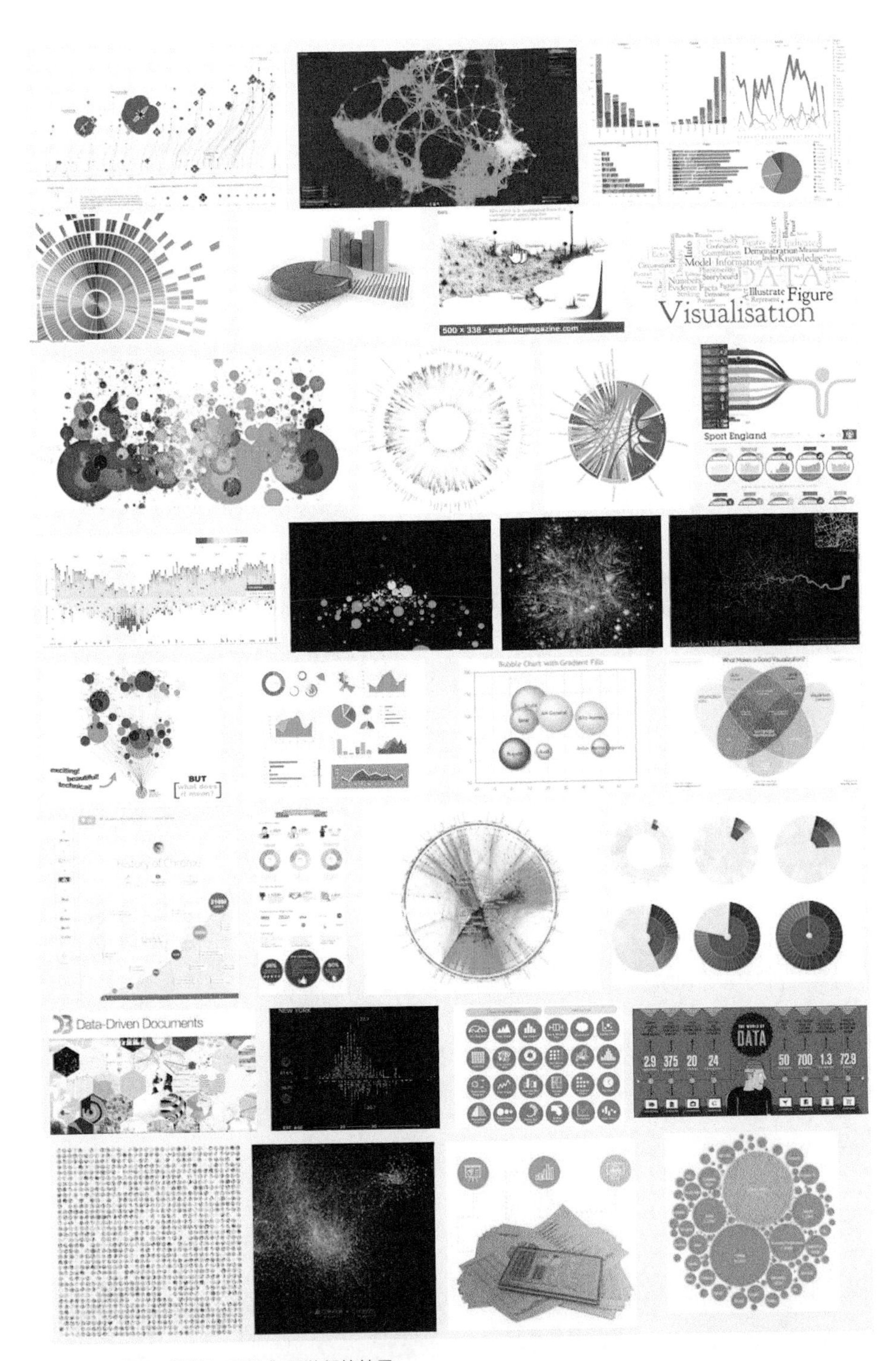

图 14.2　搜索“数据可视化”所获得的结果

设计连续性

从上面这些问题的答案中不难得出这样的结论：图形设计师创建的数据可视化作品并不适合商业组织的日常可视化需求。尽管很吸引人，却不能作为商业数据可视化的模板。但对数据点进行映射之后，设计是不可避免的。如何将设计更好地集成到商业组织的日常工作中呢？要理解这一点，必须认识到设计的本质是持续变化的，其特点如图 14.3 所示。

- **编码**。在最初阶段，设计的任务就是将数据通过一系列转换进行编码，用我们之前就具有的相关经验以及知道如何去阅读和解释，来创建可识别图表。这正如第 1 章所讨论的，是从原型图到图表的转变之路。
- **功能**。功能阶段将相关情况（任务类型、读者情况以及其他相关变量）考虑进来，用最合理的方式来传递信息，例如利用多个认知定律。
- **美化**。在这一阶段，评判标准不再是不惜一切代价获得有效性，而是要营造能够产生关注度的情感反应，并且使读者对需要传递的信息产生兴趣。
- **修饰**。在这一阶段，过度美化、失真或者与图表阅读不相关的元素可能会出现。设计者变得有点自我陶醉，更多关注美学效果，而不是有效的沟通。

具有天分的图形设计师会停留在美化阶段，创建既能够传递信息，又很动人的可视化作品。而修饰则更多出现在使用 3D 效果的 Excel 图表以及很多糟糕的信息图中。修饰是错误的目标，但是它与美学之间的关系可以激发转变，成为艺术。在数据艺术中，数据仅仅是一个起点，由此开发出一种旨在提供情感体验的艺术表现形式。

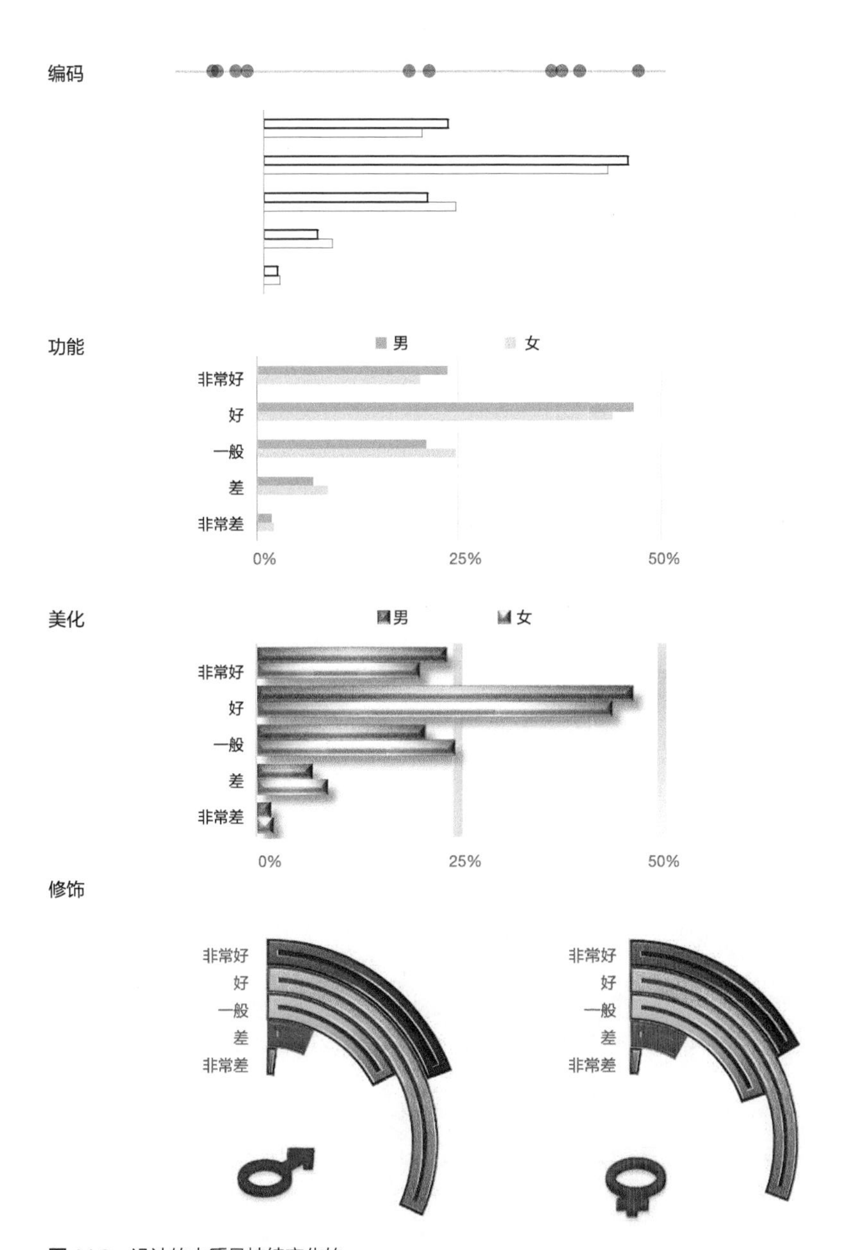

图 14.3　设计的本质是持续变化的

资料来源：Eurostat

工具并不是中立的：默认设置

你听说过蝎子和青蛙的寓言吗？蝎子让青蛙帮助它过河。当青蛙因为害怕被蜇而拒绝的时候，蝎子保证永远不会蜇它，因为这样它们都会死。最终蝎子说服了青蛙，却还是在河的中间蜇了青蛙，它们都死了。在死之前，青蛙问蝎子为什么要蜇它，蝎子回答道："这是我的天性。"

每种工具也有其"天性"：它们的默认设置、目标以及供应商所理解的其所面向的需求。对于同样的任务，不同工具会给出不同的结果。爱德华·塔夫特写了一篇非常著名的文章[②]，其中他说到 PowerPoint 倾向于产生线性陈述以及令人不愉快的销售说辞："PowerPoint 陈述通常看上去像是高中的戏剧剧本：非常大声，非常慢，非常简单。"这会激起一个很有趣的讨论，工具提供商会说错误使用或用得不好并不是软件本身的问题，而是工具使用者的错误。但这样说实际上隐藏了很多真相。

我们会发现一些与软件的默认设置相关的问题。它们是用户的一剂良药，因为可以节约时间，避免多个选项之间的选择焦虑。默认设置给用户一种错觉，以为自己具有某些并不存在的技能。用户很容易相信软件的提供商已经选择了最佳选项。

Excel 证明了现实远不是这样的。不可否认的是，从丑陋的 Excel 2003 以来，默认设置已经得到了很大的改进。在只有单独一个系列时，作为图例的灰色背景上的紫色长条不见了。但还存在很多类似的默认设置。Excel 所有预定义的设计都是为了迎合用户对于美学的感觉，没有任何一个是关于如何使设计更具功能性的。下面是关于条形图的一些很糟糕的默认设置。

- 条形图的网格线太多了，因为算法更感兴趣的是找到整数。将默认限值设定为 3，把画图区域划分为 4 个部分将会有所改进。
- 长条之间默认的间隔宽度设定是难以理解的 219%。设置为 100% 更为合理。

---

② Tufte, Edward. *The Cognitive Style of PowerPoint: Pitching Out Corrupts Within.* Cheshire, CT: Graphics Press, Second edition, 2006.

- 当变化率位于一个预先定义的阈值时（大概 20%），Excel 将会截断纵轴。在条形图中这不应该是默认的。

如果想要按照斯蒂芬·菲尤或爱德华·塔夫特的数据可视化建议，又要使用类似于 Excel 的工具，就需要不断与大多数图表类型以及它们的默认设置做斗争。

理性和情感

专家们如何来定义数据可视化，就犹如指纹一样是很个人化的事情。大多数的定义都可以很容易地在设计连续性中找到，最好能区分这些不同的观点。

设计连续性不仅仅是关于美学的，它也反映了理性和情感在图形化表示中的相对比重。理性和情感之间的冲突是人类社会的常态之一，看上去似乎科学和技术的发展也没法改变它们之间的关系。通过情感来抓住注意力更简单，因为它比需要投入更多的通过理性来抓住注意力的方法更为直接。

数据可视化也无法逃避这种交锋。较低的图表认知能力倾向于创建具有较少数据点的简单图表来重建物理对象，以在格式中加上非常明显的令人惊叹的效果。增强图表认知能力并不能减轻情感因素，但会更加倾向于将情感因素集成到可视化中去。

A.I.D.A.

A.I.D.A.（Attention，Interest，Desire，Action）③是一个古老的市场营销用语的首字母缩写。最初的目标当然是吸引潜在消费者的注意力，因为这是激起兴趣必不可少的步骤，然后才能有对产品的需求，最终引起购买行为。

这四个步骤是很重要的，信息的有效性由最终结果，也就是销售量来衡量。但如果没有第一个 A 建立起的沟通渠道，也就不会有后面的任何事情。影响到我们的信息数量越多，广告商就越需要采用某些形式来使自己的信息与众不同。

③ Attention，注意；Interest，兴趣；Desire，需求；Action，行为。——编者注

现在，当你向读者分享一张图表时，大多数时候你并不是真正在推销某个产品或服务，因而我们可以修改一下模型。

- **注意**。在一页中很突出的可视化图表吸引了我们的注意力。
- **兴趣**。快速扫描并评估图表，可能还会阅读标题，确定自己是否有兴趣。
- **需求**。现在我们想要（需求）阅读完整的可视化图表，并获取它想要传递的信息。
- **行为**。作为经理，我们可以基于数据为所传递的信息采取行为。作为杂志阅读者，我们可能采取的行为是不再购买某种产品，或者关注某个社会问题。

在商业可视化中，能够获取到的用来表示数据的资源是非常有限的，只有屈指可数的几种图表类型（尽管它们有多种变体）。对于很多信息图的作者而言，创建条形图几乎就是悖理逆天的行为，因为这表示读者将马上感到无聊。而另一些人主要的关注点仅仅是在数据上。例如，爱德华·塔夫特说："如果统计资料很无趣，那是因为你选择了错误的数字。"

我们在一幅图表的四个部分——数据本身、编码数据的可视化变量、标题、背景——分别找出了理性和情感的不同层次。

图 14.4 和图 14.5 是显示了相同数据的同一种图表类型，但是大量的情感因素将它们区分开来。

两幅图表都呈现了世界上人口出生率最低的国家之一葡萄牙自 1960 年以来每年出生人数的变化。在图 14.4 中，每年出生人数显著减少，我们只在数据中发现少许情感因素。这个版本应该是正确、中立和描述性的，总之一句话，是很理性的。设计者相信读者知道如何将这幅图与他们关于这一主题的相关知识联系起来。这是一幅紧跟在读者已经阅读过的、描述性文字之后的图表。读者看过图之后几乎不再关注那些文字。通常在一份报告或官方统计机构的出版物中都会找到这种类型的图。

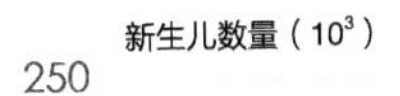
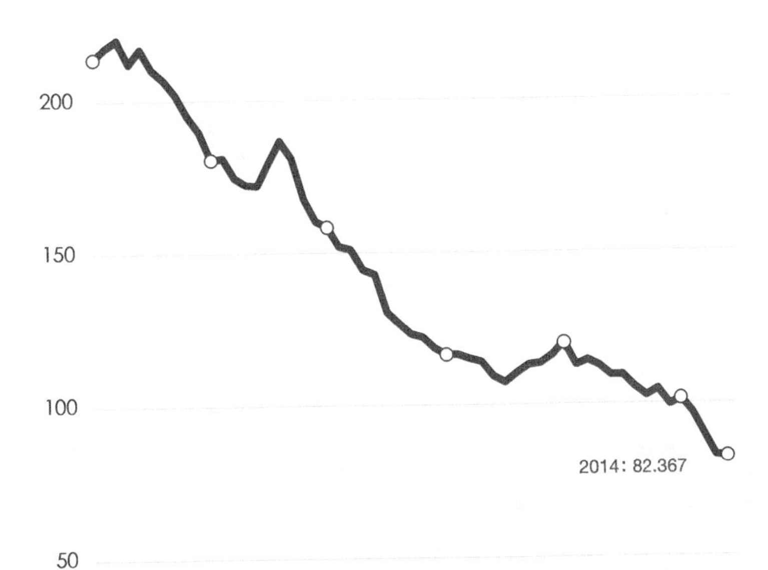

图 14.4 理性地显示人口出生情况

资料来源：Eurostat

图 14.5 含情感因素显示人口出生情况

新生儿数量
（10³）
250
200
150
100
50
0
2014: 82.367
1960
1965
1970
1975
1980
1985
1990
1995
2000
2005
2010
年

图 14.5 则非常不同。它并没有包含任何额外的量化信息来让我们更好地理解到底发生了什么，但抓住了读者的注意力并引起其兴趣。如果这是杂志上某篇文章的第一页，它很可能就会激励我们阅读完整的文章以获取更多信息。这是因为我们感觉它说的是实际情况，而不仅仅是统计数据的展示。让我们来看看这是怎么做到的。

- **数据**。就像希腊的失业率飙升一样，急剧的下降趋势将整个事实“呈现在你面前”。
- **线条**。折线图是唯一的彩色元素，因此它吸引了注意力。使用红色线暗示这不是好消息（蓝色线将会使信息稍微温和一些）。
- **标题**。标题并不是描述性的。它给出一段评论，并由下面的文字补充说明。这形成了一个问题，并暗示读者将能够在文章中找到答案。
- **背景**。黑白的，一个空的游乐场图片，在数据和事实之间架起了一座桥梁。

我加入了一些细节来增强戏剧性效果，不同系列之间的连续性和背景图片中的对象使得该曲线看上去会趋向于零。更大的图片尺寸也给这幅图带来一些图 14.4 没有的强调效果。

这些细节并没有改变数据中所包含的信息，但是你必须认识到加入这些情感因素之后所面临的风险。你会怀疑自己是不是用力过度，一个方法是在图画中避免刻画人物，否则会带来太多未定义的情感因素。

理性会跟随情感吗

借助图 14.5 所传递的清楚、简单和即时的信息，我们设置了情感的基调。从理性的角度来说，增加更多的数据会有意义，例如将葡萄牙与欧盟进行比较。但在这幅图表中我们应该这样做吗？图中告诉我们葡萄牙的出生人口数显著下降，文字告诉我们这会导致严重的后果。这就是所设置的场景。从现在开始，我们将会用更多的数据和更简洁的图表来进一步巩固这一点。

图 14.6 显示了葡萄牙与欧盟的情况有很大差别，21 世纪以来出生人口数持续降低。这意味着问题已经很严重了，不管是从绝对值来说，还是与欧盟相比较而言。

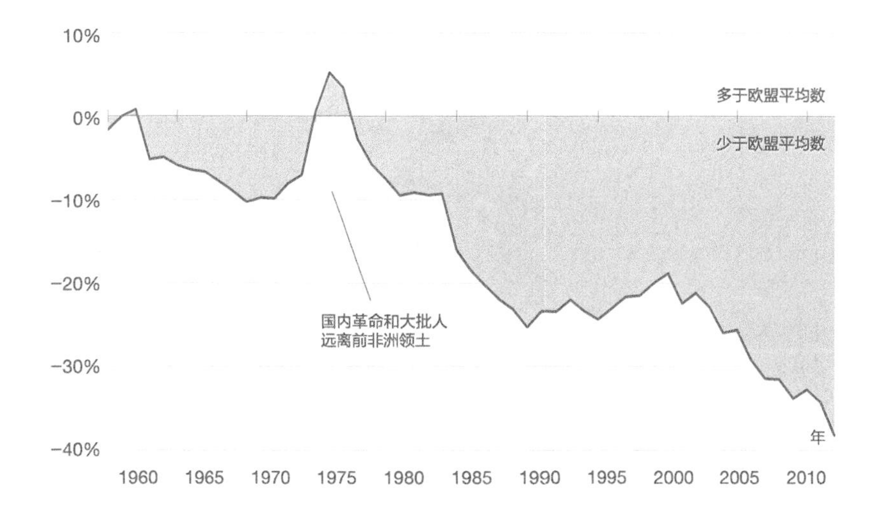

图 14.6 利用之前的情感框架
资料来源：Eurostat

图 14.7 也是一个很好使用情感因素的例子。它向我们呈现了，因为出生率低于每个妇女 2.1 个孩子（更新换代所需要的最小数量），葡萄牙从 1990 年以来儿童短缺人数超过 100 万，平均每年超 4 万。

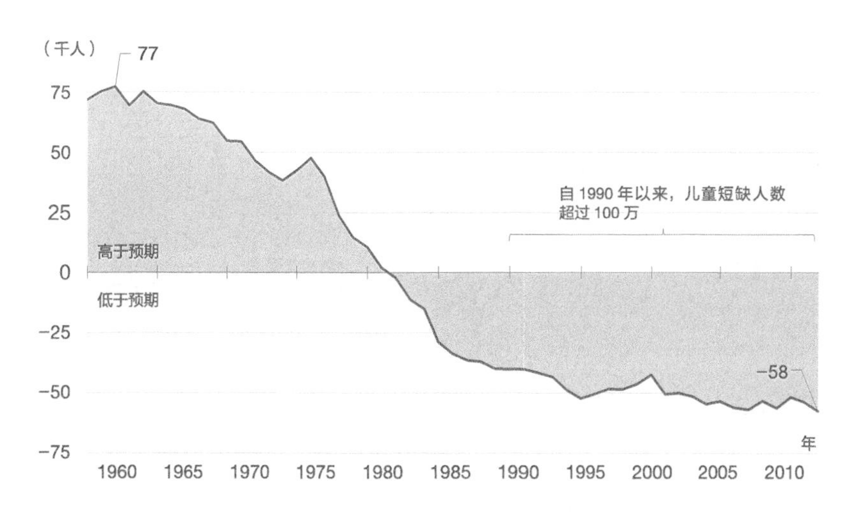

图 14.7 不需要添加情感因素
资料来源：Eurostat

由于图 14.5 建立了中心思想并设置了情感框架，因而其他的出生率图表就不再需要具有同样引人注目的效果。它们都处于辅助性地位，丰富了故事的内容，与中心图表没有冲突，就像我们的星系中所有行星都围绕太阳转动一样。

情感与有效性

一些研究表明，对一个对象的美学评价会影响到对其功能性的感知。因此，在阅读一幅图表时忽略这个维度或者其他形式的情感已经被证明是错误的。问题在于，我们是否应该严格按照功能性标准来衡量一幅图表的有效性，或者情感元素是否应该被计算在内并充分利用，以抓住读者的兴趣。

这并没有通用的答案。第一个原因是，对功能性标准和情感因素的解释，在进行分析和沟通时是不一样的（我们不会为个人消费创建 3D 饼图）。

第二个原因在于信息创建者和消费者之间的不对称性。这种不对称性越显著，信息的创建者就越倾向于进行情感表达，就像媒体使用的信息图那样。但是，在商业组织中，信息的共享是从更为平等的位置和共同的兴趣开始的，不太需要吸引注意力。

人们更有可能会记住一幅与众不同的、具有情感的可视化作品，而不是另一幅他们曾经见过上百万次的图表。尽管令人难以忘记和情感上吸引人是信息图所追求的目标，但在商业组织中这通常并不是必需的。有时候，当组织必须更关注某件事情或者当全体人员需要特定的激励时才会考虑用情感因素。

需要注意的是，不断重复同样的图形模型会降低沟通的有效性，不管是基于单纯的理性还是感性的记忆。前者导致了厌倦，而后者导致了敏感度降低，需要增加情感剂量来维持同样水平的读者反应。

奥卡姆剃刀

如果本章前面所呈现的“数据可视化”搜索结果中所体现出的美学，对于商业组织中的日常数据可视化并不适合，那么应该怎样做呢？

在 14 世纪，一位方济各会修道士奥卡姆（William of Occam）构想出了一个被称为奥卡姆剃刀的法则：“如无必要，勿增实体。”也就是说，我们应该总是倾向于采用简单的假说或解释说明，而不是更复杂的，因为复杂性的引入必须是出于必要性的要求。若干个世纪以来，从亚里士多德的著作到更具散文性的“保持简单就好，笨蛋”（keep it simple, stupid，KISS），尽可能简单地解释事实是很多哲学家、艺术家和科学家的共同主题。

很重要的一点是，要注意简约和朴素并不是绝对的法则。我们不应该将它们应用到极致，以免丢失对理解有用的元素。这在奥卡姆剃刀中是隐含的。爱因斯坦曾说：“我们应该使事情尽可能简单，但不能过于简单。”同时，也不应该认为“简单”就等于“去掉一些内容”：确实应该排除不相关的内容，但这只是起点，后面紧接着还应该尽可能减少辅助性内容，整理必需的内容，增加有用的内容。这个隐喻的法则被证明对于 Excel 和组织中的数据可视化是很有价值的，因为 Excel 图表的很多结构化工作就是由删除无用对象和整理很多细节组成的。

现在让我们在实践中来观察奥卡姆剃刀，将它应用到一幅使用 Excel 2003 的默认设置，仅仅增加了一张美工图案的图表中。

图 14.8 呈现了美国在一个世纪时间内每年人均可获得肉量的演变过程。我们尤其感兴趣的是牛肉和鸡肉的演变过程。（根据我的研究，没有任何一个独立的因素可以解释 1976 年之后牛肉消费量的急剧变化。对于健康的关注经常被提及，但《加州农业》上的一篇文章指出，牛肉和鸡肉价格指数上的较大差异和更低的消费者购买力在这一转变中扮演了主要的角色。）

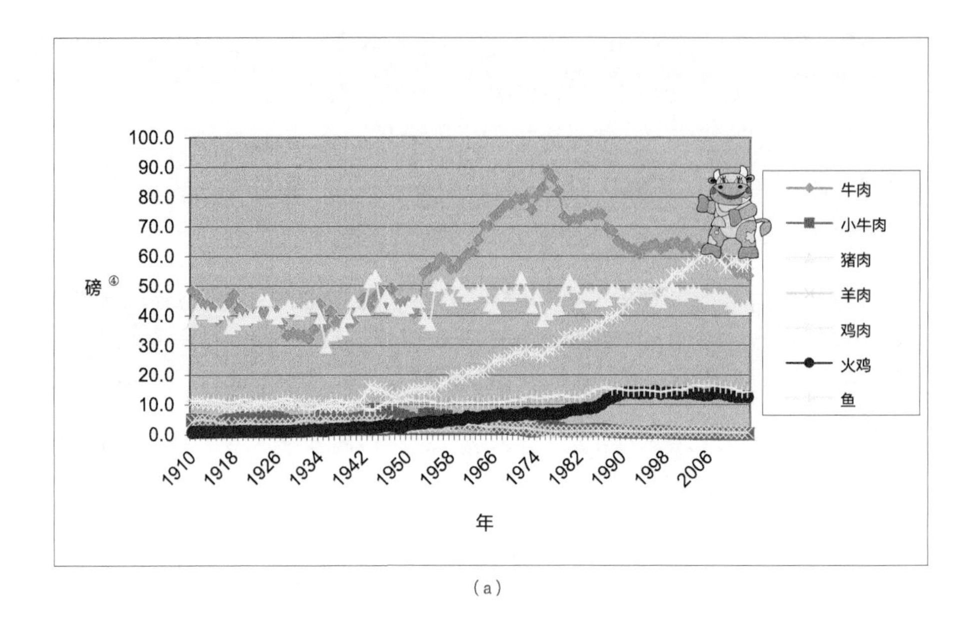

（a）

（b）

图 14.8 应用奥卡姆剃刀使图表更有效更优雅

资料来源：U.S. Department of Agriculture

---

④ 磅，质量单位，1 磅 =0.453 千克。——编者注

图 14.8a 中列出了原始图表，图 14.8b 是应用奥卡姆剃刀修改之后的图表，这是呈现这种数据的正确图表。让我们来探索一下功能性设计选项是如何使这幅图具有效性和吸引力的。

- **移除不相关内容**。最初，我们采取减法，移除多余的内容，使数据的本质显现出来。现在是“少即是多”。尽管牛肉消费量的急剧下降会让牛很高兴，但也不需要放一张正在微笑的牛的图片啊。灰色的背景、边框、图例、标记……所有这些都不要了，因为它们不具任何价值。

- **将辅助性对象减到最少**。在第二阶段，可以改进一下坐标轴。

- **修正必需的内容**。在第三阶段，我们对数据本身的呈现进行修正，使其与传递的信息保持一致。有一些系列是多余的，而猪肉的消耗量在这些年中基本保持稳定。更有意义的分析似乎在于比较牛肉和鸡肉的消耗量。因此我们强调了这两个系列，并标识出猪肉，弱化其他。

- **增加有用的内容**。在最后的一个阶段，增加了一些有用的元素，例如牛肉消耗量的最大值以及一个可见的标注，突出了在一段时间内价格上涨，触发了后续的趋势反转。

这四个阶段显示出移除杂乱的内容确实是必要的第一步，但这并不会神奇地揭示出隐藏的宝藏，它只是为实际的工作准备了图表。

在认为任务完成了之前，要确认这幅图与你所传递的信息和整体的沟通需求是一致的。不要忘了检查逻辑问题，因为现在的图表比刚开始更为简洁（例如，使用投影仪后的效果怎么样）。

所有这些修改的结果就是得到了一张更为简洁的图表，更加专注于想要传递的信息。尽管图 14.8a 中微笑的牛也令人难忘，但图 14.8b 在本质上更为专业。所有的修改都是有据可循的，使得图表能够保持功能性，并且在美学上来说也更为简洁和得体。

要使这幅图更具功能性，除了可以加上一些注释，其他没有太多可以做的。但是，我们需要在其中加入情感因素吗？也许应该从使用一个不那么无趣的标题开始。如果想做得更多，并开始修改视觉对象，事情就会突然变得有点难以捉摸，通常也就会损失功能性。如果没有做得那么过火，且情感维度很好地补充或说明了想要传递的信息，就会得到更多的注意，也就更有希望引起兴趣。因此这是一种潜在的折中，如果你愿意为了抓住读者更多的注意力和兴趣，牺牲一点功能性，也无可厚非，但不能影响到信息本身。

设计图表组件

让我们再重温一下部分图表组件，并看看如何来应用奥卡姆剃刀和我们常用的设计观点。

要记住，与对图表格式做出正确的决定同样重要的是，保证它们在整个展示或报告过程中保持一致。你创建了一幅图表，同时也就创建了读者需要牢记于心的规则。如果出于不是很显著的原因修改了规则，读者就会困惑，需要重新学习一遍哪些是可以获得的内容。

但是，不一致并不一定就是坏事。如果是有计划的，并且利用了突出的事物，就可能会强调某个可能会被忽略的信息。不一致具有不同的形式和多个水平，因此我不能一一列举，但确实存在这样的情况。

- 在细节层次上，不同颜色，不同字体，不同坐标的设计图表。
- 在中间层次上，根据所选择的图表类型进行设计。如果你选择了某种类型的图表来回答某个特定的问题，那么以后遇到同样的问题，对多个不同的产品、地区层次或社会经济群体进行同样的分析时，不要改变图表类型。
- 在最高层次上，总体展示结构。如果所选定的选项是一个全局分析，然后是经过筛选的集中于某个方面的数据，那么不要让读者对具有不同结构的类似分析产生混淆。

3D 效果

人们应该都喜欢一些不可能的物体，就像彭罗斯三角（图 14.9）。很有趣的是，当你盯住三角形上的任何一点看的时候，它看上去是可信的，但作为一个整体的三角形来看却不可信。当艺术利用了这一点的时候，例如在 M.C. 埃舍尔（M.C. Escher）的版画中，瀑布成为自身的源泉，楼梯无休止地循环，似乎很容易就可以创建出独特和难以忘记的插画！

图 14.9 彭罗斯三角

在数据可视化中具有一些类似的内容是非常好的。在图形中加入一些内容使其变得独特、值得关注，就如应用提供商喜欢说的，更加专业和难忘。（我已经告诉过你，“专业和难忘”正是我的弱点。）不管是什么，这个难以描述的事物必须具有即时效果，易于添加，无论作者的设计水平如何。它应该可以将抽象的图表转换为具体的、类似于日常经验的图形。

好吧，确实存在一些内容，但这是不是应该被看作好消息呢？它们被称为 3D 效果。在大多数软件应用中，它都是一种可选项，我们可能会将其称为“埃舍尔的奖励”；或者换句话说，不能正确地感知对象的空间位置。图 14.10 是“埃舍尔的奖励”。图 14.10a 具有默认的 3D 旋转，因此如果没有任何其他修改的话，看上去是很糟糕的。如果不知道第一个数据点的值是 424，那它可能是取决于 3D 旋转的任何值。

这四幅图显示出网格线在 3D 图表中是多么无用，不能指望它们来获得准确的阅读。这里唯一的选择就是比较柱子高度，毕竟没有坐标截断，因此是可以比较的，对吧？但是别这么快下结论。如果我是你，我就不会相信图 14.10d。你需要检查比例是否正确，并且必须认识到你的知觉补偿了距离。因为你永远都不能确定空间对象的位置，所以任何 3D 图表都应该“授予”埃舍尔终身成就奖。但这是一个图表创建者不应该得到的奖项。

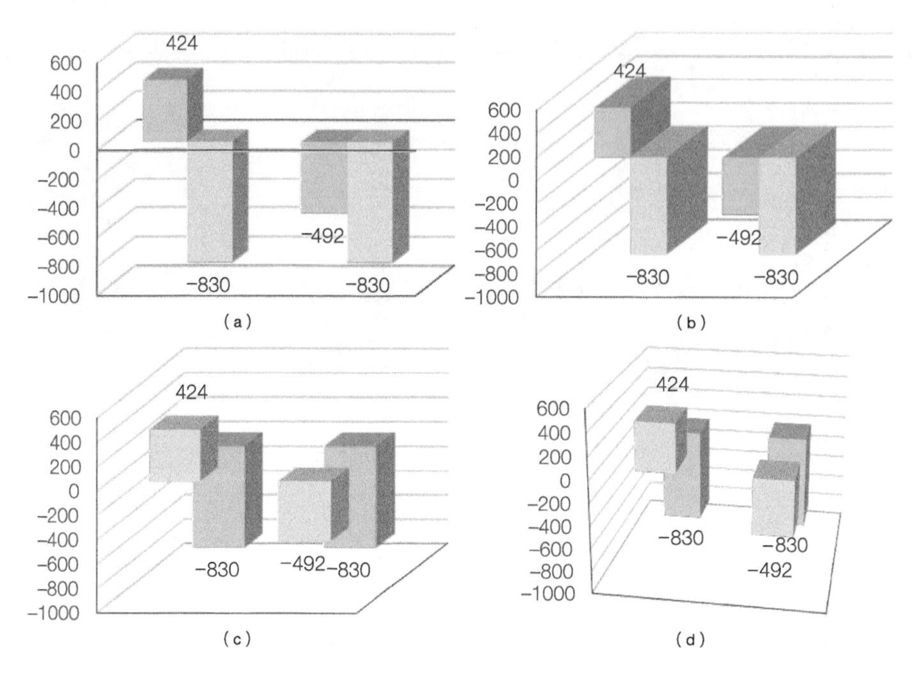

图 14.10 使用 3D 效果无法正确比较条形图

图 14.10a 是一篇严肃文档中的真实图表。当我们看到在这一层次上应用了 3D 效果时，我们认识到要实现可被接受的图形认知水平还有很长的路要走。图 14.11 中的多色柱森林能提起一个四岁儿童的兴致，但对成人来说简直是灾难。现在我们知道了不能相信网格线，那真正想要展示的到底是什么值呢？

让我们来梳理一下关于不要在数据可视化中使用 3D 效果的言论。3D 效果的使用有如下影响。

- **扭曲了对象之间的关系**。对象之间的距离以及它们相对的大小都不能正确衡量。在一张饼图中，靠得近的切片看上去要比离得远的更大；在条形图中，很难看出哪一侧的长条应该作为参考来与网格线进行比较、哪一侧是没用的。

- **创建了错误的沟通概念**。一些研究表明，那些创建具有 3D 效果图的人通常并不是为个人使用，而是沟通时使用的，他们认为这样可以对读者的注意力和记忆有积极的影响。正如我们已经看到的，某种设计可以让

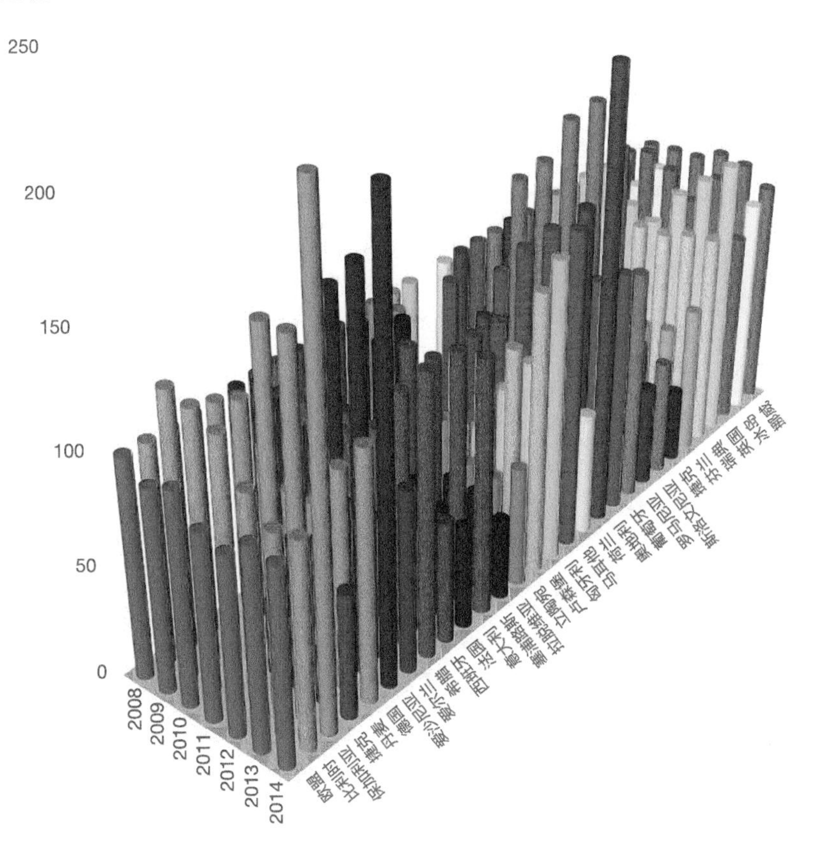

图 14.11　图表还是儿童的玩具块？
资料来源：Eurostat

读者惊讶的是其在媒体上的意义，但并不适合每天创建几百幅图表的商业组织。

- **耗尽了惊喜的效果**。使用特殊的封装效果，生命周期是很短暂的。一旦惊喜效果在最初使用之后渐渐淡化，接下来很快就会令人厌烦。
- **产生过度刺激**。就像使用过多的色彩一样，3D 产生了过度刺激的效果，会导致视觉疲劳。
- **隐藏了数据点**。就像图 14.10，当数据点呈现在第三维度时，最远的数据点就被较近的数据点隐藏起来了。

- **使用太多空间**。引入 3D 效果将会增加每个数据点所占据的平均空间，这就需要增大图表，或者减少呈现的数据量。但这两种方案都不能很好地利用可用空间。

- **并不成熟**。大多数成年人在 12 岁左右开始具有阅读图表所需的抽象思维能力。使用条块和圆形切片来呈现数据实际上是退化到了少儿时期，或许再加上一幅小丑鼻子还能有点意义。

纹理

如果增加 3D 效果的全部意义就是创建“物理对象”，那么在切片或长条中使用纯色来进行填充就达不到这一目的了。在三维空间中，切片或长条变成了一个平面，需要通过有光泽的纹理来进行填充。纹理使对象看上去更为真实，对象就越真实，效果越好。

图 14.12c 的最小饼图的比例是正确的，但通常会忽略它，因为具有 3D 效果的饼图看上去更真实，以至于你都想伸手去摸摸。（注意在这个例子中我加上了特别的反光修饰和阴影，使它们看上去更加真实，但同时故意使阴影的位置和光线的位置不协调，这是一种典型的错误。）

纹理并不是 3D 图表独有的特性，但当作者想要为图表加上一点物理质感时还是很有用的。

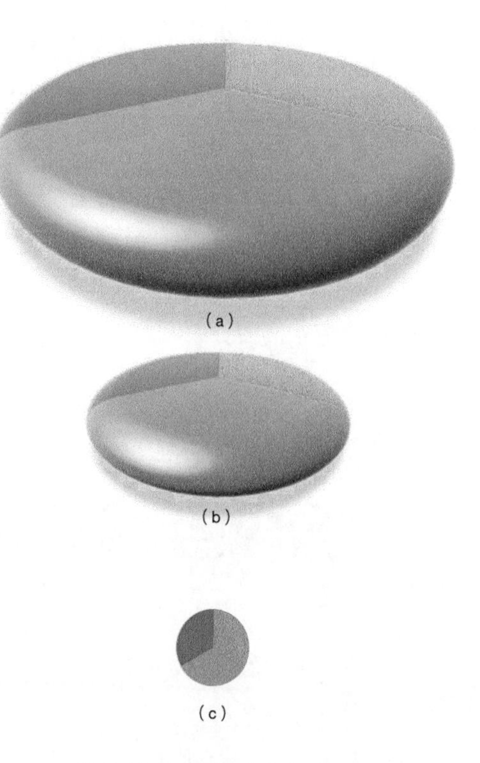

图 14.12 为触摸而生的饼图

由于数据可视化的对象是抽象的概念和图片，因此将它们转换为一定的物理形状肯定需要付出很大的努力。但是，我们应该将这称为其他某种事物，可能是某种形式的数据艺术，通过艺术标准而非是否符合数据可视化的目标来衡量。

使用纹理时如何处理图表的大小呢？切尔西球迷有非常充分的理由对球队在英超联赛中2015—2016赛季的表现不满，尤其是与前一个赛季比较的时候。现在告诉我：如果我想要加上纹理，这两幅图分别需要多大呢？如果除了类似于蓝色和红色的纯色之外，你还为每种分类使用了一些其他颜色（如图14.12中的绿色切片），那么就需要为这些纹理采用更多的像素来传达对象的物理属性。为了能够对纹理进行感知和解码，对象需要超过其所需的最小维度，这就意味着图表需要比没有纹理的版本更大。替代的方案是，如果可能，减少展示的数据点数。

纹理还会引起一个严重的生产效率问题。我画图14.12c只花了几秒钟，但其他两个花费了很多时间，因为我需要不断处理Excel在增加这些没用的格式时甩给我们的光线、材质、角度、旋转等问题。

标题

一幅图表有两组基本对象：一组包括所有由数据编码的对象：线、长条、区域；另一组是其他所有扮演辅助角色、用来帮助识别数据、帮助阅读图表或定义其极限的对象。让我们从标题开始，首先以基本的标题为基础，往里逐渐加入更多细节，帮助你来定义信息；然后，再将其修整得非常全面但又极其简洁。

给图表起标题，最常用的方法就是描述其内容，例如“2050年德国人口年龄结构”。这可以告诉读者图表中包含的所有变量信息，但无法体现结论。

描述性的标题是很合适的，但可以考虑将描述性的部分放到副标题中，使用图表消息作为主标题：“2050年的德国：人口萎缩和老龄化（正如从图表中看出的）。”短语“正如从图表中看出的”帮助写出了结论，尽管通常它并不会真的出现在标题中。

现在更进一步，让它变得更为复杂："到 2050 年，德国人口将会萎缩并出现老龄化。这一现象部分是因为平均寿命增加，但更多是因为出生率的显著下降，正常换代所需要的平均出生率没有达到，尽管移民所占的出生率有所上升。"

写出这样的句子有助于组织信息，使得故事可以继续并且变得有意义。这段文字尤其适合用来描述德国人口演变组成模型。现在将它分成几个部分用在图表标题中。可以使用省略号（……出生率显著下降……）或者通过做出一些调整来完成：

- 人口萎缩和老龄化（人口金字塔）；
- 平均寿命将会持续增加（折线图）；
- 出生人口数继续保持下降趋势（折线图）；
- 出生人口数将会继续低于人口换代需求（条形图显示实际出生人口比例与目标出生人口）；
- 移民的出生人口数继续保持高位，并将在总出生人口数中占据更高比例（折线图按母亲的国家显示出生人口数）。

出于格式的原因，我很少在 Excel 图表中使用标题。大多数时候我会将标题写在图表上面的一个单元格中，这样更容易控制。我还会接受一些格式指南的建议，将图表左对齐。与居中的标题相比，这样可以增强可读性。

字体

在商业可视化中没有太多机会来玩味各种奢华的字体。但是，我仍然记得曾经在幻灯片中使用 gore 字体的时光，那些血淋淋的黑和红看上去非常好。在图表中使用 gore 字体也会很好吗？使用一种稚气的字体，例如漫画体，会怎么样？好吧，问题在于字体设定了基调，通常恐怖场景或游乐场并不是适合每季度业务回顾的最佳基调。

在大多数图表中，应该使用看上去整洁、中立并且具有可读性的字体。大多数的标准无衬线字体都是可以的，但你可能不喜欢某个给定大小的字体。对于本书中的图表，我只能选用标准 Windows 字体。

注释

失业率图（图 14.13）只是显示出在 2008 年出现了突然的反转趋势，却没有告诉我们任何可能的原因。增加一些文字或图形注释，例如雷曼兄弟银行破产的日期，随之而来的金融危机导致希腊两次紧急救助，对理解图表是有意义的。这可以帮助我们将数据融入其所处的背景中，为读者解读图表提供更多的元素。

可以看到，使用加粗突出可以在图表中产生数据相关性的不同层次。现在想象一下在图表上覆盖一层很薄的透明膜，其中你可以自由地添加评论、注释或上下文相关的数据。这个“注释层”（《纽约时报》图形团队是这样称呼的）可以真正帮助读者阅读图表。可以为图表加上足够多的注释，但是任何注释都应该是有用的和准确的，不能喧宾夺主，它们应该是谨慎但有效的“耳语”。

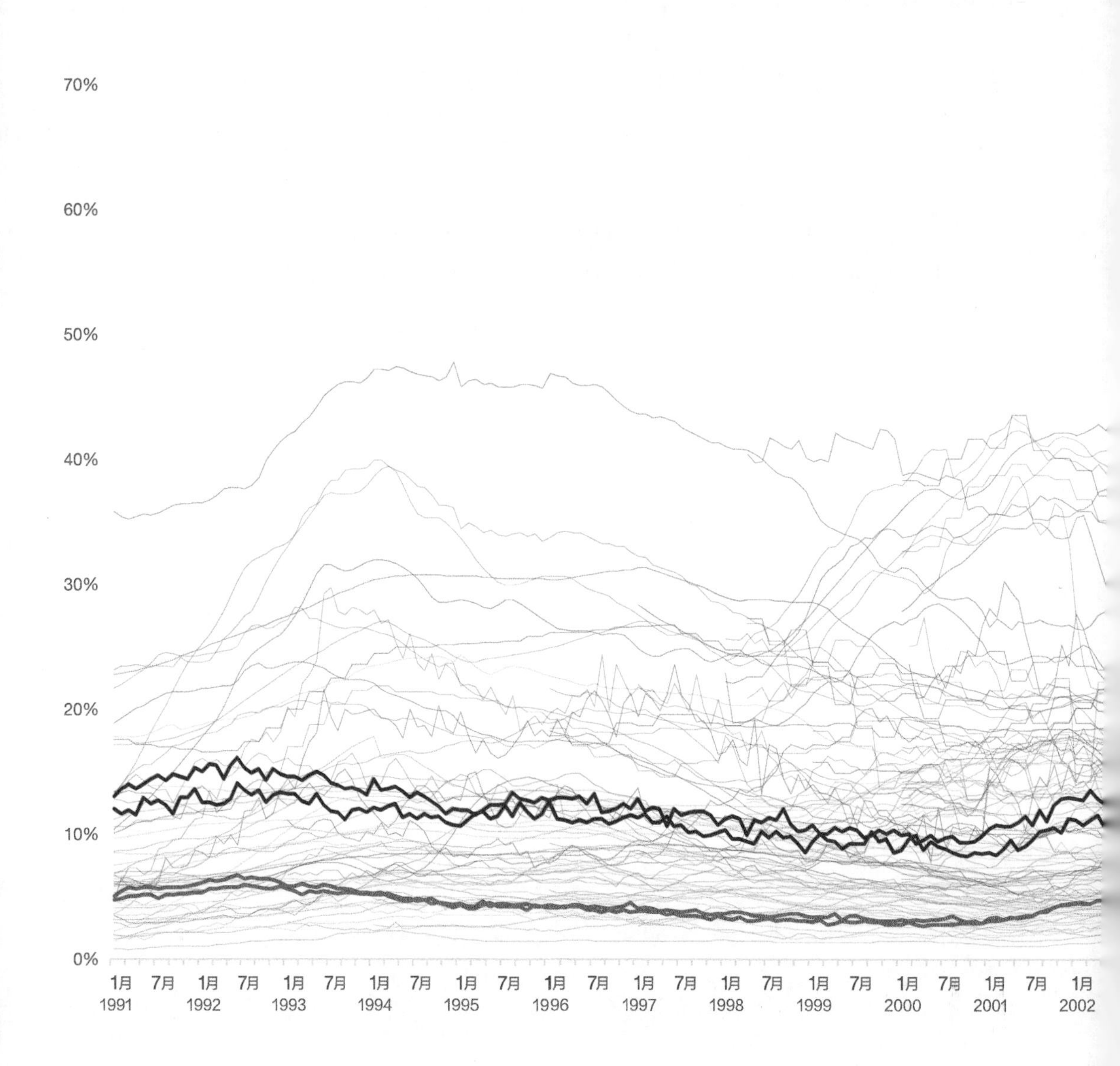

图 14.13 使用多个系列创造一种密度感

资料来源：Eurostat

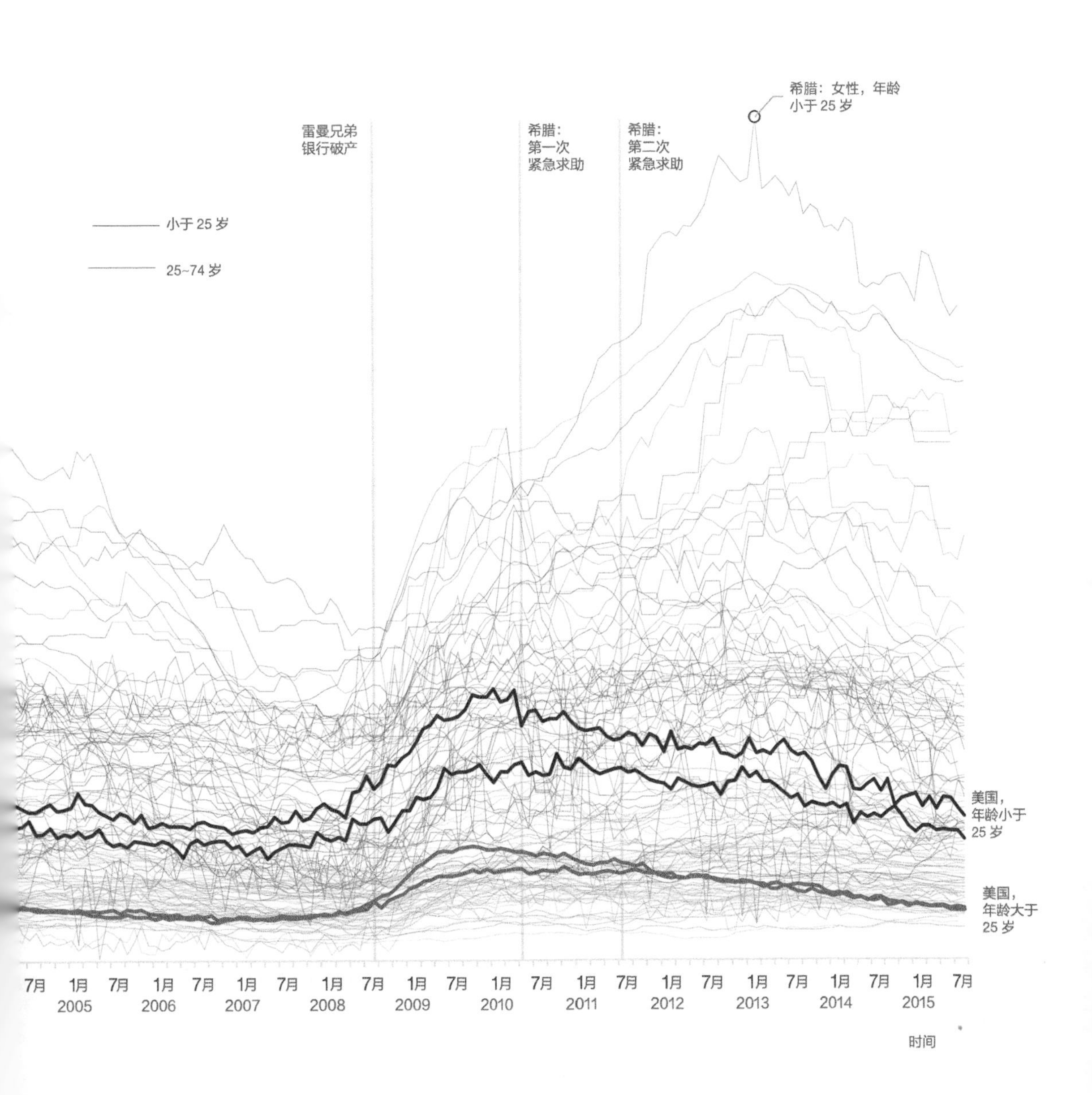
希腊：女性，年龄
小于 25 岁
雷曼兄弟
银行破产
希腊：
第一次
紧急求助
希腊：
第二次
紧急求助
小于 25 岁
25~74 岁
美国，
年龄小于
25 岁
美国，
年龄大于
25 岁
7月
1月
2005
2006
2007
2008
2009
2010
2011
2012
2013
2014
2015
时间

网格线

过度使用网格线或将它们完全移除，都是不应该的。

我从图 14.13 中移除了网格线。你能准确指出左侧轴上 50% 网格线的位置吗？这很容易：可以认为它与“50%”标签的中间对齐。但指出右侧纵轴上的同样位置也会这么容易吗？事实上，事情会变得有点棘手，如果出现上下 1 毫米之内的偏差也并不奇怪。

在第 2 章中我们看到韦伯定律证明了网格线和参考线存在的合理性，因为它们使数据点之间的比较更为便利，尤其是如果数据点离得比较远的时候。要记住，关于图形 / 背景的格式塔定律告诉我们，它们应该只是对图表的阅读给予辅助，而不应该是主导因素。

大多数时候网格线应该出现在纵轴上，当使用散点图或类似的图表时，也可以出现在横轴上。刚开始并不能定义网格线的数目，因为它取决于数据本身、坐标、图表大小和图表的长宽比。在概况图中，多个实体共用同一个坐标，就可能需要更多的网格线来适应所有的差异。

即便如此，通常我们会将一个分布划分为四个部分。可以参照这一点来使用三条网格线，将坐标划分为四段，对于典型的图表这是一个合理的数目。看一下图 14.14。注意，我同时还使用了很浅的水平网格线，但正如你看到的，这并不是必需的。可以想象一下，如果它们与主网格线处在同一层次，图表会有多么拥挤。

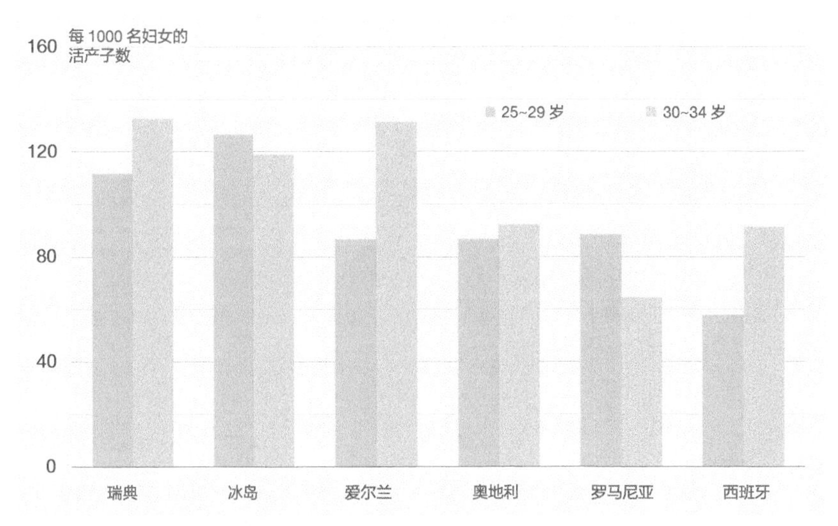

图 14.14　网格线必须有助图表阅读，而非干扰图表

资料来源：Eurostat

剪贴画

有时候你会在图表中使用剪贴画来增加一点幽默感。我劝你不要这样做。如果图表的设计就是为了有趣，那很好。但只是“因为”要增加一个预先设计好的玩笑则是非常糟糕的想法，正如本书一开始提到的那个不好的例子。

任何可以用图形来代替的文字都应该被替换掉。例如，使用已知的标志来替换图例。公司图标、俱乐部徽章也是可能的备选项。一个标志可以使阅读更加通用，但不要因为你知道某些标志的含义，就假设所有的读者都知道。

次要坐标轴

一幅具有次要坐标轴的图看上去更为严肃，并且使得数据中的模式比只有一条坐标轴的图更为融洽。注意图 14.15 的严肃性，它的三个系列看上去彼此更为融洽。

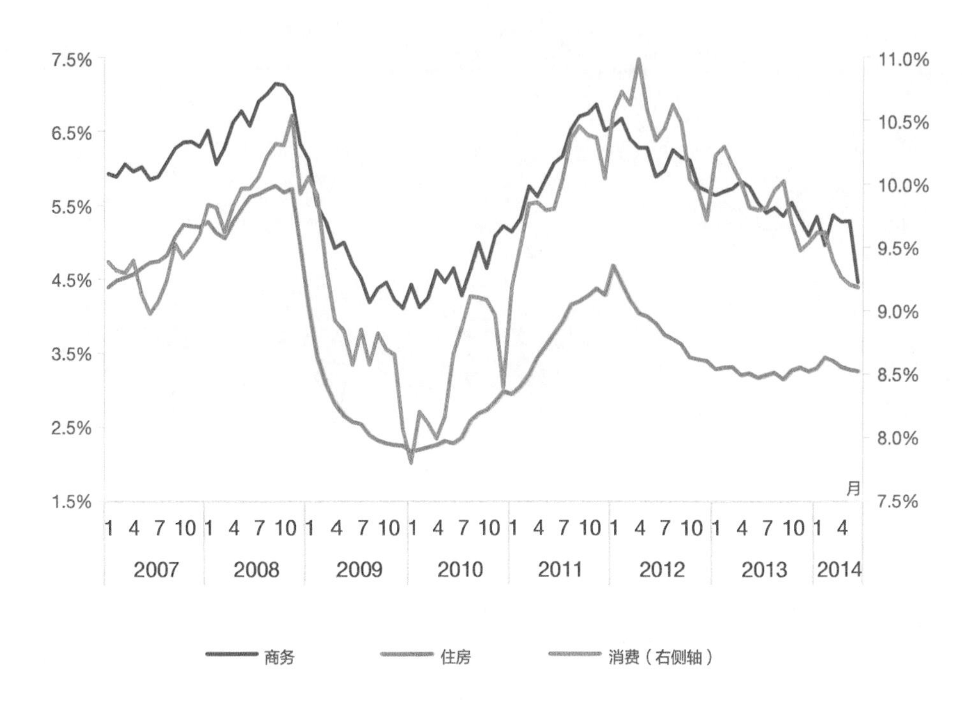

图 14.15 双轴图总被误导

嗯，其实并不是这样。恐怕具有不同坐标的双轴图只是一种更复杂的误导。它是数据可视化中不可饶恕的罪过之一。

两个独立的坐标意味着它们之间没有关系，因此每个坐标的范围仅取决于作者的自由裁量。然而，作者的自然倾向是按照类似的模式或不存在的（或者无法被图证明的）关系为每条轴分配一些系列。

出于一些离奇的原因，从金融报表中的大量例子来看，经济学家似乎很喜欢双轴图。图 14.15 就是众多这样的例子之一。消费系列毫无道理地与次要坐标轴相关联，坐标范围也调节为尽可能与商务系列相一致。

如果确实要使用双轴图，首要任务是要确保读者马上看到数据系列和坐标轴之间的对应关系。这必须通过图形而不是文字来表示。在这个例子中，消费与次要坐标轴之间的关系只有阅读了图例之后才能清楚。在坐标截断的情况下，图根本无法达成目的。

现在将图 14.15 与图 14.16 进行比较，你会很惊讶地发现消费贷款的利率要比其他的高得多。

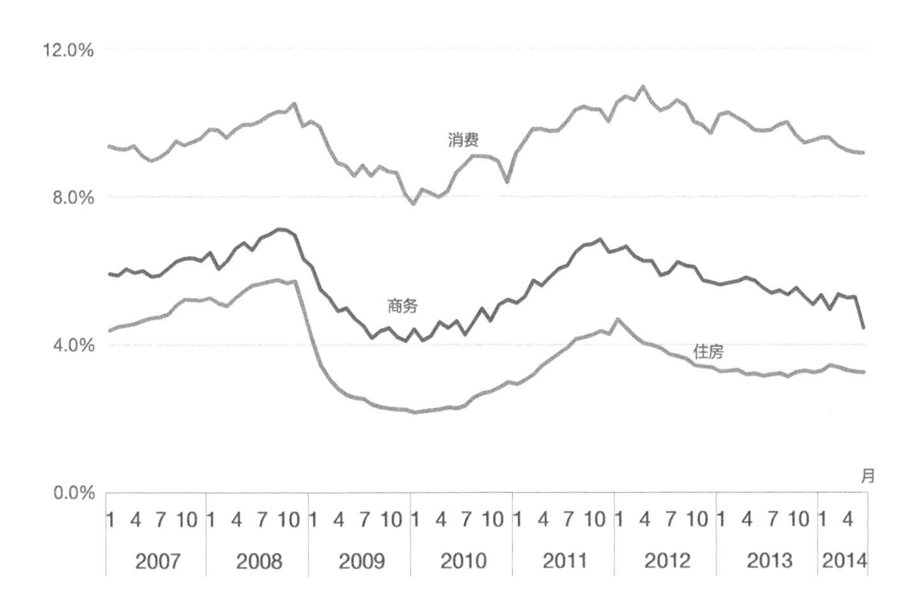

图 14.16　移去第二条轴可以对所有系列进行精确比较

这些点要非常清楚：即使两个系列之间完美契合，这种契合又由于非常完美的相关性而进一步加强，并且所有这些都很有意义，但要让读者在两个坐标轴上比较这些系列，绝不是使用双轴图的充分理由。

如果我们需要观察两个变量如何类似或相关，那么也有正确的方式来实现。在大多数情况下，两条轴的存在意味着作者相信在变量之间存在一定的关系。对于时间序列来说，可以很容易地通过带连线的散点图来证实这一点。对坐标进行处理使其“看上去很好”并不是最佳实践，需要冒很大的风险。在一个像数据可视化这样灵活的领域中，这条特别的规则应该被当作一条铁律。

让我们来看一些例外的情况。按我的理解，在比较变量时并没有太多这样的情况。但是，在冗余、等价和透视等情况下可以使用第二坐标轴：

- **冗余**。在两个坐标轴上具有同样的坐标。对于很大的图是有意义的，可以帮助最大程度地减小扫视移动，并为远端提供同样的参考。
- **等价**。坐标不同但是等价的，并且很显然是同步的。欧元和美元、摄氏度和华氏度是等价坐标的例子。
- **透视**。你想要从两个角度来看一个系列，但对它们进行比较并没有什么意义。帕累托图是最常见的例子。

图例

将图例看作必需的恶魔。称它们为恶魔是因为它会破坏图表的阅读流程，但在没有其他更好的替代物时，图例又是识别各个系列所必需的。

正如我们已经看到的，图例迫使我们不断地前后扫描（扫视）和匹配色彩，在任何可能的时候都应该通过直接标注的方法来避免使用图例。这对于静态线和饼图来说是很容易实现的，但是在动态图表中可能会影响可读性，因为当数据变化时标注可能会出现重叠。在存在这种风险或者直接进行标注很困难的情况下，应该将图例放置得离数据点尽可能近。不要害怕将图例放在数据区域内，但是要确保它不会影响阅读。

当对不同系列进行色彩编码时，要检查一下是否可以通过图例来进行区分以及它是否易于匹配键值和数据系列。由于图例中的颜色区域非常小，在比较很大的面积时，它需要更大的色彩区分度。

在 Excel 毫无用处地对象结构化选项中，图例的边界位于列表的上方。毫不奇怪，直到最近的版本中它还是默认启用的。可能在某些模糊不清的场景下确实需要用到它们，但我到现在还没有发现。如果你使用较早版本的 Excel，即使只有一个系列，也会显示图例。看到它们就赶紧删除吧。

背景

还记得本书一开始给出的使用严重饱和黄色背景的图表例子以及它是如何提供过度刺激的吗？几页之前那幅包含空的游乐场照片的图表又怎么样呢？

这两个例子显示出背景会影响我们阅读图表的方式，因此必须小心评估。在图的所有部分中，背景应该不那么突出（这就是将其称为背景的原因）。尽管也有些例外情况，但作为一般规则，它应该与周围区域具有同样的颜色。

斯蒂芬·菲尤在他 2004 年所写《给我数字》一书中说道："不够中性的背景将会无形中破坏数据完整性，任何对数据形成有益补充的图片都应该被用在图表中，但不应该作为背景。"这样做是最安全的，但如果你想要定义一种情感氛围，就像在游乐场的例子中那样，可以通过使用背景图片来获得更多注意。

注意，定义情感氛围和管理读者的感觉是两回事。图 14.5 中空的游乐场设置了舞台，但我们的眼球实际上被红线吸引了。它不会与数据竞争读者的注意力，不会像一张彩色图片那样影响对数据的认知（不要使用彩色图片作为背景）。这样看来，很难为选择正确的图片设置其他标准。图片必须在传递信息的同时不进行过多的情感操纵。它应该仅仅是让读者想要了解更多内容的一个引子。

对数据进行排序

我们知道一幅图表会让我们对数据点进行比较，但有效的比较取决于选择正确的排序键。一些键值，例如时间，看上去就很明显，不需要进行太多的思考（尽管像第 6 章关于每月出生人数的例子中那样，也还是要进行思考的）。当像大多数条形图中那样具有绝对坐标的时候，确定排序键就会更难。字母数字的排序几乎就是随机的，在图形表示中没什么用。我们需要在数据中寻找正确的排序键。

在图 14.17 中，你需要花一点时间来找到科罗拉多州（CO），因为图表中都没有使用字母数字键。但因为这是我们感兴趣的州，我对它进行了强调（欢迎来到科罗拉多州）。

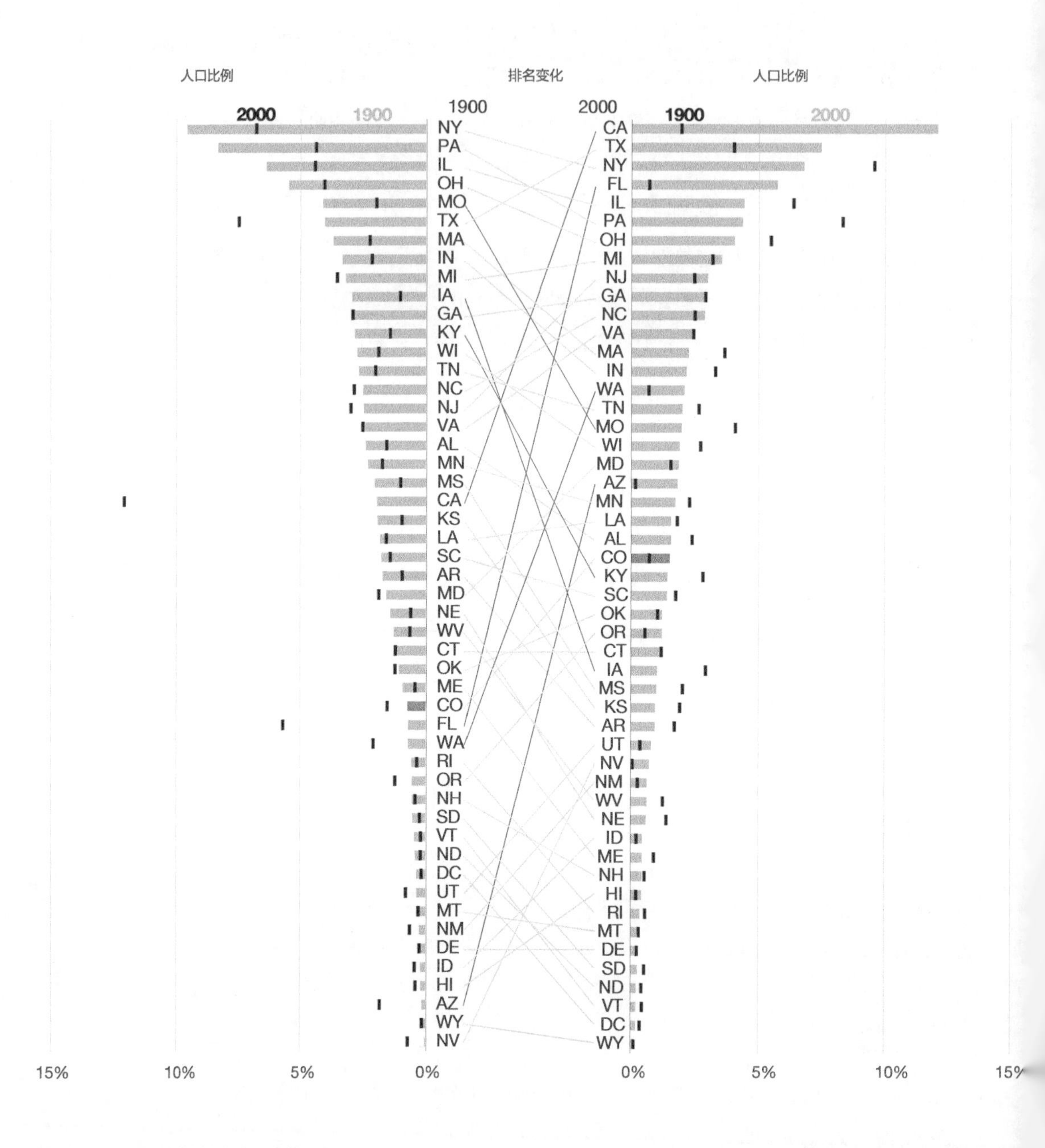

图 14.17 不同的排序键产生不同的见解

资料来源：U.S. Census Bureau

这是非常常见的情况：对一系列的分类在两个年份之间进行比较。并没有所谓正确的排序键，因为它取决于不同的任务。如果想要强调当前的状态，可以使用一个键；而如果想要强调起始点，则会使用另一个键。图 14.17 显示了这两个键（当前和起始点），同时显示了其他键的变化。这可以很容易识别出左侧极大的异常值（加利福尼亚，CA）。中间的斜线图有助于搞清变化。

决定排序键并不总是这么简单。来看家庭支出消费的例子。如果仔细看分类，就会发现它们并不是任意排序的。从图 14.18 中的饼图可以很清楚地看出，最基本的条目（食品、住房和服装）约占到家庭消费总支出的一半（饼图的右半部分）。这是一个非常有趣的见解。条形图看上去并没有什么顺序，不是很有用。

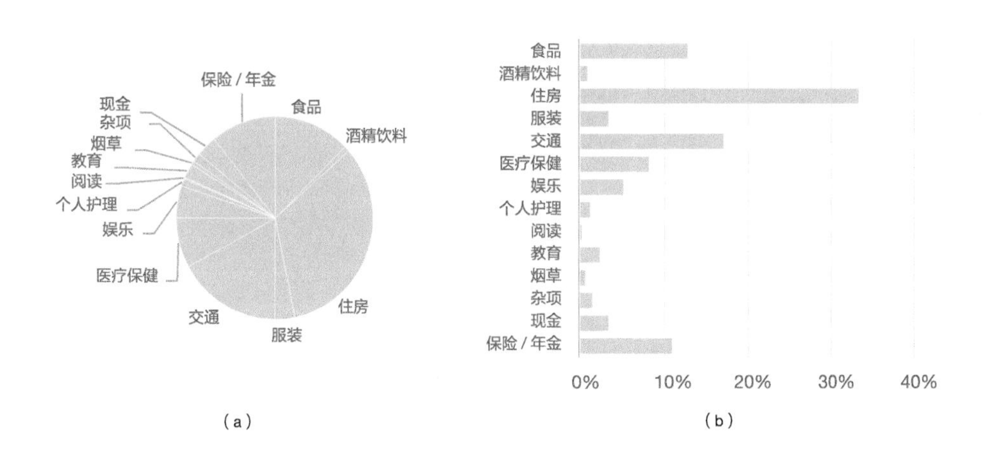

图 14.18 保持隐性排序键

资料来源：Bureau of Labor Statistics

在图 14.19 中，所获得的见解稍微有一些变化，就像每个图表所扮演的角色。关于分类的所有隐含排序在这个版本的可视化图形中都被忽略掉了，排序仅仅基于每个分类的值来进行。现在条形图（图 14.19b）对比较分类来说非常高效，而饼图（图 14.19a）则显示出住房和交通占了总支出的一半。

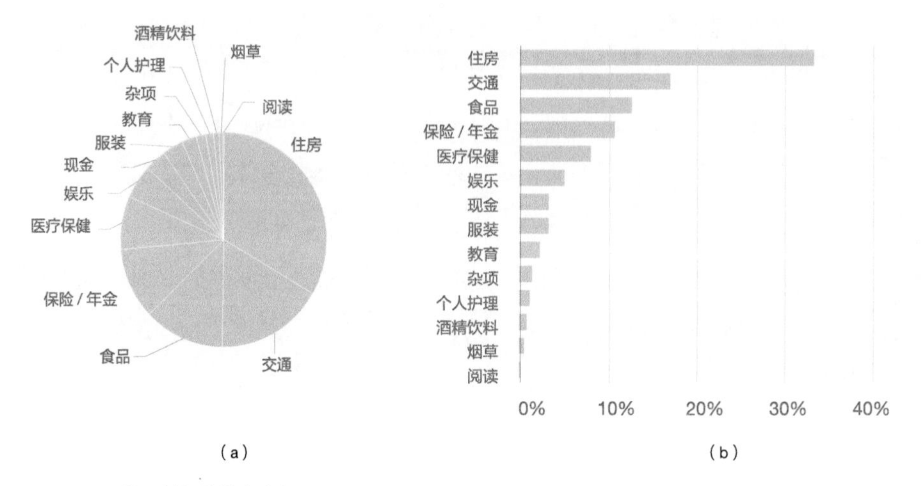

图 14.19 使用数据值排序分类

资料来源：Bureau of Labor Statistics

图 14.20 在某种程度上介于前面两个版本之间：这个版本中对分类进行分组。首先对分组进行排序，然后再在每一组中排序。

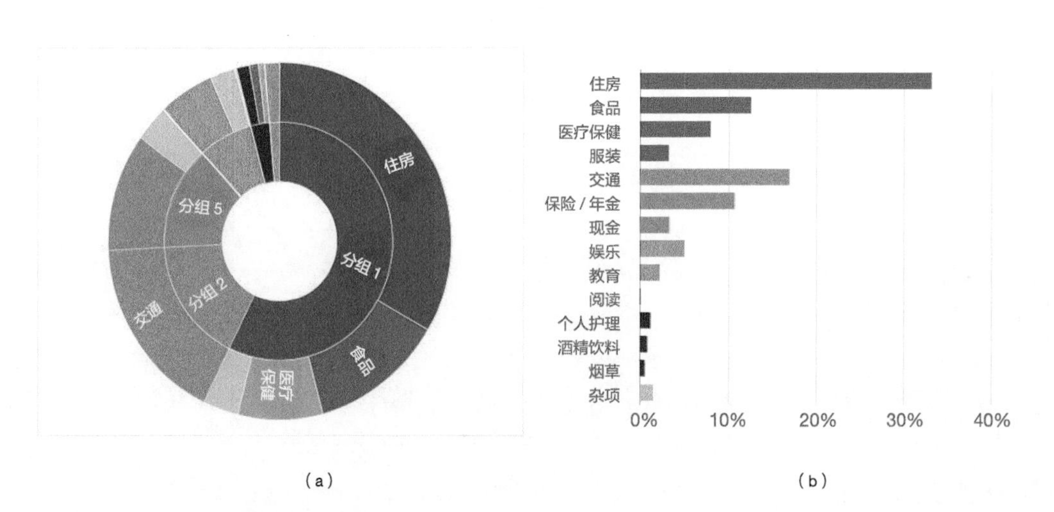

图 14.20 对数据进行分组和排序

资料来源：Bureau of Labor Statistics

这种支出的分类以及其他分类（职业、经济活动），说明了表面上的名义变量可能具有应该意识到的隐性排序，并且我们必须决定是否要遵守。在其他情况下，尽管存在隐性排序，但对于外行人来说可能并不明显，因此理解所应用的基本原理是很有用的。

任何使用分类坐标轴的图都需要做出或多或少有些武断的、关于排序的附加决定。如果可能，就使用不需要做出这些决策的图表类型。默认的排序是按值来进行的（图 14.21）。可以使用名义坐标轴来实现特殊目的，像图 14.18 那样确实需要修改排序。

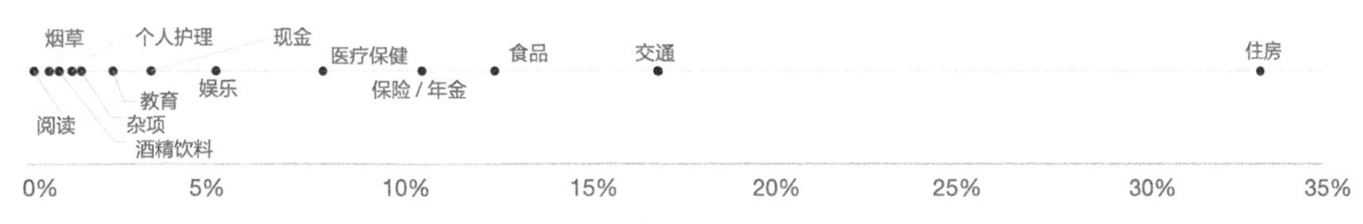

图 14.21　默认的排序方式

系列的数目

Excel 中将最大的系列数设置为 255。当然，没有人想要展示 255 个系列，这只是理论上的极限值，真是这样的吗？

在对图表的分类中，定义了两个主要的分组：数据点比较型图表和数据还原型图表。当考虑到图表中系列或分类的数目时，也可以应用同样的原理。当你需要每一个系列保持唯一并可识别，那么 6 可能是比较合理的最大参考值。而在系列的作用被淡化，真正重要的是大量系列所产生的总体模式时，系列的数目可以是几百个甚至几千个。

3 是能够存储在工作内存中的最大对象数，而 6 是我们能够很舒服地辨别的颜色数（Excel 颜色主题中的“色调”数）[5]，将系列的数目限制在这两个值之间是相当有道理的。但这也不能教条，因为必须针对每种具体的情况来评估系

⑤ Ware, Colin. *Information Visualization: Perception for Design.* Waltham, MA: Morgan Kaufmann, Third edition, 2012.

列的数量。

图表类型、可变性，或重叠点和交叉点，可能支持也可能不支持系列数的上限（更多系列）或下限（更少系列）。就像我们从最开始看到的，比系列数目更重要的是创建能够有助于对数据更好理解的可视化图形，理解数据点之间的距离以及观察模式和检测极值。

让我们一起来看一些减少和管理系列数以及每个系列中的数据点数量的方法。

图表类型

正如我们所知道的，数据点所占用的空间要比线少，线占用的空间要比长条少。因此我们所使用的编码类型在保持图表可读性的同时，如何实现系列数目的最大化是很关键的。

还记得在第 1 章中，我们将饼图与斜率图进行比较吗？稍微具有讽刺意味的是，我们可以说这两种图表类型都可以包含更多的数据：斜率图能够维持其可读性水平，而对于饼图来说，增加更多的切片则不太可行，因为它们已经达到了绝对低效的水平。

同样地，在人口金字塔的例子中，两个性别（两个系列）已经使阅读条形图充满阻碍，而使用线图则可以支持更多的系列数。

分组

信息的详细程度应该与任务相适应。有时候，过度的聚集会（有意或无意地）隐藏最有意义的信息。相反，大量的详细信息将会使注意力集中到具有欺骗性的变量上，将整棵树隐藏到大量树叶的下面。

在我们的例子中，家庭消费支出数据有 14 种分类，它们可成为某种汇总的备选。图 14.20 所提出的 5+1（5 种再加上一个“其他”分组）分组方案显示在内圈中，而外圈则显示每一个分组的详细信息。不管所选择的图表类型是什么，这都是一种有用的解决方案：它将分类进行汇总，并在更高的分组层级上强调分类，且允许对详细信息进行探索。

剩余分类

在图 14.22 中，我们确定层次化结构对于分析是不相关的，观察主要的条目就可以了。进而按照值来进行排序，产生了大约 14% 的剩余类别。

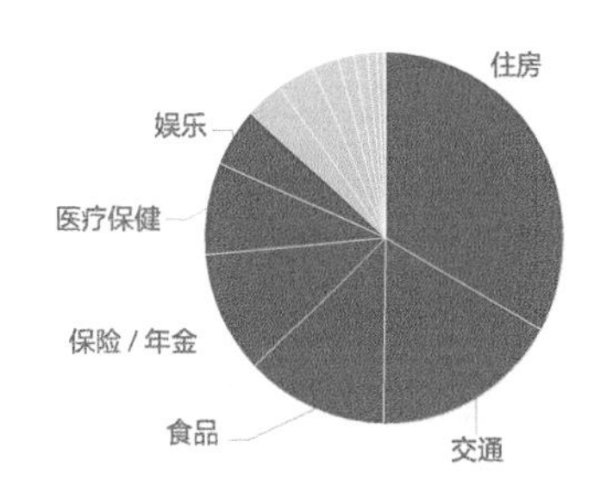

图 14.22 可视的剩余类别

这些标准自然是适用于不同的任务，必须确保剩余分类的定义不会隐藏重要的详细信息。不需要通过将它们合并为一个值来进行汇总，像图 14.22 中的可视化聚集（通过颜色）就足够了，其中的剩余类别保持独立（但是在 Excel 中，将光标停留在上面将能够进行识别）。

上下文环境

我们在图 14.13 中看到，按照性别和年龄组分组（青年和成年）的几个国家的失业率演变情况。这样的分割产生了 128 个系列，离 Excel 的限值还很远，但与传统的数据可视化哲学中每一个系列都应该被清楚识别的思想相违背。

在这种展示图形中，首要目标是观察由大量系列产生的总体模式。在这个例子中，图表将读者的注意力集中到 2008 年之后失业率的突然上升，以及青年人群的失业率一直比成年人群更高这样的事实上。图表中显示了一组数据系列的典型值，这些值由其接近度和密集区域给出，在一些情况下，值与这种模式存在显著的差别。

这是在一幅静态图表中能够看到的重要部分，但只有通过某种形式的交互，你才能知道更多关于这里所呈现现象的内容。例如，可以在性别和年龄之间进行切换来分别查看差异，或者针对某一个特定的国家来强调四个系列。想象一下，这幅图说明了 Excel 文件中的情况：点击一条线，所选定国家的所有四个系列都被突出显示了出来。

你可能会问："这样的话不就是意大利面条图了吗？"好吧，它看上去确实像是意大利面条图。但一个"像样的"意大利面条图通常出现在你确实想要识别每个系列但又无法做到的时候，或者无法清楚地看到模式或趋势的时候。

换句话说，你不能抓住每个系列的个性特点。但是，我们在这个例子中提供的上下文环境是一个系列或数量较少的系列，可以清楚地看到，通过与 Excel 文件的互动，可以选择任何吸引注意力的系列。

多幅小图

图 14.23 分割为四幅小图，每一张展示了四组变量之一，可以直接看到青年失业率和成人失业率之间的区别。同时不需要进行交互就能看出，在两个年龄组中，男性都具有较为稠密的模式，而女性则较为松散。交互可以设计为当将光标放置在某幅图中的某个系列上时，其所代表的国家在其他图表中也将突出显示。

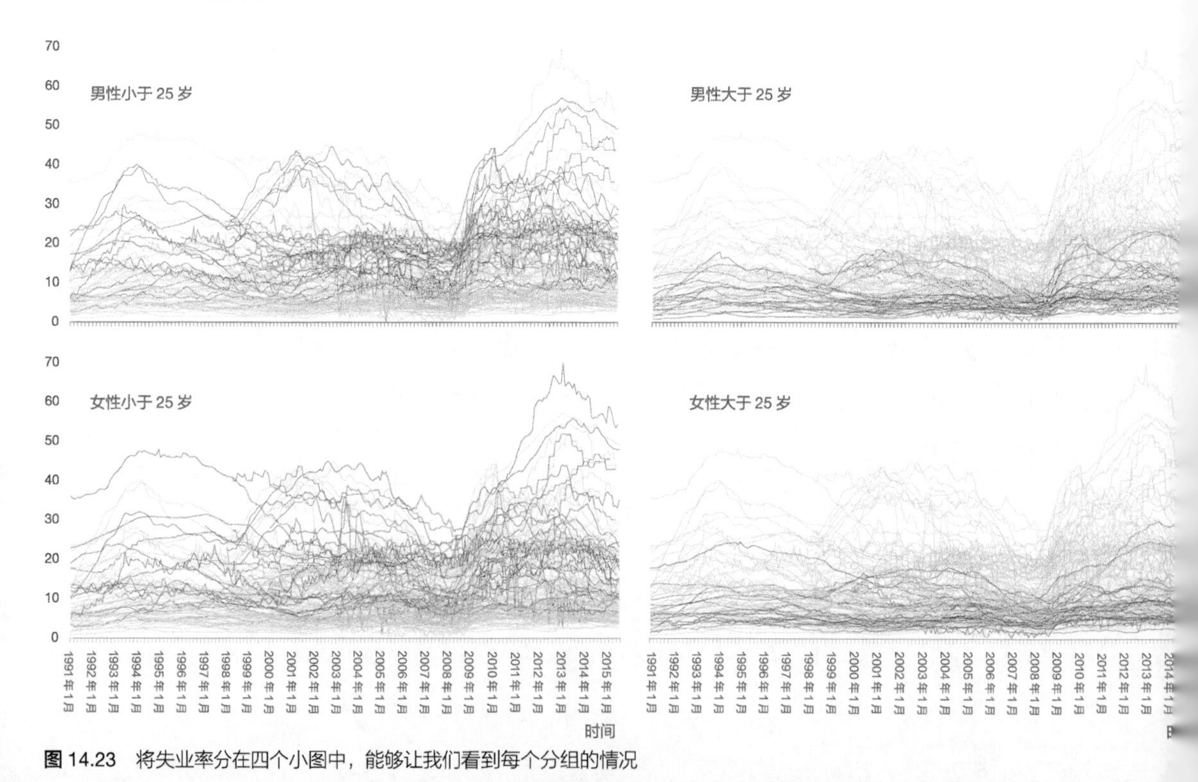

图 14.23 将失业率分在四个小图中，能够让我们看到每个分组的情况

交互是一种管理一系列集合、使其比单独在一幅图表中展示更为有效的方法。

图表的谎言和欺骗性

如果允许我修改一下迪斯雷利的名言，我会说有四种类型的谎言：谎言、该死的谎言、统计学和数据可视化。数据可视化可能是更高形式的不道德，且特别具有说服力。

如果有人想要歪曲事实背后的合理性，不管通过什么方法，他们肯定可以做到。盲目相信我们的眼睛会使我们更容易受到图形谎言的攻击。

图表一直都是对数据的解释，同样地，一张照片是对事实的解释，不管它看上去多么客观。在试图识别自身主观性，并使其对选择产生最小影响的伦理框架下，这不仅应该被认识到，而且应该被鼓励（这是贯穿本书的编辑维度）。“我想要说什么”和“数据说了什么”并不矛盾，两者之间的差别通常难以觉察，尤其是当主观信息完全是由作者的信仰、意识形态立场和行动主义所决定的时候。

下面的例子并不能穷尽图形谎言的多样性和微妙性，仅仅是识别出一些最具病态的例子。如果需要更系统的列表，可以参考杰拉尔德·琼斯（Gerald Jones）的《谁说图表不会说谎》（*How to Lie with Charts*）一书。阿尔贝托·卡伊罗的《真实的艺术》（*The Truthful Art*）也是针对可视化中的真实性和谎言的，但卡伊罗采用了更为精妙的方法。他想要帮助读者认识到真实的内容并使它变得更强（例如将可视化与统计学方法结合起来）。

作为社交媒体网络社区数据可视化的追随者（也是成员之一），我经常会偶然发现每天发生变化的“有史以来最差的图表”链接。在大多数情况下，这些“有史以来最差的图表”只是其设计者夸张了其用不同方式做事的想法，再加上对数值的严重的无知。所有这些图表都会撒谎，但其中的大多数更多的是无知而不是恶意。演员的声音越是声嘶力竭，就越有可能被操纵。

数据、知觉和认知能力

图表不撒谎的第一个前提是，数据不撒谎。正如我们已经看到的，产生和传播数据者的动机，他们用来设计事实的方法，度量值、概念和参数是如何定义的，这些都可能会使数据的真实程度有所不同。在搞清楚这些方面之后，我们才能检验在图形化展示方面所做出的选择是否真实反映了数据。

最为隐匿的一种谎言形式，就是图表的知觉和认知维度间的冲突。众所周知，我们在图表中所看到的内容不能被图例或其他对象所修正。

夸大差异

一幅图的定量坐标应该从零开始，这是默认的。这个规则与想要看到数据点之间更详细的差别（具有更高的分辨率）是相冲突的。任何进行坐标截断的解决方案都需要仔细研究，以确保信息的本质没有出现偏差。某些图表对于原点的缺失更为敏感：条形图和面积图都不能容忍这一点，因为坐标需要表示从零开始的所有值。

在图 14.24 中，因为将最小值设置为 49，所以两个值之间微小的差异被放大到了非常荒谬的程度。这个例子看起来似乎超出了常识。

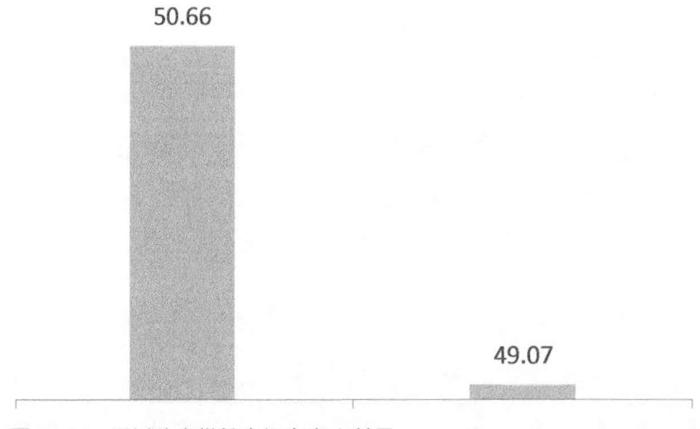

图 14.24　通过改变纵轴坐标来夸大差异

扭曲时间序列

在时间序列中，不同周期之间的间隔应该一致。如果不可能这样，那么刻度应该能够反映这一点，按比例改变相应坐标轴上的距离。图 14.25a 显示了如果时间间隔分别为一年、五年和十年，若不考虑比例，则会生成指数型曲线；若考虑了比例，则会是一幅线性图。这是因为对数值的无知而影响图表绘制的一个例子。我经常在报纸上看到这样的例子。要想在 Excel 中改正这样的问题，可以将横轴设置为日期。

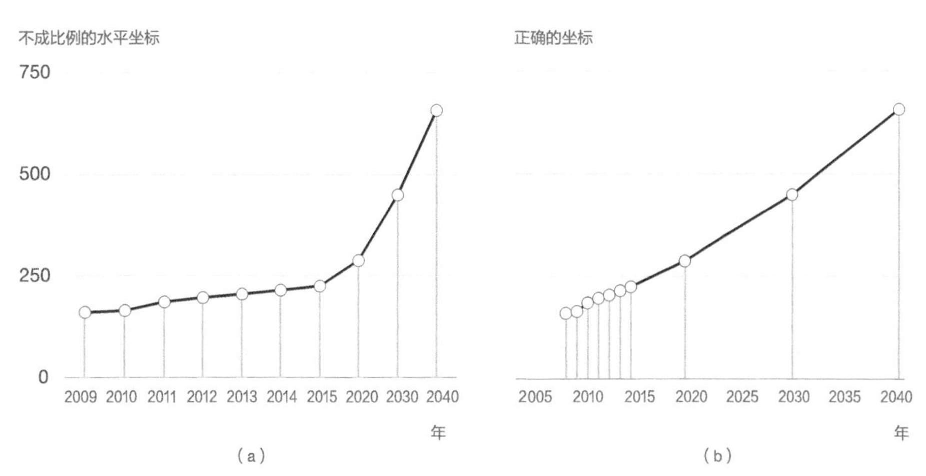

图 14.25 时间周期必须按比例间隔

长宽比

图 14.25 沿用了原始图的长宽比，几乎为 1 : 1，接近于正方形。这样突出了曲线斜率，再加上坐标上的错误，突出了数据可靠性上的差异。

并没有一种规则用来定义图的长度和宽度之间的关系。一般来说，除了为正方形的散点图，图应该是长方形的。在本书中，画图区域的长宽比通常为 1.6 : 1。威廉 · 克利夫兰建议折线图的长宽比取决于其斜率，应该尽可能将斜率值调节为大约 45° 。

最好的规则就是保持一致性，并证明任何不一致都是合理的。在折线图中，将这一规则应用到两个或更多的系列上，从而使斜率是针对不同的系列而不是绝对关系来分析的。

省略数据点

在图 14.26 中，将深灰色的长条与其余灰色长条进行比较，并忽略白色的长条。然后，再将所有长条都考虑进来进行比较。我不认为你会得出相同的结论，因为深灰色长条所处的环境变了。如果所有长条的设置形成一致的分组，那么只挑选其中一些支持相应论调的长条显然就是在撒谎。

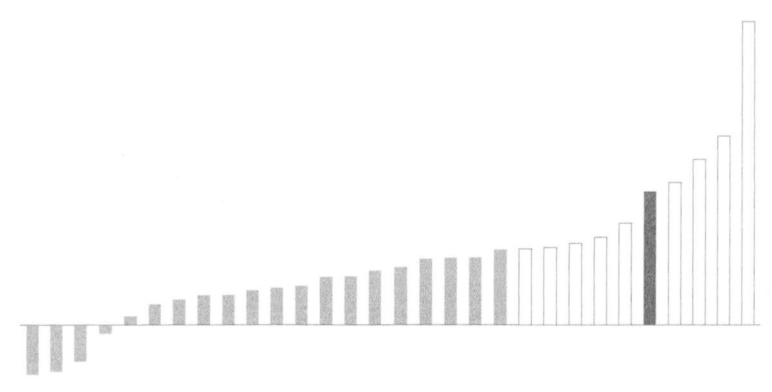

图 14.26 挑选数据来说明问题

错误的发展变化

两个日期之间值的差异就是一种变化，不可能据此得出任何关于数据演变的结论，因为没有足够的数据点。

当我们只选择了两个数据点时，在选择想要展示的数据上就有更大的自由度，因为我们并没有受制于其长期的演变。这可能就是在年度报告中通常会使用变化图表的原因。

图 14.27 是某银行年度报表图，只使用了两个时间点，并且在没有警告的情况下消除了原点，将原本只有 −15.1% 的差异放大到了图形显现的 −49% 的差异。

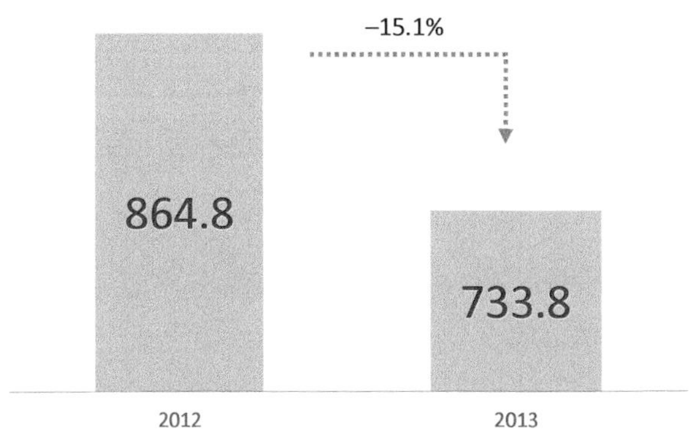

图 14.27　改变纵轴造成的差异

双轴

使用双轴图表是一种形式微妙的图形谎言，它通过在变量之间建立具有欺骗性的关系而产生。考虑到双轴图表的作者努力想使所展示的内容更为协调，也就自然会打破一些规则：纵轴坐标就是首要的受害者。

在很少能够接受双轴的情况下，例如帕累托图中，关键的一点是读者要能够马上在系列及与之相对应的轴之间建立视觉联系，而不是通过参考图例。

3D 效果

图 14.28 的饼图展示了 3D 效果是如何扭曲图表阅读的。标注出来的两个切片具有同样的值，但离观察者“较近”的那一块显然看上去更大（看起来也比 18% 要大）。在条形图中，正如本章之前所见的，第二种图表受到这种 18% 畸形的影响最大，视差效果导致无法进行长条比较，在一些情况下，大量的长条被隐藏在较高的长条“后面”。

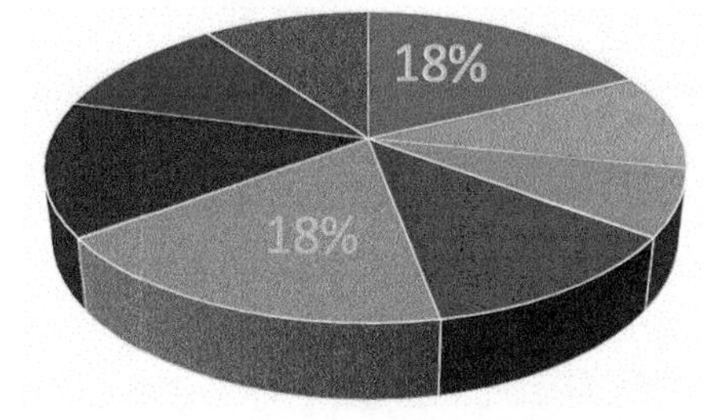

图 14.28　3D 效果让我们无法正确感知较近的点

上下文环境

大多数图形谎言是愚蠢和无知的，训练有素的人可以轻易识别出来。在极少数情况下，意识形态的辩论会变得很有趣，如果其中包含数据可视化的内容，就更好了。我来举个例子。

图 14.29 显示了西班牙和葡萄牙婴儿死亡率急剧下降的趋势。在 20 世纪 70 年代，两个国家都经历了政体变化。现在，让我来问问你：从图表来判断，你认为这种政体变化对婴儿死亡率具有破坏性影响吗？我猜你会针对西班牙说“是的”，而对葡萄牙说“不是”。如果你是一位葡萄牙保守派，可能会认为左翼革命没有对婴儿死亡率上升产生影响，而西班牙保守派则会说民主转型实际上提高了婴儿死亡率。

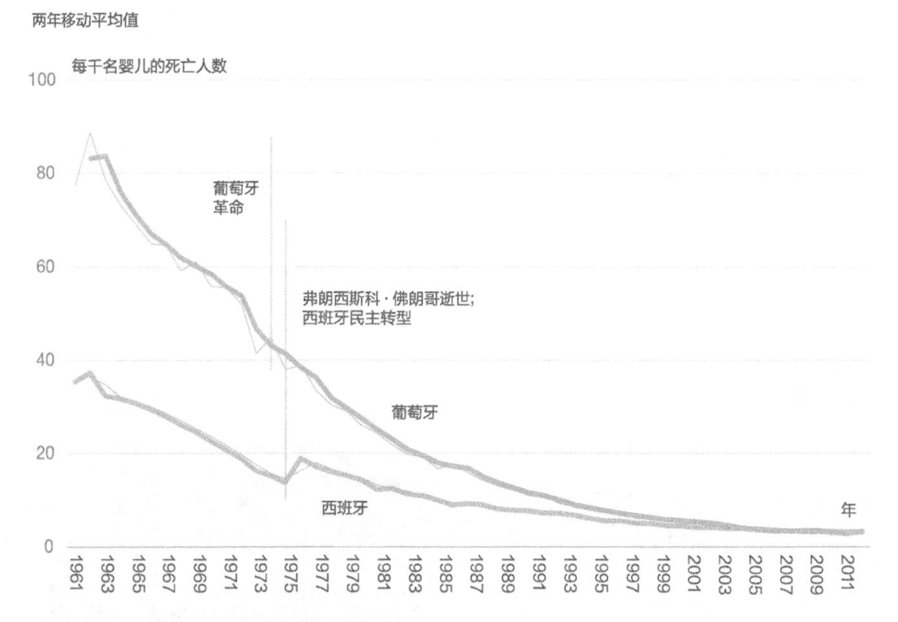

图 14.29 绝对的比较可以掩盖重要的发展

我们必须理解这些国家当时的情况。同样的趋势还出现在伊比利亚半岛，尽管更为缓和一些。20 世纪六七十年代是婴儿死亡率下降最快的时期，尤其是在之前保持较高水平的地区更为显著。

因此检验一个国家的婴儿死亡率下降的速度是高于还是低于地区平均水平就变得很有意义。从图 14.30 中可以看出，西班牙总是保持着比平均值略低的水平，在 8 年（1965 ~ 1973 年）的时间里，水平较高，此后又回升到欧洲的平均水平。从表面上看，民主转型导致西班牙的婴儿死亡率上升。我希望有一天我能理解出现这种情况的原因。

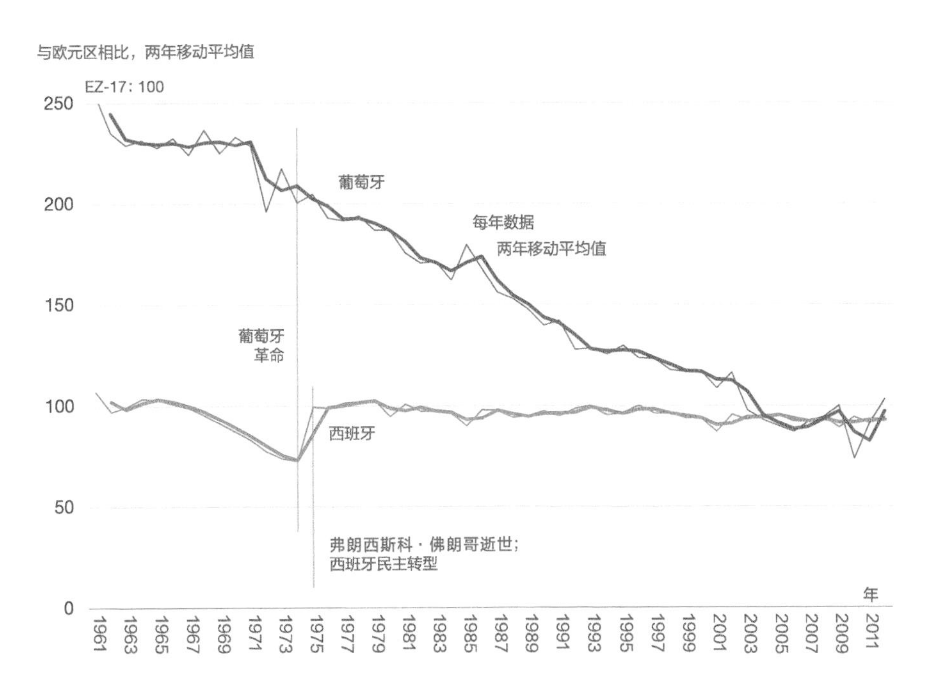

图 14.30　有参考的比较可以得到更有趣的见解

资料来源：Eurostat

在葡萄牙，独裁使得婴儿死亡率在 20 世纪 60 年代维持在比欧盟平均值高两倍的水平。然后在 1974 年革命的前 3 年，他们改善了公共医疗，婴儿死亡率开始在较长时期内保持不断下降的趋势。

这一现象有绝对的和相对的解释。政治家们通常会选择二者之一，取决于哪一种更适合他们的主张。就像很多变量与人口地区分布保持一致一样，大多数现象都会受到政治因素的影响，这就需要识别出它们并将其考虑在内。

当所有一切都过去之后

数据可视化还必须忍受彻头彻尾的谎言（和撒谎者）。从一幅仅反映作者日程的具有偏见的“信息图”，到呈现上升而不是下降趋势的条形图，你需要做好各种心理准备。

图 14.31a，是一个关于荒谬谎言的模板。它主要包含了两个不受任何坐标限制的箭头，然后加上了一个假的时间序列，使其看上去更像一张真正的图表。其中一个箭头说明了你的对手并没有做他应该做的事情，第二个箭头则显示了已经做了的坏事现在正在迅速恶化。图 14.31b 是使用这一模板的真实例子。

有意思的是，当遇到这样的谎言时，作者通常的反应是：“好吧，你可以去看具体的数字，它们就在那里。”这与之前用来为饼图辩护的论调如出一辙。这是彻头彻尾的糟糕的商业实践。

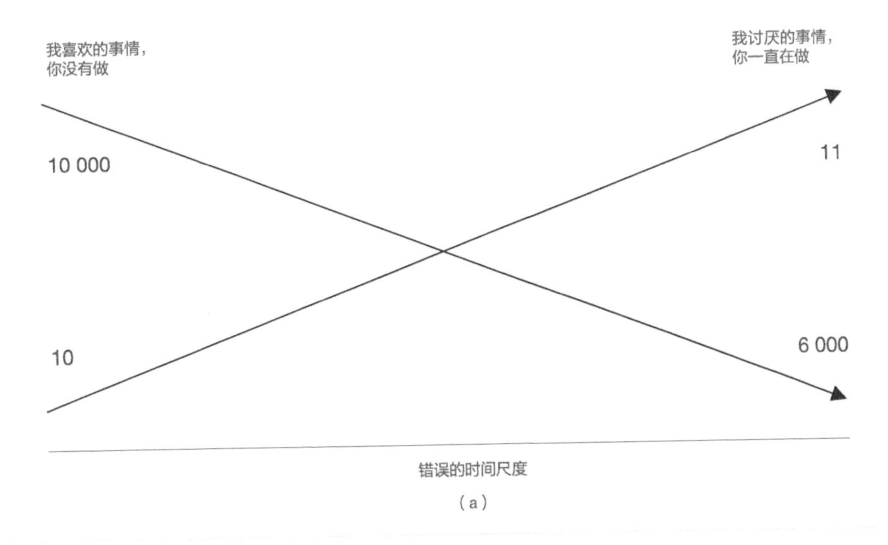

（a）

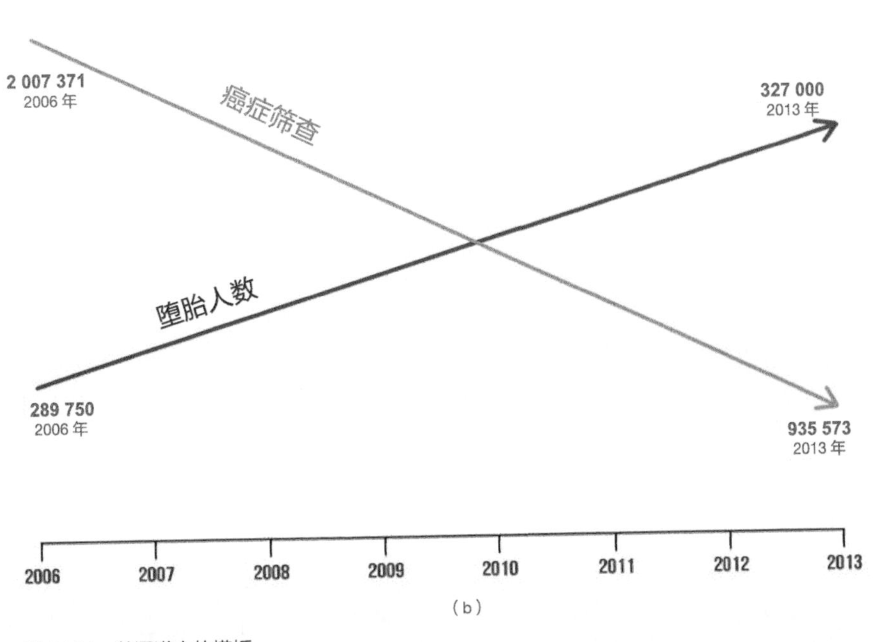

（b）

图 14.31　荒谬谎言的模板

本章小结

- 在数据可视化中总是会出现设计，但其本质从功能性变为了装饰性。
- 尽管仍然保持在功能性的水平上，但设计更多依赖的是数据管理水平，而不是图形设计水平。
- 应用奥卡姆剃刀来移除图表中所有不相关的内容，使附属内容最小化，调整所需要的内容，增加缺少的内容。
- 如果你认为读者需要，可以为图表增加情感元素。一个描绘问题场景的标题、一幅具有与图表所揭示事实相联系的背景图片以及得到答案的许诺，都会激发读者的兴趣。由于已经提供了情感框架，接下来的图表会更具功能性但也更为复杂。
- 在商业数据可视化中没有 3D 效果、纹理和双轴的立足之地。
- 以有意义的方式来对图表进行注释。
- 完成句子“正如从图表中看出……”，然后用你的反应来作为图表标题。
- 使用标题来写一两句说明，这将帮你找出阅读图表的正确顺序。
- 有很多种方式可能会让图表说谎。要尽最大可能来避免这一点，但同时要保留你在编辑上的自由裁量权。

第 15 章

色彩：超越美学

我们要尽量避免灾难性的后果。按照爱德华·塔夫特的说法，这是在数据可视化中应用颜色的“首要原则”[①]。这一警告包含的内容十分复杂，避免灾难性的后果并不是一个容易实现的目标。

颜色是一种非常复杂的生理学现象，与符号、美学和情感特质相关。如果不小心对待，这些特质中的任何一个都足以对数据可视化作品造成严重的破坏。如果叠加在一起，灾难几乎是不可避免的，这也证实了塔夫特提出的原则。

在商业组织中，具备精妙的色彩调和天分并不是最有价值的技能之一，这一点我们在电子表格中频繁使用基本颜色的例子中已经证实。其他影响商业可视化中颜色应用的因素很多，如公司品牌的主色调、在显示器和投影屏幕间看到的颜色色差，等等。

我们很容易想到，颜色使用的灾难将以美学色差的形式出现。但实际上，颜色的美学特质在商业可视化中几乎没什么影响。我们需要花些时间来充分理解这一点。它是打开颜色功能性方法的钥匙，其中的某些方面通过合理的方法

① Tufte, Edward. *Envisioning Information.* Cheshire, CT: Graphics Press, 1990.

来处理，以实现图形化展示的目标。

- 颜色的第一个同时也是最重要的功能性特质是**与任务相适应**。例如，在对分类变量和连续值范围的变量进行编码时，颜色使用规则是不同的。
- 颜色的第二个功能性特质是**刺激强度**。纯净的原色与柔和的颜色具有不同的强度水平，这让我们可以为图形建立不同的阅读层级，并针对图形中的每一个物体来衡量刺激强度。
- 颜色的第三个功能性特质是其**象征意义**。例如，切换所预期的颜色将会产生难以克服的认知失调问题。

这是我们应该关注的颜色的功能性特质。如果运用得当，就将会得到一幅高效的图表，同时也能避免美学上的灾难性效果。

颜色的美学特质更为主观，难以功能化，但如果遵守一些色彩调和的传统规则，也可以提高颜色的审美感。这些规则与调色板中的位置相对应。我们在选择的同时，也允许有个人情感的表达。

让我们来了解一下颜色的物理属性以及对颜色进行量化的方法。

对颜色进行量化

与声音类似，颜色也没有绝对值。它们都是人类感知一定波长的方式。感觉对颜色做出反应的方式主要取决于环境色、光线以及视网膜上感光细胞的物理属性。我们可以确认图 15.1 中颜色的相对值和主观值，它表示了一种最基本的对颜色的视错觉。比较图 15.1 中两块蓝色正方形颜色的深浅。看上去似乎右侧的颜色更深，但不论你是否相信，这两块蓝色正方形的颜色是相同的。

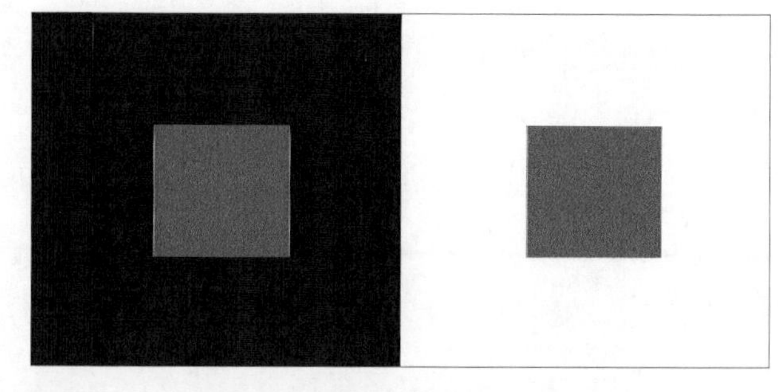

图 15.1 你能确定哪一个蓝色方块颜色更深吗？

人们表述颜色的方式也是不同的，这在比较男性和女性对颜色的偏好时很明显。女性通常会对微小的颜色变化更为敏感，而男性则很容易满足于更宽广的颜色分类。

当我们说彩虹有 7 种颜色时就是在对颜色进行分类，但分界点应该在哪里，如何保证色谱合理广泛覆盖且在不同分类之间没有重叠呢？事实上，如果没有一个更为客观的分类方法，是很难做到这一点的。我们需要一种量化方法，计算机可以告诉手机什么是“普鲁士蓝”以及如何显示它。

RGB 模型

在第 2 章中我们学习过，感光细胞对对应于红色（R）、绿色（G）和蓝色（B）的波长是很敏感的，从这 3 种颜色可以得出其他所有颜色。计算机采用了类似的模型，其中每种颜色（通道）的值在 0~255 内。所有颜色的数量可以将这 3 个通道的数量相乘得出：256 ×256 × 256，接近 16 800 000 种组合。

图 15.2 是 Excel 的颜色对话框，在其中可以通过所选的 RGB 模型来定制颜色。注意图中显示的红色、绿色和蓝色的值。在这种模式下，RGB 代码（0，0，0）对应于每个通道的最小值，表示黑色。在另一端，RGB 代码（255，255，255）则对应于每个通道的最大值，表示白色。当 3 种颜色的值一样时，得到的是灰度。一些最常见的颜色是值 0、128 和 255 的组合。红色的 RGB 代码为（255，0，0），绿色的 RGB 代码为（0，255，0），蓝色的 RGB 代码为（0，0，255）。“经典绿”的颜色要比电磁波谱中的深得多，接近于 RGB 代码为（0，128，0）的颜色。

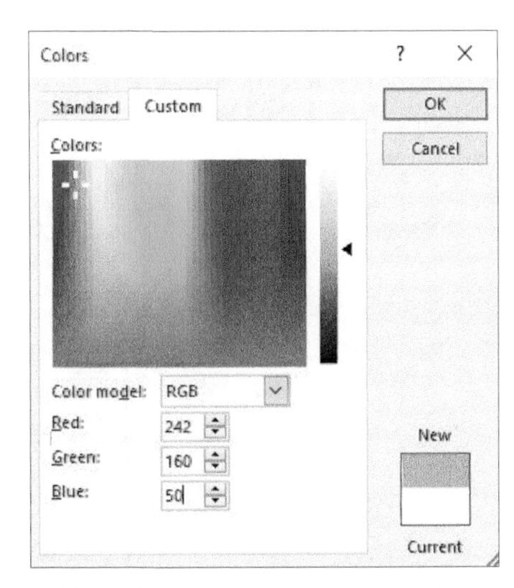

图 15.2 在 Excel 中使用 RGB 模型选择颜色

HSL 模型

我们可能会认为 RGB 模型非常直观，很容易得到色彩所对应的代码。但除了最大值、最小值和中值之外，要确定某种颜色所对应的代码组合非常困难，改变色调也不容易。

HSL 模型更为直观。与 RGB 模型不同，它并不针对颜色组合，而是使用颜色的 3 个维度：色相（H）、饱和度（S）和亮度（L）。

- **色相**对应于我们从电磁波谱中所观察到的颜色，范围从 0（红色）到 255（紫色），沿 Excel 的色彩对话框（图 15.3）中的定制标签的水平轴展开。

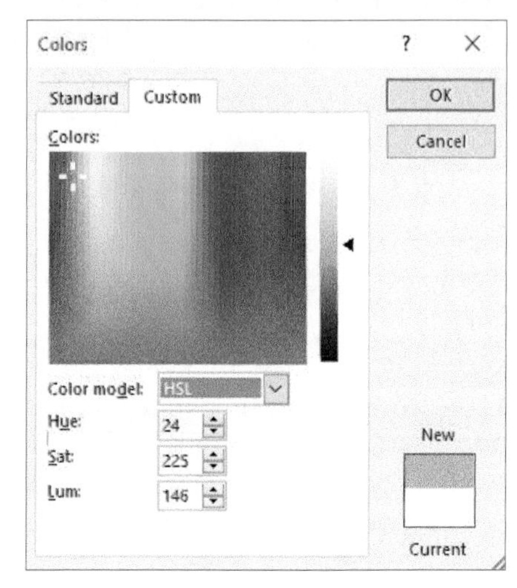

图 15.3 在 Excel 中使用 HSL 模型选择颜色

- **饱和度**是第二个维度，是色纯度的度量值。饱和度越高，色彩就越纯。当降低饱和度时，每一种色调最终都变成一致的灰度。饱和度在 Excel 的颜色对话框的定制标签中沿纵轴展开。可以看到，不管选择了哪种色相，当将饱和度设置为最小时得到的都是灰色。
- **亮度**是光线的强度。无论色相的饱和度高不高，颜色都会随着入射的光线强度而变化。光强度越高，色调越亮，光强度越低则色调越暗。如果将亮度调到最小，没有光线，则不管选择什么色相和饱和度值，都会得到黑色。纯色对应于范围的中间点（在 Excel 中是 128，其他系统中是 50%）。例如，亮灰色的色调具有较低的饱和度，高亮度，并不依赖于所选的色相。在 Excel 中，使用颜色对话框定制标签右侧的垂直滑动条来改变亮度。

要理解颜色和色相之间的区别，可以想一下棕色：大多数人都会同意棕色是一种颜色，但棕色的色相实际上并不存在：这种颜色是通过橙色色相与饱和度和亮度相结合而得到的。

我们可以用一个简单的例子来显示 HSL 模式是多么直观。在 Excel 的颜色选择器中，选择定制标签，然后选择 RGB 模型，输入值 162、90、18，会得到棕色。就像在创建图表的彩色斜坡那样移动亮度滑条，会发现所有 RGB 通道中的值都发生了变化。现在重新输入同样的代码，选择 HSL 模式然后再次改变亮度滑条。注意，只有亮度值发生了变化。将 3 个值的变化组合起来要比改变一个值难得多。这就是使用 HSL 模式来连续改变亮度，形成大多数的颜色渐变要比 RGB 模式更简单的原因。

图 15.4 中展示了一些颜色，可以比较其 RGB 模式和 HSL 模式的值。前 7 种色相是纯色：饱和度为 255 而亮度为 128。注意棕色和橙色具有相同的色相（21），但棕色的饱和度和亮度都要更低（其他关于棕色的定义可能会得到稍微不同的代码）。

	RGB			HSL		
颜色	红	绿	蓝	色相	饱和度	亮度
	255	0	0	0	255	128
	255	127	0	21	255	128
	127	255	0	64	255	128
	0	255	0	85	255	128
	0	255	255	127	255	128
	0	0	255	170	255	128
	255	0	255	213	255	128
	162	90	18	21	205	90
	255	255	255	170	0	255
	0	0	0	170	0	0
	128	128	128	170	0	128

图 15.4 对比选中颜色的 RGB 和 HSL

刺激强度

英文写作规范告诉我们，不能全部用大写字母来书写文章（WE SHOULD NOT WRITE WITH ALL CAPITAL LETTERS），因为这等于是在咆哮，非常不礼貌。如果我们想要强调某些内容，应该使用黑体或者斜体。这种写作风格的调节对于区分一篇演讲稿中的不同部分很有帮助。

在数据可视化中，颜色是用来扮演这种角色的工具。纯色产生强烈的、充满生气的、通常是带有侵略性的刺激，是彩色的咆哮。而轻淡优美的色彩则很柔和，会减缓冲突，即使所选用的色相并不协调。

色彩刺激强度的影响取决于不同的色带大小。图 15.5 中左侧的彩色正方形产生了过于强烈且具有攻击性的刺激。将它们应用在条形图中无异于一场灾难。但保持同样的强度，由于其所占面积减小，细线的影响就要小得多，粗线则引起了冲突。

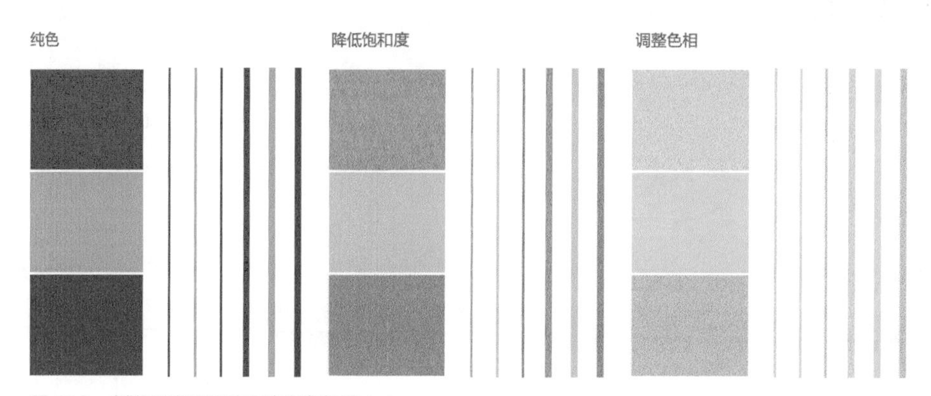

图 15.5 刺激强度的影响取决于色块的大小

中间一组使用了与左侧相同的色相，亮度更高而饱和度更低。尽管得到的仍然不是一个很协调的例子，并且这些变化引起了强度上的不平衡感，但中间这组的问题要比左侧的小很多。

对于那些对颜色协调性不那么敏感的人而言，这种调整有一个很有用的推论：刺激强度的降低将会增加对调色板选择错误的容忍度。也就是说，即使基本的色相并不协调，调整亮度和饱和度也能降低刺激的强度，结果也就不那么令人不可接受了。

在右侧一组中我稍微改变了一下色相，使其符合颜色调和原则。选择 HSL 模式后，通过调整饱和度和亮度来平衡 3 种颜色的强度。得到的结果显然要比前两组更好。不同的分类还是很清楚，没有过度刺激，组合在一起也更令人心情愉悦。

我们不仅依据不同的图表类型来调整刺激的强度，还会依据所包含的技术，因为不同的工具在对颜色的处理上也有差异。图表在不同的显示器上、打印时、投影到屏幕上时都会有一些颜色上的差别。有一些方法可以使这种差别最小化，例如在计划使用 LCD 投影仪时增加饱和度和色相间隔，但要提前检验这样做的效果才是十分明智的。

颜色的功能性任务

图 15.6 中的两组颜色都是经过排序的（先按亮度，后按色相），左侧一组很明显，而右侧一组则不那么明显。尽管色相沿着电磁波谱分布，但我们并不能将它们与连续的值关联起来。相反，只能将色相与相应的分类关联：蓝色与红色是不同的，也都不同于黄色；黄色既不比绿色高，也不比绿色低。图 15.6 中两组正方形都经过排序的说法也会受到挑战。除非颜色非常接近，否则色相通常表示未排序的分类。

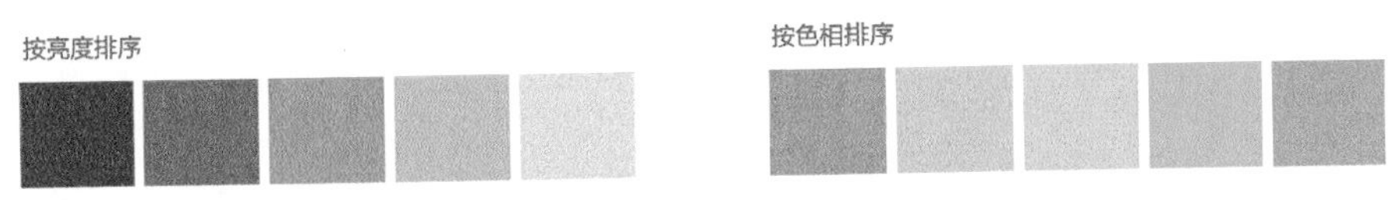

图 15.6 与亮度和饱和度的变化不同，按波长排序色相不会转化为对顺序的感知

不同于色相，其他颜色维度都与按照某种度量值排序的强度水平的感知相关。

不同色相和强度变化之间的区别分别符合定性变量和定量变量的分类，其中定量变量天生就是连续的，而定性变量可以被分类（没有需要应用的排序）或者排序（具有某种形式的排序）。

简而言之，分类变量的编码与色相的选择相关，而连续变量的编码与亮度相关，在一定程度上与饱和度也相关（最好是将饱和度当作一个可帮助对色相进行微调的维度）。

在这里必须考虑的另一个因素是，如何解释数据以及这种解释是如何体现在我们想要通过图形化展示所呈现的消息中的。从“如何进行编码”和“如何来解释说明”的交集，可以得到色彩在数据可视化中 6 种主要的功能性任务：

- 分类
- 分组
- 强调
- 序列
- 发散
- 警告

分类

颜色在数据可视化中的第一个（也是最常见的）功能性任务就是对数据进行分类。每个系列或分类都有其自身的标识，在图例中加以表述。当不考虑其他标准时，系列的标识首先是通过选择相应的色相来完成的。通过色相应该能够感知到差异，除非有正当的理由，否则每个系列的感知权重不应该有太显著的区别。在图 15.7 中为两个系列选择了离得很远的色彩，所应用的标准是其定性（性别）上的差别，没有顺序问题。

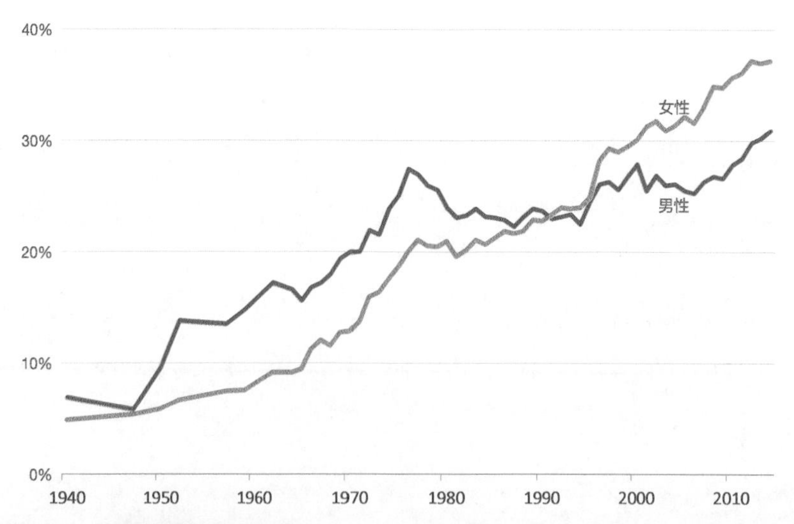

图 15.7 使用相反的色相标识性别

资料来源：U.S. Census Bureau

没有任何一种颜色的功能性任务可以通过软件应用的默认值来完成。但是，由于默认颜色的顺序，如果默认的调色板选择得当，让软件来对系列自动进行颜色编码以对系列进行分类可能比其他任务要好一些。但这仍然仅仅适用于较少的系列。系列的数目越多，就需要作者对颜色管理介入越多。

图 15.8 中的图例是 Excel 生成的。看上去似乎想通过冷色和暖色来对国家（或组织）进行编码。如果在一幅图中能对 32 个系列使用颜色编码，且效果很好，那这种软件还是很有用的。但是，更近距离的观察显示，图 15.8 除了循环使用调色板中可用的颜色之外，并没有明显的标准。

图 15.8 看似有趣的颜色编码实际上是毫无意义的

没有严重视力障碍的人，在最佳观察条件下能够区分至少几万种颜色。但是如果在一幅图中有 32 个系列，则进行颜色匹配的任务会很困难。因此，很自然地，我们要问问自己在实践中使用颜色的上限是多少。在调色板上不要超过 12 种颜色（包括白色、黑色和灰色）是比较稳妥的答案，但最佳答案是尽可能少，因为需要费劲来区分颜色是与数据可视化的精神相违背的。

这个答案，取决于你的立场，可能还会冒出其他的值。

彩虹的颜色非常普遍也易于辨别，因此“7”也是一个不错的数字。这是斯蒂芬·菲尤所建议的数量。更准确地说，是 7+1 种颜色，其中灰色是额外的颜色编码②。

② Few, Stephen. “*Practical Rules for Using Color in Charts.*” Perceptual Edge. Visual Business Intelligence Newsletter. February 2008.

在很多情况下，即使使用 7 种颜色也是过多了。较大的数据变化可能会隐藏模式或阻碍比较。在使用图例时，需要将短期记忆较小的容量考虑在内，这也会导致实际的最大值极限减小。但是，也有使用最大颜色数目的窍门，那就是对数据进行分组。

分组

图表是多种因素相互作用的结果。这也是只考虑分类并假设所有分类都是独立和不同的是不客观的原因。出于多种原因（例如，数据变化以及工作记忆的限制），我们可能会说，最大的系列数应该设置在 3~6 内，而 6 个系列听上去就是一个危险的信号，很可能会创建一幅低效的图。

但是，分类的数目越多，对它们进行分组就越有用。例如家庭消费支出项目，可以分为食品、饮料、通信和交通。我们不使用 4 种色相，而是将食品和饮料分为一组，将交通和通信分为另一组。我们并不一定要真正将它们相加，可以使用 2 种色相来对它们进行分组，然后再改变颜色的其他维度。图 15.9 是按颜色分组的一个例子，在图 2.22 中我们用这个图讨论过相似定律。

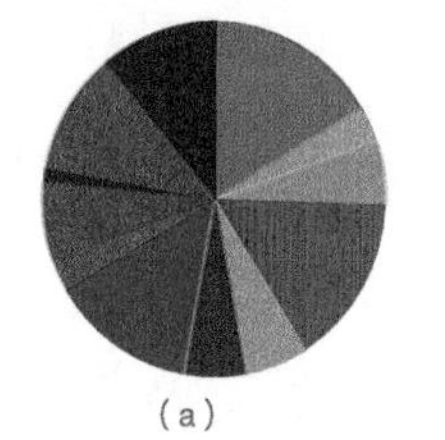

（a）

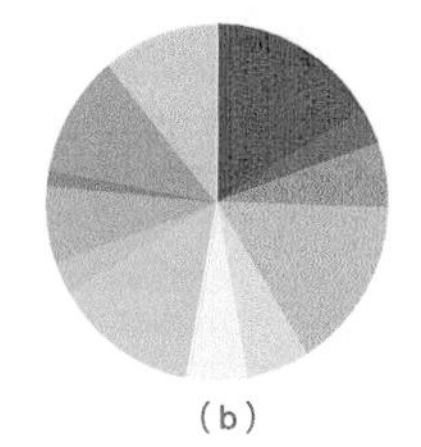

（b）

图 15.9 按色相分组

要选择 4 种不同的基础色相，并为每个基础色相选择 4 种略有变化的形式是很容易的。因此不用太费劲就可以在一幅图中使用 16 种颜色编码，这远超 12 种色相的上限。

这也表明，不要过于死板地看待这些规则，而应该将其看作在特定情况下适用的指标。同时这也证明了，当我们真正对数据进行思考之后，规则是可以打破的。

让我们回到识别 32 个国家（或组织）的问题上来。在图 15.10 中，通过颜色来标识每一个国家（或组织）无异于一场灾难。不得不增加图的大小来容纳图例无疑是很笨拙的做法，但指望读者对 32 种颜色进行匹配也过于乐观了。图中仅使用两种颜色来表示地理位置（西欧和东欧，灰色为 EU-28）的方式来标识国家（或组织）是很方便的。

标识是颜色的一个功能性任务，这个例子显示了对每个个体进行标注，在实践层面上并不是必须的，这可以为颜色提供另一个可以阅读的层次。本书从开始到现在，我们已经多次重用了这一思想。

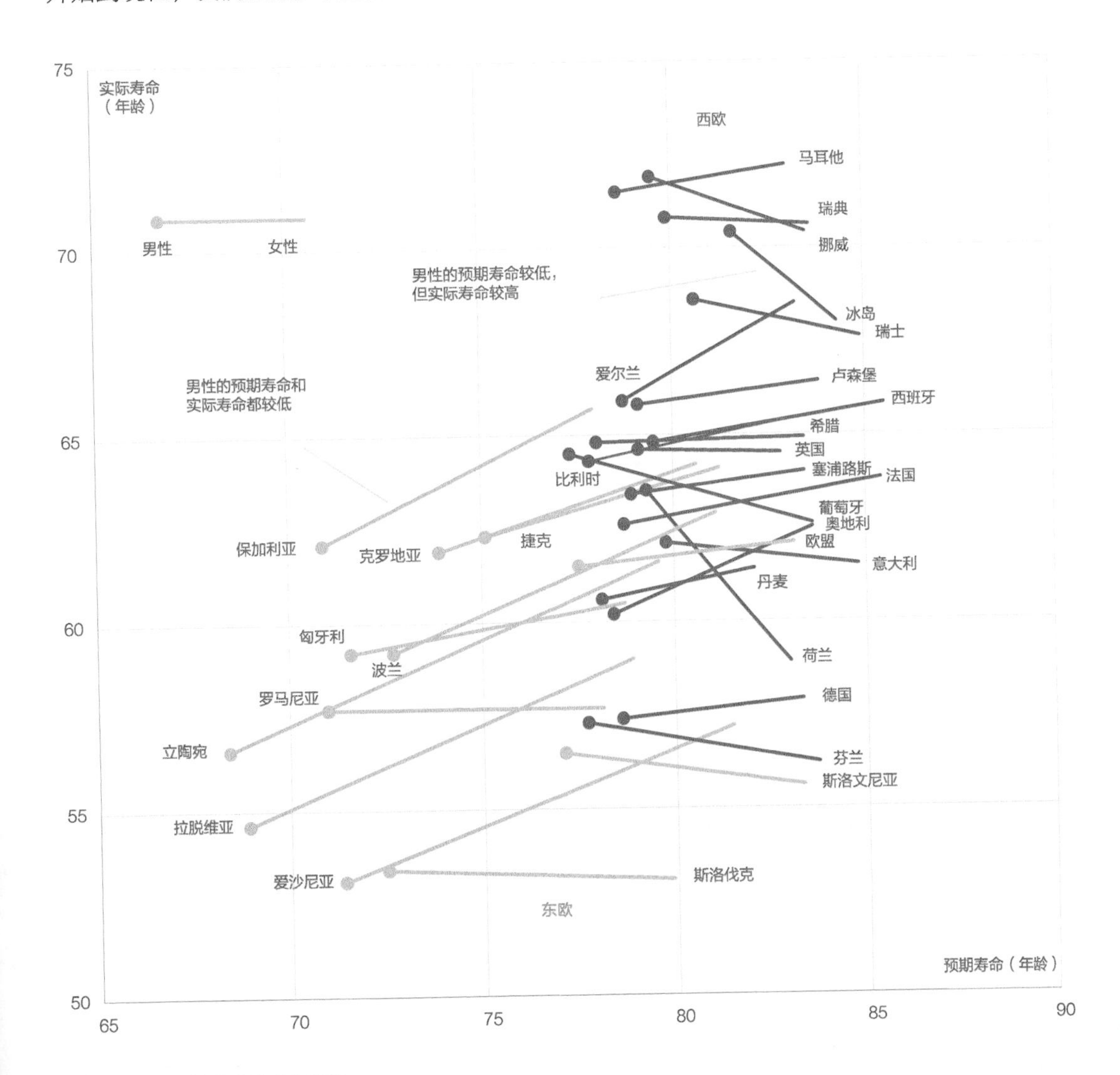

图 15.10 使用颜色作为分组策略

资料来源：Eurostat

强调

作为一般规则，我们应该避免任何不必要的认知冲突，其中的某些对象只是因为选用了更具特点的颜色而受到更多的关注。

上述这段话中的关键词是“不必要的”。当创建一幅图表时，我们的知识和设计决定很自然地暗示了对数据的某种解释，或对图表进行结构化，以迎合读者的背景，使图表阅读更为简单。

当强调图表中的某个元素时，我们会通过一定程度的对比和突出来给它更多的认知权重。如在较低的饱和度中使用较高的饱和度，或在较高的亮度中使用较低的亮度，在一组近似的色相中使用相反的色相，等等。

除了通过操纵对象颜色来引导注意力之外，还可以通过增加环境变量的方法，如在时间序列的下降周期中增加背景阴影以达到强调的效果。

在本书的很多图表中，我们都应用了颜色的功能性任务。在图 15.11 中，使用它来强调国家的一个子集——具体来说，是那些男女健康平均寿命差值大于 3 年的国家（或组织）。

由于背景信息不同，我们可能会采用不同的设计方式。强调比其他颜色的功能性任务都要更加基于对数据相关性的评估，取决于如何解读数据。因此在使用强调时必须完全清楚它所带来的影响。

图 14.5 显示了出生人数的演变，通过在灰色背景上使用一条红色线，达到了极高程度的强调作用。

序列

与强调不同，色带中的序列表示对点或系列按顺序展示。

色带经常在主题地图中使用，用来表示强度（例如人口密度或地形特征的变化），当存在顺序或连续性时，使用色带对促进认知很有帮助。

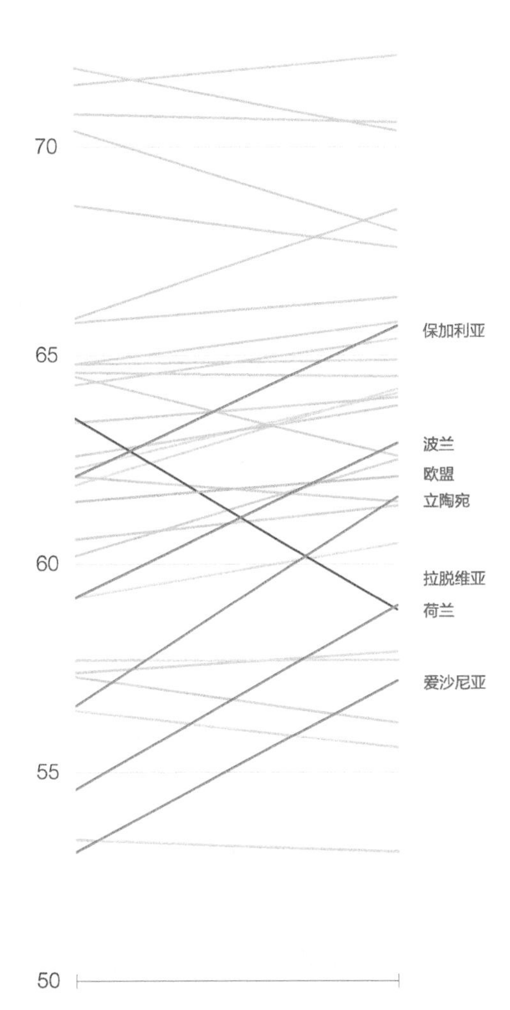

图 15.11　使用颜色来强调健康的预期寿命差距

资料来源：Eurostat

图 15.12 显示了西班牙每 20% 家庭收入人群的食品消费占总支出的百分比（Q1 表示收入最低的 20% 的家庭，而 Q5 表示收入最高的 20% 的家庭）。

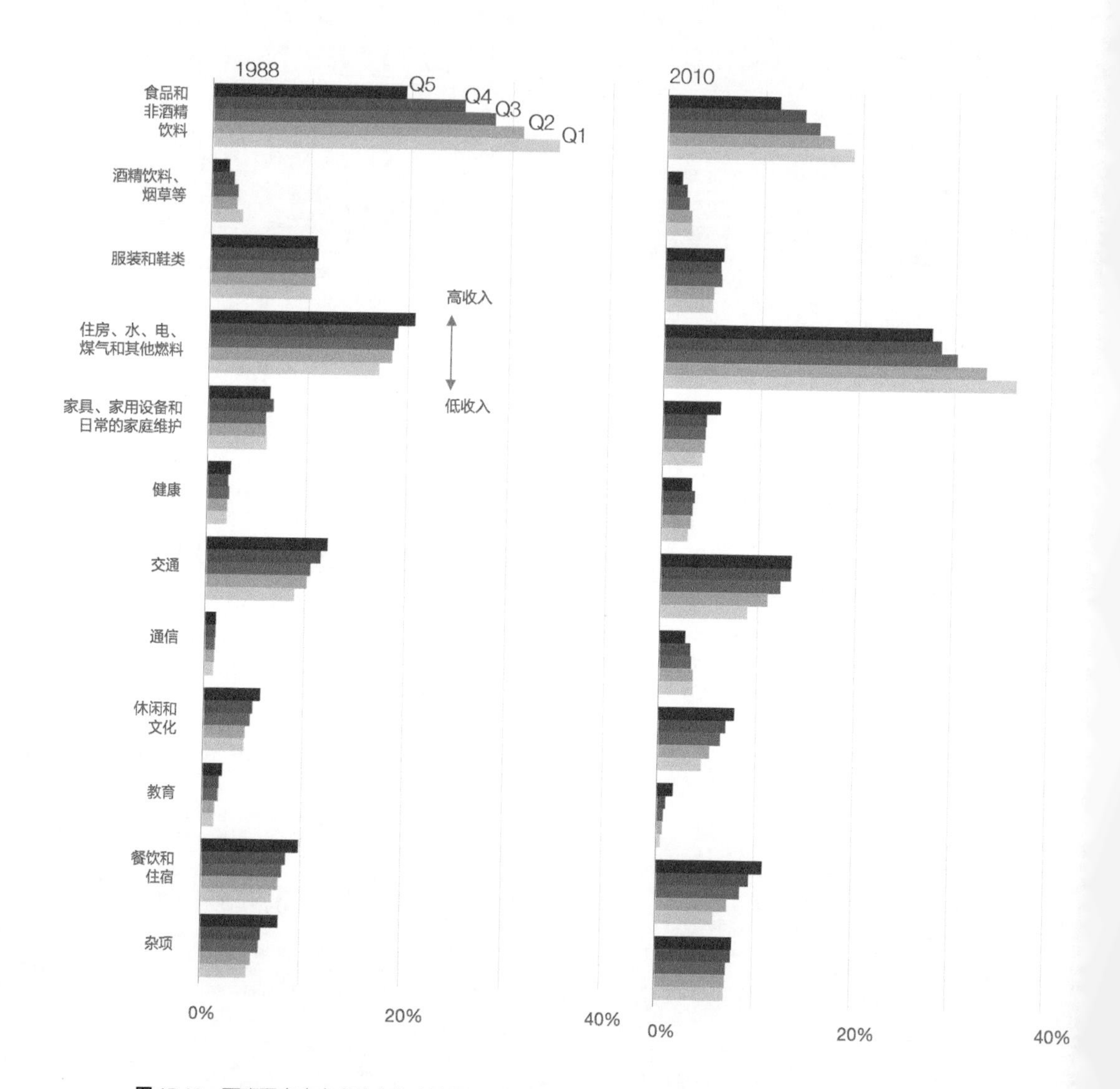

图 15.12 西班牙家庭支出的变化（按照收入情况比较）
资料来源：Eurostat

图 15.13 的条形图是图 15.12 的一部分，其中使用了多种色相而不是具有不同亮度的单一色相。除了颜色的过度使用之外，图 15.13a 还会引起在分类之间进行比较时的离散推理，而图 15.13b 则具有连续性，得出互相之间有联系和相关性的推理。与图 15.13a 相比，图 15.13b 更容易看出西班牙家庭消费支出符合恩格尔定律（随着收入的增加，食品在总支出中的比例降低）。

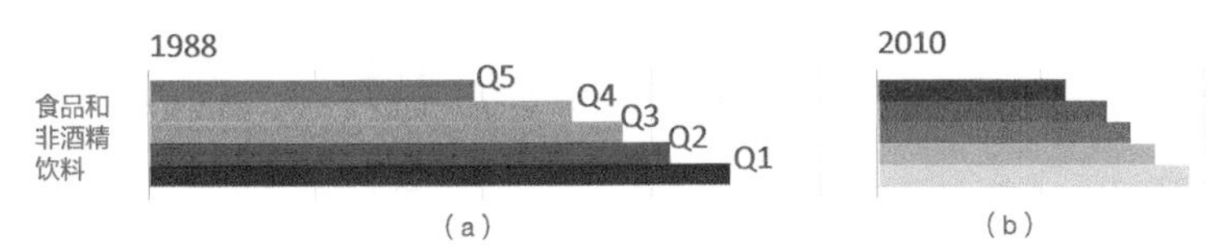

图 15.13 色相偏好离散推理

使用 HSL 模式创建色带很容易。只需要选择色相，设置好最高和最低亮度，然后就像图 15.14 那样将这个范围划分为相等的多个部分，其中亮度的间隔值为 32。粗略一看，这好像是一条非常有用的色带，但如果更仔细看，就会发现一些不和谐因素——例如，96 和 128 之间的距离似乎比其他对之间要大。不管是在彩色带还是灰阶中都是这样，浅色调的变化看上去要比深色调更大。

图 15.14 等间隔的彩色渐变

一些更复杂的颜色模型调整了缺乏色觉线性度的现象，但在 Excel 中可以使用的 HSL 和 RGB 模式并没有进行这种调整。

并没有一种简单的方法来创建相近间隔的色带。如果你使用 Excel 颜色主题获取的色带并不合适，可以试着通过改变亮度的方法来重新创建一条新的色带。刚开始使用正常的间隔，然后在低亮度区域增大间隔，在高亮度区域减小间隔，直到看上去协调为止。本章最后，我们附上了创建这些调色板的颜色代码，因此你不必自己来创建它们。

图 15.14 中的色带是使用默认 Excel 颜色对话框（图 15.15）来创建的，从外围的颜色开始，逐渐移到中间。

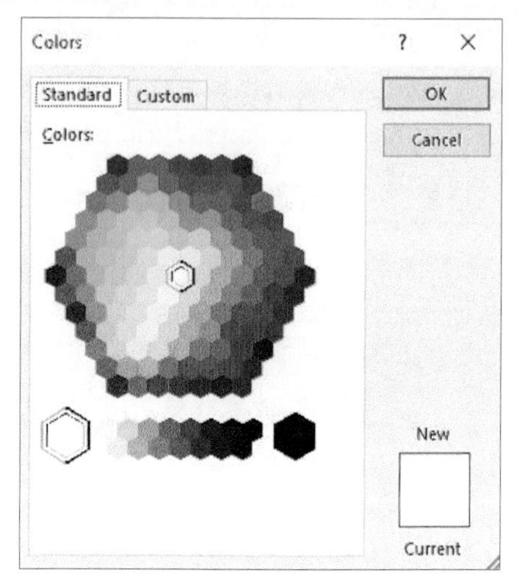

图 15.15 用于选择标准颜色的 Excel 对话框

发散

发散代表了从中心点或参考点向外发散的强度。“强度”这个词是很重要的，因为这是设计发散时的关键点，必须使用两种形成鲜明对比的色相，而不是使用多种色相（彩虹刻度）。

当设计发散（图 15.16）时，直接在 Excel 颜色对话框中选择清晰分隔两个发散的中间线。对于某些颜色，不得不手工调节亮度或饱和度。

图 15.16 两种发散方式：连续和分割

发散很少用在图表制作中，更常见的是用在问卷调查表中来表示结果，例如李克特量表 ③。

③ Robbins, Naomi B. and Richard M. Heiberger. “Design of Diverging Stacked Bar Charts for Likert Scales and Other Applications.” *Journal of Statistical Software*. Volume 57, Issue 5. 2014.

要创建图 15.17，中间分类之下的条目显示在轴的左侧，之上的条目显示在右侧。中间的分类进行了分割，一半在左侧，一半在右侧。正如在纳奥米·罗宾斯（Naomi Robbins）等人的论文中建议的那样，这个分类并没有被可见的坐标轴线分割。

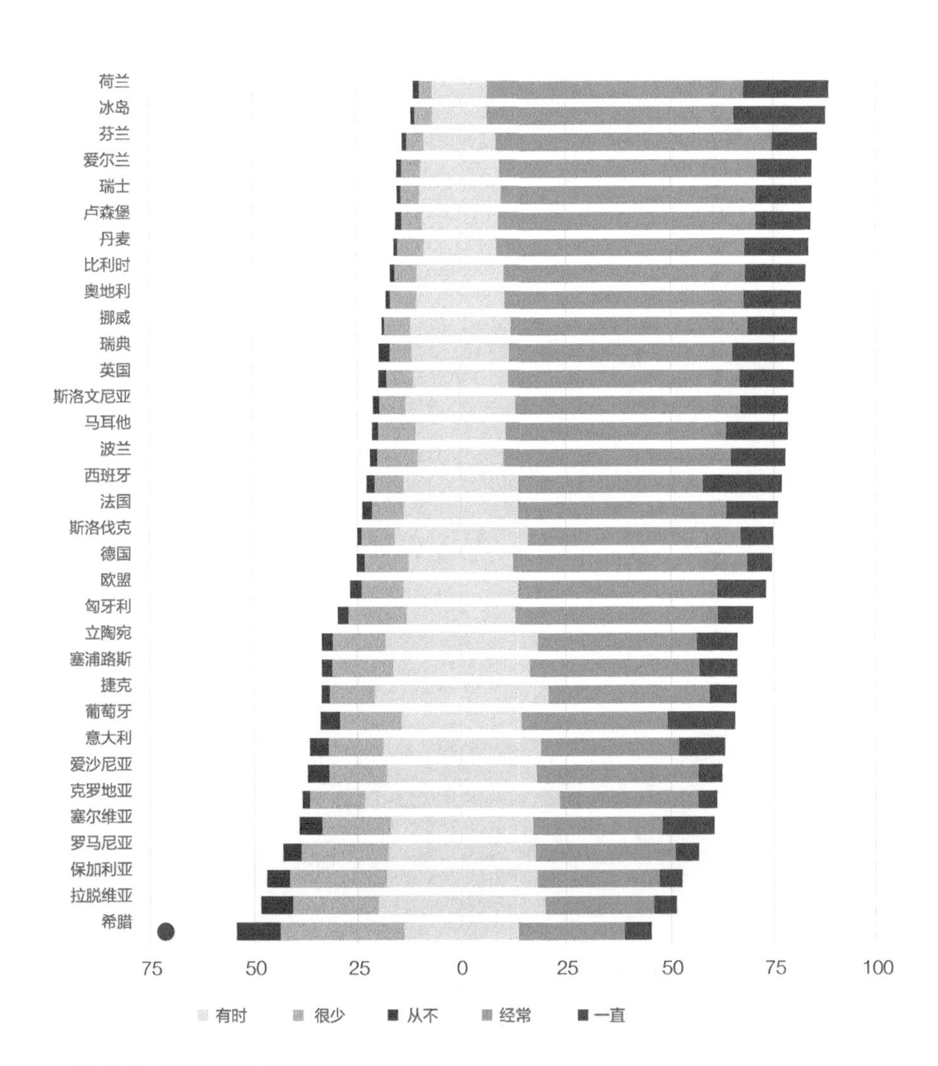

图 15.17　适用于李克特量表的发散调色板

资料来源：Eurostat

颜色发散更为常见的应用是在条件格式的图表中。在图 15.18 中，我使用了图 15.16 所示的颜色发散定义的 10 种颜色编码。这样的粒度已经足够了，相比于使用真实的色带，这样可以更好地控制颜色。

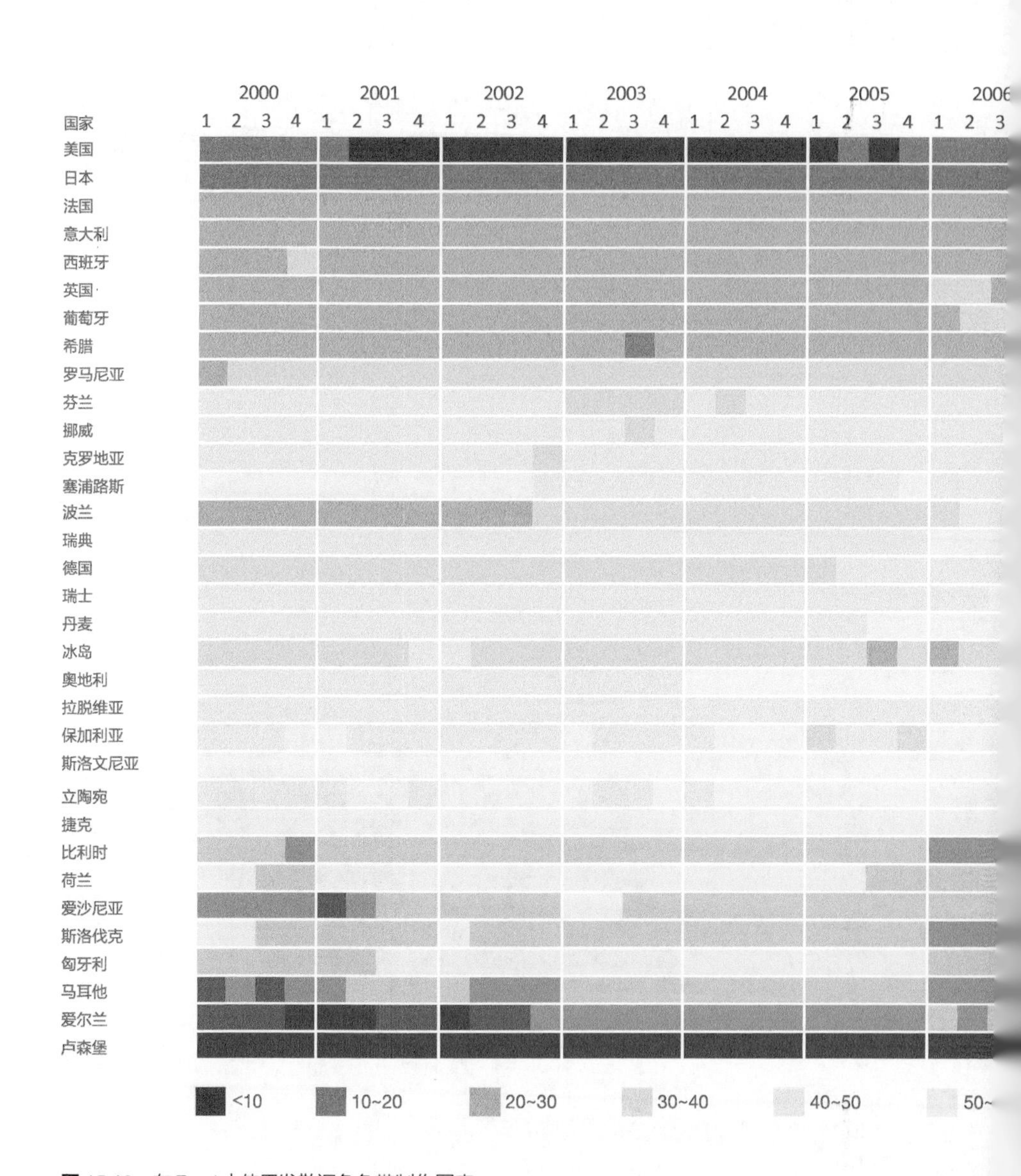

图 15.18 在 Excel 中使用发散调色色带制作图表
资料来源：Eurostat

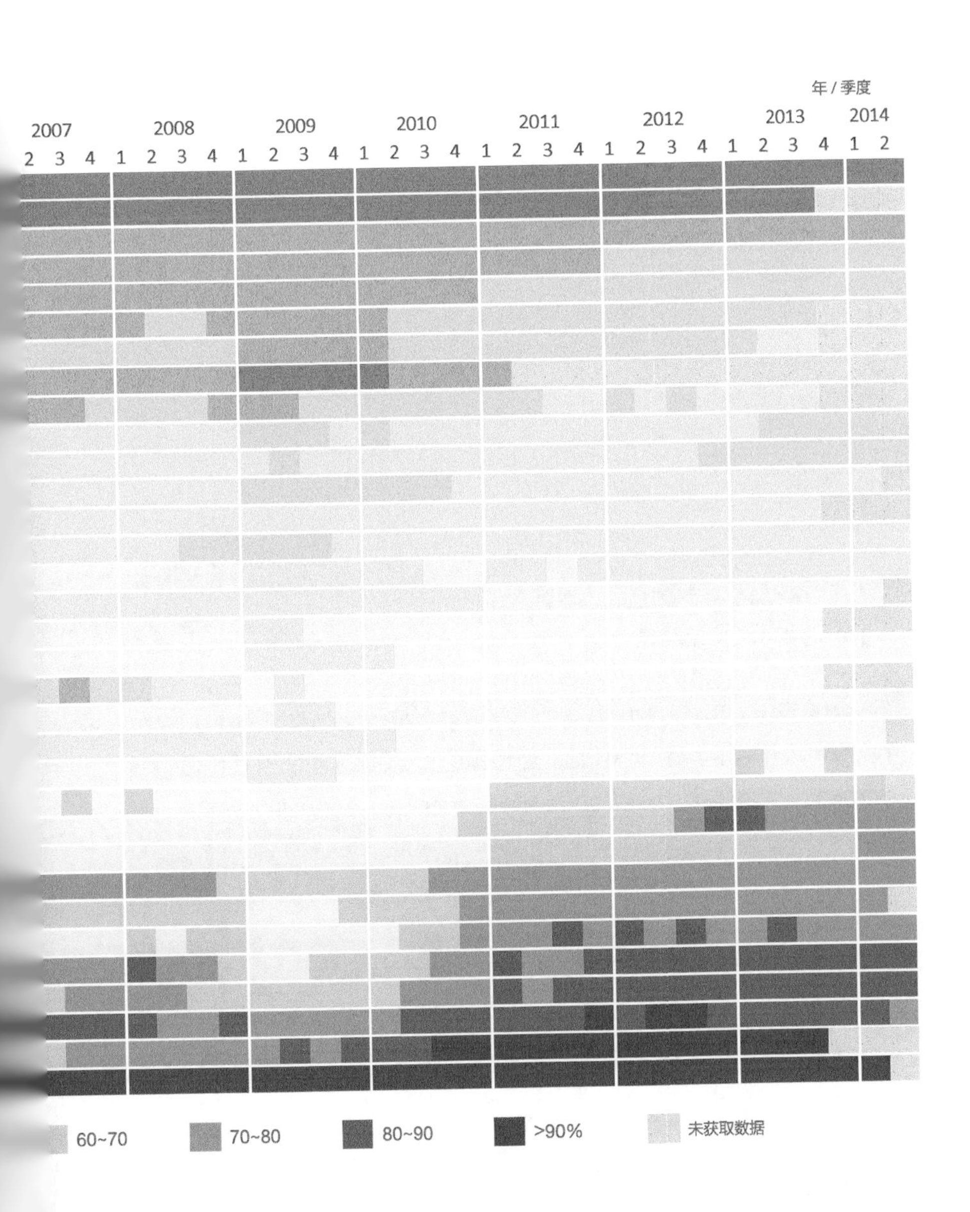
年 / 季度
2007
2008
2009
2010
2011
2012
2013
2014
2 3 4 1 2 3 4 1 2 3 4 1 2 3 4 1 2 3 4 1 2 3 4 1 2 3 4 1 2
60~70
70~80
80~90
>90%
未获取数据

警告

你在图 15.17 中可能会注意到，在希腊的数据前面有一个小的红点。这是为了让你意识到，希腊是唯一一个真正不开心的国家，因为否定回答要比肯定回答的数目更多。

在前面的章节中我们已经看到过颜色警告的其他例子。取决于警告的大小和格式，可以使用带有规约意义的高强度色彩刺激（例如使用红色来表示危险），以确保警告不会被忽视。

颜色的象征性

我们知道自己所属组织的主题颜色，所喜爱的体育运动队的主题颜色，祖国国旗的颜色。我们知道天空是蓝色的，大地是棕色的，雪是白色的。我们知道爱是红色的，希望是绿色的，嫉妒是黄色的；男孩是蓝色的，女孩是粉色的。

图表的读者希望我们能充分利用颜色的象征性，如使用整个群体所共享的颜色或针对某一个群体的特定颜色[4]。使用传统的颜色符号可以简化沟通成本，提高群体认同感，减少令人不快的情况发生。

事实上，不恰当的颜色选择并不总是那么显而易见的。还记得图 14.5 中所用的红色线吗？由于红色与危险相关，当某些方面出错时才使用红色。传播的一个基本原则是，不要给坏消息打上红领带。在展示公司内部的数据时，使用颜色的原则是，要扩大销量好的产品的影响力，降低销量差的产品带来的关注度。

颜色的象征性不应该仅仅看作具有文化意义，同时还要看作物理世界的代表，取决于不同的环境，它与物理世界之间的关系可能会更复杂。但我们应该避免使用一些颜色关联：肉不会是绿色的，水也不是红色的，人类的皮肤不会是紫色的。

---

④ 小贴士：如果想要使用组织的颜色，请询问其 RGB 代码，不要仅仅是猜测。

灰色所扮演的角色

在文学作品中过多使用形容词或被看作一个不好的写作习惯，我们很容易理解这是为什么：作者没有能够使读者沉浸到精妙的写作中，为了进行补偿，只能用预先包装好的情感来试图打动读者。在数据可视化中，颜色就像文学作品中的形容词，也应该尽可能少量使用。

无色图是一个很好的起点。对于身处 PowerPoint 和彩色打印机世界中的人来说，黑白图的概念的确有一点儿奇怪，并且可能勾起人们对使用幻灯胶片以及一些计算机石器时代上古神器的痛苦记忆。但清除颜色在图形设计师创建图形的过程中是惯常的行为。对黑白版本进行测试可以使设计师将精力集中在其他特质上，例如形状、大小以及对象的位置。如果黑白版本可以，那么彩色版本肯定也可以。

正如我们已经看到的那样，图表支持非常有限的颜色。使用灰阶可以帮助我们识别出这个限值。如果已经不能够再区分不同的灰阶，那么似乎就已经达到了极限，我们将不得不使用其他的表现形式。

我们总是可以利用饼图来得出糟糕的例子。饼图可以说明色彩的滥用。图 15.19 是搜索“饼图”所得到的一些色彩斑斓的图片，要找到没有若干彩虹色的饼图是多么困难啊。

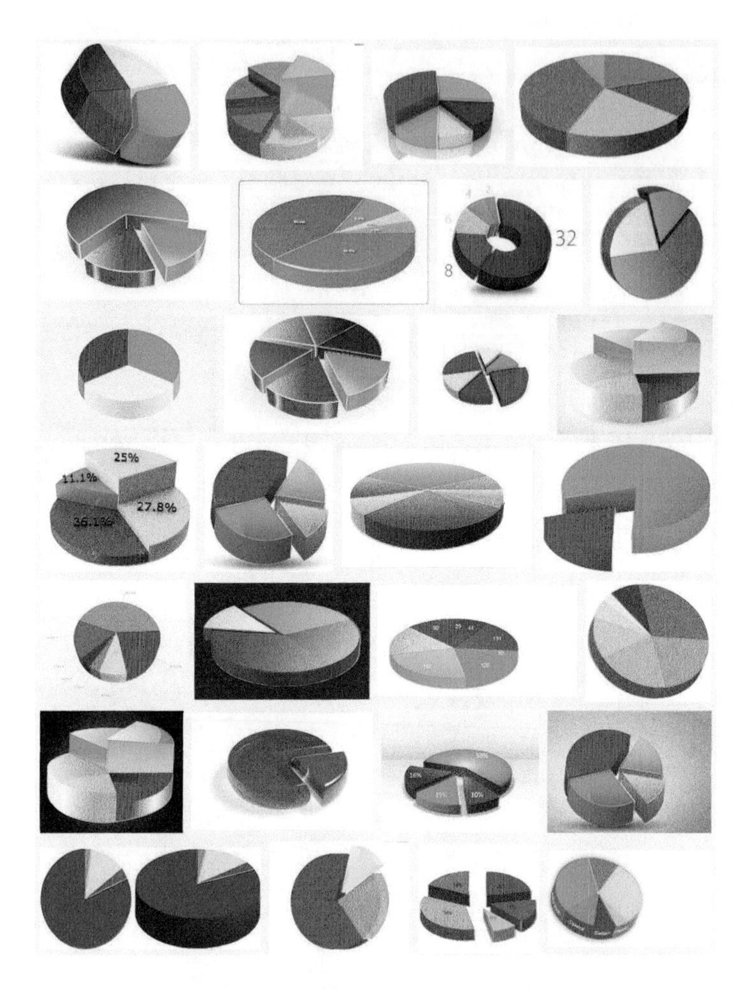

图 15.19　搜索引擎提供的各种饼图

图 15.20 的灰度图证明了识别不同部分或者强调某个特别的部分并不一定要使用颜色。灰度饼图虽然看上去很朴素却简洁有效，反而显示出图左侧使用过多颜色的问题更为突出。

对颜色具有情绪反应是不可避免的，这会影响到对图表其他方面的评估。我们看待图 15.20 中灰度饼图的方式更为中立和理性。而且，打印灰度图也比彩色打印更节省，色盲人士也可以观察到颜色变化。

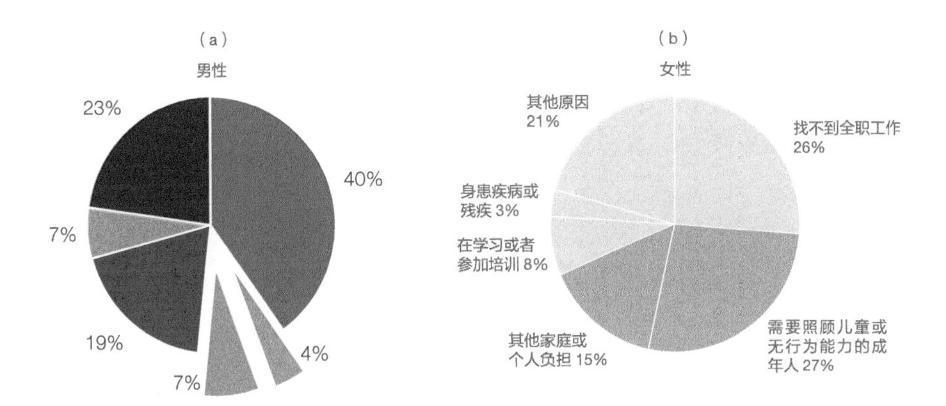

图 15.20　因为切片不重叠，所以不会误判，彩色标记是完全随意的

资料来源：Eurostat

当然，世界并不是黑白的，我也不打算说服你在所有图表中只使用灰度图，但试着使用灰度有助于为颜色刺激建立重点突出的基础，使其能够更好地与想要传达的信息相适应。

Excel 包含了一个灰度色调调色板，可以使用这种方式来对图表进行结构化。

色阶

一幅好的图应该是无色的，这种说法可能有点儿言过其实。更合理的说法是，一幅好的图是具有色阶的图。

与网络搜索获得的结果不同，真正好的图并不是袖珍版的彩虹。将彩虹色彩的图与灰度图进行比较是没有意义的。图颜色的合理性取决于色彩功能的平衡，包括色彩的浓度以及色彩的缺失。

在一幅图中有两组对象：一组是对数据进行编码的对象（点、线、面）；一组是为这些对象提供支持和标识的对象（坐标轴、网格线、文字、图例、背景）。我们可以将前者想象为演员，而后者则是舞台。

除了帮助识别数据编码对象这一角色外，舞台还具有情感特质。如果没有非常明确的理由，则不应该使用情感维度，要使用则必须有原因。不管有没有理由，舞台都应该通过灰阶的变化来隐退到背景中，从而将舞台留给数据（演员）以便展示。

主要演员、配角和路人甲之间微小的区别是由我们决定的，我们是这场戏的导演。路人甲对提供背景信息很重要，但对这场戏并不关键。临时演员通常没有名字，我们可以将其编码为灰色。有两个经常充当临时演员的类别，一个是“其他”分类，另一个是在市场调查中经常用到的“不知道 / 不回答”选项。

其他情况取决于我们想要传递的信息。例如，在图 15.21 中，马苏里拉奶酪是主要演员，切达奶酪和其他美国品牌的奶酪是配角，其他品牌的奶酪都是作为背景加上去的。在一幅交互图中，我们可以按照其他标准定义一个固定的奶酪集合，而只在鼠标停留在线上时才突出显示对应的奶酪。

在图 15.22 中，我们想要强调个人原因和家庭责任是区分男人和女人从事兼职工作的关键原因。

本书中除了故意使用的错误例子，其他所有图都试图应用功能性颜色管理，特别是灰色的应用，创建所有图都应该提供阅读层级。

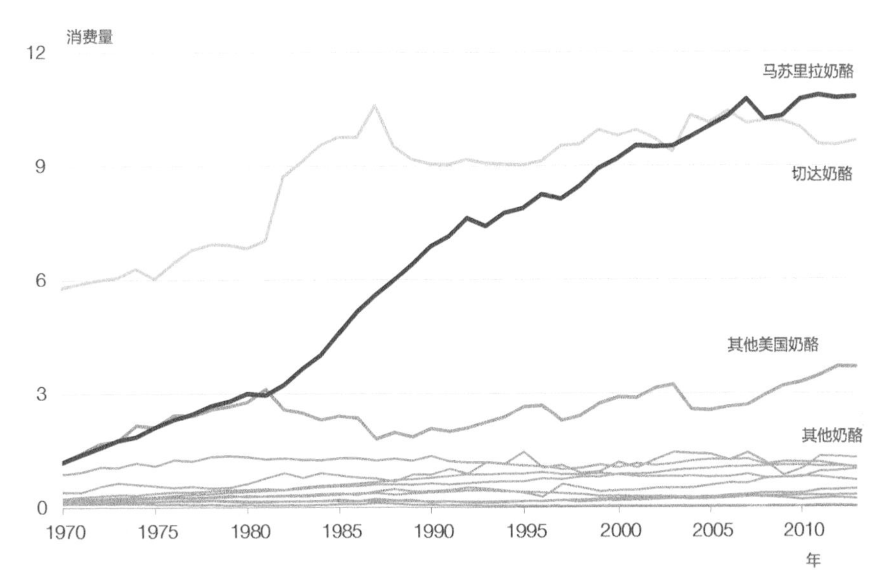

图 15.21　主要演员（马苏里拉奶酪）、配角（切达奶酪及其他美国奶酪）和临时演员（灰线）
资料来源：USDA

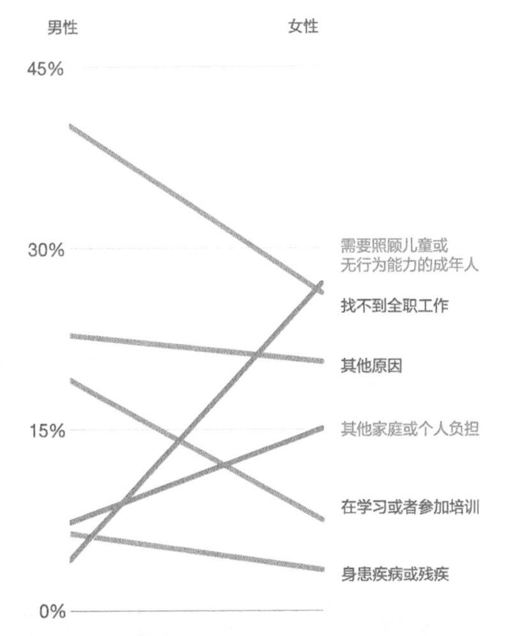

图 15.22　强调兼职的主要原因（性别差异）
资料来源：Eurostat

色彩调和

从功能的观点来说，颜色本身并不重要，如果可以避免使用颜色的强象征意义，随机选用它们也没什么问题。数据可视化包括辨别视觉刺激，定义它们之间的关系以及建立起这些刺激的强度。所选用的颜色需要满足各种需求。认识到这一点将有助于避免美学上的灾难。

到目前为止，如果按照我们所讨论的原则来使用颜色，很难发生任何灾难。但所创建的图在颜色选择上也不会表现得特别出色。

你能在平凡的作品与值得美术馆收藏的作品之间找到令人很舒服的平衡点吗？即使没有艺术技巧，我们也能创建出更具吸引力的图表吗？

答案是很明确的："当然，但是……"我非常认同这一观点：色彩调和并不是通过规则和算法就可以得到的，也不可能将审美感知能力赋予那些不具有这方面能力或没有专门对此进行训练的人。但是，学习色彩调和的规则，有助于我们思考需要传递的信息，让数据可视化作品更具生命力。

一般原则

色彩调和在很大程度上取决于文化和个体主观性，因此应该将这些原则看作建议，在特定的现实情况中应用时，允许存在一定的变化。

如果找到一个很好的起始点，选择颜色将会更容易。可以尝试以下几种方法。

- **象征性**。如果读者将颜色与数据关联起来，你应该问问自己，是否可以不使用这些颜色。例如，使用蓝色和粉色将与性别相关的数据区分开合适吗？

- **信息基调**。我们想要传递的信息是正面的还是负面的？如果是前者，可以使用蓝色或绿色；如果是后者，则可以使用红色，诸如此类。

- **标准调色板**。在探索计算机提供的 1600 万种颜色之前，尝试一下软件默认调色板之外的另一个调色板。Excel 2016 中有 23 个调色板，你自己还可以创建更多的调色板。

传统的规则

色彩调和是作者个人选择的结果，一些颜色的选择会导致认知冲突，而另一些则会提示相似性。如果将颜色映射到一个圈或轮子上，这种色品的关系就会显现。

真正有趣的一点在于，色品关系和数据关系几乎是完全重叠的：如果想要强调某种关系，就会有相应的色彩调和匹配规则。例如，如果要使两个系列相互对立，就会使用互补色，从色轮的两侧各选一种，甚至都不用去想具体的颜色和色相。这时，只有色轮上的位置是重要的。

色轮就像一幅平面地图，帮助我们熟悉色彩空间的布局。但因为它并没有将颜色的亮度和饱和度两个维度考虑在内，所以是平面地图。要管理颜色刺激，就必须将这些因素考虑在内。色轮提供了一种结构，你必须根据自身需求来进行调节。

图 15.23 中的色轮包含了 12 种色相，由同轴环构成，最外面的环表示最大饱和度（255）和标准亮度（128）。内圈的环在第一个色轮中依次降低亮度，而在第二个色轮中依次降低饱和度。

近距离查看外圈色环会发现，纯色会导致不必要的过度刺激或者由于鲜艳程度的差别导致不平衡。这必须通过颜色的其他维度来进行补偿。

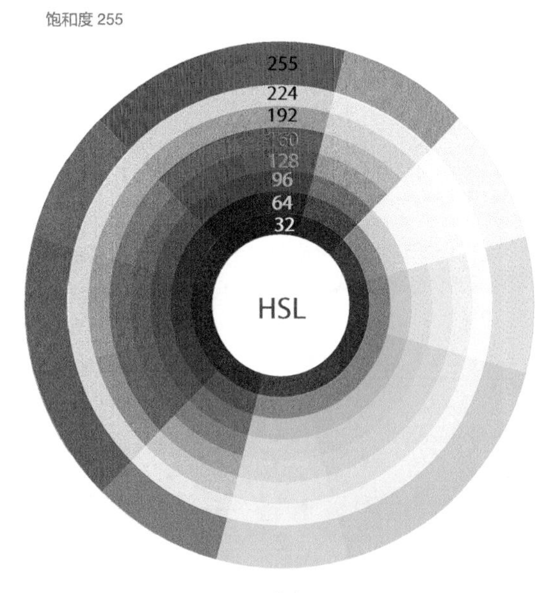

（a）

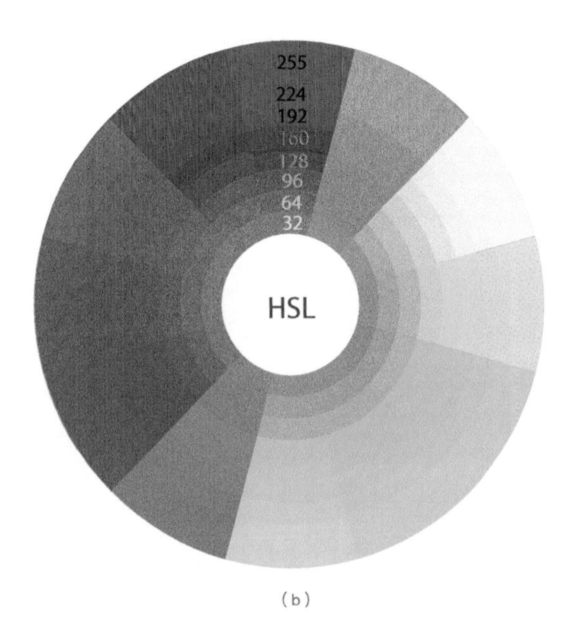

（b）

图 15.23 具有不同亮度和饱和度的色轮

接下来的例子说明了关于色彩调和的传统规则。每个例子都包含一个定义规则和三幅图的色轮：其中一幅具有所选定的色相，还有一幅较亮的图和一幅较暗的图。在图例的下方显示了每种颜色的 HSL 值。

互补色

两种互补色分别位于色轮的两侧（图 15.24）。在 HSL 模型中，互补的色相 H 是 H+128。红色（0）的互补色是青色（128）。

互补色传递的信息是相互对立的，但同时也是平衡的。一幅具有饱和互补色的图使用了具有侵略性的颜色，其中的颜色会公平地争取注意力。当想要呈现非常独特的变量或者出于某种原因需要相对显示变量时，才能使用互补色。当变量具有某种形式的连续性或顺序时，不要使用互补色。

分离互补色

对于数据可视化特别有用的一种组合就是分离互补色（图 15.25）。分离互补色避免了直接的颜色对立，减轻了整体的认知冲突，但同时仍然能够展示显著不同的分组。

图 15.25 试图在德国、希腊和西班牙之间建立起对比关系。

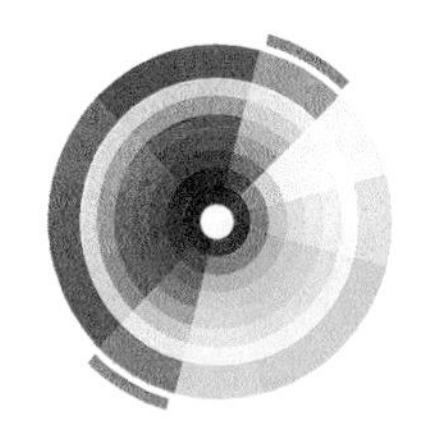

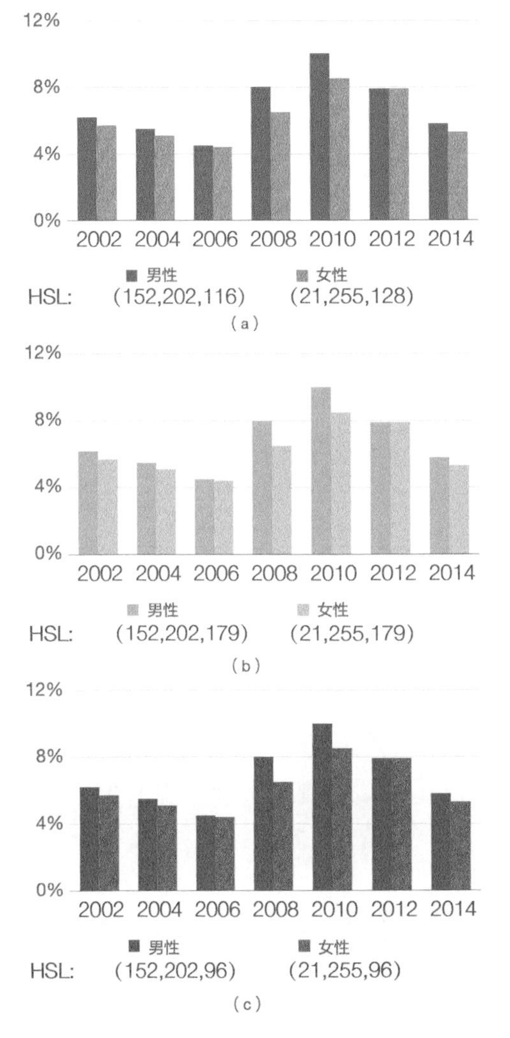

图 15.24 互补色产生对立

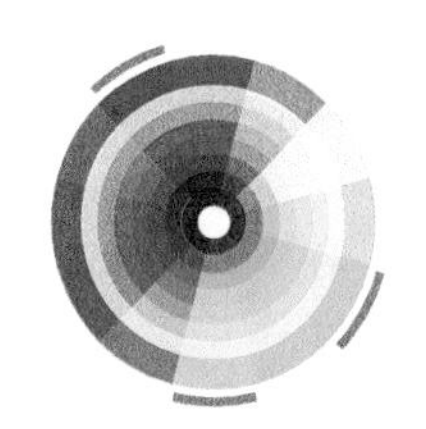

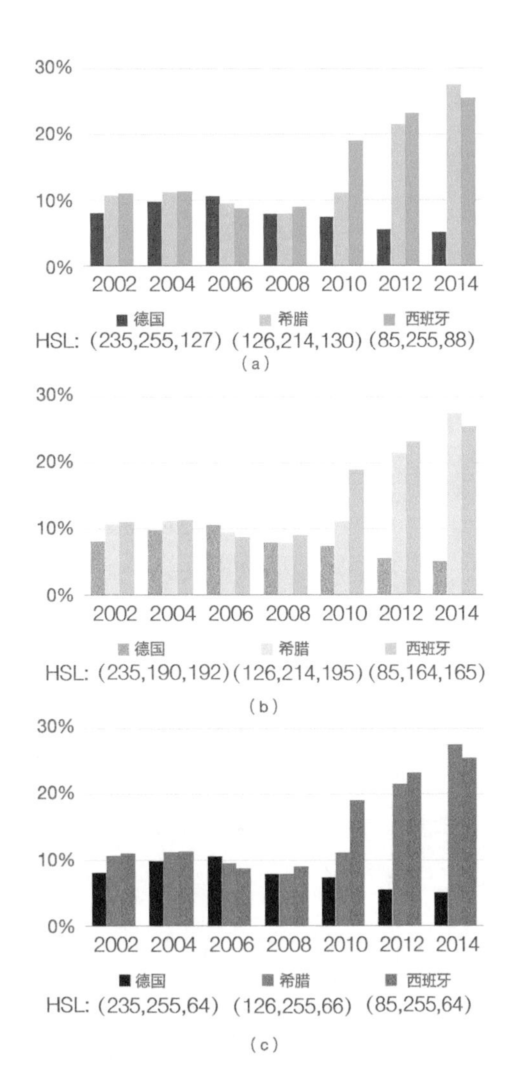

图 15.25 分离互补色产生的对立并不直接

三原色

在色轮中选择三个等距的、色相间隔为 85 的点可以创建三原色调和（图 15.26）。三原色原理及其使用与互补色是相同的，但不那么明显。因为在这里连续性并没有意义，三原色调和适合展示三种不同的分类。

相似色

相似色是那些在色轮上最大间距为 60° 的颜色，也就是在 0~255 范围内的 43 个点（图 15.27）。相似色通常是很协调的，但在某些情况下，可能会产生并不存在的连续性。相似色也会暗示内容的连续性，并不需要强调某个特定的变量。

矩形

矩形是分离互补色的一种变体，其中应用了位于色轮两侧的两种相似的颜色（图 15.28）。在这种情况下，两组分类之间有明显的区别。

在图 15.28 中，两组国家是互相对立的：一边是德国和美国，另一边是希腊和西班牙。

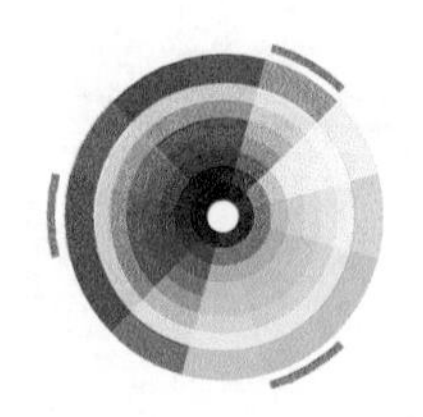

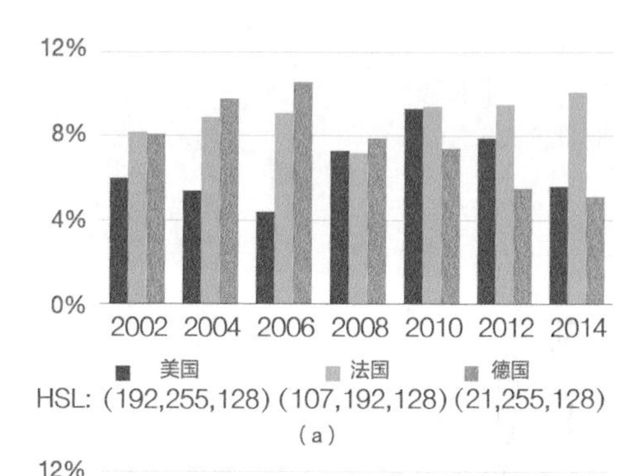

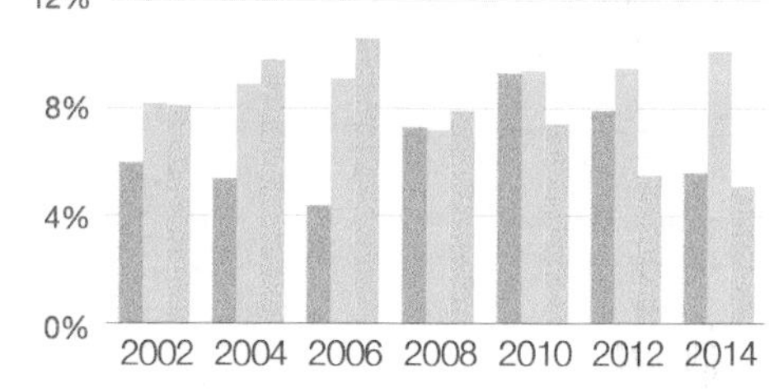

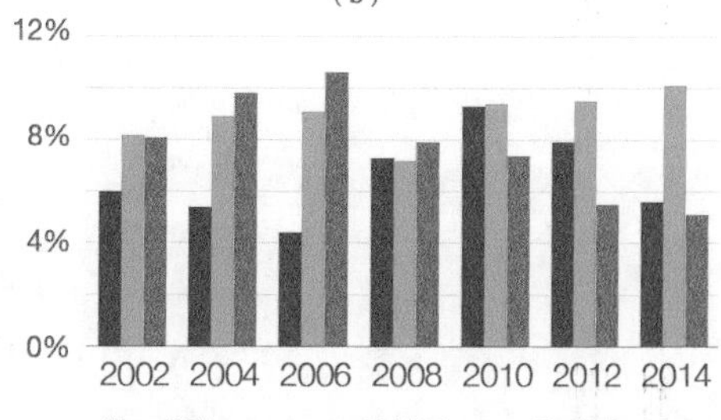

图 15.26 三原色可以展示三个不同的分类

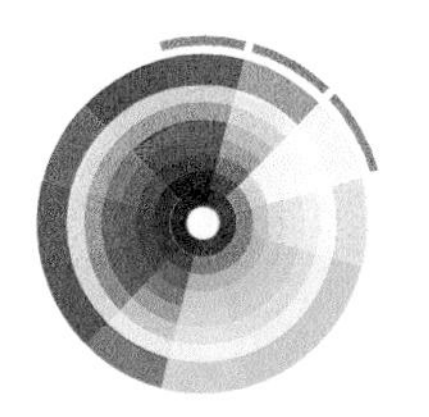

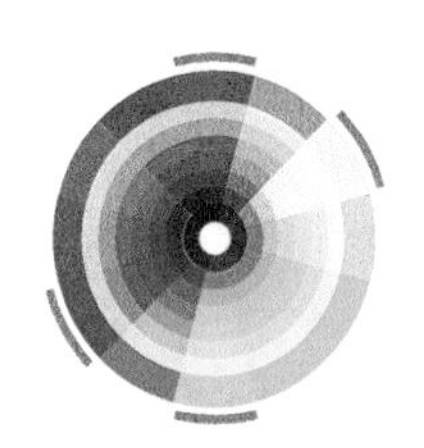

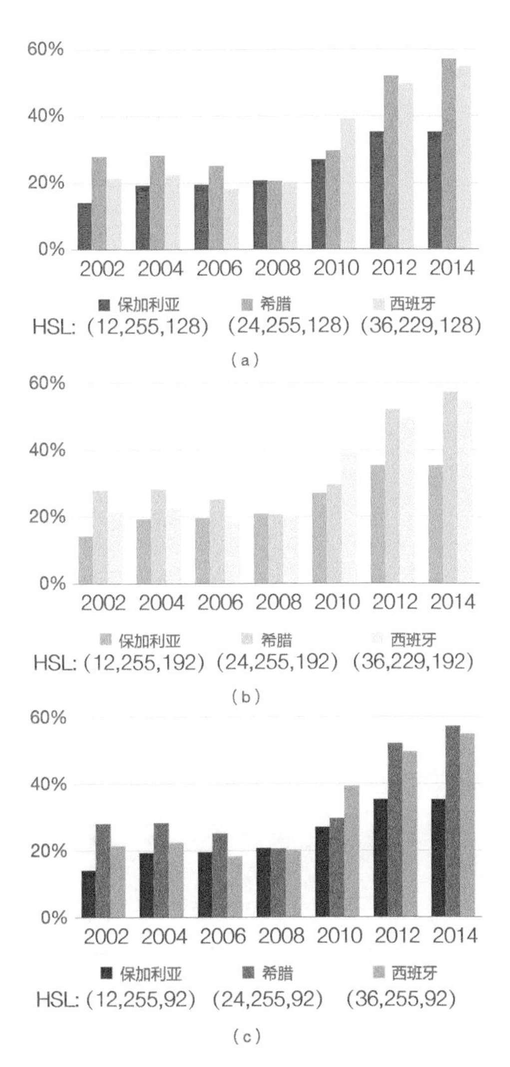

图 15.27 相似色表示相似之处

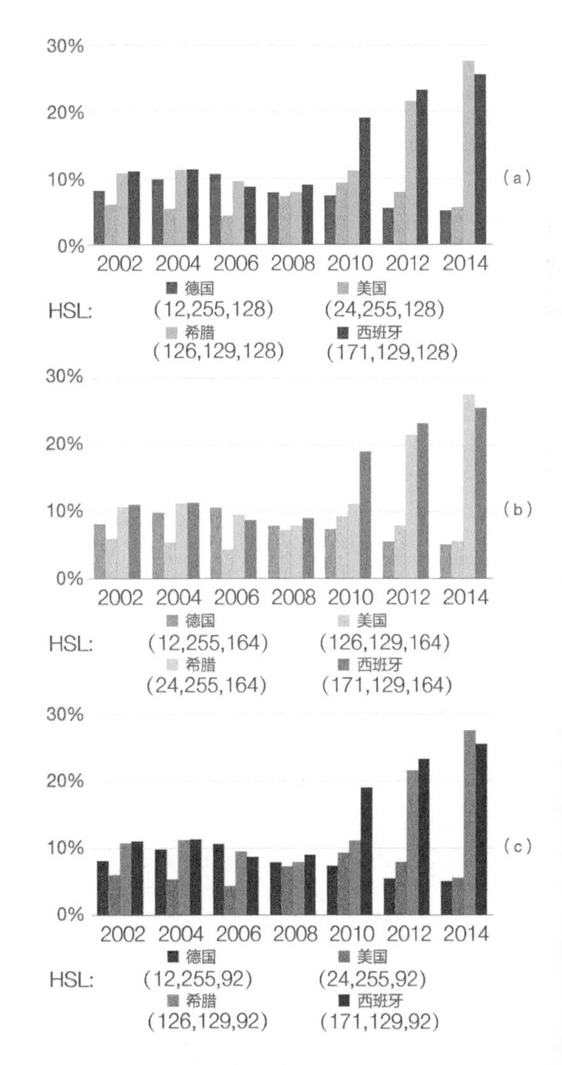

图 15.28 矩形规则在两组之间给出区别

暖色与冷色

最后一种色彩调和原则与色温的概念相关，也就是暖色和冷色（图 15.29）。并没有一种客观的方法来将色轮上的颜色划分为暖色和冷色，但通常可以将红色及与其相关的色相划分为暖色，而将蓝色及与其相关的色相划分为冷色。当创建一幅在不同系列之间并没有对立关系（或不想建立对立关系）的图表时，应该尽量从同一个暖色或冷色分组中来选择颜色。可以选择多种颜色编码，并避免产生连续性的感觉。

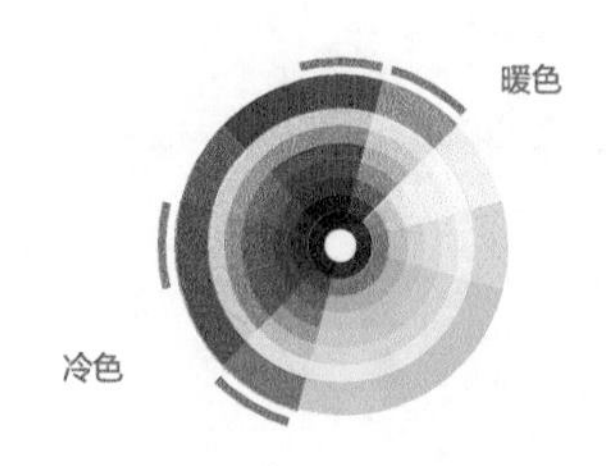

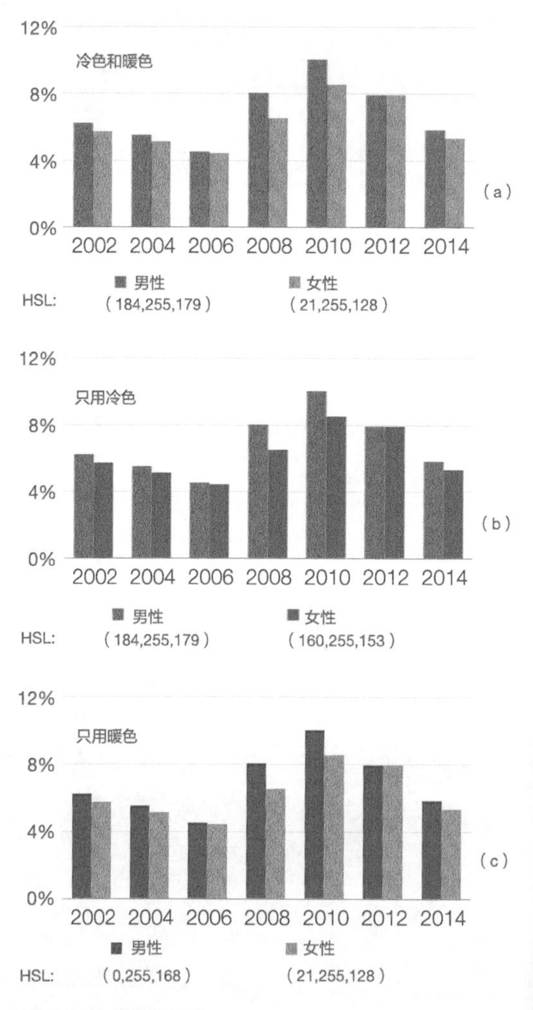

图 15.29 暖色和冷色

调色板的来源

图 15.29 显示了要使色彩调和的规则与想要传达的信息类型相吻合是多么容易，但它没有显示出来选取颜色要比找到对应于每一种规则的 HSL 代码更难。比如说，你可以选择色相值为 20，这就意味着互补色的值是 148，这很容易。但如果想要选取到（主观上感觉）“正确”的颜色则需要进行大量的微调。

现在你对于色彩调和的规则已经很熟悉了，我们进入调色板。

Excel

调色板的设计是为了调和并平衡颜色刺激，维护视觉的连贯性。Excel 中有若干预先定义的调色板（图 15.30），对它们进行测试，并观察其对可视化表征形式的影响很简单。

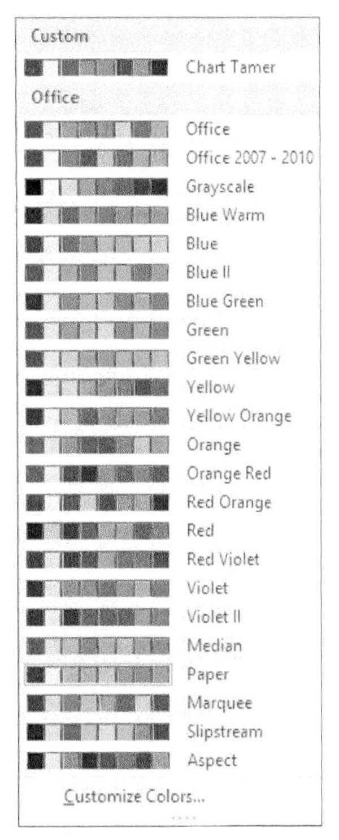

图 15.30 Excel 中预定义的调色板，Chart Tamer 的调色板在顶端

遗憾的是，如果观察这些预先定义的调色板，就会得出这样一个结论：大多数调色板对数据可视化而言都是无用的。你可能更倾向于创建自己的调色板。为什么这些已有的调色板没有用呢，原因如下。

- **办公室调色板**。如果我们想要避免“Excel 外观”，那么不言而喻，不能使用各个 Excel 版本中的默认调色板。
- **以色相命名的调色板**。我们需要足够自由地在色轮的多个点上使用色相来区分不同分类，而不只是使用其中的一小部分。
- **亮度和饱和度**。中值调色板和纸质调色板不是饱和度太淡就是亮度太亮。
- **象征色**。调色板应该提供快速定位到接近于红色、绿色、蓝色和黄色的颜色，因为我们经常需要使用标准颜色。其他那些调色板都没有提供这种选项。

其余那些灰度的调色板，对于进行测试来说是有用的，但在实际的任务中，很少需要用到它们。

在一个 Excel 调色板中，有字体颜色（通常不会修改）和 6 种强调色。在图 15.31 中，这些颜色显示在最上面一行中。我在下面饼图的每一个切片中使用了强调色。你可以比较所选的每一个调色板得到的结果。

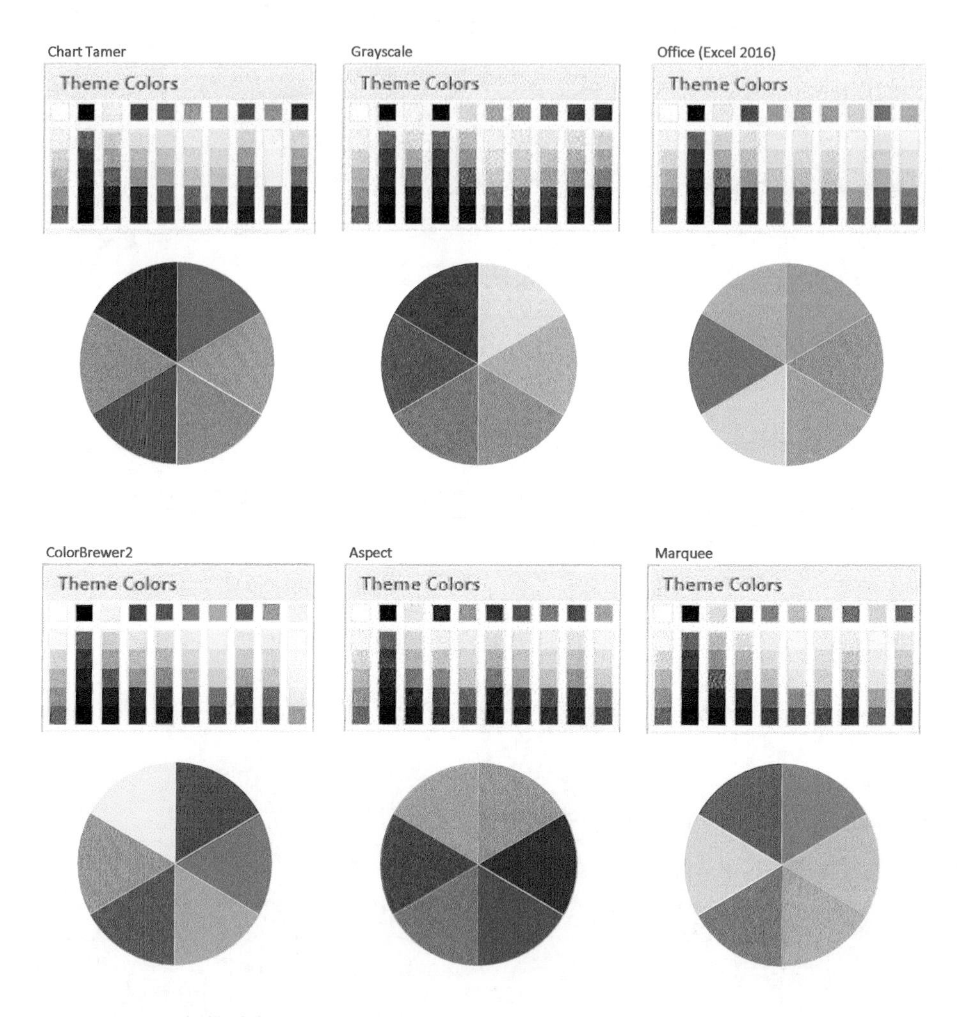

图 15.31 Excel 中的调色板

我在 Excel 中所使用的默认设置，也是在本书的大多数例子中所使用的调色板，是 Chart Tamer 调色板（图 15.32）。这是由色彩专家莫琳·斯通（Maureen Stone）、斯蒂芬·菲尤和安德烈亚斯·利普哈特设计的 Excel 的一个插件[⑤]。

		R	G	B
强调 1		24	104	207
强调 2		255	127	0
强调 3		60	150	26
强调 4		219	0	0
强调 5		148	138	0
强调 6		146	33	23

图 15.32　Chart Tamer 调色板的 RGB 值

图 15.33 是 Excel 通过编辑主题色创建新调色板的窗口。一般来说，色彩被定义为强调色 1~6。在定义了 6 种强调色之后，Excel 将会为每一个显示 5 种变化：3 种更亮的和 2 种更暗的。

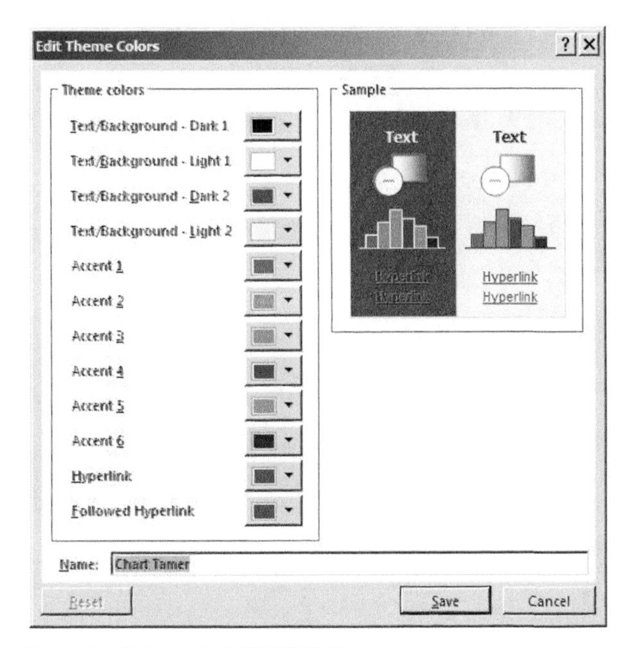

图 15.33　在 Excel 中创建新的调色板

⑤ 另一位数据可视化方面的专家罗尔夫·哈彻特（Rolf Hichert），创建了他自己定制的调色板。在他的网页上说明了每种颜色的使用方法。

超越 Excel

在大多数情况下，创建一个新的调色板并不意味着会实际选择所有这 6 种颜色，而只是导入了由专家创建的调色板。ColorBrewer（图 15.34）是一个很好的工具。

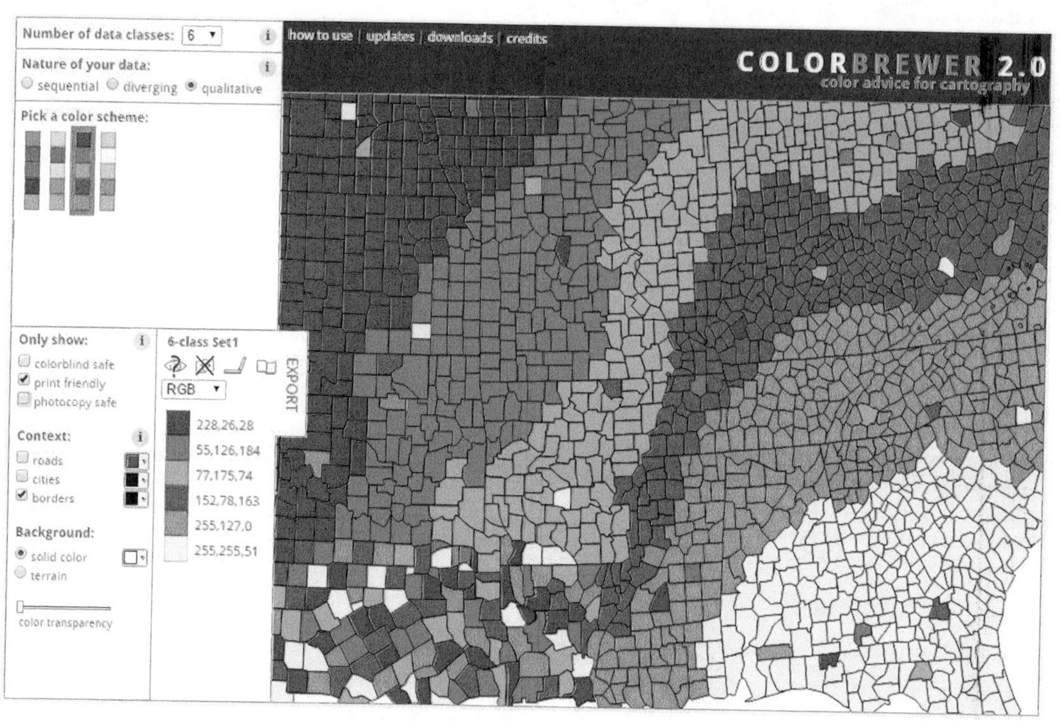

图 15.34　在 ColorBrewer2 中选择调色板

ColorBrewer 调色板广泛应用在地图中，也会应用在图表中。ColorBrewer 的选项卡中包括了一些很有用的选项：多种颜色，数据类型（连续的、相异的、定性的，对应于颜色的三种功能性任务），各自所适用的应用类型和用户（例如色盲可发觉的颜色，打印或复印时可检测到的颜色等）。

要使用某个调色板，可以记下相应的 RGB 代码，并在 Excel 中使用这些代码创建一个新的调色板（你可以在网上搜索关于使用 ColorBrewer 调色板是否具有某些法律上的限制条件，至少要提及调色板的来源）。

如果想施展创造性，可以使用 Adobe Color CC（图 15.35）。在 Adobe Color CC 中，可以与色轮进行交互，选择所希望使用的色彩调和规则，修改值并评估结果。

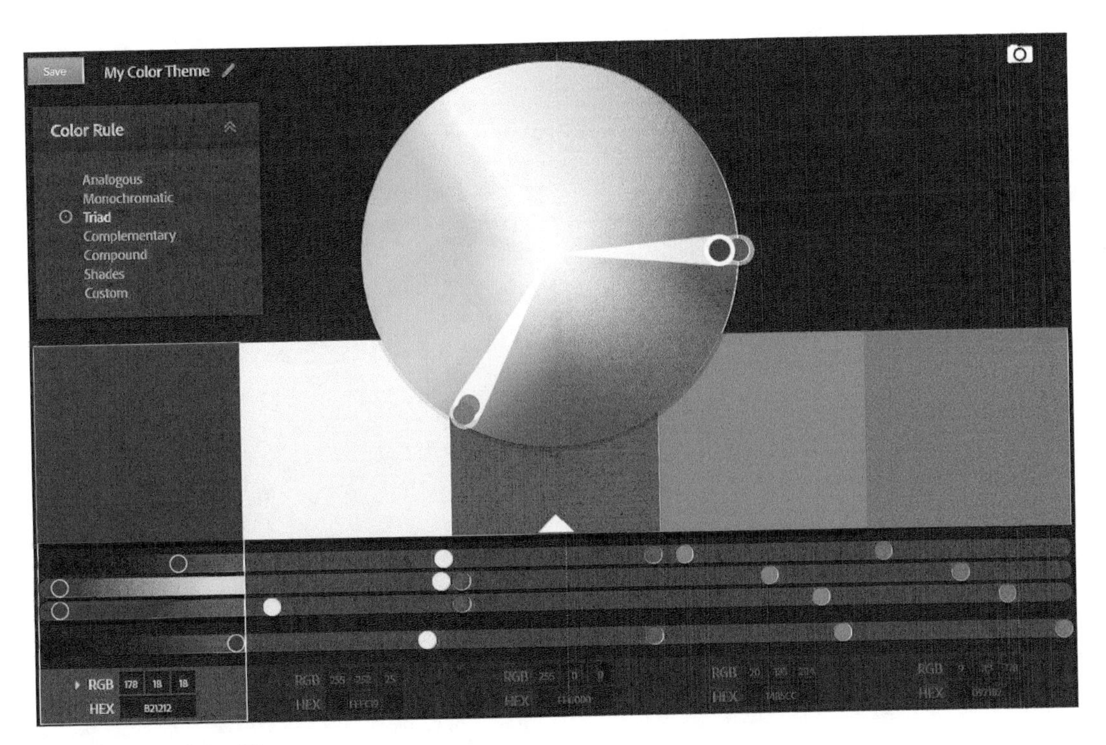

图 15.35　Adobe Color CC

另一种在 Adobe Color CC 上生成调色板的方法就是先加载一幅你喜欢的图片，然后以此来组成调色板。当你感到满意之后，使用底端的长条来记下 RGB 代码。

色盲

在图 15.36 中，除了灰度调色板，其他所有的调色板在使用第一行中的颜色来测试色盲时表现都很差：绿色盲会将所有颜色看成是绿色或紫色。

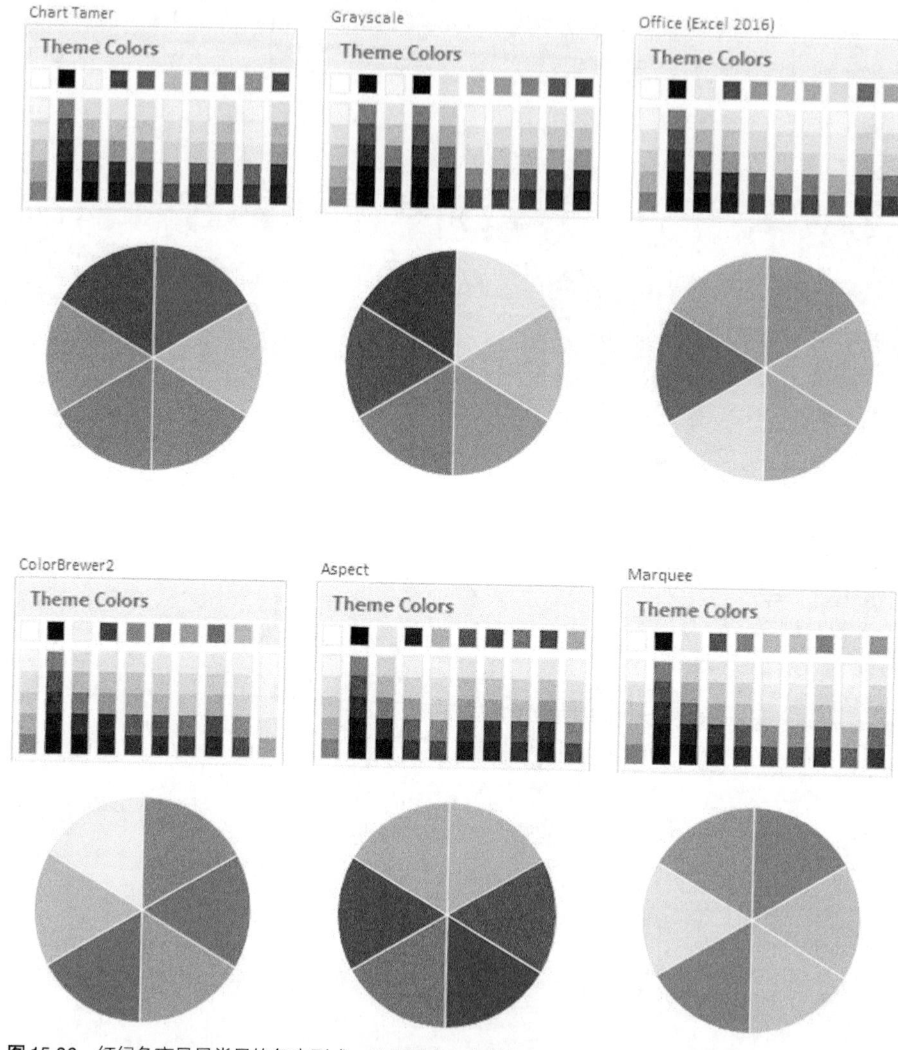

图 15.36 红绿色盲是最常见的色盲形式。这幅图由色盲模拟器 Color Oracle 生成

在需要对多个分类进行颜色编码时，色盲具有非常大的局限性，通常可以通过改变亮度或跳过颜色编码来尽可能使影响最小化。

如果确实需要使用色彩，可以通过使用色盲模拟器（例如 Color Oracle）来检查结果，并测试不同的亮度水平。

本章小结

- 颜色的使用是不可避免的，因此我们必须找到一种方法来高效应用颜色，为读者营造愉悦的体验。
- 4 种方法来使颜色具有功能性（也就是说，寻求能够促进图形化展示阅读理解的、独立于美学的配色方案）：
  1. 建立色彩的功能性任务——色彩的使用与数据和我们所要传递的信息相一致。
  2. 巧妙地处理色彩刺激的强度。强度水平的变化显示了数据的相关性。
  3. 充分利用色彩的象征性，将色彩的象征意义集成到图形展示中去。
  4. 认识到灰色所扮演的角色，利用色彩缺失来营造一种环境，使干扰信息最小化。
- 一旦颜色具有了功能性，我们就将它推上了舞台——创建了一幅图形化表示方法。上述 4 点在信息结构化的过程中扮演了重要的角色，这 4 点都支持一个最基本的目标——正确地使用颜色。
- 可以通过应用色彩调和规则来降低颜色的美学意味和更多主观成分的复杂性。
- 颜色匹配是很困难的。即使有色彩调和规则，还需要更多的辅助信息，例如在图示中使用适当的调色板。

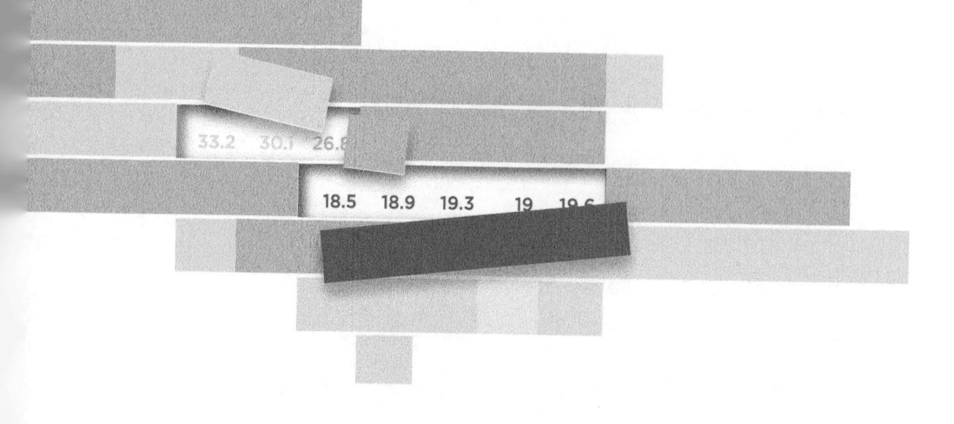

第 16 章

结语

有一次，我的一位前同事（也是数据分析师）带着颇有讽刺意味的笑容，半信半疑地问我："数据可视化真的需要学习吗？"对他来说，像创建图表这么简单的事情居然成为一门学科，这是多么奇怪的事啊！当然，在 Excel 中学习如何创建图表除外。

对商业组织而言，相信数字和数据，并能够正确地阐释它们，是员工必不可少的素质。就图表而论，大多数人所具备的技能不过是在 PowerPoint 中制作几页彩色幻灯片而已，甚至一些商业组织的传统也不过如此。

功能至上，而不是关注美学

在写本书时，我心中所想的是这样一些人：他们使用图表来解释说明一些数据，试图为自己的讲述增添一些色彩。我假设，他们的职责仅限于此。

在读完本书之后，你应该认识到，这种看待图表的观点是对数据可视化潜力的一种低估，类似于把数据可视化看作了卡通图。我相信你不会觉得"你的图表比我的更好看"，因为它们都不是出于美学的考虑，也不是针对图形设计技巧或掌握某种工具的。商业组织中的数据可视化代表了一种非常实用主义的风格，旨在提高数据的价值。他们把图表做成彩色的，是为了赚钱，而不是为了好玩。

在本书中，我多次提到了斯蒂芬·菲尤。他喜欢说："数据可视化并不难。"当然，数据可视化并不是火箭科学，也不是一种纯艺术。简单的规则就可以使得数据可视化更为有效，但也不能仅仅依赖基本的自动算法。数据可视化使我们能够看到一些内容，但我们需要知道如何对可视化进行设计，以便让自己看得更清楚。如果我们能更好地设计图表，从美学上说，它们也很可能是令人满意的。

和陈旧的图表形式说再见

我们并不会仅仅为了好听，将"数据可视化"作为"创建图表"的代名词，就像"语言"并不是"词语"的同义词一样。理解这种区别，在传递信息时重点关注图表的有效性，是改变错误图表观点的第一步，例如，图表仅仅是用来举例说明的。在迈出这一步之后，你就走上了正确的道路。

我最近浏览了一篇包含若干图表的报告。很显然，作者已经迈出了我所说的第一步，其中的图表并没有饼图和 3D 效果。但是，我认为，这可能只是在数据可视化社区之外接收到的一部分信息。当这两个主流的陈旧表现形式被抛弃之后，人们会在一个不再属于自己的世界和刚刚开始进行探索的世界之间迷失。

这可能也是你所面临的情况，也许你已经开始想要走回头路了。请不要那样做。那种过时的舒适圈是虚幻的，会进一步缩小，因为数据将会使你面对更大的挑战。

自主选择适合的数据可视化图表

自主选择合适的数据可视化图表至关重要，它应该使你觉得更舒服，通过它能够分析数据，彼此可以更高效地交流所发现的内容。这是你自己所必须完成的事情，一切取决于任务、技能、需求以及使用的工具。

当人们过分重视美学时，他们自己是图形设计师还是 Excel 用户就无关紧要了。当目标是分析数据或交流观点时，创建更为美观的可视化作品并不重要。实际上（可能你会发现在一本数据可视化的书中读到这些有点儿奇怪），过分重视美学是过于重视可视化的一个信号。不管你是什么水平的数据分析师，你的出发点都不应该是如何为数据（或任务）选择（或设计）最令人愉悦的可视化表征形式。真正的出发点应该是，选择一系列能够抓住数据所要阐述内容的工具（文字、数据和可视化）。对于每一个任务中的每一步，都应该有多种选择。

不要做费力不讨好的事情

当我在第 2 章中提到最小阻力路径时，你可能也笑了。这种说法通常被用作懒惰的同义词，而实际上它应该是有效性和效率的同义词（更好的图表将会使用更少的认知资源）。我认为，当过程是低效的，且缺乏寻找新解决方案的好奇心时，努力工作并没有什么价值。创建可视化模型应该能够提供经过预处理的刺激，使人们可以专注于思考，而不会深陷于可以简化或外包的任务。

在强调有效性时，我们是在强调更智能的数据管理，无论数据容量大小。在本书中，你可能在一些图表中正确地阅读了几百个值，如果没有这些值，则会影响你的推理。相反，你可能也发现了，从第 1 章开始就有一些问题，它们的答案隐藏在一幅很糟糕的图表中，尽管那样的图表可能只包含几个数据点。

考虑所在组织的图表认知能力

最困难的事情并不是理解甚至创建可视化风格。实际上，最困难的事情是在你所在的组织中推广这种风格。如果你所在组织的可视化文化是由微软的工具塑造的，那在决策过程中可视化变得无关紧要，就不能责怪经理了。

较低的图表认知能力普遍存在，这源于缺乏相关意识和过于关注如何使用工具的培训。在这些培训中，往往会赞美软件特性而不管它是多么愚蠢，并违背了基本的可视化原则。这可能会通过某种途径内化为组织的风格：人们拒绝承认自己具备较低的图表认知能力。所幸在大多数时候，人类的惰性才是真正的罪魁祸首。

理解了组织可视化文化的局限性之后，就可以通过向最高管理层提出建议的方式做出改变。你要讲清楚数据可视化的优势，清晰、系统化地展示基于有效性而不是基于无效的模型。改变组织文化是很困难的，同时也耗费时间，因此合理的目标是一次改变一个人。变化应该从你自己开始。你可以为图表设计更有效的版本，也可以通过尝试改进本书中的一些图表来练习。你需要清楚地解释为什么新版本更好。

平衡理性和情感因素

我希望通过本书你已经明确了一个观点：不同的专家所争论的很多数据可视化问题，与情感和理性之间的冲突相关。一些专家声称，图表的有效性应该由图表的格式和美学特质所唤起的兴趣来衡量（一幅无趣的、没人阅读的图表是没用的）。另外一些专家则认为，强调美学就像是“愚人的黄金”，任何次优的设计选择不仅威胁到图表阅读的有效性，并且可能会导致对信息的理解出现偏差。

这两方观点都有合理的部分，哪一方也不能够独占真理。在二者之间寻求平衡更为有趣，但从商业可视化的观点来看，你的出发点应该是基于动机的：做出理性的设计选择，然后在此基础上向相反方向迈出一（小）步，增加一点情感成分，但不要使其发生扭曲（例如，基于省力原则，一个能够总结主要结论的标题比仅仅描述内容的标题更具吸引力）。

遵守必要的原则

为了得到更好的数据可视化效果，我们应该遵守如下必要的原则。

- 没有正当理由（“领导喜欢”不是正当理由），尽可能避免使用饼图或 3D 效果。
- 将图表缩小到可阅读的最小尺寸（在智能手机上测试图表的可读性是个不错的建议）。
- 有多个系列时创建多张小图。
- 将图表中所使用的颜色限制在 3 种以下。
- 找到对数坐标能够有效的例子。
- 设计一个仪表盘。
- 创建一幅包含 100 个系列以上的有效图表。
- 从内部商业智能系统中获取数据并进行结构化，通过数据透视表来创建交互式图表。
- 针对色盲测试图表的可读性。
- 找到一篇有大量数值但没有图表的文章，试着创建图表来支持（或者否定）文字的内容。

将这些建议中的几个结合起来，以完成更多有趣的挑战，并将得到的结果与通过常规流程得到的结果相比较。

选择合适的工具

最后，我们再说说工具。如果我不认可“使用电子表格对理解什么是数据可视化就已经足够”的观点，我就不会这样规划本书的内容。我还认为，通过极低的成本可以提高商业组织图表认知能力，Excel 图表可以很容易地上升为 Excel 可视化。

只要与同事、客户和供应商共享文件，创建可预期的信息流，就可以使用 Excel 来完成所有的数据分析任务。

Excel 生态系统营造了难以逃离的舒适圈，渗透到组织文化中，阻止了替代工具的进入。正如我们所讨论的那样，工具并不是中立的，单一的 Excel 可能会迫使对数据的分析限于简单的形式，只能使用电子表格。这并不意味着 Excel 就是最合适的。

理想的情况是，图形化表征形式应该仅根据商业目标和需求设计。图表的一些特性可以调整为工具的属性而不会改变最终的结果。但是，有一些特性与软件应用并不兼容，组织就必须决定是否能不考虑这些特定的目标和需求，或者选择另一个工具更为合理。

在任何情况下，我都建议你去熟悉那些使用了 Excel 以外的工具来创建的数据可视化作品。可以在线搜索由 Tableau、SAP Lumira 或 QlikView，或者如 R、Python 或 D3 等编程语言所创建的数据可视化作品。如果你实在不愿意抛弃微软的产品，也可以试试 PowerBI。

在数据可视化中还有很多事情需要去做。有很多内容需要研究，有大量的数据需要去发掘或者重新探索。我确信在阅读了本书之后，你对那些像漫画一样的可视化作品会降低容忍度，它们充斥着歪曲的信息和谎言，喋喋不休，令人费解，阅读它们纯属浪费时间。

我很有信心，你将会成为一位专业人士，加入到我们的探索过程中来。